基于RISC-V架构的嵌入式系统开发

李正军 李潇然 编著

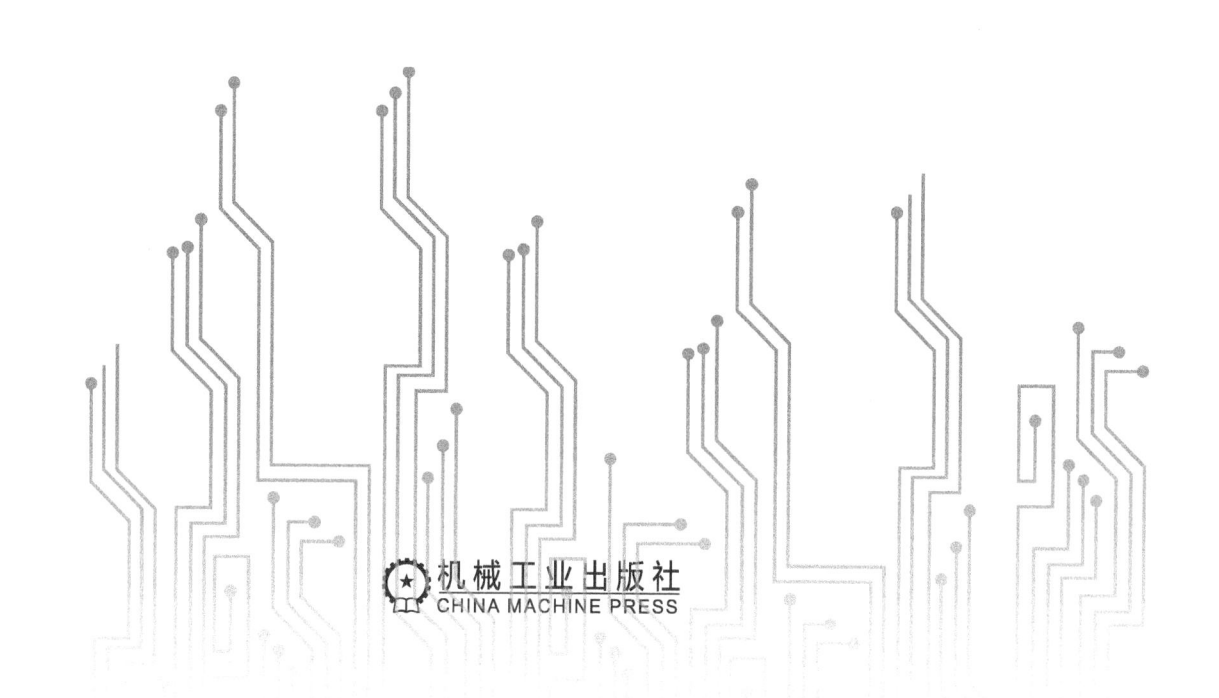

机械工业出版社
CHINA MACHINE PRESS

本书全面介绍了 RISC-V 架构及其在嵌入式系统开发中的应用。全书共分 13 章，主要内容包括：绪论、RISC V 技术生态与实践、RISC V 架构的中断和异常、RISC-V 汇编语言程序设计、CH32 嵌入式微控制器与最小系统设计、MRS 集成开发环境、CH32 通用输入输出接口、CH32 外部中断、CH32 定时器系统、CH32 通用同步异步收发器、HPM6700 系列高性能微控制器、HPM6750 微控制器开发平台和 HPM6750 微控制器开发应用实例。本书内容丰富，体系先进，结构合理，理论与实践相结合，注重工程应用。

本书可作为从事 RISC-V 嵌入式系统开发的工程技术人员的参考书，也可作为高等院校各类自动化、机器人、机电一体化、人工智能、电子与电气工程、计算机应用、信息工程、物联网等相关专业的本、专科学生教材。

图书在版编目（CIP）数据

基于 RISC-V 架构的嵌入式系统开发 / 李正军，李潇然编著． -- 北京：机械工业出版社，2025.6． -- ISBN 978-7-111-77558-4

Ⅰ．TP360.21

中国国家版本馆 CIP 数据核字第 2025F96C04 号

机械工业出版社（北京市百万庄大街 22 号　邮政编码 100037）
策划编辑：李馨馨　　　　　　　　　　责任编辑：李馨馨　王　芳
责任校对：杜丹丹　马荣华　景　飞　　责任印制：常天培
河北虎彩印刷有限公司印刷
2025 年 6 月第 1 版第 1 次印刷
184mm×260mm · 19 印张 · 495 千字
标准书号：ISBN 978-7-111-77558-4
定价：89.00 元

电话服务　　　　　　　　　　　　网络服务
客服电话：010-88361066　　　　　机　工　官　网：www.cmpbook.com
　　　　　010-88379833　　　　　机　工　官　博：weibo.com/cmp1952
　　　　　010-68326294　　　　　金　书　网：www.golden-book.com
封底无防伪标均为盗版　　　　　机工教育服务网：www.cmpedu.com

此书献给 RISC-V 的先行者

——发明者、开发者、应用者和教育者

前　言

在当今技术快速发展的时代，嵌入式系统在我们的生活中扮演了越来越重要的角色。从智能手机到汽车电子，再到物联网设备，嵌入式技术无处不在，推动着现代社会的进步。随着开源硬件和软件的兴起，RISC-V 作为一种新兴的开放源代码指令集架构（ISA），因灵活性和可扩展性而受到了业界的广泛关注和快速采纳。

随着 RISC-V 生态的不断成长，越来越多的企业和开发者加入这一开放架构的行列，贡献了大量的硬件设计资源和软件开发工具。这为嵌入式系统开发者提供了前所未有的机会，他们可以在一个开放、共享的环境中工作，加速创新过程，降低开发成本。本书正是在这样的背景下编写的，旨在为读者提供一个指导性资源，帮助他们在 RISC-V 的世界中找到自己的位置，发挥创意，实现创新。

RISC-V 架构的目标如下：

1）成为一种完全开放的指令集，可以被任何学术机构或商业组织自由使用。

2）成为一种真正适合硬件实现且稳定的标准指令集。

这是一个很宏大的愿景，RISC-V 的出现在处理器领域是一个划时代的事件。在此之前，处理器设计虽然是一门开放的学科，其所需的技术也趋于成熟，但产业界仍然存在以下问题：

1）处理器指令集架构（ISA）长期以来主要由以 Intel（x86 架构）与 ARM（ARM 架构）为代表的商业巨头公司所掌控，其软件生态环境衍生出的寡头排他效应，成为普通公司与个人无法逾越的天堑。

2）由于寡头排他效应，众多处理器体系结构走向消亡，我国的商用处理器也在艰难地推进中，国内长期以来没有形成有足够影响力的相关产业与商业公司，相关的产业人才更是稀缺。

开放的 RISC-V 架构的诞生，对于国内产业界而言，是一次千载难逢的好机会。本书选择 RISC-V 作为模型机，主要从以下两个方面来考虑：首先，RISC-V 作为一个新兴的开放指令集架构，以开放共赢为基本原则，不属于任何一家商业公司；其次，RISC-V 遵循"大道至简"的设计哲学，通过模块化和可扩展的方式，既保持基础指令集的稳定，也保证扩展指令集的灵活配置。

RISC-V 诞生于美国硅谷，时至今日，欧美很多大学的计算机相关教材都已经更换为 RISC-V 版本。美国麻省理工学院、加利福尼亚大学伯克利分校、斯坦福大学、卡内基梅隆大学等著名大学的相关课程都开始采用 RISC-V 架构作为模型机进行教学和 CPU 设计实验。同时，大量科技巨头宣布支持 RISC-V 架构，并且涌现出了一大批 RISC-V 相关的科技创新公司。

在国内，RISC-V 虽然起步较晚，但传播速度却非常迅猛。2016 年时几乎没有人听说过 RISC-V，而 2017 年 RISC-V 便频频见诸报道。进入 2018 年，RISC-V 已经开始被业界广泛接纳，很多国内大学开始使用 RISC-V 进行计算机体系结构和嵌入式系统相关的教学。

在构思本书时，编者意识到 RISC-V 不仅是一个指令集架构，它更是一个开放、可扩展的生态系统，正在快速地推动硬件设计的创新。本书旨在为读者提供一个全面深入学习和实践的指南，从 RISC-V 的基本概念、技术生态到具体的嵌入式系统开发实例，帮助读者掌握基于 RISC-V 架构的嵌入式系统开发技能。

本书的特色如下：

1）基于 RISC-V 架构，以真实的硬件开发板为依托，讲述了嵌入式系统开发与应用。

2）采用国内读者熟悉的 STM32 教材或科技书籍的编写风格，使读者易于进入 RISC-V 的学习氛围，起到事半功倍的效果。

3）本书全面介绍了 RISC-V 指令集架构，从基础概念、技术生态到实践应用。

4）以国内流行的 32 位单片机 CH32V103 和双核 32 位高性能微控制器 HPM6750 为例，详尽讲述了 RISC-V 在嵌入式系统开发中的应用，展示了 RISC-V 在高性能嵌入式系统开发中的应用潜力，为读者提供了从理论到实践的全面指导。

5）详尽讲述了国内嵌入式系统开发平台——MRS 集成开发环境。

6）讲述了嵌入式系统的跨平台开发——HPM SDK 和 SEGGER Embedded Studio for RISC-V 开发环境在 RISC-V 架构微控制器中的开发与应用。

本书共分 13 章。

第 1 章是绪论，为读者铺垫了 RISC-V 学习的基础，概述了指令集架构、RISC-V 架构。

第 2 章是 RISC-V 技术生态与实践，深入探讨了 RISC-V 的技术生态，包括国内外采用 RISC-V 架构的厂商，以及各种基于 RISC-V 的产品和开发工具。这一章不仅为读者展示了 RISC-V 技术的多样性，也提供了实践 RISC-V 技术的多种途径。

第 3 章是 RISC-V 架构的中断和异常，专注于 RISC-V 架构的中断和异常处理机制，为读者提供了深入理解 RISC-V 核心特性的理论基础。

第 4 章是 RISC-V 汇编语言程序设计，通过介绍 RISC-V 的汇编语言，让读者了解如何直接与 RISC-V 硬件交互，为后续的高级编程和系统开发打下坚实的基础。

第 5 章至第 10 章聚焦于嵌入式系统开发实践，通过详细讲解和丰富的实例，指导读者在 RISC-V 架构下进行嵌入式系统设计和开发。从单片机设计、集成开发环境的使用，到具体的外设编程技巧，这些章节为读者提供了从理论到实践的全面指导。

第 11 章至第 13 章专门介绍了 HPM6750 系列高性能微控制器及其应用，通过对 HPM6750 的详细解读和实际开发案例，向读者展示了 RISC-V 在高性能嵌入式系统开发中的应用潜力。

本书适合具有一定编程基础和电子技术背景的读者，无论是嵌入式系统开发者、硬件设计工程师，还是对 RISC-V 技术感兴趣的学生和研究人员，都能从中获益。通过本书的学习，读者不仅能够深入理解 RISC-V 架构的理论基础和技术特性，而且能够掌握使用 RISC-V 进行嵌入式系统开发的实际技能。

作者鼓励读者不仅要关注 RISC-V 技术的当前应用，还要关注其未来的发展方向。随着技术的进步和生态的扩展，RISC-V 架构的应用范围将不断扩大，从嵌入式系统到服务器、从物联网设备到高性能计算。掌握 RISC-V 技术，读者将能够在这一变革的浪潮中抓住机遇，开创未来。编者希望本书不仅能够传递知识，而且能够激发读者对技术的热情，鼓励读者加入 RISC-V 生态建设中来。

本书数字资源丰富，配有电子课件（含程序代码）、教学大纲、习题答案、试卷及答案等配套资源。读者可以到机械工业出版社网站（http://www.cmpedu.com）上下载。

对本书中所引用参考文献的作者，在此表示真诚的感谢。由于编者水平有限，书中错误和不妥之处在所难免，敬请广大读者不吝指正。

编　者

目 录

前言
第1章 绪论 ············· 1
  1.1 指令集架构概述 ············· 1
    1.1.1 指令集架构的基本概念 ············· 2
    1.1.2 CISC 与 RISC ············· 3
    1.1.3 32 位与 64 位架构 ············· 3
    1.1.4 知名指令集架构 ············· 3
    1.1.5 CPU 的领域之分 ············· 6
  1.2 RISC-V 架构概述 ············· 7
    1.2.1 RISC-V 架构的诞生 ············· 7
    1.2.2 RISC-V 的发展历程 ············· 9
    1.2.3 RISC-V 的指令集架构 ············· 9
    1.2.4 RISC-V 的应用领域 ············· 12
  习题 ············· 13
第2章 RISC-V 技术生态与实践 ············· 14
  2.1 采用 RISC-V 架构的国内外厂商 ············· 14
    2.1.1 采用 RISC-V 架构的国外厂商 ············· 14
    2.1.2 采用 RISC-V 架构的国内厂商 ············· 16
  2.2 RISC-V 架构指令集的先驱——SiFive 公司产品 ············· 17
    2.2.1 微控制器 ············· 18
    2.2.2 基于 RISC-V 架构微控制器的特点 ············· 18
    2.2.3 微控制器的应用领域 ············· 19
    2.2.4 基于 RISC-V 架构的开发板 ············· 19
  2.3 国产 RISC-V 架构——玄铁系列微处理器 ············· 19
    2.3.1 玄铁系列微处理器 8 系列和 9 系列、无剑 600 SoC 平台 ············· 19
    2.3.2 玄铁微处理器的应用领域 ············· 21
    2.3.3 全志 D1-哪吒开发板 ············· 21
    2.3.4 玄铁 CXX 系列 CSI-RTOS SDK ············· 23
  2.4 国产 RISC-V 架构——HPM 系列微控制器 ············· 23
    2.4.1 RISC-V 微控制器 HPM6700/6400 系列与 HPM6300 系列 ············· 23
    2.4.2 HPM6750EVK 开发板 ············· 24
    2.4.3 HPM 微控制器开发软件 ············· 26
  2.5 国产 RISC-V 架构——CH 系列微处理器 ············· 26
    2.5.1 青稞 RISC-V 通用系列产品概览 ············· 27
    2.5.2 32 位通用增强型 RISC-V 微控制器 CH32V103 ············· 27
  习题 ············· 29
第3章 RISC-V 架构的中断和异常 ············· 30
  3.1 中断和异常 ············· 30
    3.1.1 中断 ············· 30
    3.1.2 异常 ············· 31
    3.1.3 广义上的异常 ············· 31
  3.2 RISC-V 架构异常处理机制 ············· 33
    3.2.1 概述 ············· 33
    3.2.2 进入异常 ············· 34
    3.2.3 退出异常 ············· 37
    3.2.4 异常服务程序 ············· 37
  3.3 RISC-V 架构中断 ············· 38
    3.3.1 中断类型 ············· 38
    3.3.2 中断处理过程 ············· 43
    3.3.3 中断委托和注入 ············· 44
    3.3.4 中断屏蔽 ············· 45
    3.3.5 中断等待 ············· 45
    3.3.6 中断优先级与仲裁 ············· 46
    3.3.7 中断嵌套 ············· 46
    3.3.8 中断和异常比较 ············· 47
  3.4 核心本地中断控制器 ············· 47
  3.5 平台级中断控制器管理多个外部中断 ············· 49
    3.5.1 特点 ············· 49

3.5.2	中断分配 …………………………	50
3.5.3	寄存器 ……………………………	50
3.6	RISC-V 结果预测相关控制和状态寄存器 ………………………	52
习题	……………………………………	53

第4章 RISC-V 汇编语言程序设计 …… 54

4.1	RISC-V 指令集架构简介 ……………	54
4.1.1	模块化的指令子集 ………………	54
4.1.2	可配置的通用寄存器组 …………	55
4.1.3	规整的指令编码 …………………	55
4.1.4	简洁的存储器访问指令 …………	56
4.1.5	高效的分支跳转指令 ……………	56
4.1.6	简洁的子程序调用 ………………	57
4.1.7	无条件码执行 ……………………	58
4.1.8	无分支延迟槽 ……………………	58
4.1.9	零开销硬件循环 …………………	58
4.1.10	简洁的运算指令 …………………	59
4.1.11	优雅的压缩指令子集 ……………	59
4.1.12	特权模式 …………………………	59
4.1.13	控制和状态寄存器 ………………	60
4.1.14	中断和异常 ………………………	61
4.1.15	向量指令子集 ……………………	63
4.1.16	自定义指令扩展 …………………	63
4.1.17	RISC-V 指令集架构与 x86 或 ARM 架构的比较 ………………	64
4.2	RISC-V 寄存器 ………………………	65
4.2.1	通用寄存器 ………………………	65
4.2.2	系统寄存器 ………………………	66
4.3	汇编语言简介 ………………………	68
4.4	RISC-V 汇编程序概述 ………………	69
4.5	RISC-V 架构及程序的机器级表示 ……………………………	72
4.5.1	RISC-V 指令系统概述 …………	72
4.5.2	RISC-V 指令参考卡和指令格式 ……………………………	73
4.5.3	RV32I 指令编码格式 ……………	76
4.5.4	RISC-V 的寻址方式 ……………	81
4.6	RISC-V 汇编程序示例 ………………	81
4.6.1	定义标签 …………………………	82
4.6.2	定义宏 ……………………………	83

4.6.3	定义常数 …………………………	83
4.6.4	立即数赋值 ………………………	84
4.6.5	标签地址赋值 ……………………	85
4.6.6	设置浮点舍入模式 ………………	86
4.6.7	RISC-V 环境下的完整实例 ……	86
习题	……………………………………	88

第5章 CH32 嵌入式微控制器与最小系统设计 ………………………… 89

5.1	CH32 微控制器概述 …………………	89
5.2	CH32 系列微控制器外部结构 ………	90
5.2.1	CH32 系列微控制器命名规则 …	90
5.2.2	CH32 系列微控制器引脚功能 …	91
5.3	CH32V103 微控制器内部结构 ………………………………	92
5.3.1	CH32V103 微控制器内部总线结构 ………………………………	92
5.3.2	CH32V103 微控制器内部时钟系统 ………………………………	94
5.3.3	CH32V103 微控制器内部复位系统 ………………………………	97
5.3.4	CH32V103 微控制器内部存储器结构 ………………………………	98
5.4	触摸按键检测 ………………………	100
5.4.1	TKEY_F 功能描述 ………………	100
5.4.2	TKEY_F 操作步骤 ………………	101
5.5	CH32V103 最小系统设计 ……………	101
习题	……………………………………	103

第6章 MRS 集成开发环境 …………… 104

6.1	MRS 集成开发环境的特点和安装 ………………………………	104
6.1.1	MRS 集成开发环境的特点 ……	104
6.1.2	MRS 集成开发环境的安装 ……	105
6.2	MRS 集成开发环境界面 ……………	107
6.2.1	菜单栏 ……………………………	107
6.2.2	快捷工具栏 ………………………	112
6.2.3	工程目录窗口 ……………………	113
6.2.4	其他显示窗口 ……………………	113
6.3	MRS 工程 ……………………………	114
6.3.1	新建工程 …………………………	114
6.3.2	打开工程 …………………………	116

6.3.3	编译代码 …………………… 117	第8章	**CH32 外部中断** …………… 151
6.4	工程调试 ……………………… 120	8.1	中断的基本概念 ……………… 151
	6.4.1 工程调试快捷工具栏 …… 120		8.1.1 中断的定义 …………… 152
	6.4.2 设置断点 ………………… 120		8.1.2 中断的应用 …………… 152
	6.4.3 观察变量 ………………… 121	8.2	CH32V103 中断系统组成
6.5	工程下载 ……………………… 122		结构 ………………………… 153
6.6	CH32V103 开发板的选择 …… 123		8.2.1 CH32V103 中断系统主要特征 …… 153
6.7	CH32V103 仿真器的选择 …… 124		8.2.2 系统定时器 …………… 154
习题	………………………………… 125		8.2.3 中断向量表 …………… 154
第7章	**CH32 通用输入输出接口** … 126		8.2.4 外部中断系统结构 …… 156
7.1	CH32V103x 通用输入输出接口	8.3	中断控制 ……………………… 158
	概述 ………………………… 126		8.3.1 中断屏蔽控制 ………… 158
	7.1.1 模块基本结构 …………… 126		8.3.2 中断优先级控制 ……… 158
	7.1.2 输入配置 ………………… 128	8.4	外部中断常用库函数 ………… 159
	7.1.3 输出配置 ………………… 128		8.4.1 快速可编程中断控制器库
	7.1.4 复用功能配置 …………… 129		函数 …………………… 159
	7.1.5 模拟输入配置 …………… 129		8.4.2 CH32V103 的外部中断库函数 … 162
7.2	通用输入输出接口功能 ……… 130	8.5	外部中断使用流程 …………… 165
	7.2.1 工作模式 ………………… 130		8.5.1 快速可编程中断控制器配置 … 165
	7.2.2 初始化功能 ……………… 130		8.5.2 中断端口设置 ………… 165
	7.2.3 外部中断 ………………… 131		8.5.3 中断处理 ……………… 166
	7.2.4 复用功能 ………………… 131	8.6	CH32 的外部中断设计实例 … 166
	7.2.5 锁定机制 ………………… 131		8.6.1 CH32 的外部中断硬件设计 …… 166
7.3	库函数 ………………………… 131		8.6.2 CH32 的外部中断软件设计 …… 167
7.4	使用流程 ……………………… 135	习题	………………………………… 171
	7.4.1 普通引脚配置 …………… 135	**第9章**	**CH32 定时器系统** ………… 172
	7.4.2 引脚复用功能配置 ……… 136	9.1	CH32 定时器概述 …………… 172
7.5	CH32V103 的通用输入输出按键		9.1.1 CH32 定时器的类型 … 173
	输入应用实例 ……………… 137		9.1.2 CH32 定时器的计数模式 …… 174
	7.5.1 触摸按键输入硬件设计 … 138		9.1.3 CH32 定时器的主要功能 …… 174
	7.5.2 触摸按键输入软件设计 … 138	9.2	CH32V103 通用定时器的
	7.5.3 工程下载 ………………… 142		结构 ………………………… 175
	7.5.4 串口助手测试 …………… 144		9.2.1 输入时钟 ……………… 176
	7.5.5 WCH-LinkUtility 独立下载		9.2.2 核心计数器 ………… 176
	软件 …………………… 145		9.2.3 比较捕获通道 ……… 176
7.6	CH32V103 的通用输入输出 LED		9.2.4 通用定时器的功能寄存器 …… 177
	输出应用实例 ……………… 146		9.2.5 通用定时器的外部触发及输入/输出
	7.6.1 LED 输出硬件设计 …… 146		通道 …………………… 177
	7.6.2 LED 输出软件设计 …… 147	9.3	CH32V103 通用定时器的功能
习题	………………………………… 150		模式 ………………………… 177

9.3.1	输入捕获模式	178
9.3.2	比较输出模式	178
9.3.3	强制输出模式	179
9.3.4	PWM 输入模式	179
9.3.5	PWM 输出模式	179
9.3.6	单脉冲模式	180
9.3.7	编码器模式	180
9.3.8	定时器同步模式	181
9.3.9	调试模式	181
9.4	通用定时器常用库函数	181
9.5	通用定时器使用流程	190
9.5.1	快速可编程中断控制器设置	190
9.5.2	定时器中断配置	190
9.5.3	定时器中断处理流程	191
9.6	CH32 定时器应用实例	191
9.6.1	CH32 的定时器应用硬件设计	191
9.6.2	CH32 的定时器应用软件设计	192
习题		196

第 10 章 CH32 通用同步异步收发器 197

10.1	串行通信基础	197
10.1.1	串行异步通信数据格式	197
10.1.2	连接握手	198
10.1.3	确认	198
10.1.4	中断	199
10.1.5	轮询	199
10.2	通用同步异步收发器的结构、工作模式和方式	199
10.2.1	内部结构	199
10.2.2	工作模式	201
10.2.3	工作方式	203
10.3	常用库函数	203
10.4	使用流程	210
10.5	CH32 的通用同步异步收发器串行通信应用实例	210
10.5.1	CH32 的通用同步异步收发器串行通信应用硬件设计	210
10.5.2	CH32 的通用同步异步收发器串行通信应用软件设计	211
习题		219

第 11 章 HPM6700 系列高性能微控制器 220

11.1	HPM6700 概述	220
11.2	HPM6750 的主要特性	224
11.2.1	内核与系统	225
11.2.2	内部存储器	225
11.2.3	电源管理	226
11.2.4	时钟	226
11.2.5	复位	226
11.2.6	启动	227
11.2.7	外部存储器	227
11.2.8	图形系统	228
11.2.9	定时器	228
11.2.10	通信外设	228
11.2.11	模拟外设	229
11.2.12	输入输出	229
11.2.13	系统调试	230
11.3	HPM6750 处理器内核	230
11.3.1	中央处理器	230
11.3.2	双核配置	231
11.3.3	总线和存储器接口	231
11.3.4	"陷阱"	231
11.3.5	机器定时器	231
11.3.6	硬件性能监视器	232
11.3.7	特权模式	232
11.3.8	物理内存属性	232
11.3.9	物理内存保护	233
习题		233

第 12 章 HPM6750 微控制器开发平台 234

12.1	SDK 概述	234
12.1.1	SDK 开发平台	234
12.1.2	HPM SDK	235
12.2	RISC-V 微控制器跨平台开发	237
12.3	SDK 与 HPM6750 开发板的连接	238
12.3.1	准备工作	238
12.3.2	SDK 的基本命令	238
12.3.3	CMake	243

IX

12.4 SEGGER Embedded Studio for RISC-V 开发环境 ………… 244
  12.4.1 SEGGER Embedded Studio for RISC-V 开发环境安装 ………… 244
  12.4.2 SEGGER Embedded Studio 工程文件夹的功能解释 ………… 249
  12.4.3 SEGGER Embedded Studio for RISC-V 的使用步骤和菜单栏 …… 251
  12.4.4 SEGGER Embedded Studio for RISC-V 的命令 ………… 255
12.5 HPM6750 开发板 ………… 258
  12.5.1 HPM6750 核心板硬件资源 ……… 259
  12.5.2 HPM6750IVM2_BTB 开发板硬件资源 ………… 260
12.6 HPM6750 仿真器的选择 ……… 261
  12.6.1 CMSIS-DAP 仿真器 ………… 261
  12.6.2 微控制器调试接口 ………… 262
习题 ………… 262

第13章 HPM6750 微控制器开发应用实例 ………… 263

13.1 HPM6750 的通用输入输出的输出应用实例概述 ………… 263
13.2 HPM6750 的通用输入输出的输出应用硬件设计 ………… 265
13.3 HPM6750 的通用输入输出的应用软件设计 ………… 266
  13.3.1 HPM6750 的通用输入输出的应用软件设计概述 ………… 266
  13.3.2 HPM6750 的通用输入输出的源代码设计 ………… 267
  13.3.3 HPM6750 的工程构建 ………… 274
  13.3.4 HPMProgrammer_v 0.2.0 烧录程序 ………… 285
  13.3.5 通过 HPM6750 的 JTAG-UART 接口下载程序 ………… 288
  13.3.6 通过 HPM6750 开发板上的 USB_OTG 接口下载程序 ……… 291

参考文献 ………… 294

第1章 绪 论

在当今快速进步的技术世界中,指令集架构(Instruction Set Architecture,ISA)成为连接计算机硬件与软件的关键桥梁。本章将深入探讨 RISC-V——一种革命性的开源指令集架构的设计哲学、发展历程、特性、优势和应用场景,以及与其他主流架构的对比分析。

本章主要讲述如下内容:

1) 指令集架构概述:包括指令集架构的基本概念,CISC(复杂指令集计算机)与 RISC(精简指令集计算机)的区别,32 位与 64 位架构的比较,以及知名指令集架构,以及 CPU 的领域之分,为理解 RISC-V 奠定基础。

2) RISC-V 的诞生与发展:包括 RISC-V 的诞生背景,它如何从一个学术项目发展成一个全球性开源项目,以及它的发展历程和当前的发展状态。

3) RISC-V 的指令集架构:包括基础指令集、标准扩展、特权模式和其他扩展,以及兼容性和可扩展性设计。

4) RISC-V 的应用领域:介绍了 RISC-V 在各种应用领域的实际用例,包括嵌入式系统、物联网(IoT)、高性能计算、数据中心等。

通过本章的学习,读者将获得对 RISC-V 架构深入而全面的理解,包括其在现代计算领域的重要性和潜力,以及如何利用这一开源架构推动技术创新。

1.1 指令集架构概述

指令集是 CPU 能够执行的所有指令的集合。CPU 的硬件实现和软件编译出来的指令需要遵从相同的规范,这个规范就是指令集架构(ISA)。可以将 ISA 理解为对 CPU 硬件的抽象,ISA 包含了编译器需要的硬件信息,是 CPU 硬件和软件编译器之间的一个接口。具体实现 CPU 时所使用的技术或者方案称为微架构(Micro Architecture)。有了 ISA 作为规范:一方面,不同厂商可以采用各自的微架构,设计具有相同 ISA 的 CPU,各厂商的 CPU 性能会存在差异;另一方面,面向相同 ISA 的应用程序可以运行在不同厂商生产的遵从该 ISA 的 CPU 上。

ISA 是计算机体系结构中的一个核心概念,它定义了处理器能理解和执行的一系列指令。ISA 作为软件和硬件之间的桥梁,不仅决定了程序员如何编写程序来控制硬件,也影响了处理器的设计和实现。ISA 的设计对计算机的性能、功耗、成本和软件生态系统都有深远的影响。

(1) ISA 的关键组成部分

ISA 的关键组成部分如下。

1) 指令集:指令集是 ISA 的核心,包含了所有处理器可以直接执行的操作。这些操作包括算术运算(如加、减、乘、除)、逻辑运算(如与、或、非)、数据移动(如加载、存储)、控制流操作(如跳转、条件分支)等。每条指令都有一个唯一的操作码(opcode)和一定数量的操作数。

2）数据类型：ISA 定义了处理器可以操作的基本数据类型，如整数、浮点数、定点数等，以及这些数据类型的大小（如 8 位、16 位、32 位、64 位等）和表示方式（如有符号、无符号）。

3）寄存器集：寄存器是处理器内部用于临时存储数据的小容量存储单元。ISA 规定了寄存器的数量、类型（如通用寄存器、浮点寄存器、程序计数器）和用途。寄存器的设计对处理器的性能有直接影响。

4）内存寻址：ISA 定义了处理器如何访问内存中的数据，包括不同的寻址模式（如直接寻址、间接寻址、基址寻址、索引寻址等）和内存地址空间的组织方式。

5）指令格式：指令格式决定了一条指令的结构，包括操作码、操作数、寻址方式等的编码方式。指令格式的设计影响指令的可读性、灵活性和处理器的实现复杂度。

（2）ISA 的重要性

ISA 直接影响软件的可移植性和硬件的实现。一个良好设计的 ISA 可以提高处理器的性能、降低功耗、减少成本，并支持丰富的软件生态系统。随着计算需求的不断发展，ISA 也在不断进化，引入新的特性和扩展，如向量指令、加密指令、虚拟化支持等，以实现更高效的数据处理和满足更先进的计算需求。

1.1.1 指令集架构的基本概念

指令集架构（ISA）是 CPU 的"灵魂"。指令集，顾名思义是一组指令的集合；指令是指处理器进行操作的最小单元（例如加减乘除操作或者读/写存储器数据）。

ISA 有时简称为"架构"或者称为"处理器架构"。有了 ISA，便可使用不同的处理器硬件实现方案来设计不同性能的处理器。处理器的具体硬件实现方案即微架构。虽然不同的微架构实现可能造成性能与成本的差异，但是，它们无须做任何修改便可以运行在任何一款遵循同一 ISA 的处理器上。因此 ISA 可以视为一个抽象层，如图 1-1 所示。该抽象层构成处理器底层硬件与运行其上的软件之间的桥梁与接口，也是现在计算机处理器中重要的一个抽象层。

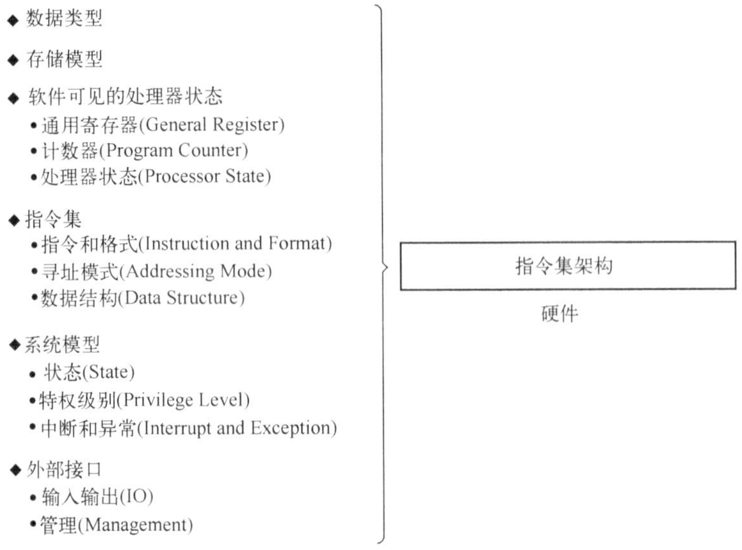

- ◆ 数据类型
- ◆ 存储模型
- ◆ 软件可见的处理器状态
  - 通用寄存器(General Register)
  - 计数器(Program Counter)
  - 处理器状态(Processor State)
- ◆ 指令集
  - 指令和格式(Instruction and Format)
  - 寻址模式(Addressing Mode)
  - 数据结构(Data Structure)
- ◆ 系统模型
  - 状态(State)
  - 特权级别(Privilege Level)
  - 中断和异常(Interrupt and Exception)
- ◆ 外部接口
  - 输入输出(IO)
  - 管理(Management)

指令集架构

硬件

图 1-1 指令集架构（ISA）

1.1.2 CISC 与 RISC

指令集架构主要分为复杂指令集计算（Complex Instruction Set Computer, CISC）和精简指令集计算（Reduced Instruction Set Computer, RISC），两者的主要区别如下：

1) CISC 不仅包含了处理器常用的指令，还包含了许多不常用的特殊指令。由于其指令数比较多，所以称为复杂指令集。

2) RISC 只包含处理器常用的指令，对于不常用的操作，则通过执行多条常用指令的方式来达到同样的效果。由于其指令数目比较精简，所以称为精简指令集。

在 CPU 诞生的早期，因为可以使用较少的指令完成更多的操作，所以 CISC 是主流。但是随着指令集的发展，越来越多的特殊指令被添加到 CISC 中，CISC 的诸多缺点开始显现出来。比如：

1) 典型程序的运算过程中所使用的 80% 指令，只占所有指令类型的 20%，也就是说 CISC 定义的指令中，只有 20% 经常使用，其余 80% 则很少用到。

2) 那些很少用到的特殊指令使 CPU 设计变得极为复杂，大大增加了硬件设计的时间成本与面积开销。

基于以上原因，自从 RISC 诞生之后，几乎所有现代指令集架构都选择使用 RISC 架构。

1.1.3 32 位与 64 位架构

除了 CISC 与 RISC，处理器指令集架构的位数也是一个重要的概念。通俗来讲，处理器架构的位数是指通用寄存器的宽度，其决定了寻址范围的大小、数据运算能力的强弱。例如 32 位架构的处理器，其通用寄存器的宽度为 32 位，能够寻址的范围为 2^{32} 字节（Byte），即 4 GB 的寻址空间，运算指令可以操作的操作数为 32 位。

处理器指令集架构的宽度和指令的编码长度无任何关系，并不是说 64 位架构的指令长度为 64 位（这是一个常见的误区）。从理论上来讲，指令本身的编码长度越短越好，因为可以节省代码的存储空间。因此即便在 64 位的架构中，也大量存在 16 位编码的指令，且基本上很少出现 64 位编码的指令。

综上所述，在不考虑实际成本和实现技术的前提下，理论上讲：

1) 通用寄存器的宽度，即指令集架构的位数越多越好，这样可以带来更大的寻址范围和更强的运算能力。

2) 指令编码的长度越短越好，这样可以节省代码的存储空间。

常见的架构位数有 8 位、16 位、32 位和 64 位。早期的单片机以 8 位和 16 位为主，例如知名的 8051 单片机就使用广泛的 8 位架构。目前主流的嵌入式微处理器均在向 32 位架构转移。目前主流的移动手持、个人计算机和服务器领域，均使用 64 位架构。

1.1.4 知名指令集架构

经过几十年的发展，全世界范围内已经相继诞生了几十种不同的指令集架构。下面将对几款比较知名的指令集架构加以论述。

1. x86

x86 是由 Intel 公司推出的一种 CISC 架构，其在 1978 年推出的 Intel 8086 处理器中首度出现，如图 1-2 所示。8086 处理器在 3 年后被 IBM 选用，之后 Intel 与微软公司结成了所谓的

Windows-Intel（Wintel）商业联盟，垄断了个人计算机（Personal Computer，PC）软硬件平台几十年而获得了丰厚的利润。x86 也因此几乎成为个人计算机的标准处理器架构。

2. SPARC

1985 年，Sun 公司设计出一种非常有代表性的高性能 RISC 架构——可扩充处理器架构（Scalable Processor Architecture，SPARC），是。之后，Sun 公司和 TI（德州仪器）公司合作开发了基于该架构的处理器芯片。SPARC 处理器为 Sun 公司赢得了当时高端处理器市场的领先地位。1995 年，Sun 公司推出了 UltraSPARC 处理器，开始采用 64 位架构。SPARC 设计的出发点是服务于工作站，它被应用在 Sun、富士通等制造的大型服务器上，如图 1-3 所示。1989 年 SPARC 作为一个独立的公司正式成立，其目的是向外界推广 SPARC，以及对该架构进行兼容性测试。Oracle 收购 Sun 公司之后，SPARC 归 Oracle 所有。

图 1-2　Intel 8086 处理器

图 1-3　基于 SPARC 的服务器

3. MIPS

MIPS（Microprocessor without Interlocked Piped Stages Architecture，无内部互锁流水级的微处理器架构）是一种简洁、优化的 RISC 架构。MIPS 可以说是出身名门，由斯坦福大学 Hennessy 教授（计算机体系结构领域泰斗之一）领导的研究小组研制开发。

MIPS 是经典的 RISC 架构，是除了 ARM 之外广为人知的 RISC 架构。最早的 MIPS 是 32 位的，最新的版本已发展到 64 位。

自 1981 年由 MIPS 科技公司开发并授权后，MIPS 曾经作为最受欢迎的 RISC 架构被广泛应用在许多电子产品、网络设备、个人娱乐装置与商业装置上。它曾经在嵌入式设备与消费领域占据很大的份额，如索尼的电子产品、任天堂的游戏机、思科的路由器和 SGI（美国硅图公司）超级计算机中都有 MIPS 的身影。

但是由于一些商业运作原因，MIPS 被同属 RISC 阵营的 ARM 后来居上。2013 年 MIPS 被英国公司 Imagination Technologies 收购，可惜的是，MIPS 被收购后，非但没有发展，反而日渐衰落。

4. Power

Power 是 IBM 开发的一种 RISC 架构指令集。1980 年 IBM 推出了全球第一台基于 RISC 架构的原型机，证明 RISC 相比 CISC 在高性能领域优势明显。1994 年 IBM 基于此推出 PowerPC604 处理器，其强大的性能在当时处于全球领先地位。

基于 Power 架构的 IBM Power 服务器系统在可靠性、可用性和可维护性等方面表现出色，使得 IBM 所设计的从芯片到系统的整机方案有着独有的优势。Power 架构的处理器在超级计算、银行金融、大型企业的高端服务器等多个方面应用得十分成功。IBM 至今仍在不断开发新的 Power 架构处理器。

1）2013 年，IBM 发布了新一代服务器处理器 Power8。Power8 的核心数量达 12 个，而且每个核心都支持 8 线程，总线程多达 96 个。它采用了 8 派发、10 发射、16 级流水线的设计，各项规格均强大得令人惊叹。

2）2016 年 IBM 公司发布了其 Power9 处理器，Power9 拥有 24 个计算核心，是 Power8 芯片的两倍。

3）2020 年，IBM 公司发布了 Power10 处理器。这款处理器采用了 7nm 制程技术，并引入了全新的微架构，旨在满足"极端分析"和"极端大数据"处理等应用场景的需求。Power10 的设计专注于提升性能和能效，支持更高的内存带宽和安全性特性。此外，它还具备增强的 AI 加速能力，特别适合需要快速处理大量数据的企业级应用。

4）2024 年 2 月，有消息称 IBM 公司已开始为 Linux 6.9 着手准备与 Power11 相关的工作。Power11 预计将在提高计算性能和能效方面实现新的突破，进一步优化大规模数据处理和分析能力。IBM 致力于通过 Power11 支持更多创新的应用场景，包含在云计算、人工智能及机器学习领域的广泛应用。Power11 的开发表明了 IBM 在高性能计算领域的持续投入和技术领先地位。

5. ARM

ARM 架构是 ARM 处理器所遵循的一套指令集，它定义了处理器能够理解和执行的所有操作。由于 ARM 架构是一种 RISC 架构，这意味着它设计得更加简洁、高效，专注于执行更少但更快速的指令。这种设计哲学有助于提高处理器的性能，同时降低能耗，使 ARM 指令集架构成为移动和嵌入式设备的理想选择。

（1）ARM 指令集架构的特点

ARM 指令集架构的主要特点包括：

1）高效的精简指令集：ARM 采用 RISC 设计原则，使得每条指令都能在一个时钟周期内完成，提高了执行效率。

2）负载/存储架构：ARM 指令集架构主要通过负载和存储指令进行数据处理，这意味着所有算术和逻辑操作都是在寄存器上执行的，而内存访问仅限于负载和存储操作。

3）条件执行指令：ARM 指令集架构支持条件执行指令，这允许在满足特定条件时执行指令，有助于减少分支指令的使用，从而提高程序的执行效率。

4）Thumb 指令集：为了进一步提高代码密度，ARM 引入了 Thumb 指令集。它是一种压缩的 16 位指令集，可以与 32 位 ARM 指令集混合使用，减少了程序的规模，提高了缓存的效率。

（2）ARM 指令集架构的主要版本

随着技术的发展，ARM 指令集架构经历了多个版本的迭代，每个版本都引入了新的特性和改进。主要版本包括：

1）ARMv6：引入了 SIMD（单指令流多数据流）指令集扩展，改善了多媒体处理能力。

2）ARMv7：分为三个系列，即 A（应用）、R（实时）、M（微控制器），支持更高的性能和更低的功耗。ARMv7 引入了 Thumb-2 技术，进一步提高了代码密度和性能。

3）ARMv8：引入了对 64 位处理器的支持（AArch64），同时保持对 32 位应用的兼容性（AArch32）。ARMv8 架构提供了显著的性能提升和新的安全特性。

4）ARMv9：最新的架构版本，重点在于提高机器学习和人工智能的处理能力，增强安全性和可扩展性。ARMv9 引入了新的向量和标量指令集扩展，以支持更高效的数据处理。

1.1.5 CPU 的领域之分

1. 处理器在传统计算机领域的分类

在传统计算机体系结构分类中，处理器应用分为三个领域：服务器领域、PC（个人计算机）领域和传统嵌入式领域。

1）服务器领域在早期还存在多种不同的架构并呈群雄分立之势，不过，由于 Intel 公司商业策略上的成功，Intel 的 x86 处理器芯片几乎成为这个领域的霸主。

2）PC 领域本身是由 Windows-Intel 软硬件组合发展而壮大的，因此，x86 架构是 PC 领域的垄断者。

3）传统嵌入式领域的范畴非常广泛，包含了除服务器和 PC 领域之外，处理器的主要应用场合。所谓"嵌入式"是指处理器被内置于众多芯片之中，仿佛被嵌入其中而不易察觉。

2. 处理器在嵌入式领域的分类

近年来随着各种新技术、新领域的进一步发展，嵌入式领域本身也逐渐分化，发展出了多个不同的子领域。

1）移动领域。随着智能手机和手持设备的发展，移动（Mobile）领域逐渐成长为规模匹敌甚至超过 PC 领域的一个独立领域，其主要由 ARM 的 Cortex-A 系列处理器架构所主导。移动领域的处理器由于需要加载 Linux 操作系统，同时涉及复杂的软件生态，因此和 PC 领域一样具有对软件生态的严重依赖。因为 ARM Cortex-A 系列已占据绝对的统治地位，其他处理器架构要获得一席之地困难重重。

2）实时（Real Time）嵌入式领域。该领域相对而言软件依赖性不强，因此没有形成绝对的垄断局面，但是由于 ARM 处理器在商业推广上的成功，目前 ARM 处理器架构占大多数市场份额，其他处理器架构例如 Synopsys ARC 等也有不错的市场成绩。

3）深嵌入式领域。该领域更像前面所指的传统嵌入式领域。这一领域的需求量非常大，但往往注重低功耗、低成本和高能效比，无须加载像 Linux 这样的大型应用操作系统，软件大多是需要定制的裸机程序或者简单的实时操作系统，因此对软件生态的依赖性比较低。在深嵌入式领域也难以形成绝对的垄断，但是 ARM 的 Cortex-M 处理器同样占据大多数市场份额，其他处理器架构例如 Synopsys ARC 和 Andes 等也有非常不错的表现。

1.2 RISC-V 架构概述

RISC-V 的前世今生是一个关于开放源码指令集架构（ISA）的创新和发展的故事。这个故事不仅展示了技术的演进，也反映了计算领域的一次重要转变，即从封闭、专有的架构向开放、共享的模式转变。

20 世纪 70 年代末到 80 年代初，"精简指令集计算"（RISC）的概念首次被提出。与之相对的是"复杂指令集计算"（CISC），当时的 CISC 架构因其复杂性导致硬件实现困难，而且效率不高。

RISC 的核心理念是简化指令集，使得每条指令都能在一个时钟周期内完成，从而提高处理器的性能和效率。这一理念首先由加利福尼亚大学伯克利分校和斯坦福大学的研究人员提出并实践。他们设计的 RISC 处理器展示了相对于 CISC 架构的明显优势，从而引发了计算机架构领域的一场革命。

尽管 RISC 理念在学术界和工业界获得了成功，但随着时间的推移，市场上的 RISC 架构逐渐变得封闭和专有。这种情况限制了技术的创新和普及，使用 RISC 架构需要支付高额的授权费用，并受到严格的使用限制。

而 RISC-V 的诞生，则续写了关于创新、开放和共享的新篇章，它不仅改变了计算机架构的发展方向，还对整个计算行业产生了深远的影响。随着 RISC-V 生态系统的不断成熟和扩展，它的故事仍在不断书写中。

1.2.1 RISC-V 架构的诞生

RISC-V 架构（见图 1-4）主要由美国加利福尼亚大学伯克利分校（简称伯克利）的 Krste Asanovic 教授、Andrew Waterman 和 Yunsup Lee 等开发人员于 2010 年发明，并且得到了计算机体系结构领域泰斗 David Patterson 的大力支持。伯克利的开发人员之所以发明一套新的指令集架构，而不是使用成熟的 x86 或者 ARM 架构，是因为：这些架构经过多年的发展变得极为复杂和冗繁，并且存在成本高昂的专利和架构授权问题；修改 ARM 处理器的 RTL（寄存器传输级）代码是不被支持的，x86 处理器的源代码则根本不可能获得；其他开源架构（例如 SPARC、OpenRISC）均存在或多或少的问题。有感于计算机体系结构和指令集架构经过数十年的发展已经非常成熟，但是像伯克利这样的研究机构竟然"无米下锅"（选不出合适的指令集架构用）。伯克利的教授与研发人员决定发明一种全新的、简单、开放且免费的指令集架构，于是 RISC-V 架构诞生了。

图 1-4 RISC-V 架构标志

RISC-V（英文读作"risk-five"）是一款通用的指令集架构。"V"包含两层意思：
1) 这是伯克利从 RISC-Ⅰ开始设计的第五代指令集架构。
2) 它代表了变化（Variation）和向量（Vector）。

经过几年的开发，伯克利为 RISC-V 架构开发出了完整的软件工具链以及若干开源的处理器实例，得到越来越多的关注。2015 年，RISC-V 基金会（Foundation）正式成立并运作。RISC-V 基金会是一个非营利性组织，负责维护标准的 RISC-V 指令集手册与架构文档，并推动 RISC-V 架构的发展。

RISC-V 架构的目标如下：

1）它要适应各种规模的处理器设计，包括从最小的嵌入式控制器到最快的高性能计算机。

2）它要兼容各种流行的软件栈和编程语言。

3）它要适用于所有实现技术，包括 FPGA（Field Programmable Gate Array，现场可编程门阵列）、ASIC（Application Specific Integrated Circuit，专用集成电路）、全定制芯片，甚至未来的制造元件技术。

4）它能高效实现所有微体系结构，包括微程序或硬连线控制，顺序、解耦或乱序流水线，单发射或超标量等。

5）它要支持高度定制化，成为定制加速器的基础，以应对摩尔定律放缓带来的挑战。

6）它要稳定，基础指令集架构不会改变。更重要的是，它不能像以往的公司专有指令集架构那样消亡（如 AMD 的 Am29000、Digital 的 Alpha 和 VAX、HP 的 PA-RISC、Intel 的 i860 和 i960、Motorola 的 88000，以及 Zilog 的 Z8000）。

RISC-V 基金会负责维护标准的 RISC-V 架构文档，以及编译器等 CPU 所需的软件工具链，任何组织和个人都可以随时在 RISC-V 基金会网站上免费下载（无须注册）。

RISC-V 的推出以及基金会的成立，受到了学术界与工业界的巨大欢迎。著名的科技行业分析公司 Linley Group 将 RISC-V 评为"2016 年最佳技术"。

开放而免费的 RISC-V 架构的诞生，不仅对高校与研究机构来说是个好消息，对前期缺乏资金的创业公司、成本极其敏感的产品、对现有软件生态依赖不大的领域来说，它也提供了另外一种选择。RISC-V 架构得到了业界主要科技公司的拥戴，包括 Google、HP、Oracle 和 WDC（西部数据）等硅谷巨头都是 RISC-V 基金会的创始会员。RISC-V 基金会成员如图 1-5 所示。众多芯片公司（如三星、英伟达）已经开始使用或者计划使用 RISC-V 架构开发其自有的处理器用于其产品。

图 1-5 RISC-V 基金会成员

由于许多主流计算机体系结构英文教材（比如，《计算机体系结构量化研究方法》《计算机组成与设计》等教材）的作者本身也是 RISC-V 架构的发起者，因此这些英文教材都相继推出了以 RISC-V 架构为基础的版本。机械工业出版社引进的《计算机组成与设计：硬件/软件接口》（RISC-V 版）如图 1-6 所示。

但是，一款指令集架构最终能否取得成功，很大程度上取决于软件生态环境。x86 与 ARM 架构经过多年经营，构建了城宽池阔的软件生态环境，因此，作者认为 RISC-V 架构在短时间内还无法撼动 x86 和 ARM 架构的地位。但是随着越来越多公司和项目开始采用 RISC-V 架构的处理器,作者相信 RISC-V 架构的软件生态也会逐步壮大起来。

RISC-V 是一种开放标准的指令集架构。与其他指令集架构如 x86 或 ARM 不同,RISC-V 的开放标准,允许任何人在遵循它的许可协议的前提下自由地使用它,设计、制造和销售 RISC-V 芯片,而不需要支付版税。这一点使得 RISC-V 特别吸引那些希望自定义其处理器核心,或者避免依赖特定供应商的专有技术的公司和研究机构。

RISC-V 的设计遵循了 RISC 的原则,这意味着它使用了一套相对较小、简单的指令,旨在通过执行更少、更简单的指令来提高处理器的性能和效率。这与 CISC 的设计理念不同,后者通过使用更复杂的指令来减少程序所需的指令数量。

RISC-V 的诞生是为了解决指令集架构的开放性和可用性问题,它通过其开放标准和模块化的设计,成功地促进了技术创新和多样性的发展。

图 1-6 《计算机组成与设计:硬件/软件接口》(RISC-V 版)教材

1.2.2 RISC-V 的发展历程

RISC-V 的发展历程体现了一个开放标准从概念提出到被广泛采用的完整轨迹。

1. 早期阶段(2006—2010)

2006 年,RISC-V 的概念由伯克利研究团队提出后,直到 2010 年,RISC-V 的第一个版本正式发布。这个版本主要面向学术界和研究用途,目的是提供一个简单、高效且灵活的指令集架构,用于探索计算机架构的新设计。

2. 发展与扩展(2011—2015)

2011 至 2014 年,RISC-V 吸引了更多学术界和工业界的关注。在这一时期,伯克利的研究团队和其他机构开始开发基于 RISC-V 的硬件原型和软件工具。

2015 年,RISC-V 基金会成立,这是一个非营利组织,旨在指导 RISC-V 的发展并扩大其生态系统。这标志着 RISC-V 从学术项目向更广泛的工业界和开源社区的扩展。

3. 生态系统成熟与被广泛采用(2016 至今)

2016 至 2017 年:RISC-V 开始获得更广泛的行业支持。多家公司宣布采用 RISC-V 作为其产品的基础,包括低功耗嵌入式设备、网络设备和高性能计算产品。

2018 年,RISC-V 国际组织(RISC-V International)成立,取代了原有的 RISC-V 基金会,进一步推动 RISC-V 的国际化和标准化工作。这一年,RISC-V 也开始在更多的国际会议和展览上亮相,获得了更多的关注和支持。

2019 年之后,RISC-V 的生态系统快速发展,不仅有越来越多的硬件实现问世,而且在软件支持、开发工具和实际应用方面也取得了显著进展。多家大型科技公司和初创企业投入资源来开发基于 RISC-V 的产品,它的应用领域也从嵌入式系统扩展到了数据中心、人工智能、物联网等多个领域。

1.2.3 RISC-V 的指令集架构

RISC-V 的指令集架构是一种基于 RISC 原则设计的开放源码指令集架构。它的设计目标是提供一种简洁、可扩展、高效的指令集,以满足从小型嵌入式系统到大型高性能计算系统的广泛应用的需求。RISC-V 指令集架构的一个显著特点是其模块化设计，允许开发者根据具体需求选择所需的指令集组合。

为了使开发者能够编写底层的软件，指令集架构不仅要包含一组指令的集合，而且要定义所有开发者需要了解的硬件信息，包括支持的数据类型、存储器（如内存）、寄存器状态、寻址模式和存储器模型等。

指令集架构是区分不同 CPU 的主要标准，这也是 Intel 和 AMD 公司多年来分别推出了几十款不同 CPU 芯片产品的原因。虽然来自不同的公司，但是它们仍被统称为 x86 架构 CPU。

RISC-V 指令集架构被设计为支持不同大小的地址空间，主要包括 32 位（RV32）、64 位（RV64）和 128 位（RV128）版本。这些版本使得 RISC-V 架构能够适应各种计算需求，从低功耗的嵌入式设备到高性能的服务器和超级计算机。

1）RV32：32 位版本的 RISC-V，用于需要较低功耗和较小物理空间的场景，如嵌入式系统和物联网（IoT）设备。RV32 提供了一个 32 位的地址空间，可以满足许多轻量级应用的需求。

2）RV64：64 位版本的 RISC-V，提供了更大的地址空间，适用于需要处理大量数据和内存的场景，如桌面计算、服务器和数据中心。RV64 允许更高效的数据处理和更大的内存寻址能力，适合更复杂和要求更高的计算任务。

3）RV128：虽然目前应用较少，但 RISC-V 还设计了 128 位版本（RV128），为未来可能出现的超大内存寻址需求提供支持。随着技术的发展和数据量的增加，RV128 可能会在特定领域找到其应用场景。

RISC-V 的这种多版本设计体现了其灵活性和扩展性，允许开发者根据具体的应用需求选择最合适的架构版本。此外，RISC-V 还支持多种可选的扩展（如整数乘法和除法、原子操作、浮点运算等），进一步增强了适用性和灵活性。

1. 基础整数指令集

RISC-V 的基础整数指令集（Base Integer Instruction Set）构成了 RISC-V 指令集架构的核心，为不同的处理器设计和应用提供了基本的运算能力。不同的基础整数指令集以其位宽来区分，分别适用于不同的处理器和应用场景。

1）RV32I：32 位基础整数指令集。RV32I 是 RISC-V 指令集架构的基石，提供了一套 32 位整数运算的基本指令。这个指令集包括算术、逻辑、控制转移、加载和存储等操作的指令。RV32I 的设计目标是简洁高效，它既适用于低成本、低功耗的嵌入式系统，也适用于教学和研究目的。由于其简洁性，RV32I 成为很多 RISC-V 初学者和嵌入式系统开发者的首选。

2）RV64I：64 位基础整数指令集。RV64I 在 RV32I 的基础上进行了扩展，支持 64 位的数据和地址空间。RV64I 能够处理更大的数据集和更广阔的内存地址范围，适用于需要更高计算能力和内存容量的场景，如服务器、云计算和高性能计算等领域。RV64I 保留了与 RV32I 相同的指令集结构，确保了良好的向上兼容性，同时增加了一些专用于 64 位操作的指令。

3）RV128I：128 位基础整数指令集。RV128I 是对 RV64I 的进一步扩展，支持 128 位的数据和地址空间。虽然目前还未得到广泛采用，但 RV128I 展示了 RISC-V 架构的前瞻性和可扩展性，为未来可能出现的超大规模数据处理和地址空间需求提供了准备。随着技术的发展，尤其是在大数据、人工智能和量子计算等领域，RV128I 可能会成为未来满足高性能计算需求的一个重要选项。

2. 标准扩展

RISC-V 通过引入标准扩展的概念，为其核心指令集提供了一种灵活的扩展机制，以满足不同应用场景的特定需求。这些标准扩展允许开发者根据需要为基础整数指令集（如 RV32I、RV64I 或 RV128I）添加额外的功能。

1）M 扩展：乘法和除法指令扩展。M 扩展为 RISC-V 指令集引入了整数乘法和除法指令。虽然乘法和除法是基本的算术运算，但为了保持核心指令集的简洁性，它们并未包含在最基础的整数指令集中。M 扩展的加入，使得处理器能够直接执行乘法和除法运算，而无须通过软件模拟这些操作，从而提高了这类运算的效率。这对于算术密集型应用尤其重要。

2）A 扩展：原子操作指令扩展。A 扩展添加了原子操作指令，这对于支持并发编程极为关键。原子操作指令允许在多线程环境中安全地进行复合读-改—写操作，确保在操作的过程中不会被其他线程打断。这对于实现线程同步、构建无锁数据结构等并发编程技术至关重要。

3）F 扩展：单精度浮点指令扩展。F 扩展引入了对单精度（32 位）浮点数的支持，包括浮点数的算术运算、比较和数据类型转换等指令。对于需要执行浮点数运算的应用，比如图形处理、科学计算和某些数据分析任务，F 扩展提供了必要的硬件支持，以提高浮点数运算的效率。

4）D 扩展：双精度浮点指令扩展。D 扩展在 F 扩展的基础上，进一步添加了对双精度（64 位）浮点数的支持。它提供了更高精度和更大范围的浮点数计算能力，适用于对计算精度要求更高的应用场景，如某些科学计算和工程模拟任务。

5）C 扩展：压缩指令扩展。C 扩展通过引入更短的指令格式来减少程序的大小，提高代码密度和执行效率。这对于资源受限的嵌入式系统特别有用，可以帮助减少对存储和内存的需求。

6）V 扩展：向量指令扩展。V 扩展为 RISC-V 架构添加了向量处理能力，允许单个指令对一组数据同时进行操作。这种数据并行处理方式极大地提高了处理效率，特别适用于需要大量数值计算的应用，如机器学习、深度学习、科学计算和图形处理等领域。

RISC-V 的这些标准扩展提供了灵活的方式，支持根据特定应用的需求定制处理器的功能。通过选择合适的扩展组合，开发者可以为其应用构建一个既满足性能需求又经济高效的处理器。

3. 特权模式和专用扩展

RISC-V 架构不仅在基础和标准扩展指令集上提供了灵活性和扩展性，还通过定义特权模式和一系列专用扩展，为操作系统级别的管理和控制提供了支持。这些特权模式和专用扩展是实现高级功能、操作系统支持和硬件资源管理的关键。

（1）特权模式

RISC-V 定义了几种特权模式，以支持不同级别的系统访问和控制。这些模式允许操作系统和其他系统级软件以受限制的方式访问硬件资源，同时保护用户应用程序不受不当访问的影响。特权模式包括：

1）机器模式（Machine Mode，M-Mode）：这是最高权限级别的模式，提供对所有硬件资源的完全访问。M-Mode 通常用于引导程序（Bootloader）和固件，如 BIOS（基本输入输出系统）或 UEFI（统一可扩展固件接口），以及实现最底层的操作系统功能，包括中断处理和系统初始化。

2）监督模式（Supervisor Mode，S-Mode）：这个模式为操作系统的内核提供了运行环境。S-Mode 允许操作系统执行资源管理、进程调度和虚拟内存管理等任务，同时限制对某些敏感硬件资源的访问。

3）用户模式（User Mode，U-Mode）：这是最低权限级别的模式，用于运行普通用户程序。U-Mode 限制了程序对硬件资源的直接访问，确保了系统的安全性和稳定性。

（2）专用扩展

除了特权模式，RISC-V 还定义了一系列专用扩展来支持特定的系统级功能和优化。这些专用扩展包括：

1) 中断和异常处理（I 扩展）：虽然不是正式的扩展，但是中断和异常处理机制是特权架构的一部分。它们允许系统响应外部事件和内部错误，是实现有效系统管理的关键。

2) 虚拟内存和内存管理单元（Memory Management Unit，MMU）支持：这些功能通常与 S-Mode 结合使用，允许操作系统实现虚拟内存管理，包括页表管理和地址转换，这对于现代操作系统是必不可少的。

3) 定时器和计数器扩展：提供了硬件级别的定时器和计数器支持，用于实现时间管理和性能监控功能。

4) 调试和性能监控（D 扩展和其他相关扩展）：这些扩展提供了调试支持和性能监控功能，允许开发者和系统管理员监控和调试软件和硬件，优化系统性能。

通过特权模式和这些专用扩展，RISC-V 提供了一套完整的机制来支持操作系统的运行和管理，以及高级功能的实现。

4. 兼容性和可扩展性

RISC-V 的兼容性和可扩展性是其设计中最显著的特性之一，这些特性不仅为硬件开发者提供了前所未有的灵活性，也为软件生态系统的建设打下了坚实的基础。

（1）兼容性

RISC-V 的基础整数指令集（RV32I、RV64I、RV128I）为所有 RISC-V 实现提供了一致的基线。这意味着任何遵循基础整数指令集的 RISC-V 处理器都能够运行为该指令集编写的软件，无论它们是否实现了额外的扩展。这种向后兼容性是 RISC-V 架构的关键优势之一，它保证了软件的可移植性和长期有效性，同时也为未来的技术进步留出了空间。

（2）可扩展性

RISC-V 的可扩展性体现在其设计允许以模块化的方式添加或定义新的指令集扩展，而不会影响到基础指令集的稳定性。这种设计使得开发者可以根据应用需求定制处理器，有选择性地集成适用于特定领域的功能，如浮点运算、向量处理、加密或定制加速器等。

RISC-V 的兼容性和可扩展性不仅为硬件的创新和定制提供了可能，也为软件开发者提供了一个稳定且灵活的平台。这种设计理念有助于形成一个活跃的生态系统，其中硬件和软件能够共同进步，满足从最简单到最复杂应用的需求。随着越来越多的组织采用 RISC-V，预计其在全球范围内的影响力和应用场景将持续扩大。

1.2.4　RISC-V 的应用领域

RISC-V 作为一种开放标准的 RISC 架构，由于其开放性、可扩展性和成本效益，已经在多个领域中得到应用。

1. 嵌入式系统

RISC-V 非常适用于嵌入式系统，如家用电器、汽车电子、工业控制器和物联网设备等。RISC-V 的简洁和高效使得它能够在资源受限的环境中提供足够的计算能力，同时保持低功耗。

2. 物联网

物联网（IoT）设备通常需要低功耗和高效的处理器来完成数据收集、处理和通信任务。

RISC-V 的高度可定制性使得它可以优化特定的物联网应用，如智能家居、智能穿戴设备和智能城市技术。

3. 高性能计算

在高性能计算（HPC）领域，RISC-V 可以通过添加专门的指令集扩展来优化复杂的数学运算和数据处理任务，因此成为科学研究、人工智能、大数据分析和图形处理等计算密集型应用的理想选择。

4. 数据中心

数据中心需要高性能和高能效比的处理器来处理大量数据。RISC-V 的可扩展性允许定制处理器以满足特定的性能和能效要求，同时 RISC-V 的开放标准也降低了成本并促进了创新。

5. 人工智能和机器学习

RISC-V 的可扩展性使其能够集成专门的人工智能和机器学习指令集扩展，以提高运算效率和降低能耗。这使得 RISC-V 成为智能设备、边缘计算和云计算中人工智能推理和训练任务的重要候选。

6. 自定义硬件和加速器

RISC-V 允许开发者根据特定应用需求定制指令集，这为在某些领域特定的加速器（如加密、网络处理和存储管理）中使用 RISC-V 提供了可能。

7. 教育和研究

由于 RISC-V 的开放和免费特点，它已成为学术界和研究机构中教学和研究的热门选择。学生和研究人员可以自由地研究、修改和实现 RISC-V 架构，促进了计算机架构和硬件设计领域的创新和教育。

8. 航天和国防

在对可靠性和安全性要求极高的航天和国防应用中，RISC-V 的可定制性和开放性提供了实现高度安全和抗干扰系统的可能。

RISC-V 的开放性、可扩展性和成本效益使其在广泛的应用领域中具有吸引力。从嵌入式系统到高性能计算，再到教育和研究，RISC-V 正展现出其强大的潜力和多样化的应用前景。随着技术的发展和生态系统的成熟，预计 RISC-V 将在更多领域中发挥重要作用。

习题

1. 什么是指令集？
2. 指令集架构的关键组成部分包括什么？
3. CISC 与 RISC 两者的主要区别是什么？
4. 什么是 RISC-V？
5. RISC-V 架构的目标是什么？
6. 简述 RISC-V 指令集架构。
7. RISC-V 的应用领域有哪些？

第 2 章　RISC-V 技术生态与实践

RISC-V 的开放指令集架构（ISA），因其开放性、可扩展性和高效性，已经吸引了全球众多厂商的关注和采纳。

本章主要讲述了如下内容：

1）采用 RISC-V 架构的国内外厂商：介绍了全球范围内采用 RISC-V 架构的主要厂商，展示 RISC-V 技术应用现状。

2）RISC-V 架构指令集的先驱——SiFive 公司产品：讲述了 SiFive 公司基于 RISC-V 架构微控制器的特点、应用领域，开发板以及集成开发环境（IDE）等方面的详细信息。

3）国产 RISC-V 架构——玄铁系列微处理器：讲述了玄铁系列微处理器，包括 8 系列和 9 系列、无剑 600 SoC 平台，玄铁微处理器的应用领域，全志 D1-哪吒开发板、玄铁 CXX 系列 CSI-RTOS SDK 开发包等内容。

4）国产 RISC-V 架构——HPM 系列微控制器：讲述了 HPM 系列微控制器，包括 HPM6700/6400 系列与 HPM6300 系列产品，HPM6750EVK 开发板，HPM 微控制器开发软件等信息。

5）国产 RISC-V 架构——CH 系列微处理器：详细介绍了青稞 RISC-V 通用系列产品及 32 位通用增强型 RISC-V 微控制器 CH32V103。

通过学习本章，读者将能够全面了解 RISC-V 技术生态和实践，以及国内外 RISC-V 领域的发展现状。

2.1　采用 RISC-V 架构的国内外厂商

RISC-V 的开放指令集架构吸引了全球众多厂商的关注和采纳，这些厂商覆盖了从芯片设计到系统集成等多个领域。

2.1.1　采用 RISC-V 架构的国外厂商

1. 英伟达

英伟达（NVIDIA）将 RISC-V 用于其 GPU（图形处理单元）中的辅助处理器，这一决策是 RISC-V 在高性能计算（HPC）领域应用的一个显著标志。通过将 RISC-V 用于控制和管理任务，英伟达进一步优化了其 GPU 产品的性能和能效比。

英伟达采用 RISC-V 具有如下意义：

1）创新：RISC-V 的开放指令集架构为英伟达提供了更大的设计自由度，使其能够创新并优化 GPU 的辅助处理功能。这有助于英伟达在竞争激烈的 GPU 市场中保持领先地位。

2）效率提升：RISC-V 架构的高性能使英伟达能够在保持高性能的同时，降低功耗，提高整体系统的能效比。

3）成本效益：由于采用开放的 RISC-V 架构，英伟达可以减少对专有架构的依赖，从而降低许可费用和总体开发成本。

4）促进标准化：英伟达这样的行业巨头采用 RISC-V，有助于推动 RISC-V 在高性能计算领域的标准化和普及。

英伟达在其 GPU 中将 RISC-V 用于辅助处理器，不仅展示了 RISC-V 在高性能计算领域的应用潜力，也为其他公司提供了一个成功的案例。这可能会激励更多硬件制造商在其产品中采用 RISC-V，从而推动 RISC-V 在高性能计算领域的进一步发展和应用。

2. Microchip Technology

Microchip Technology 公司推出的基于 RISC-V 的 PolarFire SoC FPGA 是一个创新的产品，它结合了 FPGA（现场可编程门阵列）的灵活性与 RISC-V 处理器核心的高效性，旨在为各种应用提供低功耗、高安全性的解决方案。这款产品的推出标志着 Microchip Technology 在 FPGA 和 RISC-V 技术领域迈出的重要一步，为设计人员提供了更多选择和灵活性，以满足不断变化的市场需求。

（1）核心特点

PolarFire SoC FPGA 的核心特点如下：

1）低功耗：PolarFire SoC FPGA 利用了 Microchip Technology 的低功耗 FPGA 技术，提供了行业领先的功耗性能。这对于需要在电池供电或能源受限环境中长时间运行的应用尤为重要。

2）高安全性：高安全性是 PolarFire SoC FPGA 的另一个关键特点。它提供了包括安全启动、物理不可复制功能（PUF）和数据加密等在内的多层安全措施，以保护用户数据和防止未授权访问。

3）RISC-V 处理器核心：集成的 RISC-V 处理器核心使得 PolarFire SoC FPGA 能够在保持低功耗的同时，提供高性能的处理能力。RISC-V 的开放架构还为用户提供了高度的定制性和灵活性。

4）灵活性和可扩展性：作为一款 FPGA 产品，PolarFire SoC FPGA 允许用户根据特定应用需求编程和配置。

（2）应用场景

PolarFire SoC FPGA 的低功耗和高安全性特点使其适用于多种应用，尤其是那些对功耗和安全性有严格要求的应用场景。

1）边缘计算：在处理边缘计算任务时，PolarFire SoC FPGA 能够提供必要的处理能力，同时保持低功耗，从而延长设备的运行时间。

2）物联网设备：物联网设备通常需要在保持较低功耗的同时处理数据并保证数据安全，PolarFire SoC FPGA 完全满足这些需求。

3）安全通信：在需要安全通信的应用中，PolarFire SoC FPGA 提供的多层安全措施可以有效保护数据传输的安全性。

4）工业自动化：在工业自动化领域，PolarFire SoC FPGA 能够提供足够的处理能力和灵活性，帮助实现复杂的控制逻辑和数据处理。

3. SiFive

SiFive 是 RISC-V 架构的先驱之一，并且在推动 RISC-V 生态系统发展方面发挥了重要作用。作为一家领先的 RISC-V 处理器 IP（知识产权）供应商，SiFive 致力于提供高性能、高效率的 RISC-V 核心和开发板，这些产品适用于从嵌入式系统到数据中心等多种应用场景。SiFive 的产品和技术展示了 RISC-V 架构的广泛应用潜力和灵活性。

1）RISC-V 处理器 IP：SiFive 提供了一系列 RISC-V 处理器核心，包括高性能的多核处理器和面向低功耗应用的单核处理器。这些处理器核心支持广泛的应用，从简单的嵌入式设备到复杂的数据处理任务。

2）开发板：SiFive 还提供了基于其 RISC-V 处理器核心的开发板，从而为开发人员提供了实验和开发基于 RISC-V 的应用的平台。这些开发板旨在降低开发门槛，加速基于 RISC-V 应用的开发过程。

3）软件工具和支持：除了硬件产品，SiFive 还提供了一套完整的软件工具链和支持服务，包括编译器、调试器和操作系统，以帮助开发人员轻松地开发基于 RISC-V 的应用。

RISC-V 的开放性和灵活性吸引了全球范围内的许多公司和开发人员。随着 RISC-V 生态系统的不断成熟和扩展，预计会有更多的公司和项目采用 RISC-V 架构，推动其在多个领域的应用。

2.1.2 采用 RISC-V 架构的国内厂商

国内采用 RISC-V 架构的厂商已经涵盖了从操作系统到芯片设计等的多个领域，这些厂商的参与不仅推动了 RISC-V 技术在我国的发展，也为全球 RISC-V 生态系统的繁荣贡献了力量。

1. 阿里巴巴的平头哥半导体

阿里巴巴的平头哥半导体有限公司（T-Head，简称平头哥半导体）是 RISC-V 领域的重要参与者之一，开发了基于 RISC-V 的玄铁系列微处理器。

玄铁 910 作为玄铁系列中的旗舰产品，是一款高性能的 64 位 RISC-V 处理器，拥有超过 16 个核心，适用于高性能计算、人工智能和网络设备等领域。玄铁 910 采用了超标量架构、乱序执行等多种先进技术，以提供更高的处理性能和能效比。

2. 芯来科技

芯来科技（Nuclei System Technology）是我国 RISC-V 领域的领军企业之一，自 2018 年成立以来，以在 RISC-V 处理器 IP 开发及商业化方面的深厚积累，快速成长为行业内的重要参与者。

（1）产品系列

芯来科技推出了从低功耗微控制器到高性能处理器核心等一系列产品。

N100 系列：针对低功耗物联网应用设计的处理器 IP，适用于简单的控制任务。

N200 系列：相比 N100 系列，提供更高的性能，适合需要更复杂处理能力的物联网和智能设备。

N300 系列：为中等性能需求而设计，适用于更广泛的嵌入式应用。

N/NX/UX600 系列：高性能系列，旨在满足工业控制、边缘计算等领域的需求。

N/NX/UX900 系列：顶级性能产品，适用于要求极高计算性能的应用场景。

（2）商业化与合作

芯来科技的处理器 IP 已经被多家知名芯片公司采用，并成功量产。这些产品的实测性能达到了业界一流水平，证明了芯来科技在 RISC-V 领域的技术实力和商业化能力。

（3）教育与推广

芯来科技非常重视 RISC-V 技术的教育和推广工作。自 2019 年年初推出大学计划以来，芯来科技与国内多家知名高校建立了紧密的合作关系，通过提供包括开源蜂鸟 E203 处理器在内的教学平台和丰富的教学资源，致力于将理论教学与工程实践有效结合，并为高校提供了"教学+竞赛"一体化的完整平台。

（4）产品应用

芯来科技设计的 RISC-V 微处理器核心被广泛应用于物联网、工业控制、消费电子等多个领域，其产品以高性能、低功耗、高可定制性等特点满足了市场的多样化需求。

芯来科技通过在 RISC-V 处理器 IP 的研发和商业化方面的突出表现，不仅推动了 RISC-V 技术在我国乃至全球的应用和发展，也为推广开源硬件设计理念做出了重要贡献。

3. 兆易创新

目前，兆易创新（GigaDevice）在全球半导体行业中占据重要地位，特别是在存储器和微控制器产品领域。作为一家高新技术企业，兆易创新致力于通过创新的产品组合，满足不同市场的需求。

兆易创新最初以生产和销售 Flash 存储器产品起家，随后逐步扩展到微控制器领域，成为我国本土领先的微控制器和存储器产品供应商之一。

兆易创新通过基于 RISC-V 核心的 GD32V 系列微控制器，不仅提供了高性能、低功耗的微控制器解决方案，而且为工业控制、消费电子和物联网等领域的技术进步做出了贡献。

4. 先楫半导体

先楫半导体（HPMicro）作为一家活跃在集成电路设计领域的企业，主要以基于 x86 架构的 CPU 研发和销售为主业。由于 x86 架构广泛地应用于个人计算机、服务器等领域，因此先楫半导体的产品有着稳定的市场需求基础。然而，随着技术的发展和市场需求更加多样化，RISC-V 架构因其开放性、灵活性及成本效益等优势，逐渐成为一个不可忽视的新兴选择。

先楫推出的基于 RISC-V 架构的产品有 HPM6000 系列 RISC-V 通用微控制器单元（MCU）。HPM6000 系列代表了国产超高性能 RISC-V 微控制器的一个重要进展，其中旗舰产品 HPM6750 采用双 RISC-V 内核，主频高达 800 MHz。

HPM6000 系列产品适用于汽车电子、工业控制、物联网等多个领域。

5. 南京沁恒微电子

南京沁恒微电子是一家致力于高性能微控制器和接口芯片设计与研发的高科技企业。该公司采用 RISC-V 架构，推出了多款微控制器产品，这些产品因其高性能、低功耗和高集成度等特点，在工业控制、消费电子、汽车电子和物联网等多个领域得到了广泛应用。南京沁恒微电子的 RISC-V 产品系列旨在满足市场对高效能微控制器的需求。其代表性产品包括 CH32V103、CH32V307、CH583 等微控制器。

（1）CH32V103 微控制器

CH32V103 是一款基于 32 位 RISC-V 内核的通用微控制器，主要面向工业控制、消费电子和物联网应用。它提供了丰富的外设接口，包括多种通信接口和模拟接口，以支持复杂的应用需求。CH32V103 具有高性能和低功耗的特点，非常适合需要紧凑尺寸和低能耗的应用场景。

（2）CH32V307 微控制器

CH32V307 是一款高性能的 32 位 RISC-V 微控制器，具有快速中断响应和高效能的特点。它集成了单精度浮点指令集，扩充了堆栈区，在处理复杂算法时更加高效。此外，它还提供了硬件堆栈区和快速中断入口，进一步优化了中断处理性能。CH32V307 适合高性能计算需求的应用，如工业自动化、高端消费电子产品等。

（3）CH583 微控制器

CH583 是一款集成了 BLE 5.3 无线通信模块的 RISC-V 内核的微控制器，支持 2 Mbit/s 的低功耗蓝牙通信。它配备了丰富的外设，包括 USB 主机和设备控制器、SPI（串行外设接口）、UART（通用导步收发器）、ADC（模数转换器）等，非常适合需要无线通信功能的物联网应用。CH583 的低功耗设计和高集成度使其成为智能可穿戴设备、智能家居等应用的理想选择。

南京沁恒微电子的这些 RISC-V 微控制器产品展示了该公司在微控制器领域的技术实力和创新能力。随着技术的不断进步和市场需求的持续增长，南京沁恒微电子将会继续推出更多高性能、高能效比的 RISC-V 微控制器产品，以满足不同应用领域的需求。

2.2 RISC-V 架构指令集的先驱——SiFive 公司产品

SiFive 是一家具有领先 RISC-V 技术的公司，致力于推动 RISC-V 架构的发展和应用。SiFive 成立于 2015 年，由 Yunsup Lee、Krste Asanović 和 Andrew Waterman 共同创立。公司总部

位于美国加利福尼亚州圣马特奥。

SiFive 致力于提供基于 RISC-V 的微控制器、SoC（System on Chip，片上系统）、IP（Intellectual Property，知识产权）核心等产品和解决方案，旨在加速 RISC-V 生态系统的发展。

2.2.1 微控制器

SiFive 的微控制器产品线包括 E 系列和 S 系列，这些系列的微控制器针对不同的市场需求和应用场景进行了优化设计。

1. SiFive E 系列

SiFive E 系列微控制器旨在为嵌入式市场提供高性能和低功耗的解决方案。这些微控制器特别适合需要紧凑、高效能处理能力的应用。

1）E31 Coreplex：E31 Coreplex 是一款高效的 32 位微控制器核心，专为嵌入式、微控制器和轻量级物联网设备设计。它支持 RV32IMAC 指令集，提供了一个高效的 4 级流水线。E31 Coreplex 非常适合低功耗、高性能的应用场景，如智能传感器、智能仪表和各种可穿戴设备。

2）E51 Coreplex：E51 Coreplex 是一款更加强大的 64 位微控制器核心，支持 RV64IMAC 指令集，旨在为需要处理更大数据集的嵌入式应用提供解决方案。E51 Coreplex 的设计允许它在保持低功耗的同时，提供更高的数据处理能力，适用于边缘计算、网络控制和工业自动化等领域。

2. SiFive S 系列

SiFive S 系列微控制器则是面向高性能计算市场的产品，用于处理更复杂的任务，如边缘计算、数据分析等。

1）S54 Coreplex：S54 Coreplex 是一款高性能的微控制器核心，支持 RV64GC 指令集，拥有更高的处理能力和更大的内存地址空间。它适合需要大量数据处理和复杂算法运算的应用，例如高级边缘计算设备、智能网关和高端工业控制系统。

2）S76 Coreplex：S76 Coreplex 是 SiFive 推出的另一款高端微控制器核心，同样支持 RV64GC 指令集。它提供了更高的性能和更大的内存地址空间，非常适合要求极高计算性能和数据吞吐量的应用，如数据中心的边缘处理节点、高级图像处理和机器学习推理设备。

2.2.2 基于 RISC-V 架构微控制器的特点

SiFive 公司推出的基于 RISC-V 架构的微控制器具有以下特点：

1）开源架构：SiFive 的微控制器基于 RISC-V 指令集架构，这是一种开源、高度可扩展的指令集。这意味着任何人都可以免费使用 RISC-V 指令集来设计、制造芯片，无须支付版税。这一特点促进了硬件设计的创新和多样化。

2）高度可定制：SiFive 提供的微控制器支持高度定制。客户可以根据自己的具体需求，选择不同的性能、功耗和面积配置，甚至可以添加特定的指令扩展。这种灵活性使得 SiFive 的微控制器能够满足各种不同应用场景的需求。

3）低功耗：SiFive 的微控制器设计重点之一是低功耗，这对于移动设备、物联网设备和嵌入式系统等应用尤为重要。通过优化微控制器的设计和使用先进的制造工艺，SiFive 能够提供低功耗而不牺牲性能。

4）高性能：尽管 SiFive 的微控制器注重低功耗，但是它们也能提供高性能。这是通过采用高效的指令集架构、优化的硬件设计以及支持并行处理和高速缓存等技术实现的。这使得 SiFive 的微控制器适用于需要高计算性能的应用，如边缘计算、数据分析和机器学习。

5）生态系统支持：SiFive 不仅提供微控制器硬件，还积极参与支持和建设 RISC-V 的生态系统。这包括开发工具、操作系统支持、软件库和教育资源等。一个强大的生态系统可以帮助开发者更容易地开发和部署基于RISC-V的解决方案。

6) 安全性：随着安全需求日益增加，SiFive的微控制器在设计上也更加注重安全特性。这包括支持加密、安全引导、硬件隔离等技术，以保护设备免受攻击和未授权访问。

2.2.3 微控制器的应用领域

SiFive推出的微控制器应用领域如下：

1) 物联网：SiFive的微控制器被广泛应用于物联网设备中，包括智能传感器、智能表计和各种连接设备，以实现高效的数据收集和处理。

2) 边缘计算：S系列微控制器特别适合边缘计算应用，能够在数据产生的地点进行高效处理，以满足减少数据传输延迟和带宽的需求。

3) 工业自动化：E51 Coreplex和S系列微控制器因高性能和低功耗特性，而非常适合工业自动化领域，如控制系统、机器人和生产线监控。

4) 高端嵌入式系统：S系列微控制器的高性能使其成为高端嵌入式系统的理想选择，适合高级图像处理、数据分析和机器学习等应用。

2.2.4 基于RISC-V架构的开发板

SiFive推出了多款基于RISC-V架构的开发板，为开发者提供了强大的硬件平台，以便开发和测试基于RISC-V的软件和应用。

1) HiFive1：SiFive的HiFive1开发板是一款高性能的RISC-V微控制器开发板。它于2016年年末通过众筹推出，并于2017年1月开始批量发售。HiFive1的设计灵感来自Arduino Uno微控制器开发板，但其核心采用的是Freedom E310 RISC-V芯片。这款开发板适合那些希望在RISC-V架构上进行初步探索和实验的开发者和爱好者。

2) SiFive Learn Inventor：这是一款专为教育和学习目的设计的RISC-V教育开发板。旨在为学生和教育者提供一个易于使用、功能丰富的平台，以学习和实验RISC-V架构和编程。

3) 搭载Intel 4工艺的RISC-V开发板：SiFive与Intel合作推出了一款新的RISC-V开发板，该开发板搭载了Intel Horse Creek SoC，包含一颗SiFive Performance P550 Core Complex四核应用处理器，旨在为开发者提供更高性能的RISC-V开发体验。

SiFive提供的这些开发板不仅支持RISC-V软件的开发，还提供了文档、软件开发工具包、工具链和软件生态解决方案，以帮助开发者更加高效地开发RISC-V应用。通过这些开发板，SiFive进一步推动了RISC-V技术的应用和普及。

2.3 国产RISC-V架构——玄铁系列微处理器

玄铁（Xuantie）系列微处理器是基于RISC-V开放指令集架构的处理器，其产品覆盖了高性能服务器、智能终端、物联网设备等多个领域，展现了RISC-V架构在不同应用场景下的广泛适用性和灵活性。

2.3.1 玄铁系列微处理器8系列和9系列、无剑600 SoC平台

1. 玄铁系列微处理器8系列和9系列

平头哥半导体推出的玄铁系列微处理器8系列如图2-1所示，玄铁系列微处理器9系列如

图 2-2 所示，C906 处理器是平头哥半导体在 RISC-V 领域的重要成果之一。

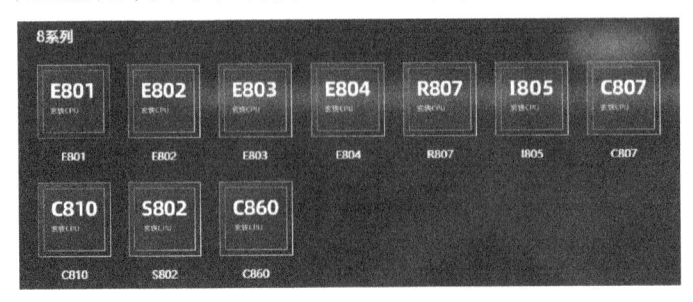

图 2-1　玄铁系列微处理器之 8 系列

图 2-2　玄铁系列微处理器之 9 系列

（1）C906 处理器概述

C906 处理器基于 RISC-V 开放指令集架构，是一款高性能、高能效比的 32 位处理器核心。它采用 9 级流水线设计，支持整数、乘法、除法和原子操作指令集扩展，以及单精度和双精度浮点指令集。C906 还集成了高效的内存管理单元（MMU），支持大量物理内存和虚拟内存管理，能够运行丰富的操作系统，包括但不限于 Linux。

（2）技术特点

高性能：C906 采用 9 级流水线设计，优化了指令执行效率，提高了处理器的性能。

低功耗：基于 RISC-V 的简洁高效指令集，C906 在保证性能的同时，也注重能效比的优化，适用于功耗敏感的应用场景。

强大的内存管理：C906 处理器的内存管理单元支持大量物理和虚拟内存管理，能够运行复杂操作系统和应用。

广泛的适用性：C906 能够运行包括 Linux 在内的多种操作系统，适用于物联网、智能硬件、网络设备等多个领域。

玄铁 C906 处理器是基于 RISC-V 指令架构的 64 位超高能效比处理器，主要面向安防监控、智能音箱、扫码/刷脸支付等领域。

C906 处理器体系结构的主要特点如下：

1）RV64IMA［F］C［V］指令架构。

2）5 级单发按序执行流水线。

3）1 级哈佛结构的指令和数据缓存，大小可为 8 KB/16 KB/32 KB/64 KB 且可配置，缓存行为 64 B 字节。

4）SV39 内存管理单元，实现虚实地址转换与内存管理。

5）支持 AXI4.0（第四代 AMBA 协议重要的一部分）128 b（比特）Master 接口。

6）支持核内中断 CLINT（核心本地中断控制器）和中断控制器 PLIC（平台级中断控制器）。

7）支持 RISC-V Debug 标准。

向量计算单元的主要特点如下：

1）遵循 RISC-V V 向量扩展标准（revision 0.7.1）。
2）算力可达 4GFLOPS（@1GHz），GFlops 即每秒 10 亿次的浮点运算数。
3）支持向量执行单元运算宽度 64 位和 128 位硬件可配置。
4）支持 INT8/INT16/INT32/INT64/FP16/FP32/BFP16 向量运算。

2. 无剑 600 SoC 平台

无剑 600 SoC 平台是一个高性能异构芯片设计和软硬件全栈的平台，具有高性能、高内存带宽、异构计算和人工智能等特性，同时兼有高安全、多模态感知和软硬一体的能力，可定制并允许更多的资源接入 RISC-V 生态，推动下游应用、缩短产品研发周期、降低开发难度。

曳影 1520 是首款基于无剑 600 SoC 平台研发的多模态人工智能处理器 SoC 原型，采用高性能玄铁 RISC-V CPU，具备全链路数据通路性能均衡的特点，从硬件到软件均已完成了多种应用场景的适配。开发者在等待定制化芯片的同时，可以预先在曳影 1520 芯片上开发自己的系统，极大地缩短了最终产品量产的时间。

无剑 600 SoC 平台默认搭载的处理器为玄铁 C910，玄铁 C910 在 RISC-V 领域中以超过 2GHz 主频脱颖而出，且已实现量产，表现出稳定可靠的性能。在无剑 600 系统中，玄铁 C910 集成了向量（Vector）处理器，良好地支持 FP16 等新型数据类型，极大地方便了人工智能加速类应用的开发与实现。此外，它还支持多种安全策略，在物理层面支持 zone 虚拟化，并符合 GP（Global Platform，跨行业的国际标准组织）TEE（可信执行环境）软件标准，从而确保了从开发到部署的全流程安全性。

2.3.2 玄铁微处理器的应用领域

平头哥半导体的玄铁微处理器是一种高性能的微处理器，其主要应用于以下领域。

1）云计算和数据中心：玄铁微处理器具有高性能和高能效比，能够满足云计算和大型数据中心的需求，可以提供高速的数据处理能力。

2）人工智能（AI）：玄铁微处理器设计了专门的人工智能加速模块，能够高效处理深度学习和机器学习任务，广泛应用于图像识别、语音识别、自然语言处理等人工智能领域。

3）物联网（IoT）：由于低功耗的特性，玄铁微处理器也适用于物联网设备，可以为智能家居、智能穿戴设备和工业物联网提供强大的计算支持。

4）边缘计算：玄铁微处理器能够部署在边缘设备上，支持边缘计算，减少数据在云和设备之间的传输，提高响应速度和数据处理效率。

5）自动驾驶：玄铁微处理器的高性能计算能力可应用于自动驾驶系统，处理大量传感器数据，支持实时决策和控制。

6）视频监控和智能安防：在视频监控和智能安防领域，玄铁微处理器可以提供实时图像分析和处理能力，支持人脸识别、行为分析等功能。

7）嵌入式系统：玄铁微处理器也适合各种嵌入式系统和消费电子产品，如智能手表、智能音箱等，提供强大的计算能力和良好的能效比。

2.3.3 全志 D1-哪吒开发板

全志 D1-哪吒开发板搭载了高效的玄铁 C906 处理器，该开发板不仅支持配置 1GB 或 2GB 的 DDR3（四倍数据速率）内存，以及 258MB 的 SPI-NAND（SPI 即串行外设接口，NAND 即一种非易失性闪存）存储，还具备 WiFi 与蓝牙连接功能，实现了无线通信的便捷性。此外，它拥有丰富的音视频接口，展现出强大的音视频编解码能力，能够轻松连接各类外设，极大地扩展了应用场景。

在接口方面，全志 D1-哪吒开发板集成了以下接口：MIPI-DSI（MIPI 即移动行业处理器接口，DSI 即显示串行接口）+TP（触摸面板）接口，用于高清显示与触控操作；SD（安全数字）卡接口，方便用户扩展存储容量；三色 LED 灯，用于状态指示或视觉效果；HDMI（高清多媒体接口），实现高清视频输出；麦克风子板接口，支持音频输入；3.5 mm 耳机接口，提供便捷的音频输出；千兆以太网接口，确保高速网络连接；USB（通用串行总线）Host（主机设备）接口，支持外部设备连接；Type-C 接口，提供便捷的充电与数据传输；UART Debug 接口，便于调试与开发；40 引脚插针阵列，为更多外设连接提供可能。这款开发板以其全面的功能与强大的性能，为开发者提供了广阔的创新空间。

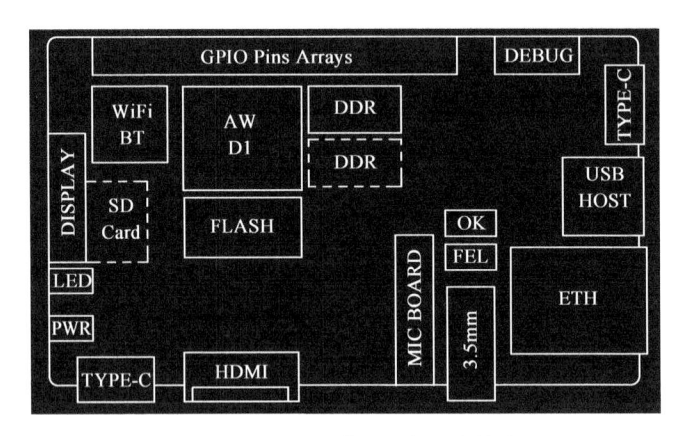

全志 D1-哪吒开发板如图 2-3 所示，全志 D1-哪吒开发板功能布局如图 2-4 所示。

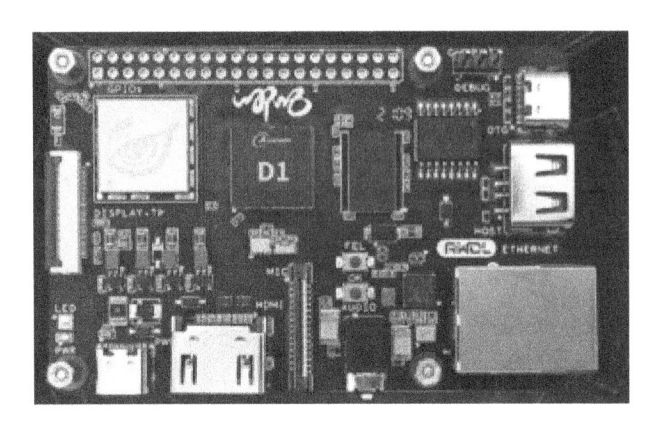

图 2-3　全志 D1-哪吒开发板

图 2-4　全志 D1-哪吒开发板功能布局

全志 D1-哪吒开发板硬件规格参数见表 2-1。

表 2-1　全志 D1-哪吒开发板硬件规格参数

硬　件	规　格　参　数
主控	全志 D1 C906 RISC-V
DRAM	DDR3 1 GB/2 GB，792 MHz

(续)

硬　件	规　格　参　数
存储	板载256 MB SPI-NAND，支持USB外接U盘及SD卡拓展存储
网络	支持千兆以太网，支持2.4 G WiFi及蓝牙，板载天线
显示	支持MIPI-DSI+TP屏幕接口，支持HDMI输出，支持SPI屏幕
音频	麦克风子板接口，3.5 mm耳机接口
按键	FEL按键（用于闪光曝光水平锁定的功能键）1个，LRADC（低分辨率模数转换器）OK按键1个
灯	电源指示灯，三色LED
Debug	支持UART串口调试，支持ADB（安卓调试桥）USB调试
USB	USB Host，USB OTG（On-The-Go，一种电子设备数据交换技术），支持USB2.0
PIN	40引脚插针阵列
电源输入	Type-C USB 5V-2A

2.3.4　玄铁CXX系列CSI-RTOS SDK

CSI-RTOS SDK（软件开发工具包）是玄铁微处理器配套的软件开发工具包，软件遵循CSI（容器存储接口）接口规范。用户可通过该SDK快速对玄铁微处理器进行测试与评估，同时用户也可以参考SDK中集成的各种常用组件以及示例程序进行应用开发，快速形成产品方案。该SDK兼容C906、C906FD、C906FDV、C908、C908V、C9081、C910、C910V2、C920、C920V2、R910、R920处理器型号。

CSI规范是针对嵌入式系统，定义了CPU内核移植接口、外围设备操作接口、统一软件接口的规范。它通过消除不同芯片的差异，来简化软件的使用及提高软件的移植性。

2.4　国产RISC-V架构——HPM系列微控制器

先楫半导体是一家集成电路设计企业，主要专注于x86架构的中央处理器（CPU）的研发和销售。虽然以x86处理器为主，但近年来，随着RISC-V架构的兴起和发展，先楫半导体也开始探索和研究RISC-V技术，目标是利用RISC-V架构的开放性和灵活性，开发出适用于特定市场需求的微处理器，以拓宽公司产品线和提高市场竞争力。

2.4.1　RISC-V微控制器HPM6700/6400系列与HPM6300系列

1. HPM6700/6400系列

HPM6700/6400系列功能如下：

1）RISC-V内核：支持双精度浮点运算及强大的DSP（数字信号处理器）扩展，主频高达816 MHz，创下了高达9220CoreMark（专门用于衡量嵌入式系统中CPU性能的基准测试标准）和高达4651DMIPS（Dhrystone MIPS，MIPS即每秒执行百万条指令数）的微控制器性能新纪录。

2）支持多种外部存储器：支持QSPI/OSPI（QSPI即四路串行外设接口，OSPI即八路串行外设接口）NOR Flash、PSRAM（伪静态随机存储器）、Hyper RAM/HyperFlash、16位/32位

SDRAM（同步动态随机存储器，166 MHz），支持连接外部 SRAM（静态随机存储器）或者兼容 SRAM 访问接口的器件，支持 SD 卡和 eMMC（嵌入式多媒体卡）。

3）显示设备：24 位 RGB LCD 控制器，1366×768 分辨率，60 帧/秒，双目摄像头，2D 图形加速和 JPEG 编解码。

4）通信接口：2 个高速 USB OTG，集成 PHY（物理层），2 个千兆网口，4 个 CAN FD（灵活数据速率的控制器局域网），17 个 UART，4 个 SPI，4 个 I2C（Inter-Integrated Circuit，集成电路总线，也写作 I^{2}C）。

5）电机系统：4 组共 32 路 PWM（脉冲宽度调制）输出，精度达 2.5 ns，4 个正交编码器接口和 4 个霍尔传感器接口。

6）模拟外设：配备 3 个高速 12 位 ADC（模数转换器），采样率高达（每秒 500 万个采样点）5MSPS，1 个 16 位高精度 ADC，采样率为 2MSPS（每秒 200 万个采样点），这些配置确保了数据采集的精确性和时效性。此外，还内置了 4 个模拟比较器，为信号处理提供了强大的支持。更为突出的是，该设备拥有多达 28 个模拟输入通道。

7）安全：集成 AES 128/256（128 位/256 位高级加密算法）SHA-1/256（SHA 即安全哈希算法）加速引擎，支持固件软件签名认证、加密启动和加密执行。

2. HPM6300 系列

HPM6300 系列功能如下：

1）RISC-V 内核：支持双精度浮点运算及强大的 DSP 扩展，主频超过 600 MHz，性能超过 3390 CoreMark TM 和 1710 DMIPS。

2）支持多种外部存储器：QSPI/OSPI NOR Flash、PSRAM、Hyper RAM/HyperFlash、16 位 SDRAM（166 MHz），支持连接外部 SRAM 或者兼容 SRAM 访问接口的器件，还支持 SD 卡。

3）通信接口：1 个高速 USB OTG，集成 PHY，1 个百兆网口，2 个 CAN FD，9 个 UART，4 个 SPI，4 个 I2C。

4）电机系统：2 组共 32 路 PWM 输出，精度达 3.0 ns，2 个正交编码器接口和 2 个霍尔传感器接口。

5）模拟外设：此部分尤为出色，配备了 3 个 16 位高速 ADC，它们在标准 2MSPS（每秒 200 万个采样点）的配置下，若配置为 12 位精度模式，则转换率可惊人地提升至 4MSPS（每秒 400 万个采样点），显著增强了数据处理的速度与灵活性。此外，模拟外设还提供了多达 28 个模拟输入通道，充分满足了复杂应用中对多样化模拟信号接入的需求。

6）辅助功能：该设计融入了 2 个高效的模拟比较器，以及 1 个性能卓越的 1MSPS（每秒 100 万个采样点）12 位 DAC（数模转换器），这些配置共同提升了系统的整体性能与灵活性，确保了精准的信号处理与输出。

7）安全：集成 AES 128/256、SHA 1/256 加速引擎，支持固件软件签名认证、加密启动和加密执行。

另外，先楫半导体还有 HPM6200 系列、HPM5300 系列微控制器。

2.4.2　HPM6750EVK 开发板

HPM6750EVK 开发板如图 2-5 所示，HPM6750EVK 开发板资源见表 2-2。

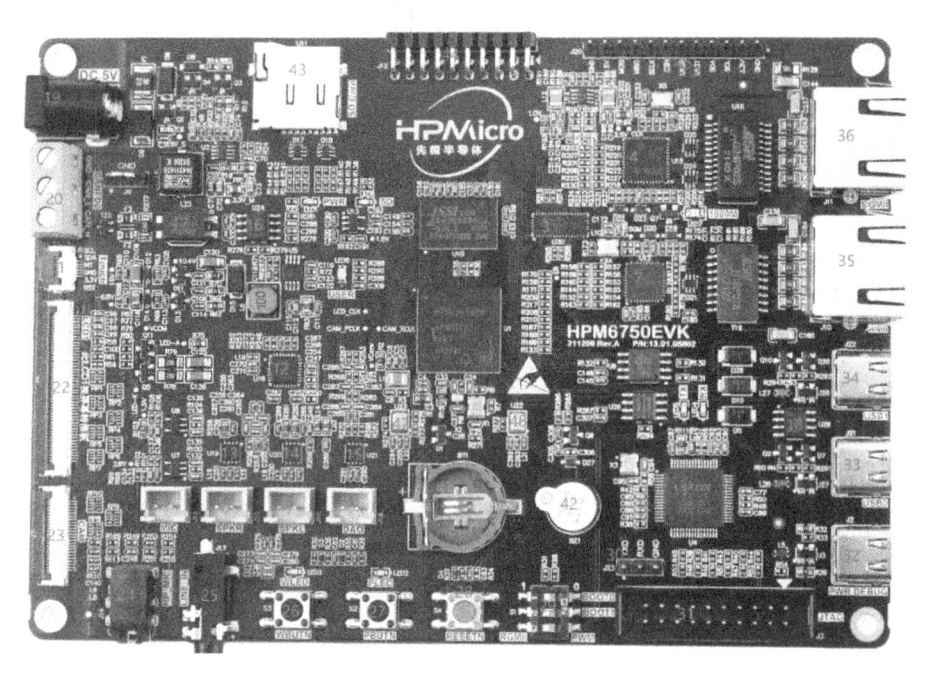

第 2 章 RISC-V 技术生态与实践

图 2-5 HPM6750EVK 开发板

表 2-2 HPM6750EVK 开发板资源

序 号	名 称	序 号	名 称
1	HPM6750	20	CAN 接口
2	SDRAM	21	触摸屏接口
3	多路开关	22	LCD 接口（接 LCD 转接板）
4	千兆网芯片	23	CAM 接口
5	千兆网变压器	24	耳机和麦克风接口
6	DCDC	25	LINE IN 接口
7	百兆网芯片	26	WBUTN 按键
8	百兆网变压器	27	PBUTN 按键
9	Flash	28	Reset（重启）按键
10	E2PROM	29	拨码开关
11	Debug 芯片	30	UART 接口
12	音频 CODEC	31	JTAG 接口
13	数字功放	32	Debug 接口
14	数字功放	33	USB OTG 接口
15	数字功放	34	USB1 接口
16	CAN 收发器	35	百兆网接口
17	共模电感	36	千兆网接口
18	USB 电源输出保护	37	麦克风接口
19	5V 电源插头	38	扬声器接口（右声道）

(续)

序 号	名 称	序 号	名 称
39	扬声器接口（左声道）	44	电机接口
40	DAO 接口	45	UART、SPI 和 I2C 接口
41	电池座	46	LCD 接口（接 LCD 屏）
42	蜂鸣器	47	数字麦克风（右声道）
43	TF 座	48	数字麦克风（左声道）

2.4.3 HPM 微控制器开发软件

1. HPM SDK

HPM SDK 是先楫半导体推出的一个完全开源、基于 BSD（伯克利软件套件）3-Clause 许可证的综合性软件开发包，适用于先楫半导体的所有微控制器产品。此软件开发包中包含先楫半导体微控制器上外设的底层驱动代码，集成了丰富的组件如 RTOS（实时操作系统）、网络协议栈、USB 栈、文件系统等，以及相应的示例程序和文档。它提供的丰富构建块，使得用户可以更加专注于业务逻辑本身。

2. 第三方开发工具：Segger Embedded Studio for RISC-V

Segger 微控制器在嵌入式系统领域拥有 30 多年的经验，提供功能强大的嵌入式系统软件和硬件。

Segger Embedded Studio 囊括了基于 C 和 C++的、专业的、高效的嵌入式开发所需的工具和特性。它拥有一个强大的工程管理器和构建系统，一个含代码补全和代码折叠功能的源代码编辑器，以及一个分包管理系统来下载和安装板卡和器件的支持包。它还包括了高度优化的 emRun 运行时库、emFloat 浮点库以及智能链接器，所有这些都是专门为资源受限的嵌入式系统量身定制的。Segger Embedded Studio 内置的调试器几乎包括了所有需要的功能，配合 J-Link 一起使用以提供卓越的性能和稳定性。

先楫半导体向用户提供免费商用的许可证，用户可从 https://license.segger.com/hpmicro.cgi 申请。

2.5 国产 RISC-V 架构——CH 系列微处理器

南京沁恒微电子是一家专注于高性能微控制器和接口芯片的设计与研发的高科技企业。南京沁恒微电子采用 RISC-V 架构，推出了多款微控制器产品，这些产品广泛应用于工业控制、消费电子、汽车电子和物联网等领域。南京沁恒微电子的基于 RISC-V 架构的产品以其高性能、低功耗和高集成度等特点，满足了市场对高能效比微控制器的需求。

南京沁恒微电子官网为 https://www.wch.cn/，其产品中心页面如图 2-6 所示。

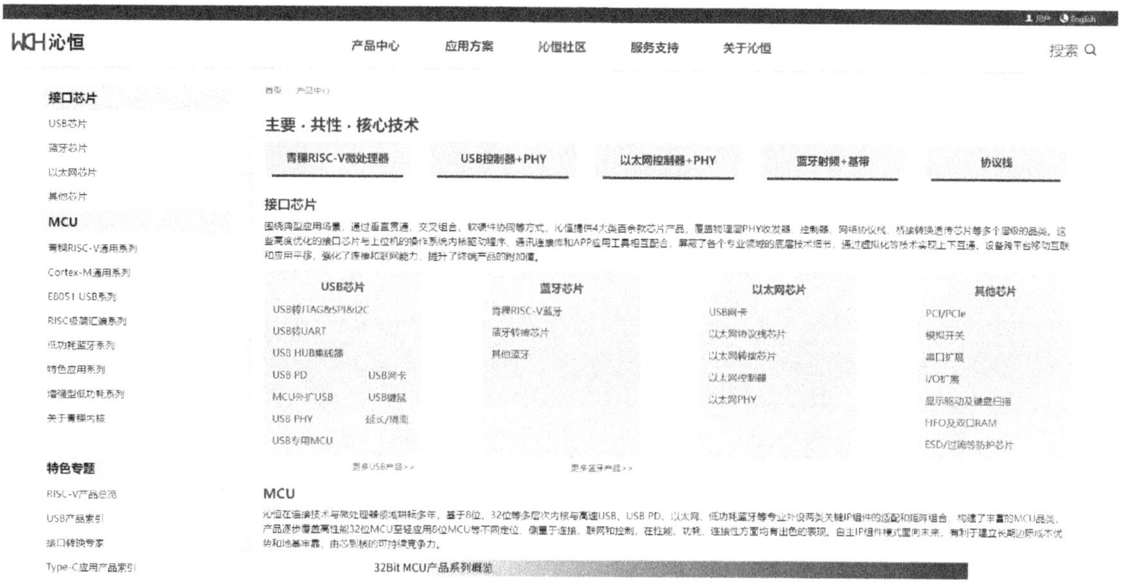

第 2 章　RISC-V 技术生态与实践

图 2-6　南京沁恒微电子官网的产品中心页面

2.5.1　青稞 RISC-V 通用系列产品概览

青稞内核基于 RISC-V 生态兼容、优化扩展的理念，融合了 VTF（Vector Table Free，免表中断）等中断提速技术，拓展了协议栈和低功耗应用指令，精简了调试接口。搭载青稞内核的通用和高速接口微控制器，减少了对第三方芯片技术的依赖和对境外软件平台的依赖，免除了外源内核的授权费和提成费，为客户节省了成本。南京沁恒微电子是国内第一批基于自研 RISC-V 内核构建芯片、共建生态并实现产业化的企业。多层次内核与高速 USB、USB PD（USB Power Delivery，功率传输协议）、以太网、低功耗蓝牙等专业外设的灵活组合，注重适配性和可持续性，使南京沁恒微电子的微控制器芯片在连接能力、性能、功耗、集成能力等方面表现出色，品类丰富且具有针对应用和面向未来的可扩展性。

青稞 RISC-V 通用系列主要有 CH32V、CH32X、CH32L 三个系列。其微控制器采用自研的青稞 RISC-V 内核，基于蓬勃发展的 RISC-V 开放指令集架构，针对低功耗和高速响应等应用优化扩展，免费配套 IDE（集成开发环境）等开发工具软件，免除第三方内核技术的授权费和提成费，通过内置和组合 USB、USB PD、低功耗蓝牙、以太网等专业外设，构建了既有全球未来生态又能自主可控且极具长期竞争力的微控制器产品线。

青稞 RISC-V 通用系列产品概览如图 2-7 所示。

2.5.2　32 位通用增强型 RISC-V 微控制器 CH32V103

CH32V103 系列是以 RISC-V3A 处理器为核心的 32 位通用微控制器，它是基于 RISC-V 开放指令集设计的。片上集成了时钟安全机制、多级电源管理、通用（直接存储器访问）DMA 控制器。此系列具有 1 路 USB2.0 主机/设备接口、多通道 12 位 ADC 转换模块、多通道 Touch-Key（触摸按键）、多组定时器、多路 I^2C、U(S)ART（通用同步/异步收发传输器）、SPI 等丰富的外设资源。CH32V103 微控制器系统框图如图 2-8 所示。

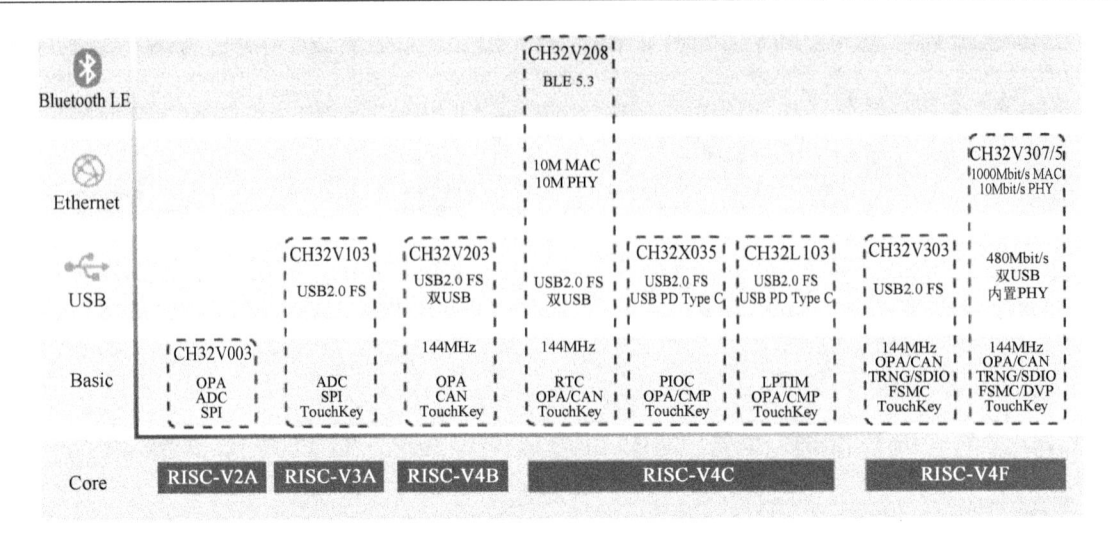

图 2-7 青稞 RISC-V 通用系列产品概览

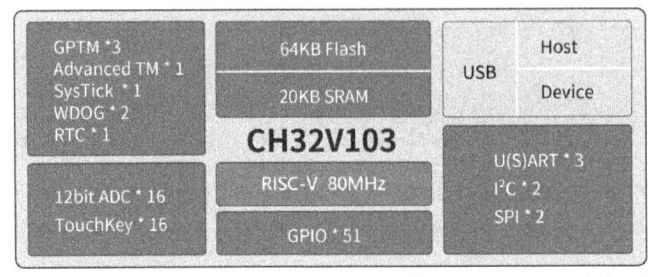

Advanced：高级；SysTick：滴答定时器；WDOG：看门狗；RTC：实时时钟；bit：位；TouchKey：触摸按键；GPIO：通用输入输出口；Host：主设备；Device：从设备；U(S)ART：Universal Synchronous/Asynchronous Receiver/Transmitter，通用同步/异步收发传输器。

图 2-8 CH32V103 微控制器系统框图

CH32V103 微控制器具有如下特点：
1）青稞 V3A 处理器，最高 80 MHz 系统主频。
2）支持单周期乘法和硬件除法。
3）20 KB SRAM，64 KB CodeFlash（用于存储程序代码的闪存区域）。
4）供电范围为 2.7~5.5 V，GPIO（通用输入输出接口）同步供电电压。
5）多种低功耗模式：睡眠/停止/待机。
6）上电/断电复位（POR/PDR）。
7）可编程电压监测器（PVD）。
8）7 通道 DMA 控制器。
9）16 路 TouchKey 通道检测。
10）16 路 12 位 ADC 转换通道。
11）7 个定时器。
12）1 个 USB2.0 主机/设备接口（全速和低速）。
13）2 个 I²C 接口（支持 SMBus/PMBus）。
14）3 个 U(S)ART 接口。
15）2 个 SPI，支持 Master（主）和 Slave（从）模式。

16）51 个 GPIO，所有 GPIO 都可以映射到 16 个外部中断。
17) CRC（循环冗余校验）计算单元，96 位芯片唯一 ID。
18) 串行两线调试接口。
19) 封装形式：LQFP64M、LQFP48、QFN48X7。

习题

1. 采用 RISC-V 架构的国外厂商主要有哪些？
2. 采用 RISC-V 架构的国内厂商主要有哪些？

第 3 章 RISC-V 架构的中断和异常

RISC-V 架构中的中断和异常是处理器核心功能的重要组成部分，它们允许处理器响应内部和外部事件，以及处理非预期或非法的操作情况。理解这些概念对于开发和优化基于 RISC-V 的系统至关重要。

本章深入讲解 RISC-V 架构中关键的中断和异常处理机制，为读者提供理解和实现基于 RISC-V 的系统所需的重要知识。

本章内容安排如下：

1) 中断和异常：区分并定义中断（外部信号触发）和异常（内部事件触发）的概念，以及广义上的异常，涵盖任何打断执行流程的事件。

2) RISC-V 架构异常处理机制：介绍 RISC-V 处理异常的流程，包括如何进入和退出异常状态，以及异常服务程序的作用。

3) RISC-V 架构中断：详细讲述中断的分类、处理过程、委托和注入、屏蔽、等待、优先级与仲裁以及嵌套处理，为中断管理提供全面视角。

4) 核心本地中断控制器（CLINT）：讲述 CLINT 在中断管理中的角色和功能。

5) 平台级中断控制器（PLIC）管理多个外部中断：讲述 PLIC 的特点、中断分配和寄存器配置，强调其在高效处理多个外部中断中的重要性。

6) RISC-V 结果预测相关控制和状态寄存器（CSR）：介绍与结果预测相关的 CSR，展示 RISC-V 架构的高级特性。

通过本章的学习，读者将深入理解 RISC-V 中断和异常处理机制，为进一步探索 RISC-V 架构打下坚实的基础。

3.1 中断和异常

在计算机体系结构中，中断和异常是核心概念，它们允许操作系统响应异步事件以及处理程序错误和特殊情况。虽然这两个术语经常被一起讨论，但它们代表不同的概念和处理机制。

3.1.1 中断

中断（Interrupt）机制，即处理器核在顺序执行程序指令流的过程中突然被别的请求打断而中止执行当前的程序，转而去处理别的事情，待别的事情处理完毕，再回到之前程序中断的点继续执行之前的程序指令流。其要点如下。

1) 打断处理器执行程序指令流的"别的请求"便称为中断请求（Interrupt Request），"别的请求"的来源便称为中断源（Interrupt Source）。中断源通常来自外围硬件设备。

2) 处理器转而去处理的"别的事情"便称为中断服务程序（Interrupt Service Routine，ISR）。

3) 中断处理是一种正常的机制，而非一种错误情形。处理器收到中断请求之后，需要保存当前程序的现场,简称为"保存现场"。等到处理完中断服务程序后,处理器需要恢复之前的现场,从而继续执行之前被打断的程序,简称为"恢复现场"。

4) 可能存在多个中断源同时向处理器发起请求的情形,因此需要对这些中断源进行仲裁,从而选择哪个中断源被优先处理。此种情况称为"中断仲裁";同时可以给不同的中断分配优先级以便于仲裁,因此中断存在着"中断优先级"的概念。

5) 还有一种可能是处理器已经在处理某个中断过程(正在执行该中断的中断服务程序),此时有一个优先级更高的新中断请求到来,此时处理器该如何做呢?有以下两种可能:

第一种可能是处理器并不响应新的中断,而是继续执行当前正在处理的中断服务程序,待到完成之后才响应新的中断请求,这种称为处理器"不支持中断嵌套"。

第二种可能是处理器中止当前的中断服务程序,转而开始响应新的中断请求,并执行其中断服务程序,如此便形成了中断嵌套(即前一个中断还没响应完,又开始响应新的中断),并且嵌套的层次可以有很多层。

注意:假设新来的中断请求的优先级比正在处理的中断优先级低(或者相同),则不管处理器能否支持"中断嵌套",都不应该响应这个新的中断请求,处理器必须完成当前的中断服务程序之后,才考虑响应新的中断请求(因为新中断请求的优先级并不比当前正在处理的中断优先级高)。

3.1.2 异常

异常(Exception)机制,即处理器核在顺序执行程序指令流的过程中突然遇到了异常的事情而中止执行当前的程序,转而去处理该异常。其要点如下。

1) 处理器遇到的"异常的事情"称为异常(Exception)。异常与中断的最大区别在于中断往往是一种外因,而异常是由处理器内部事件或程序执行中的事件引起的,譬如本身硬件故障、程序故障,或者是由执行特殊的系统服务指令引起的,简而言之是一种内因。

2) 与中断服务程序类似,处理器也会进入异常服务处理程序。

3) 与中断类似,可能存在多个异常同时发生的情形,因此异常也有优先级,并且也可能发生多重异常的嵌套。

3.1.3 广义上的异常

中断和异常最大的区别是起因不同,中断是外因,异常是内因。除此之外,从本质上讲,中断和异常对于处理器而言是一个概念。中断或异常发生时,处理器将暂停当前正在执行的程序,转而执行中断或异常处理程序;返回时,处理器恢复执行之前被暂停的程序。因此中断和异常的划分是一种狭义的划分。从广义上讲,中断和异常都被认为是一种广义上的异常。对处理器来说,处理器广义上的异常,通常只分为同步异常(Synchronous Exception)和异步异常(Asynchronous Exception)。

1. 同步异常

同步异常是指执行程序指令流或者试图执行程序指令流所造成的异常。这种异常的原因能够被精确定位到某一条被执行的指令。同步异常的另外一个通俗的表现便是,无论程序在同样的环境下被执行多少遍,每一次都能精确地重现异常。

例如,程序流中有一条非法的指令,那么处理器执行到该非法指令便会产生非法指令异常(Illegal Instruction Exception)。该异常能被精确地定位至这一条非法指令,并且能够被反复重现。

2. 异步异常

异步异常是指那些产生原因不能够被精确定位于某条指令的异常。异步异常的另外一个通俗的表现便是，程序在同样的环境下被执行很多遍，每一次发生异常的指令 PC[⊖] 都可能不一样。

最常见的异步异常是"外部中断"。外部中断的发生是由外围设备驱动的。一方面外部中断的发生带有偶然性，另一方面中断请求抵达处理器核时，处理器的程序指令流执行到具体的哪一条指令更带有偶然性。因此一次中断的到来可能会巧遇到某一条"正在执行的不幸指令"，而该指令便成了"背锅侠"。在它的指令 PC 所在之处，程序便停止执行，并转而响应中断去执行中断服务程序。但是当程序被重复执行时，却很难会出现同一条指令反复"背锅"的精确情形。

根据响应异常后的处理器状态，异步异常又可以分为两种。

1) 精确异步异常（Precise Asynchronous Exception）：指响应异常后的处理器状态能够精确反映某一条指令的边界，即某一条指令执行完之后的处理器状态。

2) 非精确异步异常（Imprecise Asynchronous Exception）：指响应异常后的处理器状态无法精确反映某一条指令的边界，可能是某一条指令执行了一半后被打断的结果，或者是其他模糊的状态。

常见的同步异常和异步异常见表 3-1，此表可以帮助读者更加深入地理解同步异常和异步异常的区别。

表 3-1 常见的同步异常和异步异常

类　　型	典　型　异　常
同步异常	取指令访问到非法的地址区间 例如外设模块的地址区间往往是不可能存放指令代码的，因此其属性是"不可执行"，并且还是读敏感的（Read Sensitive）。如果某条指令的 PC 位于外设区间，则会造成取指令错误。这种错误能够精确地定位到是哪一条指令 PC 造成的
	读写数据访问地址属性出错 例如有的地址区间的属性是只读或者只写的，假设 Load 或者 Store 指令以错误的方式访问了地址区间（例如写了只读的区间），这种错误方式能够被存储器保护单元（Memory Protection Unit，MPU）或者存储器管理单元（Memory Management Unit，MMU）及时探测出来，则能够精确地定位到是哪一条 Load 或 Store 指令访问造成的 MPU 和 MMU 是分别对地址进行保护和管理的硬件单元，本书限于篇幅在此不做赘述，感兴趣的读者可自行查阅其他资料
	取指令地址非对齐错误 处理器指令集架构往往规定指令存放在存储器中的地址必须是对齐的，例如往往要求 16 位长的指令的 PC 值必须是 16 位对齐的。如果该指令的 PC 值不对齐，则会造成取指令地址非对齐错误。这种错误能够精确地定位到是哪一条指令 PC 造成的
	非法指令错误 如果处理器对指令译码发现这是一条非法的指令（例如不存在的指令编码），则会造成非法指令错误。这种错误能够精确地定位到是哪一条指令造成的
	执行调试断点指令 处理器指令集架构往往会定义若干条调试指令，例如断点（EBREAK）指令。当执行到该指令时处理器便会发生异常进入异常服务程序。该指令往往被调试器（Debugger）使用，例如设置断点。这种异常能够被精确地定位到具体是哪一条 EBREAK 指令造成的

⊖ PC（Program Counter，指令计数器）用来存放下一条指令所在内存单元的地址。

(续)

类　　型	典　型　异　常
精确异步异常	外部中断 外部中断是最常见的精确异步异常
非精确异步异常	读写存储器出错 读写存储器出错是另外一种最常见的非精确异步异常，由于访问存储器（简称访存）需要一定的时间，处理器往往不可能等到该访问结束（否则性能会很差），而是会继续执行后续的指令。等到访存结果从目标存储器返回来之后，发现访存错误并汇报异常，但是处理器此时可能已经执行到了后续的某条指令，难以精确定位。存储器返回的时间延迟也具有偶然性，无法被精确地重现 这种异步异常的另外一个常见示例便是写操作将数据写入缓存行（Cache Line），然后该缓存行经过很久才被替换出来，写回外部存储器，但是写回外部存储器返回结果出错。此时处理器可能已经执行了后续成百上千条指令，到底是哪一条指令当时写的这个地址的缓存行早已是"前朝旧事"，不可能被精确定位，更不要说复现了 有关缓存的细节，本书限于篇幅在此不做赘述，感兴趣的读者可自行查阅其他资料

3.2　RISC-V 架构异常处理机制

3.2.1　概述

RISC-V 架构通过一套精心设计的异常处理机制来管理和响应各种异常和中断。这些机制包括一系列控制和状态寄存器（CSR），以及专门的指令和处理流程。这些组成部分共同确保系统能够有效地识别异常和中断，并采取相应的处理措施。

（1）CSR

RISC-V 定义了多个 CSR 来管理异常和中断，其中最关键的寄存器包括：

1）mtvec（Machine Trap-Vector Base-Address Register）：存储异常处理程序的入口地址。它可以配置为直接模式，即所有异常使用单一入口点，或者配置为向量模式，即为不同的异常指定不同入口点。

2）mstatus（Machine Status Register）：包含全局中断使能位和其他状态位，例如 MIE（机器模式中断使能）位是用于全局控制中断的使能状态。

3）mcause（Machine Cause Register）：记录最后一次异常或中断的原因，其中包括异常码和区分异常与中断的标志位。

4）mepc（Machine Exception Program Counter）：在发生异常时保存当前的 PC 值，用于异常处理完成后返回到异常发生点。

5）mie（Machine Interrupt Enable Register）和 mip（Machine Interrupt Pending Register）：分别用于控制各种中断源的使能状态和查看当前挂起的中断。

（2）异常处理流程

当 RISC-V 处理器检测到异常或中断时，它会自动执行以下步骤：

1）保存上下文：将当前的 PC 值保存到 mepc 寄存器中。

2）更新状态：更新 mstatus 寄存器，禁用进一步的中断（清除 MIE 位），以避免在异常处理过程中被其他中断打断。

3）设置原因：将异常或中断的原因写入 mcause 寄存器。

4）跳转处理程序：根据 mtvec 寄存器的配置，跳转到异常处理程序的入口点。

(3) 返回正常执行

异常处理程序完成后，通常使用特殊的指令（如 MRET，即 Machine Return）来恢复处理器状态并返回到异常发生前的位置继续执行。MRET 指令会恢复 mepc 寄存器中保存的 PC 值，并根据 mstatus 寄存器的内容恢复中断使能状态。

RISC-V 的异常处理机制提供了灵活而强大的方式来响应和处理各种异常和中断，确保了系统的稳定性和响应性。通过精心设计的 CSR 和处理流程，RISC-V 支持高效的异常处理，同时为操作系统和应用程序提供了必要的灵活性和控制能力。

下面将介绍 RISC-V 架构的异常处理机制。当前 RISC-V 架构文档主要分为"指令集文档"和"特权架构文档"。RISC-V 架构的异常处理机制定义在"特权架构文档"中。

狭义的异常和中断均可以被归于广义的异常范畴，因此下面的"异常"包含了狭义上的"异常"和"中断"。

RISC-V 的架构包含机器模式（Machine Mode）、用户模式（User Mode）、监督模式（Supervisor Mode）等工作模式。不同的工作模式下均可能产生异常，并且有的模式也可以响应中断。RISC-V 架构要求必须具备机器模式，其他模式则可选。

3.2.2 进入异常

进入异常时，RISC-V 架构规定的硬件行为简述如下：

1) 停止执行当前程序流，转而从 CSR mtvec 寄存器定义的 PC 地址开始执行。

2) 进入异常不仅会让处理器跳转到上述 PC 地址开始执行，还会让硬件同时更新以下 4 个 CSR：机器模式异常原因寄存器 mcause、机器模式异常 PC 寄存器 mepc、机器模式异常值寄存器 mtval（Machine Trap Value Register）、机器模式状态寄存器 mstatus。

1. 从 mtvec 定义的 PC 地址开始执行

RISC-V 架构规定，在处理器程序执行过程中，一旦遇到异常发生，则终止当前的程序流，处理器被强行跳转到一个新的 PC 地址。该过程在 RISC-V 的架构中定义为"陷阱"（Trap），字面含义为"跳入陷阱"，更加准确的意译为"进入异常"。

RISC-V 处理器进入异常后跳转的 PC 地址由机器模式异常入口基地址寄存器 mtvec 指定，mtvec 寄存器是一个可读可写的 CSR，因此软件可以通过编程更改其中的值。mtvec 寄存器的详细格式如图 3-1 所示，其中最低两位是 MODE 域，其他高 30 位是 BASE 域。

XLEN-1	2 1	0
BASE[XLEN-1:2](WARL)	MODE(WARL)	
XLEN-2	2	

图 3-1 mtvec 寄存器的详细格式

假设 MODE 值为 0，则所有异常响应时处理器均跳转到 BASE 值指示的 PC 地址。

假设 MODE 值为 1：狭义的异常发生时，处理器跳转到 BASE 值指示的 PC 地址；狭义的中断发生时，处理器跳转到 BASE+4×CAUSE 值指示的 PC 地址，其中 CAUSE 值表示中断对应的异常编号（Exception Code）。例如机器定时器中断的异常编号为 7，则其跳转的地址为 BASE+4×7=BASE+28，转换为十六进制为 BASE+0x1c。

2. 更新 mcause 寄存器

RISC-V 架构规定，在进入异常时，机器模式异常原因寄存器 mcause 被同时更新，以反映当前的异常种类，软件可以通过读此寄存器来查询造成异常的具体原因。

mcause 寄存器的详细格式如图 3-2 所示，其中最高 1 位为 Interrupt 域，其他低 31 位为异常编号域。

```
XLEN-1  XLEN-2                                              0
┌────────┬──────────────────────────────────────────────────┐
│Interrupt│            Exception Code(WLRL)                 │
└────────┴──────────────────────────────────────────────────┘
    1                        XLEN-1
```

图 3-2 mcause 寄存器的详细格式

两个域的组合用于指示 RISC-V 架构定义的 12 种中断类型和 16 种异常类型。

当 Interrupt 的值为 1、异常编号为 0~11 时，对应的 12 种中断类型如下：

1）用户软件中断（User Software Interrupt）。
2）监督软件中断（Supervisor Software Interrupt）。
3）保留（Reserved）。
4）机器软件中断（Machine Software Interrupt）。
5）用户定时器中断（User Timer Interrupt）。
6）监督定时器中断（Supervisor Timer Interrupt）。
7）保留（Reserved）。
8）机器定时器中断（Machine Timer Interrupt）。
9）用户外部中断（User External Interrupt）。
10）监督外部中断（Supervisor External Interrupt）。
11）保留（Reserved）。
12）机器外部中断（Machine External Interrupt）。

当异常编号≥12 时，保留（Reserved）。

当 Interrupt 的值为 0、异常编号为 0~15 时，对应的 16 种异常类型如下：

1）指令地址错对齐（Instruction Address Misaligned）。
2）指令访问故障（Instruction Access Fault）。
3）非法指令（Illegal Instruction）。
4）断点（Breakpoint）。
5）载入地址错对齐（Load Address Misaligned）。
6）载入访问故障（Load Access Fault）。
7）存储/AMO 地址错对齐（Store/AMO address Misaligned，AMO 即原子内存操作）。
8）存储/AMO 访问故障（Store/AMO Access Fault）。
9）来自 U 模式的环境调用（Environment Call from U-mode）。
10）来自 S 模式的环境调用（Environment Call from S-mode）。
11）保留（Reserved）。
12）来自 M 模式的环境调用（Environment Call from M-mode）。
13）指令页表错误（Instruction Page Fault）。
14）载入页表错误（Load Page Fault）。
15）保留（Reserved）。
16）存储/AMO 页表错误（Store/AMO Page Fault）。

当异常编号≥16 时，保留（Reserved）。

3. 更新 mepc 寄存器

RISC-V 架构定义异常的返回地址由机器模式异常 PC 寄存器 mepc 保存。在进入异常时，硬件将自动更新 mepc 寄存器的值为当前遇到异常的指令 PC 值（即当前程序的停止执行点）。该寄存器将作为异常的返回地址，在异常结束之后，处理器能够使用它保存的 PC 值回到之前被停止执行的程序点。

值得注意的是，虽然 mepc 寄存器会在异常发生时自动被硬件更新，但是 mepc 寄存器本身也是一个可读可写的寄存器，因此软件也可以直接写该寄存器以修改其值。

对于狭义的中断和狭义的异常而言，RISC-V 架构定义其返回地址（更新的 mepc 值）有细微差别。

① 出现中断时，中断返回地址（即 mepc 的值）被更新为下一条尚未执行的指令。

② 出现异常时，中断返回地址（即 mepc 的值）被更新为当前发生异常的指令 PC 值。注意：异常由 ecall 或 ebreak 产生时，由于 mepc 的值被更新为 ecall 或 ebreak 指令的 PC 值，因此在异常返回时，如果直接使用 mepc 保存的 PC 值作为返回地址，则会再次跳回 ecall 或者 ebreak 指令，从而造成死循环（执行 ecall 或者 ebreak 指令导致重新进入异常）。正确的做法是在异常处理程序中改变 mepc 指向下一条指令，由于现在 ecall/ebreak（或 c.ebreak）是 4（或 2）字节指令，因此改写设定 mepc=mepc+4（或 +2）即可。

4. 更新 mtval 寄存器

RISC-V 架构规定，在进入异常时，硬件将自动更新机器模式异常值寄存器 mtval，以反映引起当前异常的存储器访问地址或者指令编码。

如果是存储器访问所造成的异常，例如遭遇硬件断点、取指令、存储器读写所造成的异常，则将存储器访问的地址更新到 mtval 寄存器中。

如果是非法指令所造成的异常，则将该指令的指令编码更新到 mtval 寄存器中。

注意：mtval 寄存器又名 mbadaddr 寄存器，在某些版本的 RISC-V 编译器中仅识别 mbadaddr 名称。

5. 更新 mstatus 寄存器

RISC-V 架构规定，在进入异常时，硬件将自动更新机器模式状态寄存器 mstatus 的某些域。

mstatus 寄存器的详细格式如图 3-3 所示，其中的 MIE 域表示在机器模式下中断全局使能。当该 MIE 域的值为 1 时，表示机器模式下所有中断的全局打开；当该 MIE 域的值为 0 时，表示机器模式下所有中断的全局关闭。

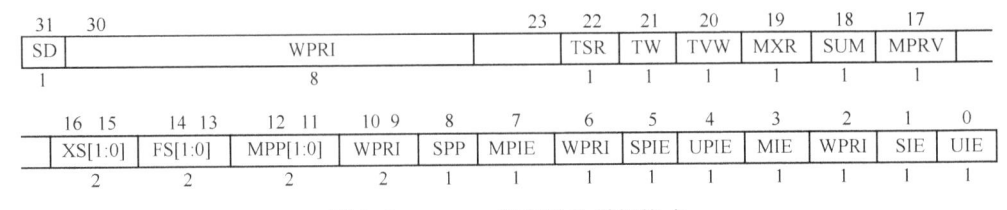

31	30		23	22	21	20	19	18	17
SD	WPRI			TSR	TW	TVW	MXR	SUM	MPRV
1	8			1	1	1	1	1	1

16 15	14 13	12 11	10 9	8	7	6	5	4	3	2	1	0
XS[1:0]	FS[1:0]	MPP[1:0]	WPRI	SPP	MPIE	WPRI	SPIE	UPIE	MIE	WPRI	SIE	UIE
2	2	2	2	1	1	1	1	1	1	1	1	1

图 3-3 mstatus 寄存器的详细格式

RISC-V 架构规定，异常发生时有如下情况：

① MPIE 域的值被更新为异常发生前 MIE 域的值。MPIE 域的作用是在异常结束之后，处理器能够使用 MPIE 的值恢复出异常发生之前的 MIE 值。

② MIE 的值则被更新为 0（意味着进入异常服务程序后中断被全局关闭，所有中断都将被屏蔽不响应）。

③ MPP 的值被更新为异常发生前的模式。MPP 域的作用是在异常结束之后，处理器能够使用 MPP 的值恢复出异常发生之前的工作模式。对于只支持机器模式（Machine Mode Only）的处理器核，MPP 的值永远为二进制值 11。

3.2.3 退出异常

当程序完成异常处理之后，需要从异常服务程序中退出，并返回主程序。RISC-V 架构定义了一组专门的退出异常指令（Trap Return Instruction），包括 MRET、SRET URET。其中 MRET 指令是必备的，而 SRET 和 URET 指令仅在支持监督模式和用户模式的处理器中使用。

在机器模式下退出异常时，软件必须使用 MRET 指令。RISC-V 架构规定，处理器执行 MRET 指令后的硬件行为如下：

1) 停止执行当前程序流，转而从 CSR mepc 寄存器定义的 PC 地址开始执行。

2) 执行 MRET 指令不仅会让处理器跳转到上述 PC 地址开始执行，还会让硬件同时更新 CSR mstatus 寄存器。

1. 从 mepc 定义的 PC 地址开始执行

在进入异常时，mepc 寄存器被同时更新，以反映当时遇到异常的指令的 PC 值。通过这个机制，MRET 指令执行后处理器回到了当时遇到异常的指令的 PC 地址，从而可以继续执行之前被中止的程序流。

2. 更新 mstatus 寄存器

mstatus 寄存器的详细格式如图 3-3 所示。RISC-V 架构规定，在执行 MRET 指令后，硬件将自动更新 mstatus 的某些域。

RISC-V 架构规定，执行 MRET 指令退出异常时有如下情况：

1) mstatus 寄存器 MIE 域的值被更新为当前 MPIE 的值。

2) mstatus 寄存器 MPIE 域的值则被更新为 1。

在进入异常时，MPIE 的值曾经被更新为异常发生前的 MIE 域的值，而 MRET 指令执行后，MIE 域的值被更新为 MPIE 的值。通过这个机制，MRET 指令执行后，处理器的 MIE 值被恢复成异常发生之前的值（假设之前的 MIE 值为 1，则意味着中断被重新全局打开）。

3.2.4 异常服务程序

当处理器进入异常后，它会开始从 mtvec 寄存器所指定的 PC 地址执行新的程序，这个程序通常被称为异常服务程序。在异常服务程序中，可以通过检查 mcause 中的异常编号来确定异常的具体类型，并据此跳转到对应的更具体的异常处理子程序。例如当 mcause 中的值为 0x2，这意味着异常是由非法指令错误（Illegal Instruction）引起的，此时程序可以进一步跳转到专门处理非法指令错误的异常服务子程序。

异常入口程序示例片段如图 3-4 所示。在这个片段中，程序首先读取 mcause 寄存器的值，然后根据这个值判断异常的类型，最后根据判断结果跳转到相应的异常服务子程序进行处理。

注意：由于 RISC-V 架构规定的进入异常和退出异常机制中没有硬件自动保存和恢复上下文的操作，因此需要软件明确地使用指令进行上下文的保存和恢复。

```
uintptr_t handle_trap(uintptr_t mcause, uintptr_t epc)
{
    if (0){
    // External Machine-Level interrupt from PLIC
    } else if ((mcause & MCAUSE_INT) && ((mcause & MCAUSE_CAUSE) == IRQ_M_EXT)) {
        handle_m_ext_interrupt();
    // External Machine-Level interrupt from PLIC
    } else if ((mcause & MCAUSE_INT) && ((mcause & MCAUSE_CAUSE) == IRQ_M_TIMER)){
        handle_m_time_interrupt();
    }
    else {
        write(1, "trap\n", 5);
        _exit(1 + mcause);
    }
    return epc;
}
```

图 3-4　异常入口程序示例片段

3.3　RISC-V 架构中断

在 RISC-V 架构中，中断是指由处理器外部的事件或内部的条件触发的异步事件，这些事件要求处理器暂停当前执行的任务，转而处理这个紧急事件。中断机制允许处理器响应外部设备、内部定时器等产生的信号，从而实现对这些事件的即时处理。RISC-V 架构中的中断可以分为几个主要类别，并且通过一套标准化的流程进行管理和处理。

3.3.1　中断类型

在 RISC-V 架构中，中断和异常是处理器响应外部和内部事件的机制。中断是由外部设备发起的，通常用于指示处理器需要注意外部设备，如输入/输出操作完成。异常则是由程序执行中的事件引起的，如非法指令或访问违规。

1. RISC-V 架构定义的中断类型

RISC-V 架构定义的中断类型分为 4 种。

1) 外部中断（External Interrupt）。外部中断通常是指来自处理器外部设备（如串口设备等）的中断。RISC-V 体系结构在 M 模式和 S 模式下都可以处理外部中断。为了支持更多的外部中断源，处理器一般采用中断控制器来管理，例如，RISC-V 体系结构定义了一个平台级中断控制器（PLIC），用于外部中断的仲裁和派发功能。

2) 定时器中断（Timer Interrupt）。定时器中断是指来自定时器的中断，通常用于操作系统的时钟中断。在 RISC-V 体系结构中，在 M 模式和 S 模式下都有定时器。RISC-V 体系结构规定处理器必须有一个定时器，通常在 M 模式下实现。RISC-V 体系结构还为定时器定义了两个 64 位的寄存器，即 mtime 和 mtimecmp。它们通常在 CLINT 中实现。

3) 软件中断（Software Interrupt）。软件中断是指由软件触发的中断，通常用于处理器内核之间的通信，即处理器间中断（Inter-Processor Interrupt，IPI）。

4) 调试中断（Debug Interrupt）。调试中断一般用于硬件调试功能。

2. 按照功能分类的中断类型

在 RISC-V 处理器中，中断按照功能又可以分成如下两类：

1) 本地（Local）中断。本地中断直接被发送给本地处理器硬件线程（Hart），它是一个处理器私有的中断并且有固定的优先级。本地中断可以有效缩短中断延时，这是因为它不需要经过中断控制器的仲裁以及额外的中断查询。软件中断和时钟中断是常见的本地中断。本地中断一般由处理器核心本地中断控制器（CLINT）来产生。

2）全局（Global）中断。通常是指外部中断，经过 PLIC 的路由，送到合适的处理器内核。PLIC 支持更多的中断号、可配置的优先级以及路由策略等。

中断框图如图 3-5 所示。

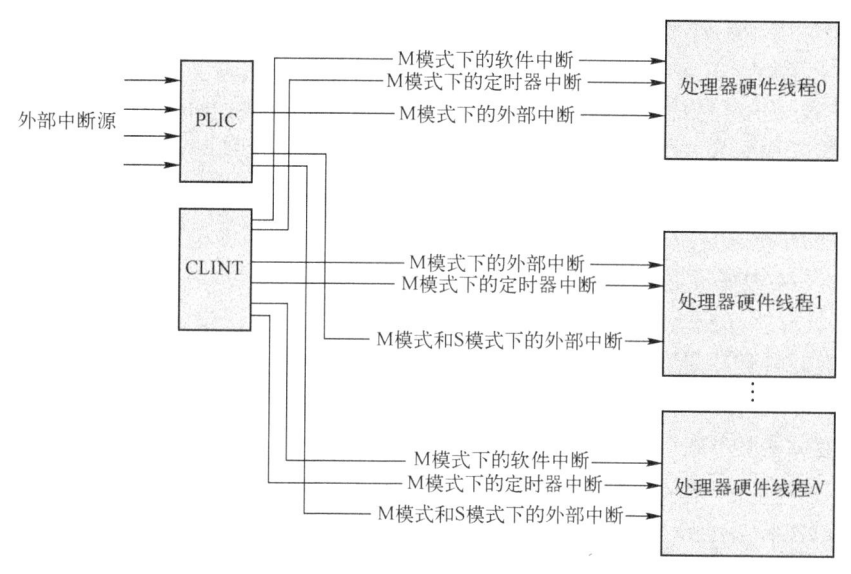

图 3-5 中断框图

3. 外部中断

在 RISC-V 架构中，外部中断是由处理器外部的事件所触发的中断，这些事件通常来自外部设备，如 IO 设备、网络接口或其他外部源。外部中断提供了一种机制，使得处理器能够响应来自外部设备的事件，如数据的到达、设备就绪或其他重要的状态变化。这是实现异步事件处理的关键机制，对于构建响应式系统和操作系统非常重要。

（1）外部中断的工作原理

当外部设备发生一个事件需要处理器注意时，设备通过中断请求线（IRQ）向处理器发送一个中断信号。处理器在完成当前指令的执行后，会检查中断信号。如果中断被允许（即中断使能位被设置），处理器会暂停当前的执行流程，保存当前的上下文（如寄存器状态），然后跳转到预定的中断服务程序来响应这个中断。

中断服务程序执行必要的操作来处理这个外部事件，比如读取数据或者重置设备状态。完成这些操作后，中断服务程序会恢复之前保存的上下文，并通过特定的指令告诉处理器中断处理完成，处理器随后会返回到被中断的位置继续执行。

（2）RISC-V 中外部中断的处理

在 RISC-V 中，中断处理由中断控制器负责，它负责管理和分发来自外部设备的中断请求。RISC-V 定义了两种中断模式：直接模式和向量模式。

1）直接模式：所有中断都会导致处理器跳转到同一个入口点（通常是 mtvec 寄存器指定的地址），中断服务程序需要在这个地方根据中断源进行区分处理。

2）向量模式：每种类型的中断都有其对应的入口点。在这种模式下，mtvec 寄存器指定的是一个基地址，处理器会根据中断源的不同，跳转到这个基地址+不同偏移量的位置。

对于外部中断，RISC-V 定义了两个重要的控制寄存器：mie 寄存器和 mip 寄存器。

1) mie 寄存器：用于控制哪些中断是允许的。
2) mip 寄存器：用于指示哪些中断是待处理的。

外部中断通常通过 PLIC 来管理，PLIC 负责接收来自外部设备的中断请求，按优先级排序，然后将中断请求发送给处理器。处理器通过读取 PLIC 提供的信息来确定中断源和优先级，然后执行相应的中断服务程序。

外部中断在 RISC-V 架构中是处理外部设备事件的关键机制。通过合理配置和使用中断控制器，RISC-V 处理器可以高效地响应外部设备的请求，实现快速和灵活的事件处理。

RISC-V 架构定义的外部中断要点如下：

1) 外部中断是指来自处理器核外部的中断，例如外部设备 UART、GPIO（通用目的输入输出）等产生的中断。

2) RISC-V 架构在机器模式、监督模式和用户模式下均有对应的外部中断。为了简化知识模型，在此仅介绍"只支持机器模式"的架构，因此仅介绍机器模式外部中断。

3) 机器模式外部中断（Machine External Interrupt）的屏蔽由 CSR mie 寄存器中的 MEIE 域控制，等待（Pending）标志则反映在 CSR mip 寄存器中的 MEIP 域。

4) 机器模式外部中断可以作为处理器核的一个单比特输入信号，假设处理器需要支持很多个外部中断源，RISC-V 架构定义了一个 PLIC，可用于多个外部中断源的优先级仲裁和派发。

① PLIC 可以将多个外部中断源仲裁为一个单比特的中断信号并送入处理器核，处理器核收到中断进入异常服务程序后，可以通过读 PLIC 的相关寄存器查看中断源的编号和信息。

② 处理器核在处理完相应的中断服务程序后，可以通过写 PLIC 的相关寄存器和具体的外部中断源的寄存器，清除中断源（假设中断源为 GPIO，则可通过 GPIO 模块的中断相关寄存器清除该中断）。

5) 虽然 RISC-V 架构只明确定义了一个机器模式外部中断，同时明确定义可以通过 PLIC 在外部管理众多外部中断源，将其仲裁为一个机器模式外部中断信号传递给处理器核。但是 RISC-V 架构也预留了大量空间供用户扩展其他外部中断类型，例如以下 3 种：

① CSR mie 和 mip 寄存器的高 20 位可以用于扩展控制其他自定义中断类型。

② 用户甚至可以自定义若干组新的 mie<n> 和 mip<n> 寄存器以支持更多自定义中断类型。

③ CSR mcause 寄存器的中断异常编号域为 12 及以上的值，均可以用于其他自定义中断的异常编号。因此理论上，通过扩展 RISC-V 架构可以支持无数个自定义的外部中断信号直接输入处理器核。

4. 定时器中断

在 RISC-V 架构中，定时器中断是一种特殊类型的中断，用于处理与时间相关的事件。这种中断主要由处理器内部的定时器触发，而不是由外部设备直接引起。定时器中断在操作系统的调度、时间管理以及实现定时任务等方面发挥着重要作用。

（1）定时器中断的工作原理

RISC-V 处理器通常包含一个或多个定时器（如 mtime 定时器），这些定时器以固定的频率递增计数值。当定时器的计数值达到某个预设的阈值时，就会触发一个定时器中断。处理器响应这个中断，执行相应的中断服务程序，以处理定时事件或者更新系统时间。

（2）RISC-V 中的定时器中断处理

在 RISC-V 标准中，定时器中断是由机器模式（M 模式）和监督模式（S 模式，如果实现了的话）处理的。中断的具体处理方式取决于处理器的配置和当前的执行模式。

1）机器模式定时器中断（Machine Timer Interrupt，MTI）：这是最常见的定时器中断类型，由机器模式处理。当定时器中断发生时，处理器会跳转到机器模式的中断处理程序来响应这个中断。

2）监督模式定时器中断（Supervisor Timer Interrupt，STI）：如果处理器实现了监督模式，并且操作系统运行在监督模式下，定时器中断就可以配置为由监督模式处理。

（3）设置和使用定时器中断

在 RISC-V 标准中，设置定时器中断通常涉及以下步骤：

1）设置定时器的比较值：通过写入一个特殊的控制寄存器（如 mtimecmp）来设置定时器中断的触发时间。当定时器的当前时间（mtime）达到或超过这个比较值时，定时器中断会被触发。

2）启用定时器中断：通过修改中断使能寄存器（如 mie）来启用定时器中断。这允许处理器响应定时器中断信号。

3）实现中断服务程序：编写中断服务程序来响应定时器中断。这个程序可以更新系统时间，执行定时任务，或者进行其他与时间相关的处理。

4）返回和恢复：在中断服务程序执行完毕后，处理器会返回到被中断的程序继续执行。

定时器中断是 RISC-V 架构中非常重要的功能，它使处理器能够精确地管理时间和执行定时任务。通过合理配置和使用定时器中断，可以为操作系统和应用程序提供强大的时间管理能力。

RISC-V 架构定义的定时器中断要点如下：

1）定时器中断是指来自定时器的中断。

2）RISC-V 架构在机器模式、监督模式和用户模式下均有对应的定时器中断。本书为简化知识模型，在此仅介绍"只支持机器模式"的架构，因此仅介绍机器模式定时器中断。

3）机器模式定时器中断的屏蔽由 mie 寄存器中的 MTIE 域控制，等待（Pending）标志则反映在 mip 寄存器中的 MTIP 域。

4）根据 RISC-V 架构定义，系统平台中必须有一个定时器，并且给该定时器定义了两个 64 位宽的寄存器 mtime 和 mtimecmp，分别如图 3-6 和图 3-7 所示。mtime 寄存器用于反映当前定时器的计数值，mtimecmp 用于设置定时器的比较值。当 mtime 中的计数值大于或者等于 mtimecmp 中设置的比较值时，定时器便会产生定时器中断。定时器中断会一直拉高，直到软件重新写 mtimecmp 寄存器的值，使得其比较值大于 mtime 中的值，从而将定时器中断清除。

图 3-6 mtime 寄存器

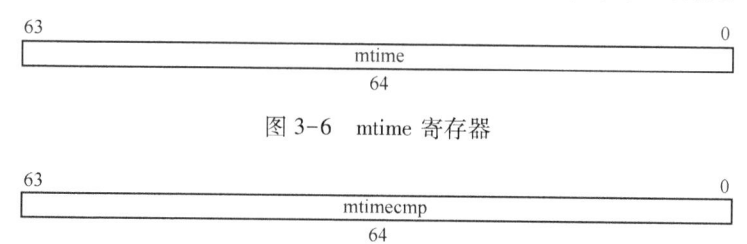

图 3-7 mtimecmp 寄存器

值得注意的是，RISC-V 架构并没有定义 mtime 寄存器和 mtimecmp 寄存器为 CSR 寄存器，而是定义其为存储器地址映射（Memory Address Mapped）的系统寄存器。RISC-V 架构并没有规定具体的存储器映射（Memory Mapped）地址，而是交由 SoC 系统集成者实现。

另一点值得注意的是，RISC-V 架构定义 mtime 定时器为实时（Real-Time）定时器，系统必须以一种恒定的频率作为定时器的时钟。该时钟必须为低速的电源常开的（Always-on）时钟，低速是为了省电，常开是为了提供准确的计时。

5. 软件中断

在 RISC-V 架构中,软件中断是一种特殊类型的中断,它不是由硬件事件直接触发的,而是由软件显式地请求的。软件中断主要用于在不同的软件层次之间通信和同步,比如操作系统内核与用户空间之间的通信,或者不同的处理器核心之间的通信(在多核系统中)。软件中断提供了一种机制,允许软件主动触发中断处理流程,以执行特定的服务或处理特定的任务。

(1) 软件中断的类型

RISC-V 架构定义了两种软件中断:

1) 机器模式软件中断(Machine Software Interrupt,MSI):这是最低级别的软件中断,由机器模式(M-mode)处理。它可以由操作系统或其他机器模式的软件用于触发机器模式下的处理流程。

2) 监督模式软件中断(Supervisor Software Interrupt,SSI):如果处理器支持监督模式(S-mode),这种软件中断可以用于监督模式下的软件,比如操作系统内核,来触发监督模式下的处理流程。

(2) 软件中断的使用

软件中断的触发通常通过写入特定的控制寄存器来实现。在 RISC-V 中,每个核心都有一个软件中断寄存器,通过对这个寄存器写入特定的值,可以触发相应模式下的软件中断。

1) 触发软件中断:软件通过写入 msip(机器模式软件中断寄存器)或 ssip(监督模式软件中断寄存器)来触发软件中断。这些寄存器位于内存映射的控制与状态寄存器(CSR)空间内,可以通过 CSR 访问指令来操作。

2) 处理软件中断:当软件中断被触发时,处理器会根据当前的执行模式和中断使能状态,跳转到预设的中断处理程序来响应这个中断。中断处理程序需要根据中断的原因执行相应的操作,比如处理来自用户程序的系统调用请求,或者处理来自其他核心的信号。

3) 中断返回:处理完软件中断后,中断处理程序通过特定的指令(如 mret 或 sret)来完成中断处理,返回到被中断的程序继续执行。

软件中断在 RISC-V 架构中提供了一种灵活的机制,允许软件主动触发中断处理流程,实现不同软件层次或处理器核心之间的通信和同步。通过合理利用软件中断,可以有效地实现操作系统服务、进程间通信(IPC)以及多核处理器间的任务协调等功能。

RISC-V 架构定义的软件中断要点如下:

1) 软件中断是指软件自己触发的中断。

2) RISC-V 架构在机器模式、监督模式和用户模式下均有对应的软件中断。本书为简化知识模型,在此仅介绍"只支持机器模式"的架构,因此仅介绍机器模式软件中断。

3) 机器模式软件中断的屏蔽由 mie 寄存器中的 MSIE 域控制,等待(Pending)标志则反映在 mip 寄存器中的 MSIP 域。

4) RISC-V 架构定义的机器模式软件中断可以通过软件写 1 至 msip 寄存器来触发。

注意:此 msip 寄存器和 mip 寄存器中的 MSIP 域命名不可混淆,而且 RISC-V 架构并没有定义 msip 寄存器为 CSR,而是定义其为存储器地址映射的系统寄存器。RISC-V 架构并没有规定具体的存储器映射地址,而是交由 SoC 系统集成者实现。

5) 当软件写 1 至 msip 寄存器触发了软件中断之后,CSR mip 寄存器中的 MSIP 域便会置高,反映其等待状态。软件可通过写 0 至 msip 寄存器来清除该软件中断。

6. 调试中断

在 RISC-V 架构中,调试中断(Debug Interrupt)是用于支持处理器调试功能的一种特殊中断机制。它允许调试器（如硬件调试器或软件调试工具）在不干扰正常程序执行的情况下，访问和控制处理器的状态。调试中断是实现高效、灵活调试功能的关键组成部分，特别是对于嵌入式系统和复杂的多核处理器系统。

（1）调试中断的工作原理

调试中断允许调试器在任何执行状态下暂停处理器执行，进入调试模式（Debug Mode）。在调试模式下，调试器可以读取和修改处理器的寄存器、内存和其他状态信息，设置断点和观察点（Watch Point），以及执行其他调试相关的操作。完成调试操作后，可以恢复处理器的执行，继续运行被调试的程序。

（2）调试中断的触发方式

调试中断可以通过多种方式触发，包括以下方式：

1）外部调试请求：通过外部调试接口，如 JTAG（联合测试工作组）或 SWD（串行线调试）接口，发出的调试请求可以触发调试中断，使处理器进入调试模式。

2）异常和断点：程序中的异常或软件设置的断点也可以被配置为触发调试中断，允许调试器在特定条件下自动暂停程序执行。

3）调试命令：调试器可以通过写入特定的调试控制寄存器来直接请求调试中断。

（3）调试模式下的操作

进入调试模式后，调试器可以执行的操作包括但不限于：

1）寄存器访问：读取和修改通用寄存器、CSR 等。

2）内存访问：读取和修改处理器的内存空间。

3）断点和观察点设置：设置断点以在特定程序地址处暂停执行，或设置观察点以在特定内存地址被访问时暂停执行。

4）单步执行：单步执行程序，允许调试器在每条指令执行后进行检查和修改。

（4）调试中断与其他中断的关系

调试中断与其他中断（如软件中断、时钟中断、外部中断等）在处理器内部是分开处理的。调试中断通常具有更高的优先级，可以在任何执行状态下触发，包括在其他中断处理过程中。这使得调试器能够在几乎任何情况下控制和检查处理器的状态，为复杂问题调试提供了强大的工具。

调试中断在 RISC-V 架构中提供了一种强大的机制，用于支持复杂的调试和错误诊断操作。通过调试中断，开发者可以在不干扰正常程序执行的情况下，对处理器进行详细的检查和控制，极大地提高了软件开发和系统调试的效率。

3.3.2 中断处理过程

触发中断后，默认情况下由 M 模式来响应和处理。处理器所做的事情与异常处理类似。这里假设中断已经委派并由 S 模式来处理。处理器做如下事情：

1）保存中断发生前的中断状态，即把中断发生前的 SIE 位保存到 sstatus 寄存器的 SPIE 字段中。

2）保存中断发生前的处理器模式状态，即把异常发生前的处理器模式编码保存到 sstatus 寄存器的 SPP 字段中。

3）关闭本地中断，即设置 sstatus 寄存器的 SIE 字段为 0。

4）把中断类型更新到 scause 寄存器中。

5）把触发中断时的虚拟地址更新到 stval 寄存器中。

6）把当前 PC 保存到 sepc 寄存器中。

7）跳转到异常向量表，即把 stvec 寄存器的值设置到 PC 寄存器中。

操作系统软件需要读取以及解析 scause 寄存器的值来确定中断类型，然后跳转到相应的中断处理函数中。

中断处理完成之后，需要执行 SRET 指令来退出中断。SRET 指令会执行如下操作：

1）恢复 SIE 字段，该字段的值从 sstatus 寄存器的 SPIE 字段中获取，这相当于使能了本地中断。

2）将处理器模式设置成之前保存到 SPP 字段的模式编码。

3）设置 PC 为 sepc 寄存器的值，即返回异常触发的现场。

下面以一个例子来说明中断处理的一般过程（见图 3-8）。假设有一个正在运行的程序，这个程序既可能运行在内核模式，也可能运行在用户模式，此时，一个外设中断发生了。

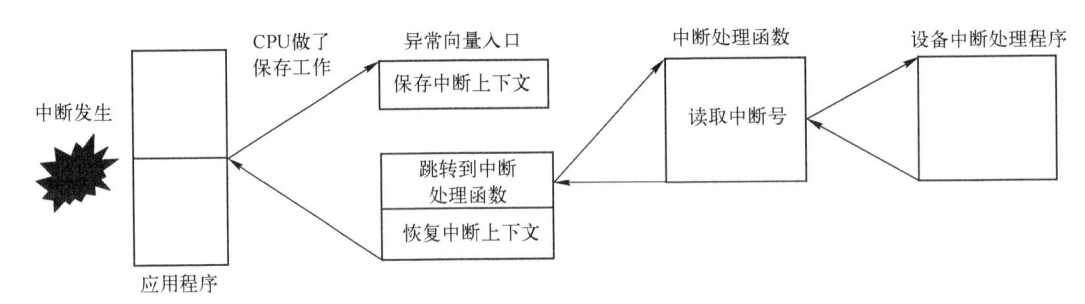

图 3-8 中断处理的一般过程

1）CPU 会自动做保存工作，并跳转到异常向量表的基地址。

2）进入异常处理入口函数即中断处理函数，如 do_exception_vector( )。

3）在 do_exception_vector( ) 汇编函数里保存中断现场。

4）读取 scause 寄存器的值，解析中断类型，跳转到中断处理函数里。例如，在 PLIC 驱动里读取中断号，根据中断号跳转到设备中断处理程序。

5）在设备中断处理程序里处理这个中断。

6）返回 do_exception_vector( ) 汇编函数，恢复中断上下文。

7）调用 SRET 指令来完成中断返回。

8）CPU 继续执行中断现场的下一条指令。

3.3.3 中断委托和注入

在 RISC-V 体系结构中，与异常一样，中断默认情况下由 M 模式来响应和处理。运行在 M 模式的软件（如 OpenSBI）可以通过在 mideleg 寄存器中设置相应的位，有选择地将中断委托给 S 模式。mideleg 寄存器用来设置中断委托。mideleg 寄存器中的字段见表 3-2。

表 3-2 mideleg 寄存器中的字段

字 段	位	说 明
SSIP	Bit[1]	把软件中断委托给 S 模式
STIP	Bit[5]	把时钟中断委托给 S 模式
SEIP	Bit[9]	把外部中断委托给 S 模式

RISC-V 体系结构提供了一种中断注入方式，例如使用 M 模式下的 mtimer 定时器，把 M 模式特有的中断注入 S 模式。mip 寄存器用来向 S 模式注入中断，例如设置 mip 寄存器中的 STIP 字段，相当于把 M 模式下的定时器中断注入 S 模式，并由 S 模式的操作系统处理。

3.3.4 中断屏蔽

RISC-V 架构的狭义上的异常是不可以被屏蔽的，也就是说一旦发生狭义上的异常，处理器一定会停止当前操作转而处理异常。但是狭义上的中断则可以被屏蔽掉，RISC-V 架构定义了 CSR 的 M 模式中断使能寄存器 mie 可以用于控制中断的屏蔽。

1) mie 寄存器的详细格式如图 3-9 所示，其中每一个比特域都用于控制每个单独的中断使能。

① MEIE 域控制 M 模式下外部中断的屏蔽。

| WPRI | MEIE | WPRI | SEIE | UEIE | MTIE | WPRI | STIE | UTIE | MSIE | WPRI | SSIE | USIE |

图 3-9 mie 寄存器的详细格式

② MTIE 域控制 M 模式下定时器中断的屏蔽。
③ MSIE 域控制 M 模式下软件中断的屏蔽。

2) 软件可以通过写 mie 寄存器中的值来达到屏蔽某些中断的效果。假设 MTIE 域被设置成 0，则意味着将定时器中断屏蔽，处理器将无法响应定时器中断。

3) 如果处理器只实现了 M 模式，则监督模式和用户模式对应的中断使能位（SEIE、UEIE、STIE、UTIE、SSIE 和 USIE）无任何意义。

注意：本书为简化知识模型，在此仅介绍"只支持机器模式"的架构，因此对 SEIE、UEIE、STIE、UTIE、SSIE 和 USIE 等不做赘述。对其感兴趣的读者请参考 RISC-V "特权架构文档"原文。

注意：除了对 3 种中断的分别屏蔽，通过 mstatus 寄存器中的 MIE 域还可以全局关闭所有中断。

3.3.5 中断等待

RISC-V 架构定义了 CSR 的机器模式中断等待寄存器 mip（Machine Interrupt Pending）可以用于查询中断的等待状态。

1) mip 寄存器的详细格式如图 3-10 所示，其中的每一个域都用于反映每个单独的中断等待状态。

① MEIP 域反映机器模式下的外部中断的等待状态。
② MTIP 域反映机器模式下的定时器中断的等待状态。
③ MSIP 域反映机器模式下的软件中断的等待状态。

| WPRI | MEIP | WIRI | SEIP | UEIP | MTIP | WIRI | STIP | UTIP | MSIP | WIRI | SSIP | USIP |

图 3-10 mip 寄存器的详细格式

2) 如果处理器只实现了机器模式，则 mip 寄存器中监督模式和用户模式对应的中断等待状态位（SEIP、UEIP、STIP、UTIP、SSIP 和 USIP）无任何意义。

注意：本书为简化知识模型，在此仅介绍"只支持机器模式"的架构，因此对 SEIP、UEIP、STIP、UTIP、SSIP 和 USIP 等不做赘述。对其感兴趣的读者请参考 RISC-V"特权架构文档"原文。

3）软件可以通过读 mip 寄存器中的值达到查询中断状态的效果。

如果 MTIP 域的值为 1，则表示当前有定时器中断正在等待。注意：即便 mie 寄存器中 MTIE 域的值为 0（被屏蔽），如果定时器中断到来，则 MTIP 域仍然能够显示为 1。

MSIP、MEIP 与 MTIP 同理。

4）MEIP、MTIP 和 MSIP 域的属性均为只读，软件无法通过直接写这些域来改变其值。只有在这些中断的源头被清除后将中断源撤销，MEIP、MTIP 和 MSIP 域的值才能相应地归零。

例如，当处理器接收到一个 MEIP（Machine External Interrupt Pending，机器外部中断待处理）信号时，表示有一个外部中断源正在请求服务。此时，程序需要响应这个中断，并进入相应的中断服务程序。在中断服务程序内部，首要的任务是配置该外部中断源，以确保能够正确地识别和处理后续的中断请求。这通常包括读取中断状态寄存器以确认中断源，以及执行必要的操作来清除或撤销当前的中断请求，防止中断被重复触发。

具体来说，配置外部中断源可能涉及设置中断优先级、使能或禁用特定中断源以及配置中断触发方式（如边沿触发或电平触发）。撤销中断则通常是通过写入特定的寄存器或执行特定的操作来实现的，以确保中断控制器知道当前中断已被处理，并可以准备响应下一个中断请求。

完成这些操作后，中断服务程序会执行与中断相关的具体任务，如处理外部设备的数据传输、更新系统状态等。最后，中断服务程序会通过特定的指令或机制返回到被中断的程序位置，继续执行原来的程序。

因此，对于 MEIP 对应的外部中断，程序进入中断服务程序后，不仅需要配置外部中断源，还必须确保中断被正确撤销，以维护系统的稳定性和可靠性。

3.3.6 中断优先级与仲裁

对于中断而言，多个中断时可能存在优先级仲裁的情况。RISC-V 架构中分为如下 3 种情况：

1）如果 3 种中断同时发生，其响应的优先级顺序如下：

① 外部中断优先级最高。

② 软件中断其次。

③ 定时器中断再次。

mcause 寄存器中将按此优先级顺序选择更新异常编号的值。

2）调试中断比较特殊。只有调试器介入调试时才发生，正常情形下不会发生，因此此处不予讨论。

3）由于外部中断来自 PLIC，而 PLIC 可以管理数量众多的外部中断源，多个外部中断源之间的优先级和仲裁可通过配置 PLIC 的寄存器进行管理。

3.3.7 中断嵌套

理论上多个中断可能存在中断嵌套的情况。对于 RISC-V 架构而言，过程如下：

1）进入异常之后，mstatus 寄存器中的 MIE 域将会被硬件自动更新为 0（意味着中断被全局关闭,从而无法响应新的中断)。

2)退出中断后,MIE 域才被硬件自动恢复成中断发生之前的值(通过 MPIE 域得到),从而再次全局打开中断。

由上可见,一旦响应中断,进入异常模式后,中断就被全局关闭,从而再也无法响应新的中断,因此 RISC-V 架构定义的硬件机制默认无法支持硬件中断嵌套行为。

如果一定要支持中断嵌套,那么需要使用软件的方式达到中断嵌套的目的,从理论上讲,可采用如下方法:

1)在进入异常之后,软件通过查询 mcause 寄存器确认这是响应中断造成的异常,并跳入相应的中断服务程序。在这期间,由于 mstatus 寄存器中的 MIE 域被硬件自动更新为 0,因此新的中断都不会被响应。

2)待程序跳入中断服务程序后,软件可以强行改写 mstatus 寄存器的值,而将 MIE 域的值改为 1,这意味着将中断再次全局打开。从此时起,处理器将能够再次响应中断。

但是在强行改写 MIE 域之前,需要注意如下事项:

① 假设软件希望屏蔽比其优先级低的中断,而仅允许优先级比它高的新中断来打断当前中断,那么软件需要通过配置 mie 寄存器中的 MEIE、MTIE 或 MSIE 域,有选择地屏蔽不同类型的中断。

② 对于 PLIC 管理的众多外部中断而言,由于其优先级受 PLIC 控制,假设软件希望屏蔽比其优先级低的中断,而仅允许优先级比它高的新中断打断当前中断,那么软件需要通过配置 PLIC 阈值(Threshold)寄存器的方式来有选择地屏蔽不同类型的中断。

3)在中断嵌套的过程中,软件需要注意保存上下文至存储器堆栈,或者从存储器堆栈恢复上下文(与函数嵌套同理)。

4)在中断嵌套的过程中,软件还需要注意将 mepc 寄存器,以及为了实现软件中断嵌套被修改的其他 CSR 的值保存至存储器堆栈,或者从存储器堆栈恢复该值(与函数嵌套同理)。

除此之外,RISC-V 架构也允许用户通过自定义的中断控制器实现硬件中断嵌套功能。

3.3.8 中断和异常比较

虽说中断和异常本身不是一种指令,但却是处理器指令集架构非常重要的部分。同时中断和异常也往往是最复杂和难以理解的部分,可以说要了解一门处理器架构,熟悉其中断和异常的处理机制是必不可少的。

对 ARM 的 Cortex-M 系列或者 Cortex-A 系列比较熟悉的读者,可能会了解 Cortex-M 系列定义的嵌套向量中断控制器(Nested Vector Interrupt Controller,NVIC)和 Cortex-A 系列定义的通用中断控制器(General Interrupt Controller,GIC)。这两种中断控制器都非常强大,但也非常复杂。相比而言,RISC-V 架构的中断和异常机制则要简单得多,这同样反映了 RISC-V 架构力图简化硬件的设计哲学。

3.4 核心本地中断控制器

RISC-V 的核心本地中断控制器(CLINT)是一种简单的中断控制器,主要用于处理与处理器核心(Core)相关的中断,特别是软件中断和定时器中断。CLINT 设计用于简化系统的中断管理,特别是在嵌入式系统和简单的多核系统中。它直接连接到一个或多个 RISC-V 处理器核心，为每个核心提供定时器和软件中断功能。

1. CLINT 的主要功能

软件中断：软件中断允许一个核心向另一个核心发送中断信号。这在多核处理器系统中非常有用，因为它允许实现核心之间的通信和同步。软件中断可以通过写入特定的寄存器来触发。

定时器中断：CLINT 为每个连接的核心提供一个 mtime 寄存器，用于全局时间计数，以及一个 mtimecmp 寄存器，用于设置定时器中断的触发时间。当 mtime 寄存器的值等于或超过 mtimecmp 寄存器的值时，会触发定时器中断。这对于实现定时任务和操作系统的时间片调度非常关键。

2. CLINT 的组成

CLINT 通常包含以下几个关键部分：

1）msip（Machine Software Interrupt Pending）寄存器：每个核心都有一个 msip 寄存器，用于控制和指示软件中断的状态。写入该寄存器可以触发软件中断。

2）mtime（Machine Time）寄存器：一个 64 位的全局计数器，以固定频率递增，为系统提供一个统一的时间基准。

3）mtimecmp（Machine Time Compare）寄存器：每个核心都有一个 mtimecmp 寄存器，用于设置定时器中断的触发时间。当 mtime 寄存器的值达到 mtimecmp 寄存器的值时，会触发定时器中断。

3. CLINT 的地址映射

在 RISC-V 系统中，CLINT 的寄存器通常通过内存映射的方式访问。这意味着 CLINT 的寄存器被映射到处理器的地址空间中的特定地址。软件通过读写这些内存地址来控制 CLINT 的功能。CLINT 的具体地址映射可能会根据具体的硬件设计而有所不同，因此需要参考具体的硬件文档。

4. CLINT 的使用场景

CLINT 因简单和高效的设计，而特别适用于资源受限的嵌入式系统和简单的多核系统。它为这些系统提供了基本的中断管理功能，而不需要复杂的外部中断控制器。在更复杂的系统中，可能会使用 PLIC 或其他更高级的中断控制器来提供更多的功能和灵活性。

CLINT 在 RISC-V 架构中扮演着重要的角色，特别是在简化系统的中断管理和支持多核处理器间通信方面。

RISC-V 处理器一般支持软件中断、定时器中断这两种本地中断，它们属于处理器内核私有的中断，直接发送到处理器内核，而不需要经过中断控制器的路由，如图 3-11 所示。

CLINT 支持的中断采用固定优先级策略，高优先级的中断可以抢占低优先级的中断。CLINT 支持的中断见表 3-3。中断号越大，优先级越高。

图 3-11 CLINT 支持的中断

表 3-3 CLINT 支持的中断

名 称	中 断 号	说 明
ssip	1	S 模式下的软件中断
msip	3	M 模式下的软件中断

(续)

名称	中断号	说明
stip	5	S模式下的定时器中断
mtip	7	M模式下的定时器中断
seip	9	S模式下的外部中断
meip	11	M模式下的外部中断

FU740处理器CLINT中的寄存器见表3-4。在CLINT中，没有设置专门的寄存器来使能每个中断，不过可以使用mie寄存器来控制每个本地中断，另外还可以使用mstatus寄存器中MIE字段来关闭和打开全局中断。

表3-4 CLINT中的寄存器

名称	地址	属性	位宽	说明
msip	0x200 0000	RW	32	M模式下的软件触发寄存器，用于处理器硬件线程0
msip	0x200 0004	RW	32	M模式下的软件触发寄存器，用于处理器硬件线程1
msip	0x200 0008	RW	32	M模式下的软件触发寄存器，用于处理器硬件线程2
msip	0x200 000C	RW	32	M模式下的软件触发寄存器，用于处理器硬件线程3
msip	0x200 0010	RW	32	M模式下的软件触发寄存器，用于处理器硬件线程4
mtimecmp	0x200 4000	RW	64	定时器比较寄存器，用于处理器硬件线程0
mtimecmp	0x200 4008	RW	64	定时器比较寄存器，用于处理器硬件线程1
mtimecmp	0x200 4010	RW	64	定时器比较寄存器，用于处理器硬件线程2
mtimecmp	0x200 4018	RW	64	定时器比较寄存器，用于处理器硬件线程3
mtimecmp	0x200 4020	RW	64	定时器比较寄存器，用于处理器硬件线程4
mtime	0x200 BFF8	RW	64	定时器寄存器

其中msip寄存器主要用来触发软件中断，用于多处理器硬件线程之间的通信，如处理器间中断（IPI）。mtimecmp和mtime是m模式下与定时器相关的寄存器。mtime寄存器返回系统的时钟周期数。mtimecmp寄存器用来设置时间间隔，当mtime返回的时间大于或者等于mtimecmp寄存器的值时，便会触发定时器中断。

3.5 平台级中断控制器管理多个外部中断

RISC-V的平台级中断控制器（PLIC）是一个用于管理多个外部中断源的系统组件。它在RISC-V的中断处理架构中扮演着核心角色，特别是在支持多处理器的系统中。

3.5.1 特点

PLIC的主要特点如下：

1）中断源管理：PLIC能够管理来自不同外部设备（如定时器、串行端口、GPIO等）的中断请求。每个中断源被分配一个唯一的ID。

2）优先级：在PLIC中，每个中断源都可以配置一个优先级。当多个中断同时到达时，优先级高的中断会被首先处理。这有助于确保关键任务的中断请求能够被及时响应。

3）目标处理器：PLIC 支持将中断路由到一个或多个处理器。这意味着在多核处理器系统中，开发者可以指定由哪些核心来处理特定的中断，从而实现负载均衡和高效的中断处理。

4）中断使能：开发者可以通过配置 PLIC 来使能或禁用特定的中断源。这提供了灵活的中断管理，允许系统根据需要动态地启用或禁用中断。

5）中断清除：对于某些类型的中断，处理器在处理完中断后需要向 PLIC 发送一个信号来清除中断状态。这确保了中断线路被正确地重置，为接收后续的中断做好准备。

6）软件接口：PLIC 通过一组内存映射的寄存器提供软件接口，开发者可以通过读写这些寄存器来配置和管理中断。这包括设置优先级、使能中断、选择目标处理器等操作。

通过这些特点，RISC-V 的 PLIC 提供了一个强大而灵活的机制来管理和处理多个外部中断，支持构建复杂的多任务和多处理器系统。

3.5.2 中断分配

PLIC 是 RISC-V 架构标准定义的系统中断控制器，主要用于多个外部中断源的优先级仲裁。

1. PLIC 支持的中断源

PLIC 理论上可以支持高达 1024 个外部中断源，在具体 SoC 中连接的中断源个数可以不同。PLIC 连接了 GIPO、UART、PWM 等多个外部中断源，PLIC 源中断号对应中断源分配如下：

PLIC 源中断号 0：预留为表示没有中断。

PLIC 源中断号 1：WDOGCMPP。

PLIC 源中断号 2：RTCCMP。

PLIC 源中断号 3~4：UART0、UART1。

PLIC 源中断号 5~7：QSPI0、QSPIL、QSPI2。

PLIC 源中断号 8~39：GPIO0~GPIO31。

PLIC 源中断号 40~43：PWM0CMP0~PWM0CMP3。

PLIC 源中断号 44~47：PWM1CMP0~PWMLCMP3。

PLIC 源中断号 48~51：PWM2CMP0~PWM2CMP3。

PLIC 源中断号 52：I2C。

2. PLIC 的相关寄存器的查看

PLIC 将多个外部中断源仲裁为一个单比特的中断信号，送入处理器核作为机器模式外部中断（Machine External Interrupt），处理器核收到中断并进入异常服务程序后，可以通过读 PLIC 的相关寄存器查看中断源的编号和信息。

3. 清除中断源

处理器核在处理完相应的中断服务程序后，可以通过写 PLIC 的相关寄存器和具体的外部中断源的寄存器来清除中断源（假设中断源为 GPIO，则可以通过 GPIO 模块的相关寄存器清除该中断源）。

3.5.3 寄存器

PLIC 寄存器是一个存储器地址映射的模块，在某一 RISC-V 架构的微控制器中，其 PLIC 寄存器的存储器映射地址见表 3-5。PLIC 寄存器只支持操作尺寸（Size）为 32 位的读写访问。

表 3-5 PLIC 寄存器的存储器映射地址

地　　址	寄存器英文名称	寄存器中文名称	复位默认值
0x0C00_0004	Source 1 priority	中断源 1 的优先级	0x0
0x0C00_0008	Source 2 priority	中断源 2 的优先级	0x0
⋮	⋮	⋮	⋮
0x0C00_0FFC	Source 1023 priority	中断源 1023 的优先级	0x0
⋮			
0x0C00_1000	Start of pending array(read-only)	待处理数组的开始(只读)	0x0
⋮	⋮	⋮	⋮
0x0C00_107C	End of pending array	待处理数组的结束	0x0
⋮			
0x0C00_2000	Target 0 enables	中断目标 0 的使能位	0x0
⋮	⋮	⋮	⋮
0x0C20_0000	Target 0 priority threshold	中断目标 0 的优先级门槛	0x0
0x0C20_0004	Target 0 claim/complete	中断目标 0 的响应/完成	0x0

PLIC 理论上可以支持多个中断目标（Target）。

下面对表 3-5 中的内容进行说明。

1）中断源 1 的优先级到中断源 1023 的优先级对应每个中断源的优先级寄存器（可读可写）。虽然每个优先级寄存器对应一个 32 位（4 字节）的地址区间，但是优先级寄存器的有效位可以只有几位（其他位固定为 0）。例如，假设硬件实现优先级寄存器的有效位为 3 位，则其可以支持的优先级为中断源 0~中断源 7 这 8 个优先级。由于理论上 PLIC 可以支持 1024 个中断源，所以此处定义了 1024 个优先级寄存器的地址。

2）待处理数组的开始到结束对应每个中断源的 IP 中断等待寄存器（只读）。由于每个中断源的 IP 仅有 1 位宽，而每个寄存器对应一个 32 位（4 字节）的地址区间，因此每个寄存器可以包含 32 个中断源的 IP。按照此规则，中断等待标志的起始地址寄存器包含中断源 0~中断源 31 的 IP 寄存器值，其他依次类推。每 32 个中断源的 IP 被组织在一个中断等待寄存器中，1024 个中断源则需要 32 中断等待寄存器，其地址为 0x0C00_1000~0x0C00_107C 的 32 个地址。注意：由于理论上 PLIC 可以支持 1024 个中断源，所以此处定义了 1024 个等待阵列（Pending Array）寄存器的地址。

3）中断目标 0 的使能位对应每个中断源的中断使能寄存器（可读可写）。与 IP 寄存器同理，由于每个中断源的 IE（中断使能位）仅有 1 位宽，而每个寄存器对应于一个 32 位（4 字节）的地址区间，因此每个寄存器可以包含 32 个中断源的 IE。

按照此规则，对于"目标 0"而言，每 32 个中断源的 IE 被组织在一个寄存器中，1024 个中断源则需要 32 寄存器，其地址为 0x0C00_2000~0x0C00_207C 的 32 个地址区间。

4）中断目标 0 的优先级门槛对应"目标 0"的阈值寄存器（可读可写）。虽然每个阈值寄存器对应一个 32 位（4 字节）的地址区间，但是阈值寄存器的有效位个数应该与每个中断源的优先级寄存器有效位个数相同。

5）中断目标 0 的响应/完成对应"目标 0"的中断响应寄存器和中断完成寄存器。

对于每个中断目标而言，由于中断响应寄存器为可读，中断完成寄存器为可写，因此将其合并作为一个寄存器共享同一个地址,成为一个可读可写的寄存器。

3.6 RISC-V 结果预测相关控制和状态寄存器

在 RISC-V 架构中,结果预测相关的控制和状态寄存器(CSR)是指那些用于优化指令流执行、提高处理器性能的特殊寄存器。这些寄存器主要用于支持分支预测、指令预取、乱序执行等高级处理器功能。虽然 RISC-V 的基本设计保持了简洁性,但在其扩展中包含了对这些高级功能的支持,以适应不同应用场景对性能的需求。

结果预测相关的 CSR 可以分为几个类别,包括但不限于:

1)分支预测控制寄存器。这类寄存器用于调整处理器的分支预测策略。分支预测是现代处理器用来减少分支指令引起的流水线停顿的一种技术。通过预测分支的走向,处理器可以提前加载并执行预测路径上的指令,从而提高执行效率。

2)指令预取控制寄存器。指令预取是指处理器提前读取并缓存即将执行的指令的过程。通过调整预取策略,可以减少处理器访问指令存储时的延迟,特别是在指令缓存未命中的情况下。

3)乱序执行控制寄存器。乱序执行是一种允许处理器根据资源可用性而非程序顺序执行指令的技术。这需要复杂的硬件支持,包括用于跟踪指令依赖性和确保最终结果正确性的逻辑。

4)内存访问预测控制寄存器。这些寄存器用于优化处理器对内存的访问,包括数据预取和缓存策略的调整。通过预测数据访问模式,处理器可以减少访问主内存时的延迟。

尽管 RISC-V 的标准规范中定义了一些基本的 CSR,用于控制和监视处理器状态,但具体到结果预测相关的 CSR,它们往往是特定于处理器实现的。这意味着,不同的 RISC-V 处理器可能会有不同的结果预测机制和相应的 CSR。因此,要了解特定处理器的结果预测相关的 CSR,最好的方式是参考该处理器的技术手册或设计文档。

在 RISC-V 架构中,结果预测(例如分支预测和指令预取)是提高处理器性能的关键技术之一。结果预测允许处理器预测程序的执行路径,从而提前取指令和执行,减少分支等所导致的等待周期。虽然结果预测主要是由处理器的微架构实现的,但 RISC-V 标准定义了一些 CSR 来管理和配置与性能优化相关的功能,包括结果预测。

RISC-V 架构中所有中断和异常相关的寄存器见表 3-6。

表 3-6 中断和异常相关的寄存器

类型	名称	全称	描述
CSR	mtvec	机器模式异常入口基地址寄存器	定义进入异常的程序 PC 地址
	mcause	机器模式异常原因寄存器	反映进入异常的原因
	mtval(mbadaddr)	机器模式异常值寄存器	反映进入异常的信息
	mepc	机器模式异常 PC 寄存器	用于保存异常的返回地址
	mstatus	机器模式状态寄存器	mstatus 寄存器中的 MIE 域和 MPIE 域用于反映中断全局使能
	mie	机器模式中断使能寄存器	用于控制不同类型中断的局部使能
	mip	机器模式中断等待寄存器	反映不同类型中断的等待状态

第 3 章 RISC-V 架构的中断和异常

（续）

类型	名称	全称	描述
内存地址映射	mtime	机器模式定时器寄存器	反映定时器的值
	mtimecmp	机器模式定时器比较值寄存器	配置定时器的比较值
	msip	机器模式软件中断等待寄存器	用以产生或者清除软件中断
	PLIC	PLIC 的所有功能寄存器	

习题

1. 中断的要点是什么？
2. 异常的要点是什么？
3. RISC-V 架构定义的中断类型有哪几种？
4. 什么是 CLINT？
5. CLINT 的主要功能是什么？
6. CLINT 由哪几个关键部分组成？
7. 什么是 PLIC？
8. PLIC 的特点是什么？

第 4 章 RISC-V 汇编语言程序设计

RISC-V 汇编语言程序设计是一个涉及使用 RISC-V 指令集直接编写程序的过程。这种低级编程语言允许开发者与硬件进行更为直接的交互，从而在性能、资源利用和特定硬件功能的控制方面提供更大的灵活性。本章讲述的主要内容如下：

1) RISC-V 指令集架构简介：讲述了 RISC-V 指令集的基本特性，包括其模块化的指令子集、可配置的通用寄存器组、规整的指令编码、简洁的存储器访问指令、高效的分支跳转指令、简洁的子程序调用、无条件码执行、无分支延迟槽等。

2) RISC-V 寄存器：讲述了 RISC-V 的寄存器体系，包括通用寄存器和系统寄存器，并分别介绍 M 模式、S 模式和 U 模式下的系统寄存器，使读者能够深入理解 RISC-V 寄存器体系。

3) 汇编语言简介：介绍了汇编语言的基础知识，包括其主要特点、基本组成和开发流程，为读者深入学习 RISC-V 汇编语言奠定基础。

4) RISC-V 汇编程序概述：概述了 RISC-V 汇编程序的结构和基本步骤，为读者编写汇编程序提供指导。

5) RISC-V 架构及程序的机器级表示：从 RISC-V 指令系统的设计目标、开源理念等入手，详细解读了 RV32I 指令参考卡指令编码格式和指令格式，探讨了多样的寻址方式，强调学习汇编语言的重要性。

6) RISC-V 汇编程序示例：通过一系列示例，展示如何在 RISC-V 环境下使用汇编语言定义标签、宏、常数，以及如何进行立即数赋值、标签地址赋值等操作。

4.1 RISC-V 指令集架构简介

本节将对 RISC-V 指令集架构多方面的特性进行简要介绍。本节重在将 RISC-V 指令集架构与其他架构进行横向比较，以突出其"至简"的特点。下文涉及许多处理器设计的常识，完全不了解 CPU 的初学者可能难以理解，可忽略此节。

4.1.1 模块化的指令子集

RISC-V 的指令集使用模块化的方式进行组织，每一个模块都使用一个英文字母来表示。RISC-V 最基本也是唯一强制要求实现的指令集部分是由 I 字母表示的基本整数指令子集。使用该基本整数指令子集，便能够实现完整的软件编译器。其他指令子集部分均为可选的，具有代表性的模块化指令子集，见表 4-1。

表 4-1 具有代表性的模块化指令子集

基本指令子集	指 令 数	描 述
RV32I	47	32 位地址空间与整数指令，支持 32 个通用整数寄存器

(续)

基本指令子集	指令数	描述
RV32E	47	RV32I 的子集，仅支持 16 个通用整数寄存器
RV64I	59	64 位地址空间与整数指令，以及一部分 32 位的整数指令
RV128I	71	128 位地址空间与整数指令，以及一部分 64 位和 32 位的指令
M	8	整数乘法与除法指令
A	11	存储器原子（Atomic）操作指令和 Load-Reserved/Store-Conditional 指令
F	26	单精度（32 比特）浮点指令
D	26	双精度（64 比特）浮点指令，必须支持 F 扩展指令
C	46	压缩指令，指令长度为 16 位

以上模块的一个特定组合"IMAFD"，也被称为"通用"组合，用英文字母 G 表示。因此 RV32G 表示 RV32IMAFD，同理 RV64G 表示 RV64IMAFD。

为了提高代码密度，RISC-V 架构也提供可选的"压缩"指令子集，用英文字母 C 表示。压缩指令的指令编码长度为 16 比特，而普通的非压缩指令的长度为 32 比特。

为了进一步减少面积，RISC-V 架构还提供一种"嵌入式"架构，用英文字母 E 表示。该架构主要用于追求极低面积与功耗的深嵌入式场景。该架构仅需要支持 16 个通用整数寄存器，而非嵌入式的普通架构则需要支持 32 个通用整数寄存器。

通过以上模块化指令子集，能够选择不同的组合来满足不同的应用。例如，追求小面积、低功耗的嵌入式场景可以选择使用 RV32EC 架构，而大型 64 位架构则可以选择 RV64G。

除了上述模块，还有若干模块如 L、B、P、V 和 T 等。目前这些扩展大多数还在不断完善和定义中，尚未最终确定，因此不做详细论述。

4.1.2 可配置的通用寄存器组

RISC-V 架构支持 32 位或者 64 位的架构：32 位架构由 RV32 表示，其每个通用寄存器的宽度为 32 比特；64 位架构由 RV64 表示，其每个通用寄存器的宽度为 64 比特。

RISC-V 架构的通用整数寄存器组，包含 32 个（I 架构）或者 16 个（E 架构）通用整数寄存器，其中整数寄存器 0 被预留为常数 0，其他 31 个（I 架构）或者 15 个（E 架构）为普通的通用整数寄存器。

如果使用浮点模块（F 或者 D），则需要另外一个独立的浮点寄存器组，包含 32 个通用浮点寄存器。如果仅使用 F 模块的浮点指令子集，则每个通用浮点寄存器的宽度为 32 比特；如果使用了 D 模块的浮点指令子集，则每个通用浮点寄存器的宽度为 64 比特。

4.1.3 规整的指令编码

在流水线中能够尽快地读取通用寄存器组，往往是处理器流水线设计的期望之一，这样可以提高处理器性能和优化时序。这个看似简单的期望在很多现存的商用 RISC 架构中都难以实现，这是因为经过多年反复修改，不断添加新指令后，其指令编码中的寄存器索引（Index）位置变得非常凌乱，给译码器造成了负担。

得益于后发优势和总结了多年来处理器发展的经验，RISC-V 的指令集编码非常规整，指令所需的通用寄存器的索引都被放在固定的位置，如图 4-1 所示。因此指令译码器

（Instruction Decoder）可以非常便捷地译出寄存器索引，然后读取通用寄存器组（Register File，Regfile）。

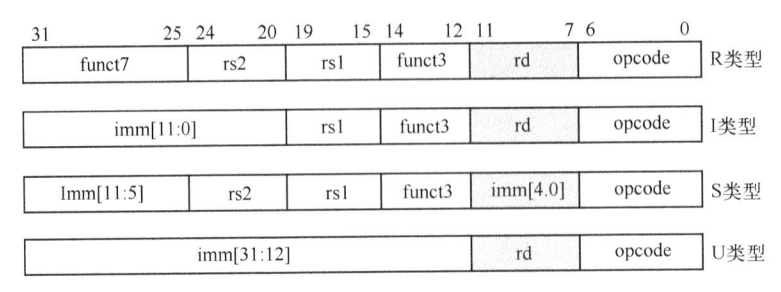

31 25	24 20	19 15	14 12	11 7	6 0	
funct7	rs2	rs1	funct3	rd	opcode	R类型
imm[11:0]		rs1	funct3	rd	opcode	I类型
Imm[11:5]	rs2	rs1	funct3	imm[4:0]	opcode	S类型
imm[31:12]				rd	opcode	U类型

图 4-1 RV32I 规整的指令编码格式

4.1.4 简洁的存储器访问指令

与所有 RISC 处理器架构一样，RISC-V 架构使用专用的存储器读（Load）指令和存储器写（Store）指令访问存储器（Memory），其他普通指令无法访问存储器，这种架构是 RISC 处理器架构常用的一个基本策略。这种策略使处理器核的硬件设计变得简单。存储器访问的基本单位是字节（Byte）。RISC-V 的存储器读和存储器写指令支持 1 字节（8 位）、半字（16 位）、单字（32 位）为单位的存储器读写操作。如果是 64 位架构，还可以支持一个双字（64 位）为单位的存储器读写操作。

RISC-V 架构的存储器访问指令还有如下显著特点：

1）为了提高存储器读写的性能，RISC-V 架构推荐使用地址对齐的存储器读写操作，同时也支持地址非对齐的存储器操作。RISC-V 架构的处理器既可以选择用硬件来支持，也可以选择用软件来支持。

2）由于现在的主流应用是小端格式（Little-Endian），RISC-V 架构仅支持小端格式。有关小端格式和大端格式的定义和区别，在此不做介绍。对此感兴趣的读者可以自行查阅资料学习。

3）很多 RISC 处理器都支持地址自增或者自减模式，这种自增或者自减模式虽然能够提高处理器访问连续存储器地址区间的性能，但是也增加了设计处理器的难度。RISC-V 架构的存储器读和存储器写指令不支持地址自增或者自减的模式。

4）RISC-V 架构采用松散存储器模型（Relaxed Memory Model），松散存储器模型对于访问不同地址的存储器读写指令的执行顺序不做要求，除非使用明确的存储器屏障（Fence）指令加以屏蔽。

这些特点都清楚地反映了 RISC-V 架构力图简化基本指令集，从而简化硬件设计的哲学。RISC-V 架构如此定义是具有合理性的，能达到灵活的效果。例如，对于低功耗的简单 CPU，使用非常简单的硬件电路即可完成设计；对于追求高性能的超标量处理器，则可以通过复杂设计的动态硬件调度能力来提高性能。

4.1.5 高效的分支跳转指令

RISC-V 架构有两条无条件跳转指令（Unconditional Jump），即 jal 指令与 jalr 指令。jal 指令即跳转链接（Jump and Link）指令，可用于子程序调用，同时将子程序返回地址存在链接寄存器（Link Register，由某一个通用整数寄存器担任）中。jalr指令即跳转链接寄存器（Jump and Link-Register）指令，可用于子程序返回，通过将jal指令（跳转进入子程序）保存的链接寄存器用于jalr指令的基地址寄存器，则可以从子程序返回。

RISC-V架构有六条带条件跳转指令。这种带条件的跳转指令跟普通的运算指令一样，直接使用两个整数操作数，然后对其进行比较。如果比较的条件得以满足，则进行跳转，因此此类指令将比较与跳转两个操作放在一条指令里完成。很多其他RISC架构的处理器需要使用两条独立的指令。第一条指令先使用比较指令，比较的结果被保存到状态寄存器之中；第二条指令使用跳转指令，当前一条指令保存在状态寄存器中的比较结果为真时，则跳转。相比而言，RISC-V的这种带条件跳转指令不仅减少了指令的条数，而且硬件设计上更加简单。

对于没有配备硬件分支预测器的低端CPU，为了保证其性能，RISC-V架构明确要求采用默认的静态分支预测机制：如果是向后跳转的条件跳转指令，则预测为"跳"；如果是向前跳转的条件跳转指令，则预测为"不跳"。RISC-V架构要求编译器也按照这种默认的静态分支预测机制来编译生成汇编代码，从而使低端CPU也得到不错的性能。

在低端CPU中，为了使硬件设计尽量简单，RISC-V架构特别定义了所有带条件跳转指令跳转目标的偏移量（相对于当前指令的地址）都是有符号数，并且其符号位被编码在固定的位置。因此这种静态分支预测机制在硬件上非常容易实现，硬件译码器可以轻松地找到固定的位置，判断该位置的比特值：若为1，表示负数，反之则为正数。根据静态分支预测机制，如果是负数，表示跳转目标的地址为当前地址减去偏移量，也就是向后跳转，则预测为"跳"。当然，对于配备了硬件分支预测器的高端CPU，还可以采用高级的动态分支预测机制来保证性能。

4.1.6　简洁的子程序调用

为了读者理解此节，需先介绍一般RISC架构中程序调用子函数的过程。该过程如下：

1）进入子函数之后需要用存储器写（Store）指令来将当前的上下文（通用寄存器等的值）保存到系统存储器的堆栈区内，这个过程通常称为"保存现场"。

2）在退出子程序时，需要用存储器读（Load）指令来将之前保存的上下文（通用寄存器等的值）从系统存储器的堆栈区读出来，这个过程通常称为"恢复现场"。

"保存现场"和"恢复现场"的过程通常由编译器编译生成的指令完成，使用高层语言（例如C语言或者C++）开发的开发者对此可以不用太关心，高层语言的程序中直接写一个子函数调用即可。但是这个底层发生的"保存现场"和"恢复现场"的过程却是实实在在发生的（可以从编译出的汇编语言里面看到那些"保存现场"和"恢复现场"的汇编指令），并且还需要消耗若干CPU执行时间。

为了加速"保存现场"和"恢复现场"的过程，有的RISC架构发明了一次写多个寄存器到存储器中（Store Multiple），或者一次从存储器中读多个寄存器出来（Load Multiple）的指令。此类指令的好处是一条指令就可以完成很多事情，从而减少汇编指令的代码量，节省代码的空间。但是"一次读多个寄存器指令"和"一次写多个寄存器指令"的弊端是会让CPU的硬件设计变得复杂，增加硬件开销，也可能损伤时序，使得CPU的主频无法提高，作者设计此类处理器时便曾深受其苦。

RISC-V架构则放弃使用"一次读多个寄存器指令"和"一次写多个寄存器指令"。如果有的场合比较介意"保存现场"和"恢复现场"的指令条数，那么可以使用公用的程序库

（专门用于保存和恢复现场）来进行，这样就可以省掉在每个子函数调用的过程中都放置数目不等的"保存现场"和"恢复现场"的指令。此选择再次印证了 RISC-V 追求硬件简单的哲学，放弃"一次读多个寄存器指令"和"一次写多个寄存器指令"可以大幅简化 CPU 的硬件设计。低功耗小面积的 CPU 可以选择非常简单的电路来实现；高性能超标量处理器由于硬件动态调度能力很强，可以有强大的分支预测电路保证 CPU 能够快速地跳转执行，从而可以选择使用公用的程序库的方式，在减少代码量的同时达到高性能。

4.1.7 无条件码执行

很多早期的 RISC 架构发明了带条件码（Conditional Code）的指令，例如指令编码的头几位表示的是条件码，只有该条件码对应的条件为真时，该指令才被真正执行。

这种将条件码编码到指令中的方式可以使编译器将短小的循环编译成带条件码的指令，而不用编译成分支跳转指令。这样便减少了分支跳转的出现，一方面减少了指令的数目，另一方面也避免了分支跳转带来的性能损失。然而，这种带条件码指令的弊端同样会使 CPU 的硬件设计变得复杂，增加硬件开销，也可能损伤时序，使得 CPU 的主频无法提高。

RISC-V 架构则放弃使用这种带条件码指令的方式，对于任何的条件判断都使用普通的带条件分支跳转指令。此选择再次印证了 RISC-V 追求硬件简单的哲学，放弃带条件码指令的方式可以大幅简化 CPU 的硬件设计。低功耗小面积的 CPU 可以选择非常简单的电路来实现；高性能超标量处理器由于硬件动态调度能力很强，可以有强大的分支预测电路保证 CPU 能够快速地跳转执行，从而达到高性能。

4.1.8 无分支延迟槽

很多早期的 RISC 架构均使用了"分支延迟槽"（Delay Slot），具有代表性的便是 MIPS 架构。在很多经典的计算机体系结构教材中，均使用 MIPS 对分支延迟槽进行介绍。分支延迟槽是指在每一条分支指令后面紧跟的一条或者若干条指令不受分支跳转的影响，不管分支是否跳转，后面的几条指令都一定会被执行。

很多早期的 RISC 架构均采用了分支延迟槽的原因主要是当时的处理器流水线比较简单，没有使用高级的硬件动态分支预测器，使用分支延迟槽能够取得可观的性能效果。然而，这种分支延迟槽使得 CPU 的硬件设计变得极别扭，CPU 设计人员对此苦不堪言。

RISC-V 架构则放弃了分支延迟槽，再次印证了 RISC-V 力图简化硬件的哲学，这是因为现代的高性能处理器的分支预测算法精度已经非常高，可以有强大的分支预测电路保证 CPU 能够准确地预测跳转执行，从而达到高性能。低功耗小面积的 CPU 由于无须支持分支延迟槽，其硬件得到极大简化，也能进一步减少功耗和提高时序。

4.1.9 零开销硬件循环

通过硬件的直接参与，设置某些循环次数（Loop Count）寄存器，然后可以让程序自动循环，每循环一次则循环次数寄存器自动减 1，这样持续循环直到循环次数寄存器的值变成 0，则退出循环。

之所以提出这种硬件协助的零开销循环，是因为在软件代码中 for 循环（for i=0;i<N;i++）极为常见，而这种软件代码通过编译器编译之后，往往会编译成若干条加法指令和条件分支跳转指令，从而达到循环的效果。一方面这些加法指令和条件分支跳转指令占据了指令的条数，

另一方面条件分支跳转存在分支预测的性能问题。硬件协助的零开销循环,则将这些工作交由硬件直接完成,省掉了加法指令和条件分支跳转指令,减少了指令条数且提高了性能。

然而,此类零开销硬件循环指令大幅地增加了硬件设计的复杂度。因此零开销硬件循环指令与RISC-V架构简化硬件的哲学是完全相反的,在RISC-V架构中自然没有被使用。

4.1.10 简洁的运算指令

RISC-V架构使用模块化方式组织不同的指令子集,最基本的整数指令子集(字母I表示)支持的运算包括加法、减法、移位、按位逻辑和比操作。这些基本的运算操作能够通过组合或者函数库的方式完成更多的复杂操作(例如除法和浮点操作),从而完成大部分的软件操作。

整数乘除法指令子集(字母M表示)支持的运算包括有符号或者无符号的乘法和除法操作。乘法操作能够支持两个32位的整数相乘,从而得到一个64位的结果;除法操作能够支持两个32位的整数相除,从而得到一个32位的商与32位的余数。单精度浮点指令子集(字母F表示)与双精度浮点指令子集(字母D表示)支持的运算包括浮点加减法、乘除法、乘累加、开平方根和比较等操作,并提供整数与浮点、单精度与双精度浮点之间的格式转换操作。

很多RISC架构的处理器在运算指令产生错误时,例如上溢(Overflow)、下溢(Underflow)、非规格化浮点数(Subnormal)和除零(Divide by Zero),都会产生软件异常。RISC-V架构的一个特殊之处是对任何运算指令错误(包括整数与浮点指令)均不产生异常,而是产生某个特殊的默认值,同时设置某些状态寄存器的状态位。RISC-V架构推荐通过其他方法来找到这些错误。这再次清楚地反映了RISC-V架构力图简化基本的指令集,从而简化硬件设计的哲学。

4.1.11 优雅的压缩指令子集

RISC-V基本的整数指令子集(字母I表示)规定的指令长度均为等长的32位,这种等长指令定义使得仅支持整数指令子集的基本RISC-V CPU非常容易设计,但具有等长的32位编码指令也会造成代码体积(Code Size)相对较大的问题。

为了满足某些对代码体积要求较高的场景(例如嵌入式领域),RISC-V定义了一种可选的压缩(Compressed)指令子集,用字母C表示,也可以用RVC表示。RISC-V具有后发优势,从一开始便规划了压缩指令,预留了足够的编码空间,16位长指令与普通的32位长指令可以无缝自由地交织在一起,处理器也没有定义额外的状态。

RISC-V压缩指令的一个特别之处是,16位指令的压缩策略是将一部分普通、最常用的32位指令中的信息进行压缩重排得到该16位指令(例如假设一条指令使用了两个同样的操作数索引,则可以省去其中一个索引的编码空间),因此每一条16位长的指令都能找到其对应的原始32位指令。这样,将程序编译成压缩指令在汇编器阶段就可以完成,极大地简化了编译器工具链的负担。

4.1.12 特权模式

RISC-V架构定义了3种工作模式,又称为特权模式(Privileged Mode)。
1)机器模式(Machine Mode),简称M模式。
2)监督模式(Supervisor Mode),简称S模式。
3)用户模式(User Mode),简称U模式。

RISC-V 架构定义 M 模式为必选模式，另外两种为可选模式，通过不同的模式组合可以实现不同的系统。

RISC-V 架构也支持几种不同的存储器地址管理机制，包括对物理地址和虚拟地址的管理机制，因此能够支持从简单的嵌入式系统（直接操作物理地址）到复杂的操作系统（直接操作虚拟地址）的各种系统。

4.1.13 控制和状态寄存器

RISC-V 的控制和状态寄存器（Control and Status Register，CSR）是一组用于控制和监视处理器状态的特殊寄存器。这些寄存器对于实现系统级功能，如中断处理、异常处理、性能监控和低功耗操作等至关重要。CSR 提供了一种机制，通过它软件可以与处理器交互，实现对处理器行为的精细控制和对状态的监测。

1. CSR 的作用和类型

CSR 主要用于以下几个方面：

1）状态监控：允许软件读取处理器的当前状态，例如，检测最近发生的异常类型。
2）控制配置：使软件能够配置处理器的行为，例如，启用或禁用中断。
3）性能监控：提供了一种机制来监控处理器的性能参数，如周期计数器。
4）调试支持：辅助软件调试过程，例如，通过断点和观察点调试。

根据使用权限，CSR 可以分为几类：

1）机器模式（M 模式）：这是最高权限级别的寄存器，通常用于操作系统或监控程序。
2）监督模式（S 模式）：这些寄存器用于较低权限级别的操作系统组件。
3）用户模式（U 模式）：这是最低权限级别的寄存器，适用于应用程序。

2. 访问 CSR

RISC-V 定义了专门的指令用于访问 CSR，这些指令包括：

1）CSRRW（CSR Read and Write）：读取 CSR 的当前值到通用寄存器，并将通用寄存器的值写入 CSR。
2）CSRRS（CSR Read and Set）：读取 CSR 的当前值到通用寄存器，并将通用寄存器的非零位设置（置 1）在 CSR 中。
3）CSRRC（CSR Read and Clear）：读取 CSR 的当前值到通用寄存器，并将通用寄存器的非零位清除（置 0）在 CSR 中。
4）CSRRWI、CSRRSI、CSRRCI：这些指令与上述指令类似，但使用立即数而不是从通用寄存器读取值。

3. 常见的 CSR

常见的 CSR 包括：

1）mtvec：机器模式异常入口基址寄存器，存储异常处理程序的入口地址。
2）mstatus：机器状态寄存器，控制全局中断使能位和其他状态位。
3）mie 和 mip：机器中断使能和中断等待寄存器，用于控制和检查中断。
4）mepc：机器异常程序计数器，存储发生异常时的程序计数器值。
5）mcycle 和 minstret：分别用于计数从开机以来的周期数和执行的指令数，用于性能监控。

通过对 CSR 的精确控制，RISC-V 提供了一种灵活的方式来实现系统级功能和优化，这对

4.1.14 中断和异常

在 RISC-V 架构中,中断和异常是处理器在执行程序过程中遇到非预期事件时的响应机制。它们允许处理器暂停当前的操作,处理这些非预期事件,然后再恢复操作。中断通常是由外部设备发起的,异常则是由程序内部的错误或特殊情况触发的。理解中断和异常对于开发操作系统、驱动程序以及需要与硬件紧密交互的应用至关重要。

1. 中断

在 RISC-V 架构中,中断是指由外部事件或内部条件触发的异步事件,它与异常不同,后者是由程序执行中的错误或特殊情况引起的同步事件。中断使得处理器能够响应外部设备的请求或内部状态的变化,如输入/输出操作完成、定时器溢出等,而无须程序不断查询这些事件的状态。

中断是由外部事件或内部条件(如 IO 设备、定时器等)触发的,用于通知处理器需要处理某些紧急任务。中断可以是可屏蔽的(可以被禁用)或非屏蔽的。当中断发生时,处理器会保存当前的执行状态,并跳转到预定的中断处理程序,执行相应的处理,处理完毕后再返回被中断的地方继续执行。

RISC-V 定义了两级中断机制。

1)局部中断:直接连接到处理器的中断,如时钟中断。
2)全局中断:通过中断控制器分发到处理器的中断。

2. 异常

异常是由程序执行中的错误或特殊情况触发的,如非法指令、访问违规、算术溢出等。当发生异常时,处理器会中断当前的程序流程,保存相关状态,并跳转到异常处理程序进行处理。

在 RISC-V 架构中,异常处理是操作系统和硬件协同工作的关键机制之一,它确保系统能够在面对错误或特殊情况时,以一种可控和预期的方式响应。

(1)RISC-V 异常的类型 RISC-V 架构定义了一系列异常类型,主要可以分为以下几类:

1)指令地址错位(Instruction Address Misaligned):当指令的地址不是合法对齐时触发,比如某些指令要求地址必须是 4 的倍数。
2)指令访问错误(Instruction Access Fault):当处理器尝试从一个无法访问的内存地址读取指令时触发。
3)非法指令(Illegal Instruction):当处理器遇到一个未定义的指令编码时触发。
4)断点(Breakpoint):当执行到一个断点指令时触发,通常用于调试。
5)加载地址错位(Load Address Misaligned):当加载操作的地址不符合对齐要求时触发。
6)加载访问错误(Load Access Fault):当尝试从一个无法访问的内存地址加载数据时触发。
7)存储地址错位(Store/AMO Address Misaligned):当存储操作的地址不符合对齐要求时触发。
8)存储访问错误(Store/AMO Access Fault):当尝试向一个无法访问的内存地址存储数据时触发。
9)环境调用(Environment Call):当执行一个环境调用指令(如 ECALL)时触发,通常用于从用户模式切换到更高权限模式（如系统调用）。

（2）异常处理流程　当异常发生时，RISC-V 处理器会自动执行以下步骤来处理异常：

1）保存当前状态：保存当前 PC 等关键状态信息，以便异常处理完成后能够恢复执行。

2）更新 PC：将 PC 设置为预定的异常处理程序的入口地址，这个地址通常由异常向量表指定。

3）执行异常处理程序：处理器开始执行异常处理程序，该程序负责识别异常类型并采取相应的措施，如修复错误、终止程序或者向用户报告错误等。

4）恢复并返回：异常处理完成后，通过特定的指令（如 MRET）恢复之前保存的状态，并将控制权返回到异常发生点的下一条指令继续执行。

异常处理机制是 RISC-V 架构支持可靠和安全运行的基础之一，通过精确地处理各种异常情况，确保系统的稳定性和安全性。

3. 中断和异常的处理流程

RISC-V 架构中的中断和异常处理流程是其核心功能，确保处理器能够响应外部事件和程序错误。中断和异常的处理流程涉及检测、响应和处理中断和异常。RISC-V 中断和异常处理的基本步骤如下：

（1）中断和异常的检测

中断检测：中断可以在任何时间点被检测到，但通常只在指令执行的边界上被响应。中断源自外部设备或内部事件，如定时器中断。

异常检测：在指令执行过程中，如果遇到非法指令、访问违规等问题，处理器将检测到一个异常。

（2）中断和异常的分类

在 RISC-V 中，中断和异常被分为异步中断和同步异常。

异步中断：独立于当前执行的指令，如外部中断和定时器中断。

同步异常：由指令执行引起的异常，如非法指令、访问冲突等。

（3）优先级判定

RISC-V 规范定义了中断和异常的优先级，处理器根据这些优先级来决定响应哪个中断或异常。

（4）保存当前状态

在响应中断或异常之前，处理器需要保存当前的执行状态，包括 PC 和其他相关寄存器的值，以便之后能够恢复执行。

（5）设置新的 PC

根据中断或异常的类型，处理器将 PC 设置为相应的中断或异常处理程序的入口地址。RISC-V 规范定义了一系列标准的中断或异常向量地址。

（6）执行中断或异常处理程序

处理器开始执行对应的中断或异常处理程序。这些程序负责处理检测到的事件，如清除错误状态、处理外部请求等。

（7）恢复状态并返回

中断或异常处理完成后，处理器通过特定的指令（如 MRET）恢复之前保存的执行状态，并将 PC 设置回中断或异常发生时的下一条指令，继续执行程序。

（8）中断使能和屏蔽

RISC-V 支持通过 CSR 来使能或屏蔽特定的中断，这允许操作系统或应用程序根据需要管理中断响应。

中断和异常的处理流程使得 RISC-V 能够灵活地处理各种中断和异常，支持从简单的嵌入式系统到复杂的多任务操作系统的需求。通过精确的中断响应和异常处理，RISC-V 架构能够实现高效、可靠的系统设计。

4. 配置和管理

（1）中断使能

通过修改 mie 寄存器和 mstatus 寄存器中的位来全局或局部地使能或禁用中断。

（2）优先级和向量

在具有中断控制器的系统中，中断的优先级和向量化处理可以通过中断控制器配置和管理。

通过正确配置和管理中断和异常，操作系统和应用程序可以有效地响应外部事件和内部错误，保证系统的稳定性和响应性。

4.1.15 向量指令子集

RISC-V 架构目前虽然还没有定型的向量（Vector）指令子集，但是从目前的草案中可看出，RISC-V 向量指令子集的设计理念非常先进。由于后发优势及借助向量架构多年发展成熟的结论，RISC-V 架构将使用可变长度的向量，而不是向量定长的 SIMD 指令集（例如 ARM 的 NEON 和 Intel 的 MMX），从而能够灵活地支持不同的实现。追求低功耗、小面积的 CPU 可以选择长度较短的硬件向量进行实现，而高性能的 CPU 则可以选择较长的硬件向量进行实现，并且同样的软件代码能够互相兼容。

为满足当前人工智能和高性能计算的强烈需求，出现了一种开源向量指令子集，倘若它能够得到大量开源算法软件库的支持，则必将对产业界产生非常积极的影响。

4.1.16 自定义指令扩展

除了模块化指令子集的可扩展、可选择，RISC-V 架构还有一个非常重要的特性，那就是支持第三方扩展。用户可以扩展自己的指令子集，RISC-V 预留了大量指令编码空间用于用户的自定义扩展，同时还定义了 4 条自定义（Custom）指令可供用户直接使用。每条自定义指令都预留了几个比特位的子编码空间，因此用户可以直接使用这 4 条自定义指令扩展出几十条自定义的指令。

RISC-V 架构的一个显著特性是其可扩展性，允许开发者根据特定的应用需求添加自定义指令。这种设计哲学旨在为各种不同的应用场景提供最大的灵活性和优化空间，从而提高性能、减少功耗或实现特殊的功能。自定义指令扩展（Custom Instruction Extensions）是 RISC-V 架构中一个重要的组成部分，它允许开发者为特定的应用或硬件功能定制指令集。

1. 自定义指令扩展的优势

1）性能优化。通过添加专门针对特定算法或操作优化的指令，可以显著提高这些算法或操作的执行速度和效率。

2）功耗降低。自定义指令可以减少执行特定任务所需的指令数量，从而降低功耗。

3）功能增强。自定义指令可以实现标准 RISC-V 指令集无法直接支持的功能，如特定的加密算法或数字信号处理操作。

2. 自定义指令的设计和实现

（1）需求分析

确定需要通过自定义指令优化或实现的具体算法或操作。

（2）指令设计

设计指令的操作码（Opcode）、功能码（Funct3 和 Funct7）等，确保与现有指令集不冲突。

在 RISC-V 指令集架构中，功能码是指令格式的一部分，用于区分具有相同操作码的不同指令。RISC-V 指令集采用了固定长度的 32 位指令编码格式，其中操作码字段用于确定指令的大类，功能码则用于进一步细分这些大类中的具体操作。

Funct3 是一个 3 位的字段，用于提供额外的指令信息，以便区分具有相同操作码的不同指令。Funct3 的具体值和含义取决于操作码，它可以用来指示算术操作的变种（如加法、减法）、比较操作的类型（如等于、不等于），或者加载和存储操作的数据类型（如字节、半字、字）等。

Funct7 是一个 7 位的字段，通常与 Funct3 一起使用，以便提供足够的信息来唯一确定指令。Funct7 主要用于那些需要更多细分的指令类别，比如算术指令中的立即数形式和寄存器形式，或者用于区分标准算术操作和其变种（如加法和加法立即数）。Funct7 的使用并不像 Funct3 那样普遍，只有部分指令需要使用 Funct7 字段。

以 RISC-V 的整数算术指令为例，操作码字段确定了这是一个整数运算指令，Funct3 字段进一步区分了是加法、减法还是其他算术操作，Funct7 字段则用于区分标准加法指令和加法立即数指令等。

Funct3 和 Funct7 是 RISC-V 指令集中用于指令细分的关键字段，它们与操作码一起，确保了指令的唯一性和灵活性。通过这种设计，RISC-V 能够以较小的指令集实现丰富的操作，同时保持了指令编码的简洁性。

（3）功能实现

在硬件级别实现指令的具体逻辑，这可能涉及修改处理器的执行单元、数据路径或其他硬件组件。

（4）软件支持

更新编译器、汇编器和其他工具链，以支持新的自定义指令，使软件开发者可以方便地使用这些指令。

3. 指令编码

RISC-V 指令集留有一定的空间，用于自定义指令的编码。例如，在 32 位指令集中，指令的前 7 位是操作码，用于区分不同类型的指令，RISC-V 预留了一些操作码空间用于自定义指令。

4. 实例

假设开发者需要在其 RISC-V 处理器上实现一个特殊的加密算法，该算法需要一个非标准的数学运算。开发者可以设计一条自定义指令，专门执行这个数学运算。这条指令的设计将包括确定操作码、操作数格式、功能码，以及如何在硬件上实现这个运算。

5. 注意事项

1）兼容性。添加自定义指令时需要考虑与现有指令集的兼容性，避免引入不必要的复杂性。

2）移植性。过度依赖自定义指令可能会降低软件的移植性，这些指令可能不被其他 RISC-V 处理器支持。

3）成本效益。设计和实现自定义指令需要投入额外的时间和资源，因此需要评估其能否带来足够的性能或功耗收益。

通过合理设计和实现自定义指令扩展，RISC-V 能够为特定的应用场景提供高度优化的解决方案，展现出其架构的灵活性和扩展性。

4.1.17　RISC-V 指令集架构与 x86 或 ARM 架构的比较

处理器设计技术经过几十年的演进，随着大规模集成电路设计技术的发展，现在呈现如下特点：

1）由于高性能处理器的硬件调度能力已经非常强劲且主频很高，因此硬件设计希望指令集尽可能地规整、简单，使处理器可以设计出更高的主频与更小的面积。

2) 以物联网应用为主的极低功耗处理器更加苛求低功耗与小面积。

3) 存储器的资源也比早期的 RISC 处理器更加丰富。

以上种种特点，使得很多早期的 RISC 架构设计理念（依据当时技术背景而诞生），不但无助于现代处理器设计，反而成了负担。某些早期 RISC 架构定义的特点，一方面使得高性能处理器的硬件设计束手束脚，另一方面又使得极低功耗的处理器硬件设计背负不必要的复杂度。

得益于后发优势，全新的 RISC-V 架构能够规避所有这些已知的负担，同时利用其先进的设计哲学，设计出一套"现代"的指令集。RISC-V 指令集架构特点见表 4-2。

表 4-2 RISC-V 指令集架构特点

特　　点	x86 或 ARM 架构	RISC-V
架构篇幅	数千页	少于 300 页
模块化	不支持	支持模块化、可配置的指令子集
可扩展性	不支持	支持可扩展自定义指令
指令数目	指令数繁多，不同的架构分支彼此不兼容	一套指令集支持所有架构。基本指令子集仅有 40 余条指令，以此为基础，加上其他常用模块子集指令，总指令数也仅几十条
易实现性	硬件实现复杂度高	硬件设计与编译器实现非常简单 仅支持小端格式 存储器访问指令一次只访问一个元素 去除存储器访问指令的地址自增自减模式 规整的指令编码格式 简化的分支跳转指令与静态分支预测机制 不使用分支延迟槽 不使用指令条件码 运算指令的结果不产生异常 16 位的压缩指令有其对应的普通 32 位指令 不使用零开销硬件循环

RISC-V 的特点在于极简、模块化以及可定制扩展，通过这些指令集的组合或者扩展，几乎可以构建适用于任何领域的微处理器。它的开放性和灵活性使得开发者能够根据特定需求进行优化和调整，适用于云计算、存储、并行计算、虚拟化、嵌入式系统、MCU（微控制器）、应用处理器和 DSP（数字信号处理器）等多种应用场景。这种灵活性不仅降低了开发成本，还促进了创新和技术进步。

4.2　RISC-V 寄存器

在 RISC-V 架构中，寄存器是处理器内部用于临时存储数据的小型存储单元。RISC-V 采用了一组简洁而统一的寄存器，这些寄存器对于实现高效的程序执行至关重要。RISC-V 寄存器的设计体现了 RISC-V 的设计哲学：通过简化硬件设计来优化软件执行效率。通过限定寄存器的数量和功能，RISC-V 能够实现高效的指令编码和快速的上下文切换，同时保持硬件的简洁性。这种设计使 RISC-V 非常适合从简单的嵌入式系统到复杂的计算机系统的广泛应用。

4.2.1　通用寄存器

64 位的 RISC-V 体系结构提供 32 个 64 位的整型通用寄存器，分别是 x0~x31 寄存器，而

32 位的 RISC-V 体系结构提供 32 个 32 位的整型通用寄存器，如图 4-2 所示。对于浮点数运算，64 位的 RISC-V 体系结构也提供 32 个浮点数通用寄存器，分别是 f0~f31 寄存器。

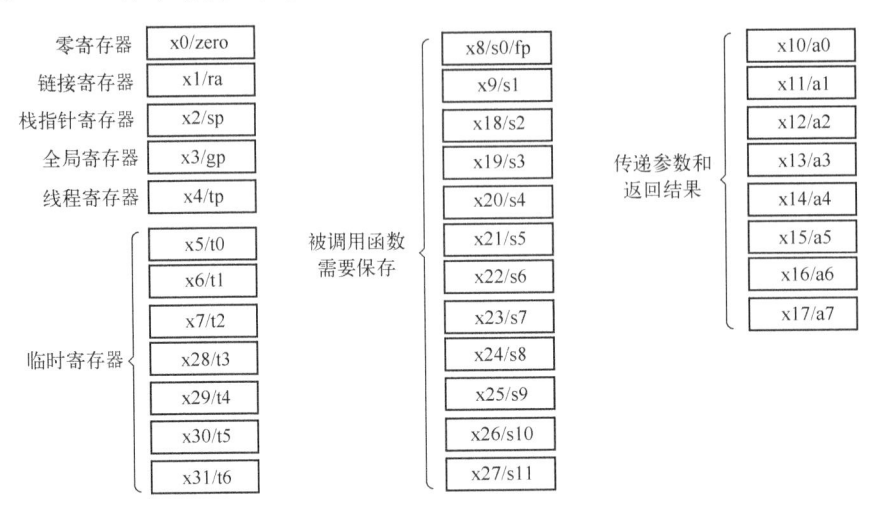

图 4-2 RISC-V 的整型通用寄存器

RISC-V 的通用寄存器通常具有别名和特殊用途，在书写汇编指令时可以直接使用别名。

1）x0 寄存器的别名为 zero。寄存器的内容全是 0，既可以用作源寄存器，也可以用作目标寄存器。

2）x1 寄存器的别名为 ra。它是链接寄存器，用于保存函数返回地址。

3）x2 寄存器的别名为 sp。它是栈指针寄存器，指向栈的地址。

4）x3 寄存器的别名为 gp。它是全局寄存器，用于链接器松弛优化。

5）x4 寄存器的别名为 tp。它是线程寄存器，通常在操作系统中保存指向进程控制块 task_struct 数据结构的指针。

6）x5~x7 以及 x28~x31 寄存器为临时寄存器，它们的别名分别是 t0~t6。

7）x8、x9 以及 x18~x27 寄存器的别名分别是 s0~s11。如果在函数调用过程中使用这些寄存器，则需要保存到栈里。另外，s0 寄存器可以用作栈帧指针（Frame Pointer，FP），因此别名可以为 fp。

8）x10~x17 寄存器的别名分别为 a0~a7，在函数调用时传递参数和返回值。

除用于数据运算和存储之外，通用寄存器还可以在函数调用过程中发挥特殊作用。

4.2.2 系统寄存器

除上面介绍的通用寄存器之外，RISC-V 体系结构还定义了很多系统寄存器，通过访问和设置这些系统寄存器完成对处理器的不同功能配置。

RISC-V 体系结构支持如下 3 类系统寄存器：

1）M 模式的系统寄存器。
2）S 模式的系统寄存器。
3）U 模式的系统寄存器。

程序可以通过 CSR 指令（如 CSRRW 指令）访问系统寄存器。

在 CSR 指令编码中预留了 12 位编码空间（csr[11:0]）用来索引系统寄存器，图 4-3 中的 csr 字段，即指令编码中的 Bit[31:20]。

CSR编码	源操作数rs1	功能码	目标寄存器rd	指令操作码
31　　　　　　　　　　　　20	19　　　　15	14　　12	11　　　　7	6　　　　　0
csr	rs1	funct3	rd	opcode
12	5	3	5	7

图 4-3　CSR 指令编码

RISC-V 体系结构对 12 位 CSR 编码空间继续做了约定。其中，Bit[11:10]用来表示系统寄存器读写属性，0b11 表示只读，其余表示可读可写。Bit[9:8]表示允许访问该系统寄存器的处理器模式，其中不同的二进制值对应不同的模式权限：0b00 表示 U 模式，0b01 表示 S 模式，0b10 表示 HS/VS 模式（虚拟化监督/虚拟机模式），0b11 表示 M 模式。这些位的设置决定了哪些处理器模式可以访问特定的系统寄存器，从而实现对系统资源的访问控制和安全管理。使用 CSR 地址的最高位对默认的访问权限编码，这简化了硬件中的错误检查，并提供了更大的 CSR 编码空间，但限制了 CSR 到地址空间的映射。CSR 地址空间映射见表 4-3。

表 4-3　CSR 地址空间映射

地址范围	CSR 编码 Bit[11:10]	CSR 编码 Bit[9:8]	CSR 编码 Bit[7:4]	访问模式	访问权限
0x000~0x0FF	00	00	XXXX	U	读写
0x400~0x4FF	01	00	XXXX	U	读写
0x800~0x8FF	10	00	XXXX	U	读写（用户自定义系统寄存器）
0xC00~0xC7F	11	00	0XXX	U	只读
0xC80~0xCBF	11	00	10XX	U	只读
0xCC0~0xCFF	11	00	11XX	U	只读
0x100~0x1FF	00	01	XXXX	S	读写
0x500~0x57F	01	01	0XXX	S	读写
0x580~0x5BF	01	01	10XX	S	读写
0x5C0~0x5FF	01	01	11XX	S	读写（用户自定义系统寄存器）
0x900~0x97F	10	01	0XXX	S	读写
0x980~0x9BF	10	01	10XX	S	读写
0x9C0~0x9FF	10	01	11XX	S	读写（用户自定义系统寄存器）
0xD00~0xD7F	11	01	0XXX	S	只读
0xD80~0xDBF	11	01	10XX	S	只读
0xDC0~0xDFF	11	01	11XX	S	只读（用户自定义系统寄存器）
0x300~0x3FF	00	11	XXXX	M	读写
0x700~0x77F	01	11	0XXX	M	读写
0x780~0x79F	01	11	100X	M	读写
0x7A0~0x7AF	01	11	1010	M	读写（用于调试寄存器）
0x7B0~0x7BF	01	11	1011	M	读写（只能用于调试寄存器）
0x7C0~0x7FF	01	11	11XX	M	读写（用户自定义系统寄存器）

(续)

地址范围	CSR 编码			访问模式	访问权限
	Bit[11:10]	Bit[9:8]	Bit[7:4]		
0xB00~0xB7F	10	11	0XXX	M	读写
0xB80~0xBBF	10	11	10XX	M	读写
0xBC0~0xBFF	10	11	11XX	M	读写（用户自定义系统寄存器）
0xF00~0xF7F	11	11	0XXX	M	只读
0xF80~0xFBF	11	11	10XX	M	只读
0xFC0~0xFFF	11	11	11XX	M	只读（用户自定义系统寄存器）

注：CSR 编码中的"X"可以是 0 或 1。

4.3 汇编语言简介

汇编语言（Assembly Language）是一种"低级"语言，但此"低级"非彼"低级"。之所以说汇编语言是一种低级语言，是因为其面向的是最底层的硬件，直接使用处理器的基本指令。因此，相对于抽象层次更高的 C/C++语言，汇编语言确实是一门"低级"语言，"低级"是指其抽象层次比较低。

也可以说汇编语言是一种低级编程语言，用于与计算机硬件直接交互。它与机器语言非常接近，但提供了可读性更强的符号表示，使程序员可以更容易理解和编写代码。汇编语言主要用于性能敏感的任务、系统编程、嵌入式系统开发以及需要直接硬件控制的场合。

1. 汇编语言的主要特点

汇编语言的主要特点如下：

1）接近硬件。汇编语言几乎直接对应于机器代码，几乎每条汇编指令都对应于处理器的机器指令。

2）高效性。由于汇编语言允许程序员进行精细的硬件控制，因此他们可以编写非常高效的代码。

3）平台依赖性。汇编语言高度依赖于特定的处理器架构，不同的处理器架构使用不同的汇编语言。

4）可读性。尽管汇编语言比机器语言更易于理解，但相比于高级编程语言，它的可读性较差，编写和维护难度较大。

2. 汇编语言的基本组成

汇编语言的基本组成如下：

1）指令（Instruction）。指令是汇编语言的基本构建块，包括操作码和操作数。操作码指定要执行的操作类型，操作数指定操作的对象（如寄存器、内存地址等）。

2）寄存器（Register）。寄存器是处理器内部的小型存储位置，用于快速存取数据。不同的处理器有不同数量和类型的寄存器。

3）标签（Label）。标签用于标记代码中的位置，使得在指令中可以引用这些位置，常用于跳转和数据定义。

4）指令修饰符（Directive）。指令修饰符提供编译器或汇编器特定的命令，如数据段定义、宏定义等，不直接转换成机器指令。

3. 汇编语言的开发流程

汇编语言的开发流程如下：

1）编写汇编代码：使用文本编辑器编写汇编语言源代码。

2）汇编：使用汇编器（Assembler）将汇编语言源代码转换成机器语言代码，通常生成目标文件（Object File）。

3）链接：使用链接器（Linker）将一个或多个目标文件与库文件链接在一起，生成可执行文件。

4）执行：在目标平台上运行可执行文件。

4. 汇编语言的应用场景

汇编语言的应用场景如下：

1）系统软件：操作系统、驱动程序等。

2）性能敏感应用：游戏开发程序、实时系统等。

3）硬件控制：嵌入式系统、硬件设备的固件等。

5. 汇编语言的缺点和优点

尽管汇编语言的应用场景相对有限，但它在需要精确控制硬件或追求极致性能的领域仍然非常重要。虽然随着计算机技术的发展，高级语言和编译器的优化能力不断提升，但是对于特定的用例，汇编语言仍然是不可或缺的工具。

汇编语言的"低级"属性导致它有如下缺点：

1）由于汇编语言直接接触最底层的硬件，因此使用者只有对底层硬件非常熟悉才能编写出高效的汇编程序。可见，汇编语言是一门较难使用的语言，故而有"汇编语言不会编"的说法。

2）由于汇编语言的抽象层次很低，因此使用者在使用汇编语言设计程序时，无法像高级语言那样写出灵活多样的程序，并且程序代码很难阅读和维护。

3）由于汇编语言使用的是处理器的基本指令，而处理器指令与其处理器架构一一对应，因此不同处理器架构的汇编程序必然是无法直接移植的，所以汇编程序的可移植性和通用性很差。

但是每一枚硬币皆有两面，汇编语言也有其优点。

1）由于汇编的过程是汇编器将汇编指令直接翻译成二进制机器码（处理器指令）的过程，因此使用者可以完全掌控生成的二进制代码，不会受到编译器的影响。

2）由于汇编语言直接面向最底层的硬件，因此它可以对处理器进行直接控制，可以最大化挖掘硬件的特性和潜能，开发出最优化的代码。

综上所述，虽然现在大多数程序设计已经不再使用汇编语言，但是在一些特殊的场合，例如底层驱动、引导程序、高性能算法库等领域，汇编语言还经常扮演重要角色。尤其对于嵌入式软件开发人员而言，即便无法娴熟地编写复杂的汇编语言，能够阅读、理解并且编写简单的汇编程序也是必备的技能。

4.4 RISC-V 汇编程序概述

RISC-V 汇编语言是一种低级编程语言，用于编写直接在 RISC-V 架构的处理器上运行的程序。与高级编程语言不同，汇编语言提供了对硬件的直接控制能力，允许程序员精确地管理处理器的每个指令和数据。RISC-V 汇编语言的设计严格遵循其指令集架构（ISA）。ISA 是一种 RISC 架构，特点是指令简单，具有统一的指令长度和较少的寻址模式。

1. RISC-V 汇编程序的结构

RISC-V 汇编程序通常包含以下几个部分：

1）数据段：定义程序中使用的变量和常量。
2）文本段：包含程序的执行指令。
3）伪指令：不是处理器直接执行的指令，而是由汇编器转换为一系列实际指令的高级指令。

2. 编写 RISC-V 汇编程序的基本步骤

编写 RISC-V 汇编程序的基本步骤如下：

1）定义数据段：在数据段中声明程序中使用的所有变量和常量。
2）编写指令：在文本段中编写程序的执行指令，这些指令定义了程序的逻辑和行为。
3）汇编和链接：使用汇编器将汇编语言程序转换为机器码，然后使用链接器将多个对象文件链接成一个可执行文件。
4）调试：使用调试工具检查程序的执行流程和状态，确保程序按照预期工作。

下面是一个简单的 RISC-V 汇编语言程序示例，它计算两个数的和。

```
.data
num1: .word 5
num2: .word 10

.text
.global main
main:
    lw    a0, num1      #加载第一个数到寄存器 a0
    lw    a1, num2      #加载第二个数到寄存器 a1
    add   a0, a0, a1    #将 a0 和 a1 中的数相加，结果存储在 a0
#程序结束
```

这个程序首先在数据段定义了两个数，然后在文本段中加载这两个数并计算它们的和。

3. 汇编程序的指令集

指令集是处理器架构的最基本要素，因此 RISC-V 汇编语言的最基本元素自然是一条条的 RISC-V 指令。

RISC-V 工具链是 GCC（GNU 计划诞生的 C 语言编译器）工具链，因此一般的 GNU 汇编语法也能被 GCC 的汇编器识别，GNU 汇编语法中定义的伪操作、操作符、标签等语法规则均可以在 RISC-V 汇编语言中使用。一个完整的 RISC-V 汇编程序由 RISC-V 指令和 GNU 汇编规则定义的伪操作、操作符、标签等组成。

一条典型的 RISC-V 汇编语句由 4 个部分组成，包含如下字段：

```
[label:] opcode  [operands] [;comment]
[标签:]  [操作码] [操作数]  [注释]
```

1）标签。标签表示当前指令的位置标记。
2）操作码。操作码可以是如下任意一种：
① RISC-V 指令的指令名称，如 addi 指令、lw 指令等。

第4章 RISC-V 汇编语言程序设计

② 汇编语言的伪操作。

③ 用户自定义的宏。

3) 操作数。操作数是操作码所需的参数,与操作码之间以空格分开,可以是符号、常量,或者由符号和常量组成的表达式。

4) 注释。注释是为了程序代码便于理解而添加的信息,注释并不发挥实际功能,仅起到注解作用。注释是可选的,如果添加注释,需要注意以下规则:

① 以";"或者"#"作为分隔号,以分隔号开始的本行之后部分到本行结束都会被当作注释。

② 使用类似C语言的注释语法,"//"和"/**/"对单行或者大段程序进行注释。

一段典型的 RISC-V 汇编程序如下:

```
.section  .text              #使用.section 伪操作指定 text 段
.globl    _start              #使用.global 伪操作指定汇编程序入口
_start:                       #定义标签_start
    lui    a1,%hi(msg)        # RISC-V 的 lui 指令
    addi   a1,a1,%lo(msg)     #RISC-V 的 addi 指令
    jalr   ra, puts           #RISC-V 的 jalr 指令
2:  j 2b                      #RISC-V 的跳转指令,并在此指令处定义标签 2
.section  .rodata              #使用.section 指定 rodata 段
msg:                           #定义标签 msg
.string   "Hello World\n"      #使用.string 伪操作分配空间来存放 "Hello World" 字符串
```

这段 RISC-V 汇编程序的功能是打印字符串 "Hello World" 到标准输出。

详细解释如下:

.section .text:这一行指定后续代码位于文本段(Text Segment),这是存放程序执行代码的内存区域。

.globl _start:这一行声明一个全局标签_start,这是程序的入口点。

_start::这是程序的入口点标签。

lui a1, %hi(msg):这一行使用 lui(Load Upper Immediate)指令将 msg 标签的高位地址加载到寄存器 a1 中。

addi a1, a1, %lo(msg):这一行使用 addi(Add Immediate)指令将 msg 标签的低位地址添加到 a1 中,a1 寄存器现在包含了字符串"Hello World\n"的完整地址。%lo(msg)是汇编语言中的一种伪指令,用于获取标签 msg 的低位地址。在一些汇编器中,地址可能需要分成高位和低位来处理,尤其是在处理大于立即数范围的地址时。%lo(msg)提供了 msg 地址的低 16 位,通常与其他指令结合使用,以便正确加载或计算完整的地址。

jalr ra, puts:这一行使用 jalr(Jump And Link Register)指令跳转到 puts 函数执行,puts 函数的作用是打印 a1 寄存器指向的字符串直到遇到 null 字符(这里是通过换行符\n 表示字符串结束)。ra 寄存器被用作返回地址寄存器,保存 jalr 指令后的指令地址,以便 puts 函数执行完毕后能够返回。

2: j 2b:这一行创建了一个标签 2,并使用 j(Jump)指令实现无限循环,跳转到标签 2 所在的位置,即实现了程序的停滞。2b 表示向后跳转到最近的标签 2。

.section .rodata:这一行指定后续数据位于只读数据段(Read-only Data Segment),这是存放常量和只读数据的内存区域。

msg::这是字符串数据的标签。

.string "Hello World\n"：这一行使用.string 伪指令定义了字符串"Hello World\n"，并自动在字符串末尾添加了 null 字符（\0），使其成为一个 C 风格的字符串。

总之，这段 RISC-V 汇编程序的主要功能是使用 puts 函数打印"Hello World\n"字符串到标准输出，并在打印完成后进入无限循环。

4.5 RISC-V 架构及程序的机器级表示

4.5.1 RISC-V 指令系统概述

RISC-V 的不同寻常之处在于，它是一个最新提出的、开放的指令集架构，而大多数其他指令集都诞生于 20 世纪七八十年代。因此，RISC-V 的设计者以史为鉴，针对传统的增量指令集架构存在的各种问题，采用模块化设计思想，着重在芯片制造成本、指令集的简洁性和扩展性、程序性能、指令集架构与其实现之间的独立性、程序代码量，以及易于编程、编译、连接等方面进行权衡。

1. RISC-V 的设计目标

RISC-V 的设计者深入分析了其他各种指令集的优缺点，期望通过"取其精华、去其糟粕"，设计出一个全新的通用指令集体系结构。

RISC-V 的设计目标是：能适应从最袖珍的嵌入式控制器，到最快的高性能计算机的实现；能兼容目前各种流行软件栈和各种编程语言；适用于所有实现技术，包括现场可编程阵列（FPGA）、专用集成电路（ASIC）、全定制芯片，甚至未来的实现技术；适用于各类微架构技术，如微码和硬连线控制器、单发射和超标量流水线、顺序和乱序执行等；支持广泛的异构处理架构，成为定制加速器的基础。此外，它还应该具有稳定的基础指令集架构，能够保证在扩展新功能时不影响基础部分，这样就可以避免像以前那些专有指令集架构那样，一旦不适应新的要求就只能被弃用。

2. RISC-V 的开源理念和设计原则

RISC-V 设计者本着"指令集应自由"（instruction set want to be free）的理念，将 RISC-V 完全公开，希望在全世界范围内得到广泛的支持，任何公司、大学、研究机构和个人都可以开发兼容 RISC-V 指令集的处理器芯片，都可以融入基于 RISC-V 构建的软硬件生态系统中，而无须为指令集付一分钱。

RISC-V 是一个开放指令集架构。它由一个开放的、非营利性质的基金会管理。RISC-V 基金会创立于 2015 年，基金会致力于为 RISC-V ISA 的未来发展提供指导意见，积极推动 RISC-V ISA 的应用。RISC-V 基金会成员参与制定并可使用 RISC-V ISA 规范，并参与相关软硬件生态系统的开发。基金会的目标之一就是保持 RISC-V 的稳定性，并力图让它之于硬件就像 Linux 之于操作系统一样受欢迎。目前，基金会成员包括谷歌、华为、IBM、微软、三星等几百家成员组织，涵盖互联网应用、系统软件开发、大型计算机设备制造、通信产品研制、芯片制造等各类 IT 行业的公司、大学和研究机构，并建立了首个开放、协作的软硬件创新者社区，以加速尖端技术的创新。

传统计算机体系结构为保持兼容，都采用增量 ISA 方式。为了使新研制的处理器能够执行旧处理器上的程序，在增量 ISA 方式下，新处理器采用的指令集中一定要包含旧的指令，而新技术、新功能的出现又需要不断地增加新的指令，因而导致 ISA 中的指令数量越来越多。

RISC-V ISA 与以前的增量 ISA 不同，它遵循"大道至简"的设计哲学，采用模块化设计方法，既保持基础指令集的稳定，也保证扩展指令集的灵活配置，因此，RISC-V 指令集具有模块化特点与非常好的稳定性和可扩展性，在简洁性、实现成本、功耗、性能和程序代码量等各方面都有较显著的优势。

3. RISC-V 的模块化结构

RISC-V 采用模块化设计思想，将整个指令集分成稳定不变的基础指令集和可选的标准扩展指令集。它的核心是基础的 32 位整数指令集 RV32I，在其之上可以运行一个完整的软件栈。RV32I 是一个简洁、完备的固定指令集，永远不会发生变化。不同的系统可以根据应用的需要，在基础指令集 RV32I 之外添加相应的扩展指令集模块。例如，可以添加整数乘除（RV32M）、单精度浮点（RV32F）、双精度浮点（RV32D）三个指令集模块，以形成 RV32IMFD 指令集。

RISC-V 还包含一个原子操作扩展指令集（RV32A），它和指令集 RV32MFD 合在一起，成为 32 位 RISC-V 标准扩展集，添加到基础指令集 RV32I 后，形成通用 32 位指令集 RV32G。因此，RV32G 代表 RV32IMAFD 指令集。

为了缩短程序的二进制代码的长度，RISC-V 提供了 RV32G 对应的压缩指令集 RV32C，它是指令集 RV32G 的 16 位版本，RV32G 中的每条指令都是 32 位的，而 RV32C 中的每条指令都压缩为 16 位。

这里提到的 16 位指令或 32 位指令，是指指令长度占 16 位或 32 位。32 位的 RV32G 指令和 16 位的 RV32C 指令都属于 32 位架构中的指令。也就是说，这些指令都是在字长为 32 位的机器上执行的指令，其程序计数器、通用寄存器和定点运算器的长度都是 32 位，针对的是 32 位整数和 32 位地址的处理。

在 64 位架构中，指令是指那些在字长为 64 位的机器上执行的指令。对于 64 位处理器架构，通用寄存器和定点运算器的位数都是 64 位。因为指令集 RV32G 和 RV32C 无法直接实现 64 位运算，所以需要对这些 32 位指令集进行调整，主要是将处理的数据从 32 位扩展为 64 位，同时对部分指令的行为进行调整，并重新引入一些 32 位处理指令，从而形成对应的 RV64G（即 RV64IMAFD）。对于指令集 RV32C，需对其中部分指令进行替换和调整，以形成 RV64C。

为了支持数据级并行，RISC-V 提供了扩展的向量计算指令集 RV32V 和 RV64V。RISC-V 采用传统的向量计算机所用的基于向量寄存器的向量计算指令方式，而不是像 Intel x86 架构那样，采用 SIMD 方式支持数据级并行。

此外，为了进一步减少芯片面积，RISC-V 还提供了一种"嵌入式"指令集 RV32E，它是 RV32I 的子集，仅支持 16 个 32 位通用寄存器。该指令集主要用于追求极少面积和极低功耗的深嵌入式场景。

基于 RISC-V 规定的各种指令集模块，芯片设计者可以选择不同的组合来满足不同的应用场景需求。例如，嵌入式应用场景下可以采用 RV32EC 架构，高性能服务器场景下可以采用 RV64G 架构。

4.5.2 RISC-V 指令参考卡和指令格式

RISC-V 的主要特点包括模块化和简洁性，因此，所有指令用两张指令参考卡就可以概述。图 4-4 所示为指令参考卡①，其中给出了 RISC-V 基础整数指令集 RV32I 和 RV64I、RV 特权指令集、可选的压缩指令扩展 RV32C 和 RV64C 中的指令列表以及 RV 伪指令示例。

Open RISC-V Reference Card ①

Base Integer Instructions: RV32I and RV64I

Category	Name	Fmt	RV32I Base	+RV64I
Shifts	Shift Left Logical	R	SLL rd,rs1,rs2	SLLW rd,rs1,rs2
	Shift Left Log. Imm.	I	SLLI rd,rs1,shamt	SLLIW rd,rs1,shamt
	Shift Right Logical	R	SRL rd,rs1,rs2	SRLW rd,rs1,rs2
	Shift Right Log. Imm.	I	SRLI rd,rs1,shamt	SRLIW rd,rs1,shamt
	Shift Right Arithmetic	R	SRA rd,rs1,rs2	SRAW rd,rs1,rs2
	Shift Right Arith. Imm.	I	SRAI rd,rs1,shamt	SRAIW rd,rs1,shamt
Arithmetic	ADD	R	ADD rd,rs1,rs2	ADDW rd,rs1,rs2
	ADD Immediate	I	ADDI rd,rs1,imm	ADDIW rd,rs1,imm
	SUBtract	R	SUB rd,rs1,rs2	SUBW rd,rs1,rs2
	Load Upper Imm	U	LUI rd,imm	
	Add Upper Imm to PC	U	AUIPC rd,imm	
Logical	XOR	R	XOR rd,rs1,rs2	
	XOR Immediate	I	XORI rd,rs1,imm	
	OR	R	OR rd,rs1,rs2	
	OR Immediate	I	ORI rd,rs1,imm	
	AND	R	AND rd,rs1,rs2	
	AND Immediate	I	ANDI rd,rs1,imm	
Compare	Set <	R	SLT rd,rs1,rs2	
	Set < Immediate	I	SLTI rd,rs1,imm	
	Set < Unsigned	R	SLTU rd,rs1,rs2	
	Set < Imm Unsigned	I	SLTIU rd,rs1,imm	
Branches	Branch =	B	BEQ rs1,rs2,imm	
	Branch ≠	B	BNE rs1,rs2,imm	
	Branch <	B	BLT rs1,rs2,imm	
	Branch ≥	B	BGE rs1,rs2,imm	
	Branch < Unsigned	B	BLTU rs1,rs2,imm	
	Branch ≥ Unsigned	B	BGEU rs1,rs2,imm	
Jump & Link	J&L	J	JAL rd,imm	
	Jump & Link Register	I	JALR rd,rs1,imm	
Synch	Synch thread	I	FENCE	
	Synch Instr & Data	I	FENCE.I	
Environment	CALL	I	ECALL	
	BREAK	I	EBREAK	
Control Status Register (CSR)	Read/Write	I	CSRRW rd,csr,rs1	
	Read & Set Bit	I	CSRRS rd,csr,rs1	
	Read & Clear Bit	I	CSRRC rd,csr,rs1	
	Read/Write Imm	I	CSRRWI rd,csr,imm	
	Read & Set Bit Imm	I	CSRRSI rd,csr,imm	
	Read & Clear Bit Imm	I	CSRRCI rd,csr,imm	
Loads	Load Byte	I	LB rd,rs1,imm	
	Load Halfword	I	LH rd,rs1,imm	
	Load Byte Unsigned	I	LBU rd,rs1,imm	+RV64I
	Load Half Unsigned	I	LHU rd,rs1,imm	LWU rd,rs1,imm
	Load Word	I	LW rd,rs1,imm	LD rd,rs1,imm
Stores	Store Byte	S	SB rs1,rs2,imm	
	Store Halfword	S	SH rs1,rs2,imm	
	Store Word	S	SW rs1,rs2,imm	SD rs1,rs2,imm

RV Privileged Instructions

Category	Name	Fmt	RV mnemonic
Trap	Mach-mode trap return	R	MRET
	Supervisor-mode trap return	R	SRET
Interrupt	Wait for Interrupt	R	WFI
MMU	Virtual Memory FENCE	R	SFENCE.VMA rs1,rs2

Examples of the 60 RV Pseudoinstructions

Branch = 0 (BEQ rs,x0,imm)	J	BEQZ rs,imm
Jump (uses JAL x0,imm)	J	J imm
MoVe (uses ADDI rd,rs,0)	R	MV rd,rs
RETurn (uses JALR x0,0,ra)	I	RET

Optional Compressed (16-bit) Instruction Extension: RV32C

Category	Name	Fmt	RVC	RISC-V equivalent
Loads	Load Word	CL	C.LW rd′,rs1′,imm	LW rd′,rs1′,imm*4
	Load Word SP	CI	C.LWSP rd,imm	LW rd,sp,imm*4
	Float Load Word SP	CL	C.FLW rd′,rs1′,imm	FLW rd′,rs1′,imm*8
	Float Load Word	CI	C.FLWSP rd,imm	FLW rd,sp,imm*8
	Float Load Double	CL	C.FLD rd′,rs1′,imm	FLD rd′,rs1′,imm*16
	Float Load Double SP	CI	C.FLDSP rd,imm	FLD rd,sp,imm*16
Stores	Store Word	CS	C.SW rs1′,rs2′,imm	SW rs1′,rs2′,imm*4
	Store Word SP	CSS	C.SWSP rs2,imm	SW rs2,sp,imm*4
	Float Store Word	CS	C.FSW rs1′,rs2′,imm	FSW rs1′,rs2′,imm*8
	Float Store Word SP	CSS	C.FSWSP rs2,imm	FSW rs2,sp,imm*8
	Float Store Double	CS	C.FSD rs1′,rs2′,imm	FSD rs1′,rs2′,imm*16
	Float Store Double SP	CSS	C.FSDSP rs2,imm	FSD rs2,sp,imm*16
Arithmetic	ADD	CR	C.ADD rd,rs1	ADD rd,rd,rs1
	ADD Immediate	CI	C.ADDI rd,imm	ADDI rd,rd,imm
	ADD SP Imm * 16	CI	C.ADDI16SP x0,imm	ADDI sp,sp,imm*16
	ADD SP Imm * 4	CIW	C.ADDI4SPN rd',imm	ADDI rd',sp,imm*4
	SUB	CR	C.SUB rd,rs1	SUB rd,rd,rs1
	AND	CR	C.AND rd,rs1	AND rd,rd,rs1
	AND Immediate	CI	C.ANDI rd,imm	ANDI rd,rd,imm
	OR	CR	C.OR rd,rs1	OR rd,rd,rs1
	eXclusive OR	CR	C.XOR rd,rs1	AND rd,rd,rs1
	MoVe	CR	C.MV rd,rs1	ADD rd,rs1,x0
	Load Immediate	CI	C.LI rd,imm	ADDI rd,x0,imm
	Load Upper Imm	CI	C.LUI rd,imm	LUI rd,imm
Shifts	Shift Left Imm	CI	C.SLLI rd,imm	SLLI rd,rd,imm
	Shift Right Ari. Imm.	CI	C.SRAI rd,imm	SRAI rd,rd,imm
	Shift Right Log. Imm.	CI	C.SRLI rd,imm	SRLI rd,rd,imm
Branches	Branch=0	CB	C.BEQZ rs1′,imm	BEQ rs1',x0,imm
	Branch≠0	CB	C.BNEZ rs1′,imm	BNE rs1',x0,imm
Jump	Jump	CJ	C.J imm	JAL x0,imm
	Jump Register	CR	C.JR rd,rs1	JALR x0,rs1,0
Jump & Link	J&L	CJ	C.JAL imm	JAL ra,imm
	Jump & Link Register	CR	C.JALR rs1	JALR ra,rs1,0
System	Env. BREAK	CI	C.EBREAK	EBREAK

Optional Compressed Extention: RV64C

All RV32C (except C.JAL, 4 word loads, 4 word strores) plus:

ADD Word (C.ADDW)	Load Doubleword (C.LD)
ADD Imm. Word (C.ADDIW)	Load Doubleword SP (C.LDSP)
SUBtract Word (C.SUBW)	Store Doubleword (C.SD)
	Store Doubleword SP (C.SDSP)

32-bit Instruction Formats

	31 27 26 25	24 20	19 15	14 12	11 7	6 0
R	funct7	rs2	rs1	funct3	rd	opcode
I	imm[11:0]		rs1	funct3	rd	opcode
S	imm[11:5]	rs2	rs1	funct3	imm[4:0]	opcode
B	imm[12|10:5]	rs2	rs1	funct3	imm[4:1|11]	opcode
U	imm[31:12]				rd	opcode
J	imm[20|10:1|11|19:12]				rd	opcode

16-bit (RVC) Instruction Formats

	15 14 13	12	11 10	9 8 7	6 5	4 3 2	1 0
CR	funct4		rd/rs1		rs2		op
CI	funct3	imm	rd/rs1		imm		op
CSS	funct3	imm			rs2		op
CIW	funct3	imm				rd′	op
CL	funct3	imm		rs1′	imm	rd′	op
CS	funct3	imm		rs1′	imm	rs2′	op
CB	funct3	offset		rs1′	offset		op
CJ	funct3	jump target					op

RISC-V Integer Base (RV32I/64I), privileged, and optional RV32/64C. Registers x1-x31 and the PC are 32 bits wide in RV32I and 64 in RV64I (x0=0). RV64I adds 12 instructions for the wider data. Every 16-bit RVC instruction maps to an existing 32-bit RISC-V instruction.

图 4-4 指令参考卡①

在 RISC-V 基础整数指令参考卡①中，每个基础指令集和扩展指令集中的指令都分成了多个类别（Category），每个类别包含多条指令。每条指令通过一个指令名（Name）简单地给出一个功能描述，对每条指令的说明包括指令的功能描述、格式（Format，Fmt 为 Format 的缩写）和汇编指令表示。

例如，RV32I 基础指令集包含移位（Shifts）、算术运算（Arithmetic）、逻辑运算（Logical）、比较（Compare）、分支（Branches）、跳转连接（Jump&Link）、同步（Synch）、环境（Environment）、控制状态寄存器（Control Status Register，CSR）、取数（Loads）、存数（Stores）等类别。移位类指令中，第一行指令的功能为逻辑左移（Shift Left Logical），指令格式为 R，对应的汇编指令表示为"SLL   rd,rsl,rs2"。

汇编指令中用容易记忆的英文单词或缩写来表示指令操作码的含义，这些英文单词或缩写被称为助记符。例如，汇编指令"SLL   rd,rs1,rs2"中的 SLL 就是逻辑左移指令的助记符。也可用小写字母表示助记符，上述汇编指令也可以写成"sll   rd,rsl,rs2"。本书采用小写字母表示助记符。

从参考卡①可以看出，64 位架构 RV64I 中包含的指令，除了 RV32I 以外，还有 6 条 32 位移位类指令、3 条 32 位加减运算指令、2 条 64 位取数指令和 1 条 64 位存数指令。

在参考卡①的右上角给出了 RISC-V 的 4 条特权指令，其中，MRET 和 SRET 是陷阱（Trap）指令对应的返回指令，WFI 是等待中断（Wait for Interrupt）指令，"SFENCE.VMA rsl,rs2"是存储器管理部件（MMU）类指令，用于虚拟存储器的同步操作。

在参考卡①中的特权指令下面，给出了 RV 伪指令（Pseudoinstruction）示例。RISC-V 中定义了 60 条伪指令，每条伪指令对应一条或多条真正的机器指令。引入伪指令的目的是增强汇编语言程序的可读性，在汇编语言程序中可以用伪指令一目了然地表示一些功能。例如，RISC-V 中没有专门的传送指令，而是通过加法指令"ADDI   rd,rs,0"来实现"将 rs 的内容传送到 rd"的功能。因此，可以用相当于加法指令"ADDI   rd,rs,0"的伪指令"mv   rd,rs"明显地表示传送功能。在将汇编语言源程序转换成机器语言程序时，汇编器将每条伪指令转换为对应的机器指令序列。

在参考卡①的右侧中部，给出了 16 位压缩指令集 RV32C 和 RV64C 中的指令列表。每条 16 位压缩指令都与一条等价的 32 位指令相对应。

RISC-V 在基础指令集 RV32I 和 RV64I 的基础上，提供了一组可选扩展指令集。如图 4-5 所示，可选扩展指令集包括乘除指令扩展（Multiply-Divide Instruction Extension）RVM、原子指令扩展（Atomic Instruction Extension）RVA、浮点指令扩展（Floating-Point Instruction Extensions）RVF 和 RVD、向量指令扩展（Vector Extension）RVV。此外，图 4-5 所示的指令参考卡②中还给出了 32 个定点通用寄存器 x0~x31 和 32 个浮点寄存器 f0~f31 的调用约定（Calling Convention）。

在参考卡①的底部，描述如下：RISC-V 整数基础（RV32I/64I）、特权级和可选的 RV32/64C。在 RV32I 中，寄存器 x1~x31 和 PC 宽度为 32 位，在 RV64I 中宽度为 64（x0=0）。RV64I 为更宽的数据增加了 12 条指令。每条 16 位的 RVC 指令都对应一个现有的 32 位 RISC-V 指令。

RISC-V 调用约定和 5 个可选扩展：8 个 RV32M；11 个 RV32A；对于 32 位和 64 位数据，各有 34 个浮点指令（RV32F，RV32D）；53 个 RV32V。使用正则表达式符号，(代表集合，所以 FADD.F|D) 同时代表 FADD.F 和 FADD.D。RV32 (F|D)增加了寄存器 f0~f31，其宽度匹配最宽的精度，以及一个浮点控制状态寄存器 fcsr。RV32V 增加了向量寄存器 v0~v31、向量谓词寄存器 vp0~vp7，以及向量长度寄存器 v1。RV64 增加了一些指令：RVM 增加 4 个，RVA 增加 11 个，RVF 增加 6 个，RVD 增加 6 个，以及 RVV 增加 0 个。

Open RISC-V Reference Card ②

Optional Multiply-Divide Instruction Extension: RVM						
Category	Name	Fmt	RV32M (Multiply-Divide)		+RV64M	
Multiply	MULtiply	R	MUL	rd,rs1,rs2	MULW	rd,rs1,rs2
	MULtiply High	R	MULH	rd,rs1,rs2		
	MULtiply High Sign/Uns	R	MULHSU	rd,rs1,rs2		
	MULtiply High Uns	R	MULHU	rd,rs1,rs2		
Divide	DIVide	R	DIV	rd,rs1,rs2	DIVW	rd,rs1,rs2
	DIVide Unsigned	R	DIVU	rd,rs1,rs2		
Remainder	REMainder	R	REM	rd,rs1,rs2	REMW	rd,rs1,rs2
	REMainder Unsigned	R	REMU	rd,rs1,rs2	REMUW	rd,rs1,rs2

Optional Atomic Instruction Extension: RVA						
Category	Name	Fmt	RV32A (Atomic)		+RV64A	
Load	Load Reserved	R	LR.W	rd,rs1	LR.D	rd,rs1
Store	Store Conditional	R	SC.W	rd,rs1,rs2	SC.D	rd,rs1,rs2
Swap	SWAP	R	AMOSWAP.W	rd,rs1,rs2	AMOSWAP.D	rd,rs1,rs2
Add	ADD	R	AMOADD.W	rd,rs1,rs2	AMOADD.D	rd,rs1,rs2
Logical	XOR	R	AMOXOR.W	rd,rs1,rs2	AMOXOR.D	rd,rs1,rs2
	AND	R	AMOAND.W	rd,rs1,rs2	AMOAND.D	rd,rs1,rs2
	OR	R	AMOOR.W	rd,rs1,rs2	AMOOR.D	rd,rs1,rs2
Min/Max	MINimum	R	AMOMIN.W	rd,rs1,rs2	AMOMIN.D	rd,rs1,rs2
	MAXimum	R	AMOMAX.W	rd,rs1,rs2	AMOMAX.D	rd,rs1,rs2
	MINimum Unsigned	R	AMOMINU.W	rd,rs1,rs2	AMOMINU.D	rd,rs1,rs2
	MAXimum Unsigned	R	AMOMAXU.W	rd,rs1,rs2	AMOMAXU.D	rd,rs1,rs2

Two Optional Floating-Point Instruction Extensions: RVF & RVD						
Category	Name	Fmt	RV32{F|D} (SP,DP Fl. Pt.)		+RV64{F|D}	
Move	Move from Integer	R	FMV.W.X	rd,rs1	FMV.D.X	rd,rs1
	Move to Integer	R	FMV.X.W	rd,rs1	FMV.X.D	rd,rs1
Convert	ConVerT from Int	R	FCVT.{S|D}.W	rd,rs1	FCVT.{S|D}.L	rd,rs1
	ConVerT from Int Unsigned	R	FCVT.{S|D}.WU	rd,rs1	FCVT.{S|D}.LU	rd,rs1
	ConVerT to Int	R	FCVT.W.{S|D}	rd,rs1	FCVT.L.{S|D}	rd,rs1
	ConVerT to Int Unsigned	R	FCVT.WU.{S|D}	rd,rs1	FCVT.LU.{S|D}	rd,rs1
Load	Load	I	FL{W,D}	rd,rs1,imm		
Store	Store	S	FS{W,D}	rs1,rs2,imm		
Arithmetic	ADD	R	FADD.{S|D}	rd,rs1,rs2		
	SUBtract	R	FSUB.{S|D}	rd,rs1,rs2		
	MULtiply	R	FMUL.{S|D}	rd,rs1,rs2		
	DIVide	R	FDIV.{S|D}	rd,rs1,rs2		
	SQuare RooT	R	FSQRT.{S|D}	rd,rs1		
Mul-Add	Multiply-ADD	R	FMADD.{S|D}	rd,rs1,rs2,rs3		
	Multiply-SUBtract	R	FMSUB.{S|D}	rd,rs1,rs2,rs3		
	Negative Multiply-SUBtract	R	FNMSUB.{S|D}	rd,rs1,rs2,rs3		
	Negative Multiply-ADD	R	FNMADD.{S|D}	rd,rs1,rs2,rs3		
Sign Inject	SiGN source	R	FSGNJ.{S|D}	rd,rs1,rs2		
	Negative SiGN source	R	FSGNJN.{S|D}	rd,rs1,rs2		
	Xor SiGN source	R	FSGNJX.{S|D}	rd,rs1,rs2		
Min/Max	MINimum	R	FMIN.{S|D}	rd,rs1,rs2		
	MAXimum	R	FMAX.{S|D}	rd,rs1,rs2		
Compare	compare Float =	R	FEQ.{S|D}	rd,rs1,rs2		
	compare Float <	R	FLT.{S|D}	rd,rs1,rs2		
	compare Float ≤	R	FLE.{S|D}	rd,rs1,rs2		
Categorize	CLASSify type	R	FCLASS.{S|D}	rd,rs1		
Configure	Read Status	R	FRCSR	rd		
	Read Rounding Mode	R	FRRM	rd		
	Read Flags	R	FRFLAGS	rd		
	Swap Status Reg	R	FSCSR	rd,rs1		
	Swap Rounding Mode	R	FSRM	rd,rs1		
	Swap Flags	R	FSFLAGS	rd,rs1		
	Swap Rounding Mode Imm	I	FSRMI	rd,imm		
	Swap Flags Imm	I	FSFLAGSI	rd,imm		

Calling Convention		
Register	ABI Name	Saver
x0	zero	---
x1	ra	Caller
x2	sp	Callee
x3	gp	---
x4	tp	---
x5-7	t0-2	Caller
x8	s0/fp	Callee
x9	s1	Callee
x10-11	a0-1	Caller
x12-17	a2-7	Caller
x18-27	s2-11	Callee
x28-31	t3-t6	Caller
f0-7	ft0-7	Caller
f8-9	fs0-1	Callee
f10-11	fa0-1	Caller
f12-17	fa2-7	Caller
f18-27	fs2-11	Callee
f28-31	ft8-11	Caller
zero	Hardwired zero	
ra	Return address	
sp	Stack pointer	
gp	Global pointer	
tp	Thread pointer	
t0-0,ft0-7	Temporaries	
s0-11,fs0-11	Saved registers	
a0-7,fa0-7	Function args	

Optional Vector Extension: RVV			
Name	Fmt	RV32V/R64V	
SET Vector Len.	R	SETVL	rd,rs1
MULtiply High	R	VMULH	rd,rs1,rs2
REMainder	R	VREM	rd,rs1,rs2
Shift Left Log.	R	VSLL	rd,rs1,rs2
Shift Right Log.	R	VSRL	rd,rs1,rs2
Shift R. Arith.	R	VSRA	rd,rs1,rs2
LoaD	I	VLD	rd,rs1,imm
LoaD Strided	R	VLDS	rd,rs1,rs2
LoaD indeXed	R	VLDX	rd,rs1,rs2
STore	S	VST	rd,rs1,imm
STore Strided	R	VSTS	rd,rs1,rs2
STore indeXed	R	VSTX	rd,rs1,rs2
AMO SWAP	R	AMOSWAP	rd,rs1,rs2
AMO ADD	R	AMOADD	rd,rs1,rs2
AMO XOR	R	AMOXOR	rd,rs1,rs2
AMO AND	R	AMOAND	rd,rs1,rs2
AMO OR	R	AMOOR	rd,rs1,rs2
AMO MINimum	R	AMOMIN	rd,rs1,rs2
AMO MAXimum	R	AMOMAX	rd,rs1,rs2
Predicate =	R	VPEQ	rd,rs1,rs2
Predicate ≠	R	VPNE	rd,rs1,rs2
Predicate <	R	VPLT	rd,rs1,rs2
Predicate ≥	R	VPGE	rd,rs1,rs2
Predicate AND	R	VPAND	rd,rs1,rs2
Pred. AND NOT	R	VPANDN	rd,rs1,rs2
Predicate OR	R	VPOR	rd,rs1,rs2
Predicate XOR	R	VPXOR	rd,rs1,rs2
Predicate NOT	R	VPNOT	rd,rs1
Pred. SWAP	R	VPSWAP	rd,rs1
MOVe	R	VMOV	rd,rs1
ConVerT	R	VCVT	rd,rs1
ADD	R	VADD	rd,rs1,rs2
SUBtract	R	VSUB	rd,rs1,rs2
MULtiply	R	VMUL	rd,rs1,rs2
DIVide	R	VDIV	rd,rs1,rs2
SQuare RooT	R	VSQRT	rd,rs1,rs2
Multiply-ADD	R	VFMADD	rd,rs1,rs2,rs3
Multiply-SUB	R	VFMSUB	rd,rs1,rs2,rs3
Neg. Mul.-SUB	R	VFNMSUB	rd,rs1,rs2,rs3
Neg. Mul.-ADD	R	VFNMADD	rd,rs1,rs2,rs3
SIGN inJect	R	VSGNJ	rd,rs1,rs2
Neg SIGN inJect	R	VSGNJN	rd,rs1,rs2
Xor SIGN inJect	R	VSGNJX	rd,rs1,rs2
MINimum	R	VMIN	rd,rs1,rs2
MAXimum	R	VMAX	rd,rs1,rs2
XOR	R	VXOR	rd,rs1,rs2
OR	R	VOR	rd,rs1,rs2
AND	R	VAND	rd,rs1,rs2
CLASS	R	VCLASS	rd,rs1
SET Data Conf.	R	VSETDCFG	rd,rs1
EXTRACT	R	VEXTRACT	rd,rs1,rs2
MERGE	R	VMERGE	rd,rs1,rs2
SELECT	R	VSELECT	rd,rs1,rs2

RISC-V calling convention and five optional extensions: 8 RV32M; 11 RV32A; 34 floating-point instructions each for 32- and 64-bit data (RV32F, RV32D); and 53 RV32V. Using regex notation, {} means set, so `FADD.{F|D}` is both `FADD.F` and `FADD.D`. RV32{F|D} adds registers `f0-f31`, whose width matches the widest precision, and a floating-point control and status register `fcsr`. RV32V adds vector registers `v0-v31`, vector predicate registers `vp0-vp7`, and vector length register `vl`. RV64 adds a few instructions: RVM gets 4, RVA 11, RVF 6, RVD 6, and RVV 0.

图 4-5 指令参考卡②

4.5.3 RV32I 指令编码格式

RV32I 指令图示如图 4-6 所示。

把带下划线的字母从左到右连接，就组成了 RV32I 指令。花括号 {} 表示集合中垂直方向上的每个项目都是指令的不同变体。集合中的下划线意味着不包含这个字母的也是一个指令名称。例如，图 4-6 左上角虚线框内的符号表示以下 6 个指令：and，or，xor，andi，ori，xori。

RISC-V 的每条指令宽度为 32 位（不考虑压缩扩展指令），包括 RV32 指令集以及 RV64 指令集。指令格式大致可分成 6 类。

1）R 类型：寄存器与寄存器算术指令。

2）I 类型：寄存器与立即数算术指令或者加载指令。

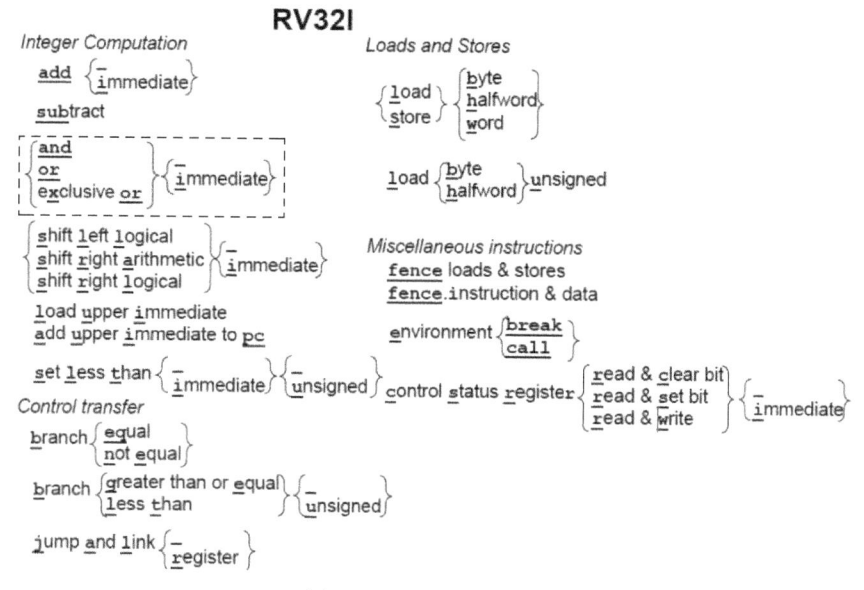

图 4-6 RV32I 指令图示

3) S 类型：存储指令。
4) B 类型：条件跳转指令。
5) U 类型：长立即数操作指令。
6) J 类型：无条件跳转指令。

RISC-V 指令集编码格式如图 4-7 所示。

图 4-7 RISC-V 指令集编码格式

用生成的立即数值中的位置（而不是通常的指令立即数域中的位置）（imm[x]）标记每个立即数子域。

指令编码可以分成如下几个部分：

1) opcode 字段：操作码字段，位于指令编码 Bit[6:0]，用于指令的分类。
2) funct3 和 funct7 字段：功能码字段，常常与 opcode 字段结合在一起定义指令的操作功能。
3) rd 字段：表示目标寄存器的编号，位于指令编码的 Bit[11:7]。
4) rs1 字段：表示第一源操作寄存器的编号，位于指令编码的 Bit[19:15]。
5) rs2 字段：表示第二源操作寄存器的编号，位于指令编码的 Bit[24:20]。
6) imm：表示立即数。在 RISC-V 中使用的立即数大部分是符号扩展（Sign-extended）立即数。

RISC-V 通常使用 32 位定长指令，不过 RISC-V 为了减少代码量，也支持 16 位的压缩扩展指令。

RV64 指令集支持 64 位宽的数据和地址寻址，为什么指令的编码宽度只有 32 位？这是因为 RV64 指令集是基于寄存器加载和存储的体系结构而设计的，所有数据加载、存储以及处理都是在通用寄存器中完成的。RISC-V 一共有 32 个通用寄存器，即 x0~x31。x0 寄存器的编号为 0，以此类推。因此，在指令编码中使用 5 位宽（$2^5=32$），即可索引 32 个通用寄存器。

lw 加载指令的编码如图 4-8 所示。

偏移量	基地址rs1	功能码	目标寄存器rd	指令操作码
31　　　　　　　　20	19　　　15	14　12	11　　7	6　　　　0
offset[11:0]	rs1	010	rd	00000H

图 4-8　lw 加载指令的编码

1) 第 0~6 位为指令操作码字段，用于指令分类。
2) 第 7~11 位为 rd 字段，用来描述目标寄存器 rd，它可以从 x0~x31 通用寄存器中选择。
3) 第 12~14 位为功能码字段，在加载指令中表示加载数据的位宽。
4) 第 15~19 位为基地址 rs1，可以从 x0~x31 通用寄存器中选择。
5) 第 20~31 位为偏移量字段。

RV64 指令集中常用的符号说明如下：

1) rd：表示目标寄存器，可以从 x0~x31 通用寄存器中选择。
2) rs1：表示源寄存器 1，可以从 x0~x31 通用寄存器中选择。
3) rs2：表示源寄存器 2，可以从 x0~x31 通用寄存器中选择。
4) ()：通常用来表示寻址模式，例如（a0）表示以 a0 寄存器的值为基地址进行寻址。这个前面还可以加 offset，表示偏移量，offset 可以是正数或负数。例如，8(a0) 表示以 a0 寄存器的值为基地址，然后偏移 8 字节进行寻址。
5) {}：表示可选项。
6) imm：表示有符号立即数。

指令格式从一些方面说明了 RISC-V 更简洁的 ISA 设计能够提高性能和功耗比。第一，指令只有 6 种符号，并且所有指令都是 32 位，这简化了指令解码。ARM-32 以及更典型的 x86-32 都有许多不同的指令格式，使得解码部件在低端实现中偏昂贵，在中高端处理器设计中容易带来性能挑战。第二，RISC-V 指令提供 3 个寄存器操作数，而不是像 x86-32 一样，让源操作数和目的操作数共享一个字段。当一个操作天然就需要 3 个不同的操作数，但是 ISA 只提供了两个操作数时，编译器或者汇编程序就需要多使用一条 move（搬运）指令，来保存目的寄存器的值。第三，在 RISC-V 中对于所有指令，要读写的寄存器的标识符总是在同一位置，这意味着在解码指令之前，就可以先开始访问寄存器。在许多其他 ISA 中，某些指令字段会根据指令的不同作用而被重复使用。在一些指令中，这些字段被用作源操作数，而在另一些指令中它们被用作目标操作数（例如，ARM-32 和 MIPS-32）。因此，为了取出正确的指令字段，需要在时序本就可能紧张的解码路径上添加额外的解码逻辑，使得解码路径的时序更为紧张。第四，这些格式的立即数字段总是符号扩展的，符号位总是指令中的最高位。这意味着可能成为关键路径的立即数符号扩展，可以在指令解码之前进行。

第 4 章 RISC-V 汇编语言程序设计

图 4-9 使用图 4-7 的指令格式列出了图 4-6 中出现的所有 RV32I 指令。

31	25	24	20	19	15	14	12	11	7	6	0		
imm[31:12]								rd		0110111		U	lui
imm[31:12]								rd		0010111		U	auipc
imm[20|10:1|11|19:12]								rd		1101111		J	jal
imm[11:0]				rs1		000		rd		1100111		I	jalr
imm[12][10:5]		rs2		rs1		000		imm[4:1][11]		1100011		B	beq
imm[12][10:5]		rs2		rs1		001		imm[4:1][11]		1100011		B	bne
imm[12][10:5]		rs2		rs1		100		imm[4:1][11]		1100011		B	blt
imm[12][10:5]		rs2		rs1		101		imm[4:1][11]		1100011		B	bge
imm[12][10:5]		rs2		rs1		110		imm[4:1][11]		1100011		B	bltu
imm[12][10:5]		rs2		rs1		111		imm[4:1][11]		1100011		B	bgeu
imm[11:0]				rs1		000		rd		0000011		I	lb
imm[11:0]				rs1		001		rd		0000011		I	lh
imm[11:0]				rs1		010		rd		0000011		I	lw
imm[11:0]				rs1		100		rd		0000011		I	lbu
imm[11:0]				rs1		101		rd		0000011		I	lhu
imm[11:5]		rs2		rs1		000		imm[4:0]		0100011		S	sb
imm[11:5]		rs2		rs1		001		imm[4:0]		0100011		S	sh
imm[11:5]		rs2		rs1		010		imm[4:0]		0100011		S	sw
imm[11:0]				rs1		000		rd		0010011		I	addi
imm[11:0]				rs1		010		rd		0010011		I	slti
imm[11:0]				rs1		011		rd		0010011		I	sltiu
imm[11:0]				rs1		100		rd		0010011		I	xori
imm[11:0]				rs1		110		rd		0010011		I	ori
imm[11:0]				rs1		111		rd		0010011		I	andi
0000000		shamt		rs1		001		rd		0010011		I	slli
0000000		shamt		rs1		101		rd		0010011		I	srli
0100000		shamt		rs1		101		rd		0010011		I	srai
0000000		rs2		rs1		000		rd		0110011		R	add
0100000		rs2		rs1		000		rd		0110011		R	sub
0000000		rs2		rs1		001		rd		0110011		R	sll
0000000		rs2		rs1		010		rd		0110011		R	slt
0000000		rs2		rs1		011		rd		0110011		R	sltu
0000000		rs2		rs1		100		rd		0110011		R	xor
0000000		rs2		rs1		101		rd		0110011		R	srl
0100000		rs2		rs1		101		rd		0110011		R	sra
0000000		rs2		rs1		110		rd		0110011		R	or
0000000		rs2		rs1		111		rd		0110011		R	and
0000		pred	succ	00000		000		00000		0001111		I	fence
0000		0000	0000	00000		001		00000		0001111		I	fence.i
000000000000				00000		000		00000		1110011		I	ecall
000000000001				00000		000		00000		1110011		I	ebreak
csr				rs1		001		rd		1110011		I	csrrw
csr				rs1		010		rd		1110011		I	csrrs
csr				rs1		011		rd		1110011		I	csrrc
csr				zimm		101		rd		1110011		I	csrrwi
csr				zimm		110		rd		1110011		I	cssrrsi
csr				zimm		111		rd		1110011		I	csrrci

图 4-9 RV32I 指令

为了帮助程序员，所有位全部为 0 的指令是非法的 RV32I 指令，因此试图跳转到被清零的内存区域的错误跳转将会立即触发异常，这可以帮助调试。类似地，所有位全部为 1 的指令也是非法指令，它将捕获其他常见的错误，诸如未编程的非易失性内存设备、断开连接的内存总线或者坏掉的内存芯片。

为了给 ISA 扩展留出足够的空间，最基础的 RV32I 指令集只使用了 32 位指令字中编码空间的不到 1/8。架构师们也仔细挑选了 RV32I 操作码，使拥有共同数据通路指令的操作码位有尽可能多位的值是一样的，这简化了控制逻辑。最后，我们注意到，在 RISC-V 架构中，B 型和 J 型格式的分支和跳转指令的地址需要左移 1 位，以实现地址的倍增，从而扩大分支和跳转指令的范围。此外，RISC-V 对立即数的位进行了重新排列和移位，这种设计降低了指令信号扇出的复杂性和立即数多路复用的成本，成本几乎减少了一半。这一优化也简化了低端实现中的数据通路逻辑。

【例 4-1】在 QEMU+RISC-V 平台上通过 cpuinfo 查看节点的信息。

```
root:~# cat /proc/cpuinfo
processor   : 0
hart        : 0
isa         : rv64imafdcsu
mmu         : sv48
```

从 isa 可知该系统支持的扩展为 rv64imafdcsu，即支持 64 位的基础整型指令集 I、整型乘法和除法扩展指令集 M、原子操作指令集 A、单精度浮点数扩展指令集 F、双精度浮点数扩展指令集 D、压缩指令集 C、特权模式指令集 S 以及用户模式指令集 U。

程序展示了在基于 QEMU 模拟的 RISC-V 平台上，如何通过查看/proc/cpuinfo 文件来获取处理器（CPU）的相关信息。/proc/cpuinfo 是 Linux 系统中的一个特殊文件，提供了当前系统中 CPU 的详细信息。在 RISC-V 架构的系统中，这个文件同样提供了关于处理器的重要信息。

程序执行的命令是 cat /proc/cpuinfo，其功能描述如下：

1）cat：它是一个 UNIX/Linux 命令，用于读取、合并或显示文件的内容。在这里，它被用来显示/proc/cpuinfo 文件的内容。

2）/proc/cpuinfo：它是一个虚拟文件，包含了 CPU 相关信息。在 Linux 系统中，/proc 目录包含了系统运行时的各种信息，而 cpuinfo 是其中一个文件，专门用来提供 CPU 相关信息。

输出的内容包括：

1）processor：0：表示当前显示的是第一个处理器的信息。在多核系统中，每个处理器（或核心）都有一个唯一的编号。

2）hart：0：在 RISC-V 架构中，hart 是硬件线程的简称，它是可独立调度的最小执行单元。这里显示的是当前 hart 的编号。

3）isa：rv64imafdcsu：表示当前处理器支持的 ISA。rv64i 表示基本的 64 位整数指令集，m 表示乘法和除法指令，a 表示原子指令，f 和 d 分别表示单精度和双精度浮点指令，c 表示压缩指令，s 表示支持监督模式，u 表示支持用户模式。

4）mmu：sv48：表示内存管理单元（MMU）使用的地址转换模式。sv48 指的是使用 48 位虚拟地址的页表格式，这是 RISC-V 中用于支持更大虚拟地址空间的一种页表格式。

这个程序的功能是在基于 QEMU 模拟的 RISC-V 平台上，显示处理器的一些基本信息，包括处理器编号、硬件线程编号、支持的指令集以及内存管理单元的详细信息。它们对于了解当前系统的硬件配置和性能特性非常有用。

4.5.4 RISC-V 的寻址方式

RISC-V 是一种开放源代码的精简指令集架构，它旨在提供一种高效的处理器设计方法。RISC-V 指令集支持多种寻址方式，以便实现不同类型的数据操作和控制流指令。

在 RISC-V 指令集中，寻址方式（Addressing Mode）是指 CPU 解释指令中地址信息的方法，用以确定操作数的来源或目的地。操作数可以是数据或者指令的一部分，而寻址方式决定了这些操作数是如何从指令、寄存器或者内存中获取的。简而言之，寻址方式定义了指令如何引用内存中的数据或指令。

寻址方式对于指令集架构非常重要，它们影响了指令的格式、编码以及处理器的实现。不同的寻址方式提供了不同的灵活性和效率，允许指令以多种方式引用操作数。在 RISC-V 架构中，寻址方式被设计得尽可能简单高效，以减少指令的复杂度和执行所需的周期数。

RISC-V 中的主要寻址方式有如下几种：

（1）立即数寻址（Immediate Addressing） 这种寻址方式允许指令直接携带一个数值作为操作数。立即数寻址在执行加法或逻辑操作等时非常有用，当操作数是一个已知的常数时尤其如此。

举例：addi x1, x2, 10。这条指令将寄存器 x2 的值与立即数 10 相加，结果存储在寄存器 x1 中。

（2）寄存器寻址（Register Addressing） 在这种寻址方式中，操作数直接存储在寄存器中。指令通过指定寄存器的编号来访问这些操作数。由于寄存器的访问速度比内存快得多，这种方式非常高效。

举例：add x1, x2, x3。这条指令将寄存器 x2 和 x3 的值相加，结果存储在寄存器 x1 中。

（3）基址寻址（Base Addressing） 基址寻址通过一个基址寄存器和一个偏移量来确定操作数的内存地址。这种方式常用于通过数组索引或结构体成员的偏移来访问数据。

举例：lw x1, 100(x2)。这条指令从内存地址（寄存器 x2 的内容加上偏移量 100）加载一个字到寄存器 x1 中。

（4）PC 相对寻址（PC-relative Addressing） 在 PC 相对寻址中，操作数的地址是以 PC 的值为基础加上一个偏移量来确定的。这种方式常用于分支和跳转指令，有助于实现相对跳转，使得代码更具有可移植性。

举例：beq x1, x2, label。如果寄存器 x1 和 x2 的值相等，则跳转到标签 label 所指示的地址。跳转的目标地址是当前 PC 值加上一个偏移量，该偏移量是从 label 计算得到的。

（5）伪直接寻址（Pseudo-direct Addressing） 伪直接寻址主要用于跳转指令，如 jal。它允许在较大的地址范围内进行跳转，操作数的地址由指令中的部分地址和 PC 的高位组合而成。

举例：jal x1, label。这条指令将下一条指令的地址存入寄存器 x1 中，然后跳转到 label 标记的地址执行。跳转的目标地址是通过伪直接寻址方式计算得到的。

通过这些寻址方式，RISC-V 能够高效地支持各种数据访问和控制流操作，同时保持了指令集的简洁性。

4.6 RISC-V 汇编程序示例

RISC-V 是一种基于 RISC 原理的开放标准指令集架构（ISA）。RISC-V 的设计目标是提供一套简单、高效、可扩展的硬件指令集。

4.6.1 定义标签

标签名称通常在一个冒号（:）之前，常见的标签分为文本标签和数字标签。

1. 文本标签

文本标签在一个程序文件中是全局可见的，因此其定义必须使用独一无二的命名，文本标签通常被作为分支或跳转指令的目标地址，示例如下：

```
loop:     //定义一个名为loop的标签,该标签代表了此处的PC地址
  ⋮
j loop    //跳转指令,跳转到标签loop所在的位置
```

在这个示例中，定义了一个名为loop的文本标签，并且使用了一个跳转指令 j loop 来跳转到这个标签所代表的PC地址。这个结构的功能是创建一个循环。

详细解释如下：

loop：：这行定义了一个标签，名为loop。在汇编语言中，标签用作指令或数据的标记，它们代表了程序中的一个具体地址。在这个示例中，loop标签代表了此处的PC地址，即接下来指令序列的起始地址。

：：这里的省略号表示在loop标签和跳转指令之间可以有一系列汇编指令。这些指令构成了循环体，即每次循环时要执行的操作。

j loop：这是一个无条件跳转指令，功能是将程序的执行流跳转到标签loop所在的地址，也就是循环的开始处。这意味着，执行到这条指令时，程序会返回到loop标签定义的位置，重新执行循环体中的指令。

这个结构实现了一个基本的循环机制。程序会不断地执行loop标签和j loop指令之间的代码，直到某种条件导致跳出循环（例如，通过条件跳转指令）。在这个简单的示例中，没有提供跳出循环的条件，所以这构成了一个无限循环。在实际应用中，循环通常会包含一些形式的终止条件，以防止程序无限执行。

2. 数字标签

数字标签是指用0~9的数字表示的标签。数字标签属于一种局部标签，需要时可以被重新定义。在被引用时，数字标签通常需要带上一个字母f或者b的后缀，f表示向前，b表示向后，示例如下：

```
J 1f    //跳转到"向前寻找第一个数字为1的标签"所在的位置,即下一行(标签为1)
        //所在位置
1:
J 1b    //跳转到"向后寻找第一个数字为1的标签"所在的位置,即上一行(标签为1)
        //所在的位置
```

这个示例展示了数字标签在汇编语言中的使用，特别是如何通过f和b后缀来实现向前和向后的跳转。数字标签是一种局部标签，允许在同一代码块内重复使用相同的数字表示不同的标签位置。这种方法在处理循环或条件分支时特别有用，它简化了标签的管理。

详细解释如下：

J 1f：这条指令的作用是跳转到向前（在代码中向下）寻找的第一个数字为1的标签所在的位置。在这个上下文中，"向前"意味着从当前位置往下查找。由于数字标签1就在下一

行，因此这条跳转指令会跳转到标签 1：所在的位置。

1：：这是一个数字标签，标记了一个位置。在这个示例中，它被用作 J　1f 指令的跳转目标。

J　1b：这条指令的作用是跳转到向后（在代码中向上）寻找的第一个数字为 1 的标签所在的位置。在这个上下文中，"向后"意味着从当前位置往上查找。由于数字标签 1 就在上一行，因此这条跳转指令会跳转回到标签 1：所在的位置。

这个结构展示了如何使用数字标签和 f（向前）、b（向后）后缀来实现代码中的跳转。J　1f 指令跳转到接下来的标签 1：，而 J　1b 指令则跳转回到之前的相同数字标签。这种方法在编写汇编程序时可以提供更灵活的跳转控制，尤其是在处理较小的代码段或实现循环和条件分支时。

4.6.2　定义宏

宏（Macro）将汇编语言中具有一组独立功能的汇编语句组织在一起，通过宏调用的方式被调用。示例如下：

```
.macro mac, a, b, c      //定义一个名为 mac 的宏，参数为 a、b、c
mul    t0, b,c           //mul 指令将 b 和 c 相乘，得到的乘积写入 t0 寄存器
add    a, t0, a          //add 指令将 a 与 t0 相加，将累加结果写入 a
.endm
//调用 mac 宏
mac    x1, x2, x3
```

这个示例展示了如何在汇编语言中定义和调用一个宏。宏拥有一种强大的特性，允许程序员将一组重复使用的汇编语句封装成一个单独的单元，然后程序员通过宏的名称和传递参数的方式来重复调用这组指令。这样做可以提高代码的重用性和可读性。

详细解释如下：

.macro mac, a, b, c：这行代码开始定义一个名为 mac 的宏，它接收 3 个参数，即 a、b 和 c。这些参数在宏内部被用作指令的操作数。

mul　t0, b, c：这是宏内部的第一条指令。它执行乘法操作，将寄存器 b 和寄存器 c 中的值相乘，然后将结果存储到临时寄存器 t0 中。

add　a, t0, a：这是宏内部的第二条指令。它执行加法操作，将寄存器 a 中的值与临时寄存器 t0 中的值相加（t0 寄存器存储了 b 和 c 相乘的结果），然后将累加的结果再次存储回寄存器 a 中。

.endm：这行代码标记了宏定义的结束。

调用 mac 宏时，需要提供具体的参数值来替代 a、b 和 c。例如，如果宏被调用为 mac x, y, z，那么在宏内部，参数 a 将被替换为 x，参数 b 将被替换为 y，参数 c 将被替换为 z。执行时，宏内的指令就会使用这些具体的寄存器或值来计算。

这个宏的功能是计算 b 和 c 的乘积，然后将这个乘积与 a 相加，最后将结果存储回 a。这种类型的操作在许多算法和计算任务中都经常出现，通过将其封装为宏，可以简化代码并避免重复编写相同的指令序列。

4.6.3　定义常数

在汇编语言中可以使用.equ 伪操作定义常数，并为其赋予一个别名，然后在汇编程序中

就可以直接使用别名。示例如下：

```
.equ    UART_BASE, 0x40003000    //定义一个常数，别名为 UART_BASE
lui     a0,%hi(UART_BASE)        //直接使用别名替代常数
addi    a0, a0, %lo(UART_BASE)   //直接使用别名替代常数
```

在汇编语言中，.equ 伪操作用于定义常数，并为这个常数分配一个别名。这样做的目的是提高代码的可读性和易维护性，同时避免在多处直接使用硬编码的常数值。因此，当需要修改这个常数值时，只需在定义处修改一次，而不需要在每个使用该常数的地方都修改。

详细解释如下：

.equ   UART_BASE, 0x40003000：这行代码定义了一个常数 0x40003000，并为其赋予一个别名 UART_BASE。这个常数值可能表示一个特定硬件设备（例如 UART 设备）的基地址。

lui   a0, %hi(UART_BASE)：这条指令加载 UART_BASE 常数的高位（即地址的高 16 位）到寄存器 a0 中。%hi 是一个指令修饰符，用于获取 32 位地址中的高 16 位。通过这种方式，可以将一个 32 位的地址分成高位和低位两部分进行加载，以满足大多数立即数加载指令只能操作 16 位立即数的要求。

addi   a0, a0, %lo(UART_BASE)：紧接着，这条指令将 UART_BASE 的低位（即地址的低 16 位）累加到寄存器 a0 中，从而完成了整个 32 位地址的加载。%lo 是另一个指令修饰符，用于获取 32 位地址中的低 16 位。

这种使用别名代替硬编码常数的方法，使代码更加清晰易懂。当需要修改 UART_BASE 的值时，只需在 .equ 伪操作的定义处修改，而不需要逐个寻找和修改程序中所有直接使用了 0x40003000 这个硬编码值的地方，大大提高了代码的可维护性。

4.6.4 立即数赋值

在汇编语言中可以使用 RISC-V 的伪指令 li 进行立即数的赋值。li 不是真正的指令，而是一种 RISC-V 的伪指令，等效于若干条指令（计算得到立即数）。示例如下：

```
.section    .text
.globl    _start
start:
.equ    CONSTANT, 0xcafebabe
li    a0, CONSTANT              //将常数赋值给 a0 寄存器
```

在 RISC-V 汇编语言中，li（load immediate）是一种伪指令，用于将一个立即数（常数值）加载到寄存器中。虽然 li 本身不是 RISC-V 指令集中一条真正的指令，但它等效于一系列实际指令的组合，这些指令组合在一起可以实现将一个立即数加载到指定寄存器的功能。使用 li 伪指令可以简化汇编程序的编写，使得程序更加直观易懂。

详细解释如下：

.section   .text：这行代码指示编译器将接下来的指令放在程序的文本段（代码段）。这是存放程序所执行代码的地方。

.globl   _start：这行代码声明了一个全局标签_start，这是程序的入口点。在很多系统中，_start 是操作系统查找并开始执行程序的地方。

start:：这是_start 标签的定义处，标记了程序的实际开始位置。

.equ   CONSTANT, 0xcafebabe：这行代码使用 .equ 伪操作定义了一个常数 CONSTANT，

并将其值设置为 0xcafebabe。这种方式允许在程序中通过别名 CONSTANT 引用这个具体的值，而不是直接使用硬编码的数值，提高了代码的可读性和可维护性。

li　a0,CONSTANT：这行代码使用 li 伪指令将 CONSTANT 定义的立即数（0xcafebabe）加载到寄存器 a0 中。在 RISC-V 架构中，由于指令的立即数字段大小有限，不能直接通过一条指令将一个 32 位或更大的立即数完整地加载到寄存器中，因此 li 伪指令可能会被展开成一系列实际指令，比如 lui（用于加载立即数的高 20 位）和 addi（用于将一个 12 位的立即数累加到寄存器的值上）的组合，以实现将完整的立即数的值加载到寄存器中的目的。

这个示例展示了如何在 RISC-V 汇编程序中定义一个常数，并使用 li 伪指令将这个常数加载到一个寄存器中。这种方法在需要处理大量立即数时非常有用，特别是在进行系统编程或底层硬件操作时。

上述指令经过汇编之后产生的指令如下，可以看出 li 指令等效于若干条指令。

```
0000000000000000 <_start>:
0: 00032537        lui     a0,0x32
4: bfb50513        addi    a0,a0,-1029
8: 00e51513        slli    a0,a0,0xe
c: abe50513        addi    a0,a0,-1346
```

4.6.5　标签地址赋值

在汇编语言中可以使用 RISC-V 的伪指令 la 给标签地址赋值。la 不是真正的指令，而是一种 RISC-V 的伪指令，等效于若干条指令（计算得到标签的地址）。示例如下：

```
.section    .text
.globl      start
start:
    la   a0, msg        //将 msg 标签对应的地址赋值给 a0 寄存器
.section    .rodata
msg:                    //msg 标签
    .string  "Hello World\n"
```

在 RISC-V 汇编语言中，la（load address）是一种伪指令，用于将一个标签（label）所代表的内存地址加载到寄存器中。尽管 la 本身并不是 RISC-V 指令集中一条真正的指令，但是它实际上等效于一系列能够计算并加载标签地址的指令组合。使用 la 伪指令可以简化汇编程序的编写，使得程序更加直观易懂。

详细解释如下：

.section　.text：这行代码指示编译器将接下来的指令放在程序的文本段（代码段）。这是存放程序所执行代码的地方。

.globl　start：这行代码声明了一个全局标签 start，这是程序的入口点。在很多系统中，start 是操作系统查找并开始执行程序的地方。

start:：这是 start 标签的定义处，标记了程序的实际开始位置。

la　a0,msg：这行代码使用 la 伪指令将 msg 标签对应的内存地址加载到寄存器 a0 中。msg 标签标识了一段内存地址，通常是一个变量或一段数据（在这个示例中是一个字符串）的位置。la 伪指令可能会被展开成一系列实际指令，比如 lui（用于加载地址的高 20 位）和 addi（用于将一个 12 位的偏移量累加到寄存器的值上）的组合，以实现将完整的内存地址加载到寄

存器中的目的。

.section .rodata：这行代码指示编译器将接下来的数据放在只读数据段。这是存放程序的只读数据（如字符串常量）的地方。

msg:：这是msg标签的定义处，标记了一段字符串数据的开始位置。

.string "Hello World\n"：这行代码定义了一个字符串常量"Hello World\n"，并将其放在msg标签标识的内存位置。

这个示例展示了如何在RISC-V汇编程序中使用la伪指令将一个标签的内存地址加载到一个寄存器中。这种方法在需要引用数据、字符串或其他内存区域的地址时非常有用，特别是在进行内存操作或数据处理时。

上述指令经过汇编之后产生的指令如下，可以看出la指令等效于auipc和addi这两条指令。

```
000 00000000000 <_start>:
0: 00000517        auipc   a0,0x0
        0: R_RISCV_PCREL_HI20    msg
4: 00850513        addi    a0,a0,8 #8 <_start+0x8>
        4: R_RISCV_PCREL_LO12_I   .L11
```

4.6.6 设置浮点舍入模式

对于RISC-V浮点指令而言，可以通过一个额外的操作数来设定舍入模式（Rounding Mode）。譬如fcvt.w.s指令需要舍入零，则可以写为fcvt.w.s a0、fa0、rtz。如果没有指定舍入模式，则默认使用动态舍入模式。

不同舍入模式的缩写分别如下：

rne：最近舍入，朝向偶数方向。

rtz：向零舍入。

rdn：向下舍入。

rup：向上舍入。

rmm：最近舍入，朝向最大幅度方向。

dyn：动态舍入。

4.6.7 RISC-V环境下的完整实例

为了便于读者理解汇编程序，下面列举一个完整的汇编程序实例。

这个汇编程序展示了如何设置机器模式（M模式）的中断处理程序，特别是如何处理定时器中断。该程序的主要功能包括设置中断处理向量、使能中断、读取和设置定时器，以及在中断发生时执行特定的操作。

```
    .equ RTC_BASE,      0x40000000      //定义常数，命名为RTC_BASE
    .equ TIMER_BASE,

    # setup machine trap vector
1:  la      t0, mtvec                   //将标签mtvec的PC地址赋值为t0
    csrrw   zero, mtvec, t0             //使用csrrw指令将寄存器t0的值赋给寄存器mtvec

    #set mstatus.MIE=1 (enable M mode interrupt)
```

```
        li      t0,8                        //将常数8赋值给t0寄存器
        csrrs   zero, mstatus, t0           //使用csrrs指令,进行如下操作:
                //以操作数寄存器t0中的值逐位作为参考,如果t0中的值的某个比特位
                //为1,则将寄存器mstatus中对应的比特位置为1,其他位不受影响
# set mie.MTIE=1 (enable M mode timer interrupts)
        li      t0,128                      //将常数8赋值给寄存器t0
        csrrs   zero, mie, t0               //使用csrrs指令,进行如下操作:
                //以操作数寄存器t0中的值逐位作为参考,如果t0中的值的某个比特位
                //为1,则将寄存器mie中对应的比特位置为1,其他位不受影响
# read from mtime
        li      a0,RTC_BASE                 //将立即数RTC_BASE赋值给t0寄存器
        lw      a1, 0(a0)                   //使用lw指令将寄存器a0索引的存储器地址中的值
                                            //读出并赋给寄存器a1
#write to mtimecmp
        li      a0,TIMER_BASE
        li      t0,1000000000
        add     a1,a1,t0
        sw      a1,0(a0)
# loop
loop:                                       //设定loop标签
        wfi
        j       loop                        //跳转到loop标签的位置
#break on interrupt
mtvec:
        csrrc   t0,mcause,zero              //读取寄存器mcause的值赋给寄存器t0
        bgez    t0,fail                     #中断原因小于零
        slli    t0, t0, 1                   #移除高位
        srli    t0, t0, 1
        li      t1, 7
        bne     t0, t1, fail                #检查这是否一个m_timer中断
        j       pass
pass:
        la      a0, pass_msg
        jal     puts
        j       shutdown
fail:
        la      a0, fail_msg
        jal     puts
        j       shutdown
.section .rodata
pass msg:
        string "PASS\n"
fail msg:
        string "FAIL\n"
```

下面是程序的主要部分和功能解释:

1) 定义常数:RTC_BASE和TIMER_BASE分别定义了实时时钟和定时器的基地址。

2) 设置机器模式的中断向量:使用la指令加载mtvec的地址到寄存器t0,然后通过csrrw指令将寄存器t0的值(即mtvec的地址)写入寄存器mtvec(CSR),设置中断向量的入口。

3) 使能机器模式的中断:通过li和csrrs指令设置寄存器mstatus的MIE位为1,使能机器模式的全局中断。通过li和csrrs指令设置寄存器mie的MTIE位为1,使能机器模式的定时器

中断。

4）读取当前时间并设置定时器比较值：读取当前时间（mtime）并将其加载到寄存器 a1。设置定时器比较值（mtimecmp），使定时器在当前时间基础上加上一个定值（例如 1000000000）后触发中断。

5）循环等待中断：使用 wfi 指令等待中断发生。当中断发生时，跳转到中断处理向量 mtvec。

6）中断处理：读取寄存器 mcause 以确定中断原因。检查中断原因是否定时器中断（通过比较 mcause 的值）。如果是定时器中断，执行 pass 分支，打印"PASS\n"；否则，执行 fail 分支，打印"FAIL\n"。

7）结束程序：无论是 pass 还是 fail 分支，最终都会跳转到 shutdown（该标签在此代码段中未定义，可能是停止程序或清理程序）。

8）数据段：定义了 pass_msg 和 fail_msg 字符串，分别用于中断处理成功或失败时的输出。

这个程序演示了在 RISC-V 架构下如何配置和处理机器模式定时器中断，包括中断向量的设置、中断的使能、定时器的设置和中断处理逻辑。

习题

1. 什么是 CSR？
2. 说明 CSR 的作用和类型。
3. 说明 RISC-V 的通用寄存器的别名和特殊用途。
4. RISC-V 体系结构支持哪 3 类系统寄存器？
5. 什么是汇编语言？
6. 汇编语言的主要特点是什么？
7. 汇编语言的基本组成是什么？
8. RISC-V 汇编程序结构是什么？
9. 编写 RISC-V 汇编程序的基本步骤是什么？
10. 试用 RISC-V 32 位指令集编写一个汇编语言程序，实现从 20 个 16 位带符号整数中找到正数和负数。
11. 试用 RISC-V 32 位指令集编写一个汇编语言程序，实现 8 个 16 位无符号整数求平均值。
12. 试用 RISC-V 32 位指令集编写一个汇编语言程序，实现从 10 个 16 位带符号整数中找出最大值和最小值。

第5章 CH32嵌入式微控制器与最小系统设计

CH32V103微控制器作为一款基于RISC-V内核的32位微控制器,因高性能、低功耗的特点而被广泛应用于多种嵌入式系统中。本章内容将分为几个重点部分,以便于读者更好地理解CH32V103微控制器的设计和应用。本章内容安排如下:

1) CH32微控制器概述:简要介绍了CH32系列微控制器的基本特性和应用范围,使读者初步了解CH32系列微控制器整体概念。

2) CH32系列微控制器外部结构:介绍了CH32系列微控制器的命名规则,帮助读者更好地识别和选择适合自己项目需求的微控制器型号;详细讲述了CH32系列微控制器的引脚布局和各个引脚的具体功能,为后续的硬件设计和开发工作奠定基础。

3) CH32V103微控制器内部结构:主要讲述了CH32V103微控制器内部总线结构、CH32V103微控制器内部时钟系统、CH32V103微控制器内部复位系统和CH32V103微控制器内部存储器结构。

4) 触摸按键检测:介绍了触摸按键检测(TKEY)技术的功能描述、操作步骤。

5) CH32V103最小系统设计:讲述了如何设计一个基于CH32V103微控制器的最小系统。

5.1 CH32微控制器概述

32位Cortex-M3系列微控制器CH32F103和通用增强型32位RISC-V系列微控制器CH32V103是南京沁恒微电子推出的。

CH32F103x系列产品是基于ARM Cortex-M3内核设计的微控制器,与大部分ARM工具和软件兼容,提供了丰富的通信接口和控制单元,适用于大部分控制、连接、综合等嵌入式领域。

CH32V103系列是以RISC-V3A处理器为核心的32位微控制器,基于32位RISC-V指令集(IMAC),挂载了丰富的外设接口和功能模块,支持多种省电工作模式来满足产品低功耗应用要求,可以广泛应用于电机驱动和应用控制、医疗和手持设备、个人计算机游戏外设和GPS(全球定位系统)平台、可编程控制器、变频器、打印机、扫描仪、警报系统、视频对讲、暖气通风空调系统等场合。2021年年初,南京沁恒微电子又推出了CH32V203/303/305/307/208一系列微控制器,其具有64KB RAM和256KB Flash,最高主频达144MHz,该系列微控制器的出现进一步丰富了RISC-V产品线。

以Cortex-M3为核心的CH32F103系列和以RISC-V3A为核心的CH32V103系列有所区别,具体见表5-1。

表5-1 CH32F103系列与CH32V103系列对比

功能与外设模块	CH32F103系列	CH32V103系列	说　　明
内核(指令)	Cortex-M3(ARM)	RISC-V3A(RV32IMAC)	指令、架构不同

(续)

功能与外设模块	CH32F103 系列	CH32V103 系列	说 明
中断控制器	NVIC	PFIC	实际用法不同
位段映射	支持	不支持	—
TKEY	TKEY_F	TKEY_V	用法不同
USBHD	5 个可配置 USB 设备端点	16 个可配置 USB 设备端点	端点数量不同 端点寄存器地址不同 USB 主机端点收发长度不同 物理 USB 端口引脚不同
CAN/DAC/USBD	支持	不支持	—
调试（Debug）	SWD	RVSWD	协议不同
其他	一致		

从表 5-1 中可以看出，两款系列产品大部分功能与外设模块一致，仅有细微的差别。

1）内核与指令集：CH32F103 采用 Cortex-M3 内核，使用 ARM 架构；CH32V103 采用南京沁恒微电子自主设计的内核 RISC-V3A，使用 RV32IMAC 指令集。

2）中断控制器：CH32F103 使用 Cortex-M3 的 NVIC（嵌套向量中断控制器），管理 44 个可屏蔽外部中断通道和 10 个内核中断通道，其他中断源保留。中断控制器与内核接口紧密相连，以最小的中断延迟提供灵活的中断管理功能。关于 NVIC 的使用请参考 Cortex-M3 相关文档；CH32V103 使用 PFIC（快速可编程中断控制器），最多支持 255 个中断向量。

3）位段映射：位操作就是单独读写一个位的操作。CH32F103 系列产品通过映射的处理方式提供对外设寄存器和 SRAM 区内容的位操作读写。CH32V103 系列产品不支持该模式。

4）TKEY：TKEY 即触摸按键检测。CH32F103 系列产品触摸检测控制（TKEY_F）单元借助 ADC 模块的电压转换功能，通过将电容量转换为电压量进行采样，实现触摸按键检测功能。检测通道复用 ADC 的 16 个外部通道，通过 ADC 模块的单次转换模式实现触摸按键检测。CH32V103 系列产品触摸检测控制（TKEY_V）单元通过将电容量变化转变为频率变化进行采样，实现触摸按键检测功能。检测通道复用 ADC 的 16 个外部通道。应用程序通过数字值的变化量判断触摸按键状态。

5）USBHD：CH32F103 的 USBHD（USB 硬盘）外设有 5 个可配置 USB 设备端点；CH32V103 的 USBHD 外设有 16 个可配置 USB 设备端点。它们在端点数量、端点寄存器地址、USB 主机端点收发长度、物理 USB 端口引脚方面都有差异。

6）CAN/DAC/USBD：CH32F103 支持 CAN（控制器局域网）、DAC（数模转换器）、USBD（USB 设备），CH32V103 不支持这三个外设模块。

本书后续章节将基于 CH32V103C8T6 微控制器讲述。

5.2　CH32 系列微控制器外部结构

5.2.1　CH32 系列微控制器命名规则

CH32 系列微控制器命名遵循一定规则，通过名字可以确定该芯片引脚、封装、Flash 容量等信息。CH32 系列微控制器的命名规则如图 5-1 所示。

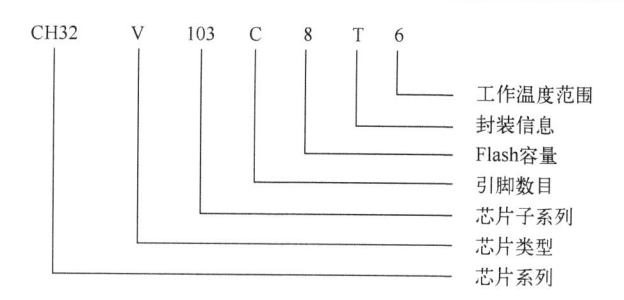

第 5 章　CH32 嵌入式微控制器与最小系统设计

```
CH32   V   103   C   8   T   6
                             └── 工作温度范围
                         └────── 封装信息
                     └────────── Flash容量
                 └────────────── 引脚数目
             └──────────────── 芯片子系列
         └────────────────── 芯片类型
   └──────────────────── 芯片系列
```

图 5-1　CH32 系列微控制器命名规则

1）芯片系列：CH32 代表的是南京沁恒微电子品牌的 32 位 MCU。
2）芯片类型：V 表示 RISC-V 内核，F 表示 Cortex-M3 系列内核。
3）芯片子系列：103 表示增强型。
4）引脚数目：T 表示 36 脚，C 表示 48 脚，R 表示 64 脚，V 表示 100 脚，Z 表示 144 脚。
5）Flash 容量：6 表示 32 KB Flash，8 表示 64 KB Flash，B 表示 128 KB Flash，C 表示 256 KB Flash。
6）封装信息：H 表示 BGA 封装，T 表示 LQFP 封装，U 表示 VFQFPN 封装，Y 表示 WLCSP/WLCSP64。
7）工作温度范围：6 表示 -40~85℃（工业级），7 表示 -40~105℃（工业级）。

5.2.2　CH32 系列微控制器引脚功能

LQFP48（48 引脚贴片）封装的 CH32V103 芯片如图 5-2 所示。引脚按功能可分为电源、复位、时钟控制、启动模式和输入/输出，其中输入/输出可作为通用输入/输出，也可经过配置实现特定的第二功能，如 ADC、USART、I2C、SPI 等。下面按功能简要介绍各引脚。

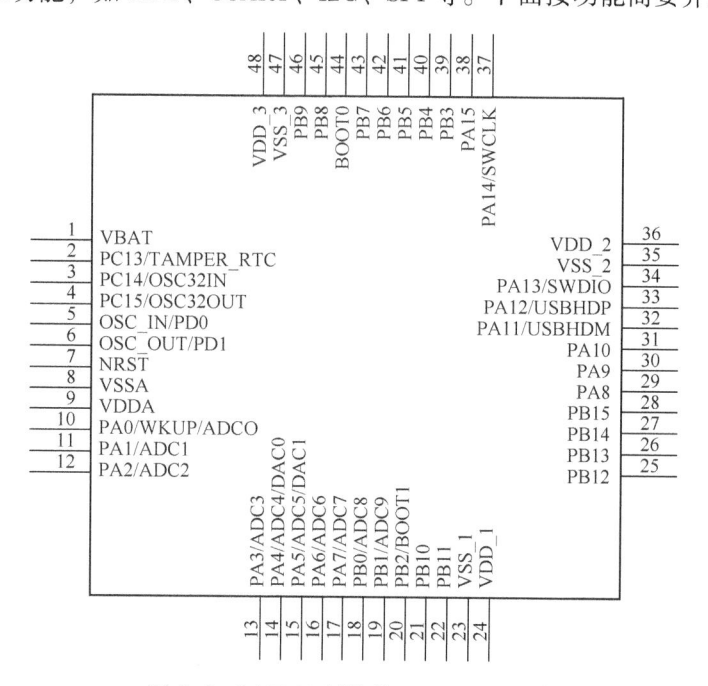

图 5-2　LQFP48 封装的 CH32V103 芯片

1. 电源

CH32V103 系列微控制器的工作电压为 2.7~5.5 V，整个系统由 VDD_x（接 2.7~5.5 V 电源）和 VSS_x（接地）提供稳定的电源供应。

1）VDD 的供电电压在 2.7~5.5 V，VDD 引脚为 I/O 引脚、RC 振荡器、复位模块和内部调压器供电。每一个 VDD 引脚都需要外接 0.1 nF 的电容。

2）VDDA 为 ADC、温度传感器和锁相环（PLL）的模拟部分供电。VDDA 和 VSSA 必须分别连接到 VDD 和 VSS。VDDA 和 VSSA 引脚需要外接 0.1 nF 的电容。

3）VBAT 的供电电压在 1.8~5.5 V。当 VDD 移除或者不工作时，VBAT 单独为实时时钟（RTC）、外部 32 kHz 振荡器和后备寄存器供电。

2. 复位

NRST 引脚出现低电平将使系统复位，通常加一个按键连接到低电平以实现手动复位功能。

3. 时钟控制

OSC_IN 和 OSC_OUT 可外接 4~16 MHz 晶振，为系统提供稳定的高速外部时钟；OSC32IN 和 OSC32OUT 可外接 32768 Hz 的晶振，为系统提供稳定的低速外部时钟。

4. 启动模式

通过 BOOT0 和 BOOT1 引脚可以配置 CH32V103 的启动模式，为方便设置可以通过跳线帽与高低电平连接。

5. 输入/输出

输入/输出端口可以作为通用输入/输出，有些引脚还具有第二功能（需要配置）。

5.3 CH32V103 微控制器内部结构

5.3.1 CH32V103 微控制器内部总线结构

CH32V103 系列产品是基于青稞 RISC-V3A 内核设计的通用微控制器，其架构中的内核、仲裁单元、DMA 模块、SRAM 存储等部分通过多组总线实现交互。内核采用 2 级流水线处理，设置了静态分支预测、指令预取机制，实现了系统低功耗、低成本、高速运行的最佳性能比。

RISC-V3A 是 32 位嵌入式处理器，内部模块化管理，支持 RISC-V 开源指令集 IMAC 子集，采用小端数据模式。CH32V103 系列产品包含 PFIC，提供了 4 个向量可编程的快速中断通道及 44 个优先级可配的普通中断，通过硬件现场保存和恢复的方式实现中断的最短周期响应；采用尾链（Tail-Chaining）中断处理，具有 2 级硬件压栈；支持机器和用户特权模式；包含 2 线串行调试接口，支持用户在线升级和调试；包括多组总线连接处理器外部单元模块，实现外部功能模块和内核的交互。

CH32V103 的总线系统由驱动单元、总线矩阵和被动单元组成，如图 5-3 所示。系统中设有 Flash 访问预取机制用以加快代码执行速度；通用 DMA 控制器用以减轻 CPU 负担、提高效率；时钟树分级管理用以降低外设总的运行功耗，同时还兼有数据保护机制、时钟安全系统保护机制等措施来增强系统稳定性。

CH32V103 微控制器片上资源丰富，系统主频最高 80 MHz，内置高速存储器，片上集成了时钟安全机制、多级电源管理、通用 DMA 控制器。该系列微控制器具有 1 路 USB2.0 主机/设备接口、多通道 12 位 ADC 模块、多通道 TouchKey、多组定时器、多路 I2C/USART/SPI 接口等丰富的外设资源。

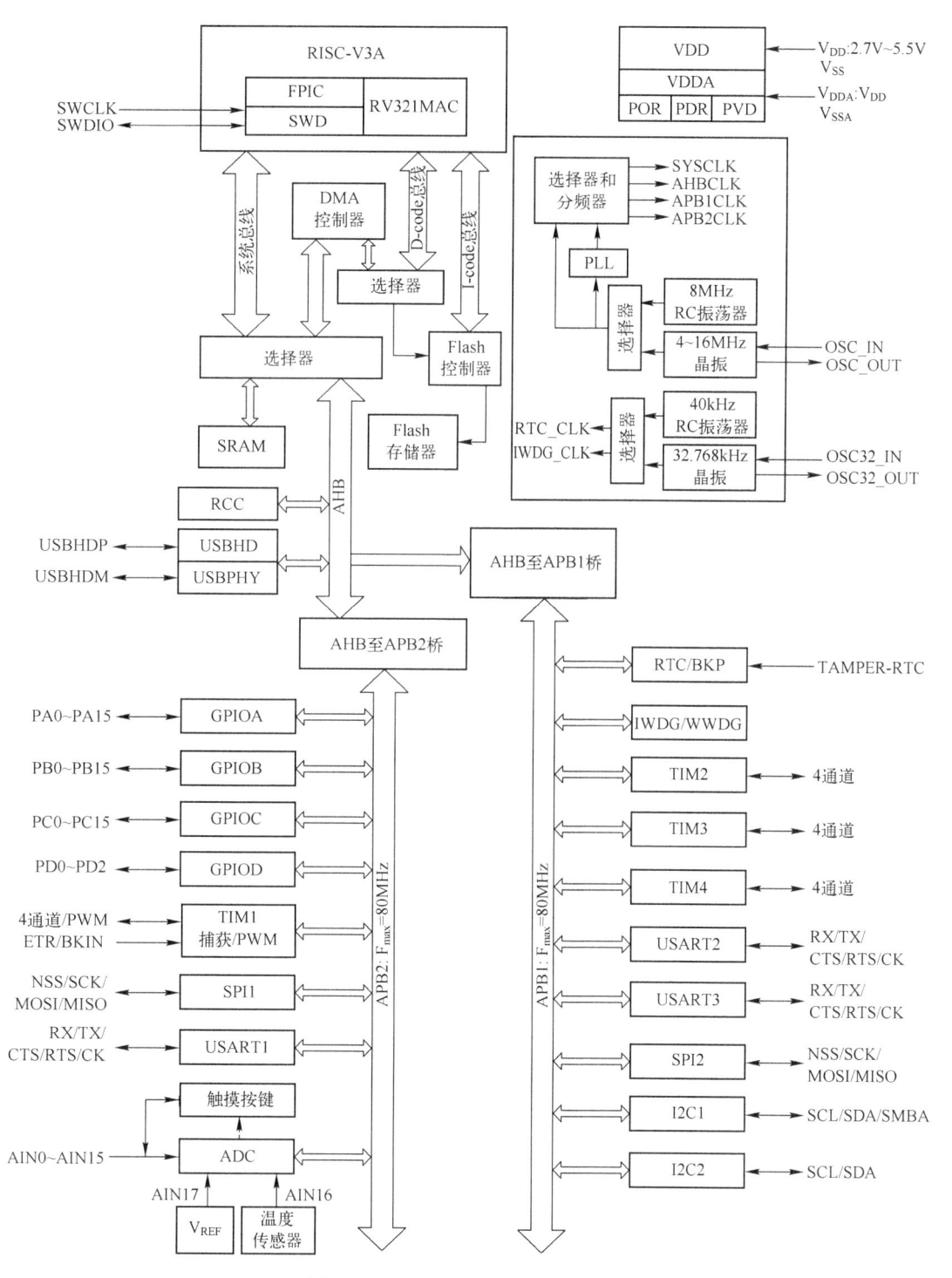

图 5-3 CH32V103 的总线系统框图

1. 驱动单元

1）指令总线（I-code）：将内核和 Flash 指令接口相连，预取指令在此总线上完成。

2）数据总线（D-code）：将内核和Flash数据接口相连，用于常量加载和调试。

3）系统总线（System）：将内核和总线矩阵相连，用于协调内核、DMA、SRAM和外设的访问。

4）DMA总线：负责DMA的AHB（Advanced High Performance Bus，高级性能总线）主控接口与总线矩阵相连，访问对象是Flash数据、SRAM和外设。

2. 总线矩阵

总线矩阵负责系统总线、数据总线、DMA总线、SRAM和AHB至APB（Advanced High Peripheral Bus，高级外设总线）桥之间的访问协调。

3. 被动单元

被动单元有3个，分别是内部SRAM、内部Flash、AHB至APB桥。

AHB至APB桥为AHB和两个APB提供同步连接。不同的外设挂在不同的APB下，可以按实际需求配置不同总线时钟，优化性能。

5.3.2 CH32V103微控制器内部时钟系统

时钟系统为整个硬件系统的各个模块提供时钟信号。由于系统的复杂性，各个硬件模块很可能对时钟有不同的要求。可以在系统中设置多个振荡器，分别提供时钟信号；或者从一个主振荡器开始经过多次倍频、分频、锁相环（PLL）等电路，生成各个模块的独立时钟信号。

CH32V103微控制器系统提供了4组时钟源：内部高频RC振荡器（HSI）、外接高频振荡器或时钟信号（HSE）、外接低频振荡器或时钟信号（LSE）、内部低频RC振荡器（LSI）。其中，系统总线时钟（SYSCLK）来自高频时钟源（HSI/HSE）或者其送入PLL倍频后产生的更高时钟。AHB域、APB1域、APB2域则由系统时钟或前一级经过相应预分频器分频得到。低频时钟源为RTC和"独立看门狗"（IWDG）提供了时钟基准。PLL倍频时钟直接通过分频器提供USBHD模块的工作时钟基准——48 MHz。CH32V103微控制器的时钟树如图5-4所示。

1. HSI：高速内部时钟信号8 MHz

HSI通过8 MHz的内部RC振荡器产生，并且可以直接用作系统时钟，或者作为PLL的输入。HSI RC振荡器能够在不需要任何外部器件的条件下提供系统时钟。它的启动时间很短，但时钟频率精度较差。

2. HSE：高速外部时钟信号4 MHz~16 MHz

HSE可以通过外部直接提供时钟，从OSC_IN输入，使用外部陶瓷/晶体振荡器产生。外接4 MHz~16 MHz外部振荡器为系统提供更为精确的时钟源。

3. LSE：低速外部时钟信号32.768 kHz

LSE振荡器是一个32.768 kHz的低速外部晶体/陶瓷振荡器，为RTC或者其他定时功能提供一个低功耗且精确的时钟源。

4. LSI：低速内部时钟信号40 kHz

LSI是系统内部约40 kHz的RC振荡器产生的低速时钟信号。它可以在停机和待机模式下保持运行，为RTC时钟、IWDG和唤醒单元提供时钟基准。

另外，CH32V103系列微控制器具有时钟安全模式。打开时钟安全模式后，如果HSE用作系统时钟（直接或间接），此时检测到外部时钟失效，系统时钟将自动切换到内部RC振荡器，同时HSE和PLL自动关闭；对于关闭时钟的低功耗模式，唤醒后系统也将自动切换到内部RC振荡器。如果使能时钟中断，软件可以接收到相应的中断。

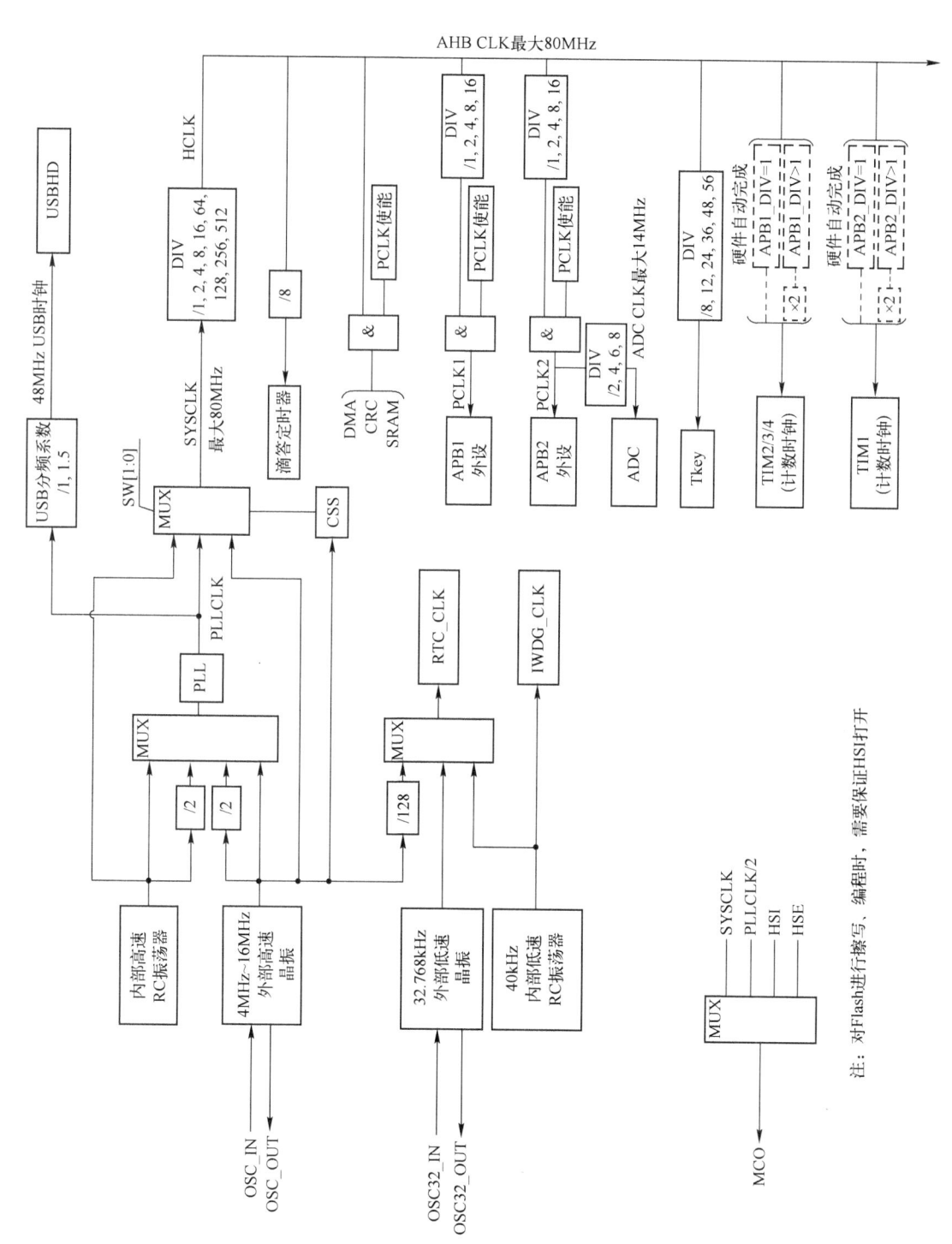

图 5-4 CH32V103 微控制器的时钟树

5. PLL 时钟

通过配置 RCC_CFGR0 寄存器和 EXTEN_CTR 扩展寄存器，内部 PLL 时钟可以选择 4 种时钟来源和倍频系数，这些设置必须在 PLL 被开启前完成，一旦 PLL 被启动，这些参数就不能被改动。在 RCC_CTLR 寄存器中，通过设置 PLLON 位来启动和关闭 PLL。PLLRDY 位用于指示 PLL 时钟是否已稳定。只有在硬件将 PLLRDY 位置为 1 后，时钟才会被送入系统。如果设置了 RCC_INTR 寄存器的 PLLRDYIE 位，将产生相应中断。

如果需要在应用中使用 USBD 或 USBFS 模块功能，PLL 必须被设置为输出 48 MHz 或 72 MHz 时钟，用于提供 48 MHz 的 USBCLK。USBD 或 USBFS 模块的模拟收发时钟是基于 PLL 时钟的。

PLL 时钟来源包括：

1) HSI 时钟送入。
2) HSI 经过 2 分频送入。
3) HSE 时钟送入。
4) HSE 经过 2 分频送入。

6. 总线/外设时钟

（1）系统时钟（SYSCLK）

通过配置 RCC_CFGR0 寄存器的 SW[1:0]位配置系统时钟来源，SWS[1:0]指示当前的系统时钟源。系统时钟来源包括：

1) HSI 作为系统时钟。
2) HSE 作为系统时钟。
3) PLL 时钟作为系统时钟。

控制器复位后，默认 HSI 时钟被选为系统时钟来源。时钟来源之间的切换必须在目标时钟来源准备就绪后才会发生。

（2）AHB/APB1/APB2 总线外设时钟（HCLK/PCLK1/PCLK2）

通过配置 RCC_CFGR0 寄存器的 HPRE[3:0]、PPRE1[2:0]、PPRE2[2:0]位，可以分别配置 AHB、APB1、APB2 总线的时钟。这些总线时钟决定了挂载在其下面的外设接口访问时钟基准。应用程序可以调整不同的数值，来降低部分外设工作时的功耗。

通过 RCC_AHBRSTR、RCC_APB1PRSTR、RCC_APB2PRSTR 寄存器中各个位，可以复位不同的外设模块，将其恢复到初始状态。

通过 RCC_AHBPCENR、RCC_APB1PCENR、RCC_APB2PCENR 寄存器中各个位，可以单独开启或关闭不同外设模块通信时钟接口。使用某个外设时，首先需要开启其时钟使能位，只有这样才能访问其寄存器。

（3）RTC 时钟（RTCCLK）

通过设置 RCC_BDCTLR 寄存器的 RTCSEL[1:0]位，RTCCLK 时钟源可以由 HSE/128、LSE 或 LSI 时钟提供。修改此位前要保证电源控制寄存器（PWR_CR）中的 DBP 位被置为 1，只有后备区域复位，才能复位此。

1) LSE 作为 RTC 时钟：由于 LSE 处于后备域由 VBAT 供电，只要 VBAT 维持供电，即便 VDD 供电被切断，RTC 仍继续工作。

2) LSI 作为 RTC 时钟：如果 VDD 供电被切断，则 RTC 自动唤醒不能得到保证。

3) HSE/128 作为 RTC 时钟：如果 VDD 供电被切断或内部电压调节器被关闭（1.8 V 域的供电被切断），则 RTC 状态不确定。

(4) IWDG 时钟

如果 IWDG 已经由硬件配置设置或软件启动,LSI 振荡器将被强制打开,并且不能被关闭。在 LSI 振荡器稳定后,时钟供应给 IWDG。

(5) 时钟输出 (MCO)

微控制器允许输出时钟信号到 MCO 引脚。在相应的 GPIO 端口寄存器配置复用推挽输出模式,通过设置 RCC_CFGR0 寄存器的 MCO[2:0] 位,可以选择以下 4 个时钟信号作为 MCO 时钟输出:

1) 系统时钟 (SYSCLK) 输出。
2) HSI 时钟输出。
3) HSE 时钟输出。
4) PLL 时钟经过 2 分频输出。

注:需保证输出时钟频率不超过 I/O 接口最高频率 50 MHz。

5.3.3 CH32V103 微控制器内部复位系统

CH32F103 微控制器根据电源区域的划分以及应用中的外设功耗管理,提供不同的复位形式以及可配置的时钟树结构。

1. 复位系统的主要特性

复位系统的主要特性如下:

1) 多种复位形式。
2) 多路时钟源,总线时钟管理。
3) 内置外部晶体振荡监测和时钟安全系统。
4) 各外设时钟独立管理:复位、开启、关闭。
5) 支持内部时钟输出。

2. 复位

控制器提供了 3 种复位形式:电源复位、系统复位和后备区域复位。

(1) 电源复位

电源复位发生时,会复位除了后备区域外的所有寄存器(后备区域由 VBAT 供电)。其产生条件包括:

1) 上电/掉电复位 (POR/PDR 复位)。
2) 从待机模式下唤醒。

(2) 系统复位

系统复位发生时,会复位除了控制状态寄存器 RCC_RSTSCKR 中的复位标志和后备区域外的所有寄存器。通过查看 RCC_RSTSCKR 寄存器中的复位状态标志位,识别复位事件来源。其产生条件包括:

1) 外部复位 (NRST 引脚低电平号):NRST 引脚上出现低电平信号时,会触发外部复位。
2) 窗口看门狗复位 (WWDG 复位):窗口看门狗计数器终止时,会触发窗口看门狗复位。这通常是由于看门狗计数器在设定的时间窗口内未被正确刷新。
3) 独立看门狗复位 (IWDG 复位):独立看门狗计数器终止时,会触发独立看门狗复位。这同样是由于看门狗计数器未在预定周期内被正确刷新。
4) 软件复位 (SW 复位):在 CH32V103 产品中,通过将 PFIC 中的中断配置寄存器 (PFIC_CFGR) 的 SYSRST 位置为 1 来复位系统。

5）低功耗管理复位：通过低功耗管理复位可以通过将用户选择字节中的 STANDY_RST 位置为 1 来触发。这种复位通常与系统的低功耗模式管理相关。

6）窗口/独立看门狗外设定时器复位：窗口或独立看门狗的外设定时器计数周期溢出时，也会触发复位。这是看门狗功能的另一种实现方式，用于在特定条件下复位系统。

系统复位结构如图 5-5 所示。

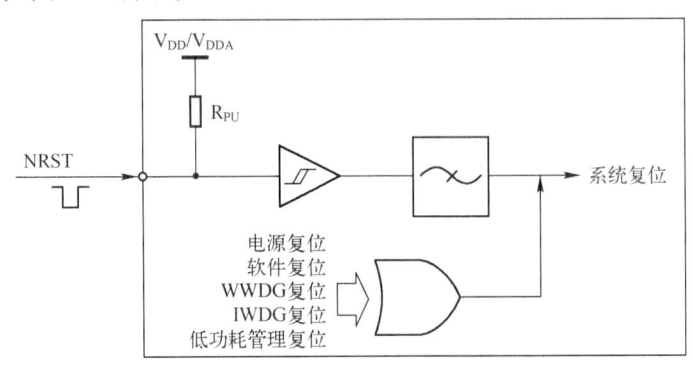

图 5-5　系统复位结构

（3）后备区域复位

后备区域复位发生时，只会复位后备区域寄存器，包括后备寄存器、RCC_BDCTLR 寄存器（RTC 使能和 LSE 振荡器）。其产生条件包括：

1）在 V_{DD} 和 VBAT 都掉电的前提下，由 V_{DD} 或 VBAT 上电引起。
2）RCC_BDCTLR 寄存器的 BDRST 位被置为 1。
3）RCC_APB1PRSTR 寄存器的 BKPRST 位被置为 1。

5.3.4　CH32V103 微控制器内部存储器结构

CH32V103 系列产品都包含了程序存储器、数据存储器、内核寄存器、外设寄存器等等，它们都在一个 4 GB 的线性空间寻址。

系统存储以小端格式存放数据，即低字节存放在低地址，高字节存放在高地址里。

1. CH32V103 处理器内部存储器结构及映射

CH32V103 存储映像如图 5-6 所示，阴影部分为保留的地址空间。

代码区（0x00000000～0x1FFFFFFF）主要包括启动空间（0x0000 0000～0x07FFFFFF）、程序闪存存储区（0x08000000～0x0800FFFF）、系统配置存储区（0x1FFFF000～0x1FFFF8FF）三部分。程序闪存存储区用于存放用户编写的程序，系统配置存储区包含 128B 用于厂商配置字存储，出厂前固化，用户不可修改。系统上电后根据启动设置，将 Flash 或系统存储区映射到启动空间，执行程序闪存存储器或系统存储器。

内部 SRAM（0x20000000～0x20004FFF）是用来保存程序运行时产生的临时数据的随机存储器，支持字节、半字（2B）、全字（4B）访问。

外设区（0x40000000～0x40023FFF）是外设寄存器地址空间，包含 CH32V103 系列的所有外设模块。

2. 启动配置

CH32V103 系列微控制器通过检测 BOOT 引脚的状态，选择不同的启动模式。不仅可以从程序闪存存储器启动，还可以从系统存储器启动或从内部 SRAM 启动。系统可以通过 BOOT0 和 BOOT1 引脚来选择 3 种不同的启动模式。启动模式见表 5-2。

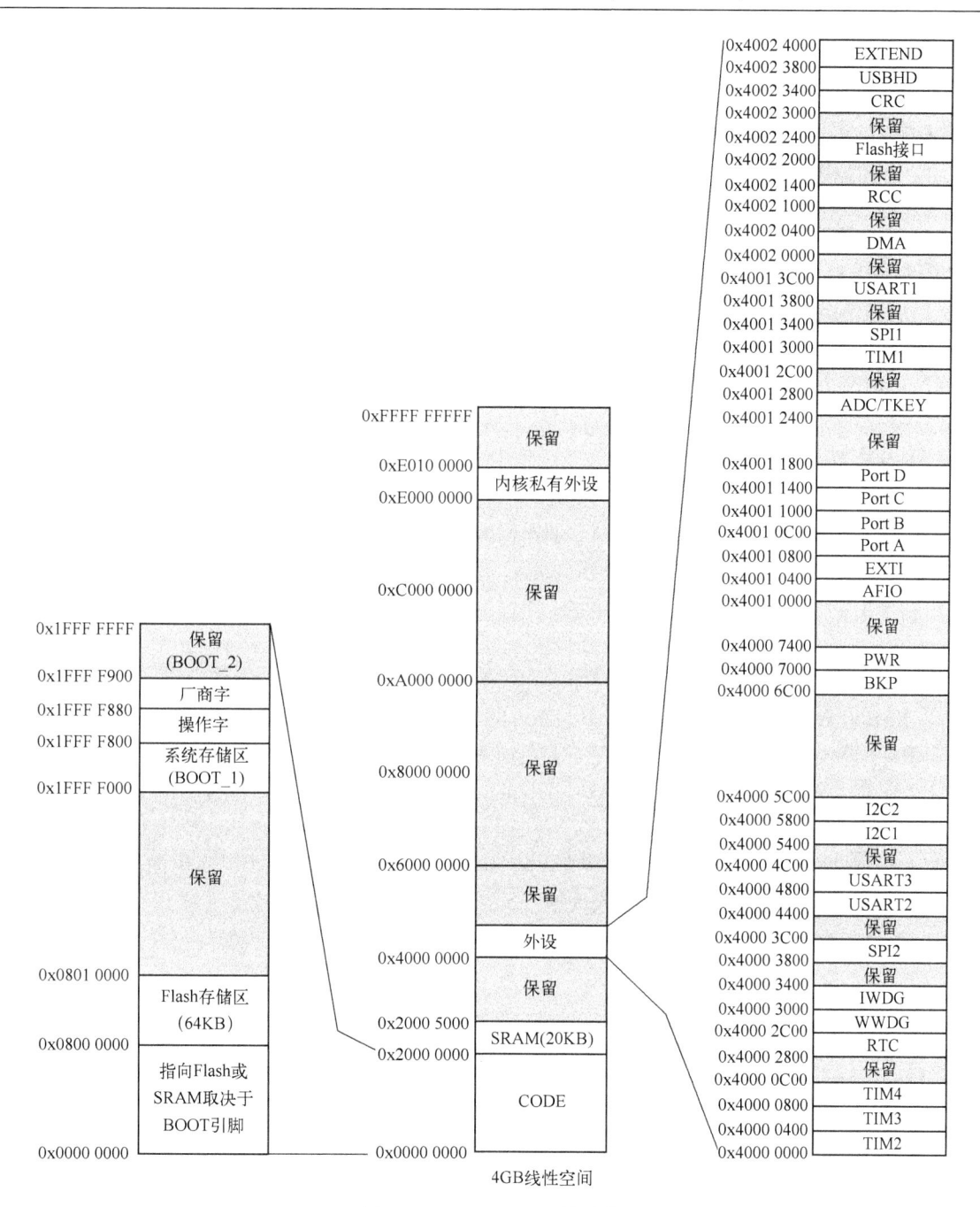

第 5 章　CH32 嵌入式微控制器与最小系统设计

图 5-6　CH32V103 存储映像

表 5-2　启动模式

BOOT0	BOOT1	启 动 模 式
0	X	从程序闪存存储器启动
1	0	从系统存储器启动
1	1	从内部 SRAM 启动

用户通过设置 BOOT 引脚的状态值来选择复位后的启动模式。系统复位或者电源复位都会导致 BOOT 引脚的值被重新锁存。

启动模式不同，程序闪存存储器、系统存储器和内部 SRAM 有着不同的访问方式：

1）从程序闪存存储器启动时，程序闪存存储器地址被映射到 0x00000000 地址区域，同时也能够在原地址区域 0x08000000 访问。

2）从系统存储器启动时，系统存储器地址被映射到 0x00000000 地址区域，同时也能够在原地址区域 0x1FFFF000 访问。

3）从内部 SRAM 启动，只能够从 0x20000000 地址区域访问。对于 CH32F103 系列产品，在此区域启动时，需要通过 NVIC 控制器设置向量表偏移寄存器，重新映射向量表到 SRAM 中。对于 CH32V103 系列产品不需要此动作。

5.4 触摸按键检测

CH32V103 系列产品触摸检测控制（TKEY_V）单元，通过将电容量变化转变为频率变化进行采样，实现触摸按键检测（TKEY）功能。检测通道复用 ADC 的 16 路外部通道。应用程序通过数字值的变化量判断触摸按键状态。

5.4.1 TKEY_F 功能描述

1. TKEY_F 开启

TKEY_F 检测过程需要 ADC 模块配合进行，所以使用 TKEY_F 功能时，需要保证 ADC 模块处于上电状态（ADON=1），然后将 ADC_CTLR1 寄存器的 TKENABLE 位置为 1，打开 TKEY_F 单元功能。

TKEY_F 只支持单次单通道转换模式，将待转换的通道配置到 ADC 模块的规则组序列的第一个，软件启动转换（写 TKEY_ACT 寄存器）。

注意：不进行 TKEY_F 转换时，仍然可以保留 ADC 通道配置转换功能。

TKEY_F 工作时序图如图 5-7 所示。

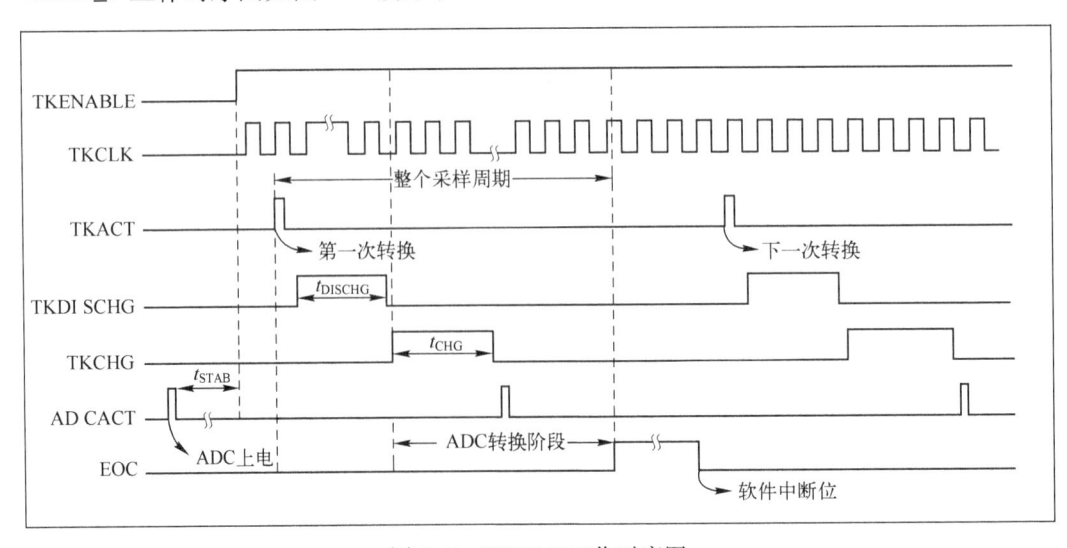

图 5-7　TKEY_F 工作时序图

2. 可编程采样时间

TKEY 单元转换需要先使用若干个系统时钟周期（t_{DISCHG}）进行放电，然后再通过若干个 ADCCLK 周期（t_{CHG}）对通道充电进行电压采样，充电周期数通过 TKEY_CHARGE1 和 TKEY_CHARGE2 寄存器中的 TKCGx[2:0]位更改，每个通道可以分别用不同的充电周期来调整采样电压。

总流程转换时间计算公式如下：

总流程转换时间(t_{TKCONV})= 放电周期数(t_{SYSCLK})+(1+13.5)充电周期数(t_{ADCCLK})

5.4.2 TKEY_F 操作步骤

TKEY_F 检测属于 ADC 模块下的扩展功能，其工作原理是通过"触摸"和"非触摸"方式让硬件通道感知的电容量发生变化，进而通过可设置的充放电周期数将电容量的变化转换为电压的变化，最后通过 ADC 模块转换为数字值。

采样时，需要将 ADC 配置为单次单通道工作模式，由 TKEY_F_ACT 寄存器的"写操作"启动一次转换，具体步骤如下：

1) 初始化 ADC 功能，配置 ADC 模块为单次转换模块，置 ACON 位为 1，唤醒 ADC 模块。将 ADC_CTLR1 寄存器的 TKENABLE 位置为 1，打开 TKEY_F 单元。

2) 设置要转换的通道，将通道号写入 ADC 规则组序列中第一个转换位置（ADC_RSQR3[4:0]），设置 L[3:0]为 1。

3) 设置通道的放电时间，写 TKEY_F_DISCHARGE 寄存器，放电最小时间是 1 个系统时钟（t_{SYS}），所有通道的放电时间都一样，如果要设置为不一样则需要重新写入。

4) 设置通道的充电采样时间，写 TKEY_F_CHARGEx 寄存器，可为每个通道配置不同的充电时间。

5) 写 TKEY_F_ACT 寄存器，启动一次 TKEY_F 的采样和转换，建议写入 0x00 以达到内部零等待执行操作。

6) 等待 ADC 状态寄存器的 EOC 转换结束标志位置为 1，读取 ADC_DR 寄存器得到此次转换值。

7) 如果需要进行下次转换，重复 2)~6) 步骤。如果不需修改通道放电时间或充电采样时间，可省略步骤 3) 或 4)。

5.5 CH32V103 最小系统设计

最小系统是指仅包含必需的元器件，仅可运行最基本软件的简化系统。任何复杂的嵌入式系统都是由最小系统和扩展功能组成的。最小系统是嵌入式系统硬件设计中复用率最高，也是最基本的功能单元。典型的最小系统由微控制器芯片、供电电路、时钟电路、复位电路、启动配置电路和程序下载电路构成。

CH32V103 最小系统设计如图 5-8 所示。

1) 时钟。时钟通常由晶体振荡器（简称晶振）产生。X1 是 32.768 kHz 晶振，使 RTC 与不同的电平信号相连。

2) 下载。采用 2 线串行调试接口（RVSWD），硬件包括 SWDIO 和 SWCLK 引脚，支持在线代码升级与调试。

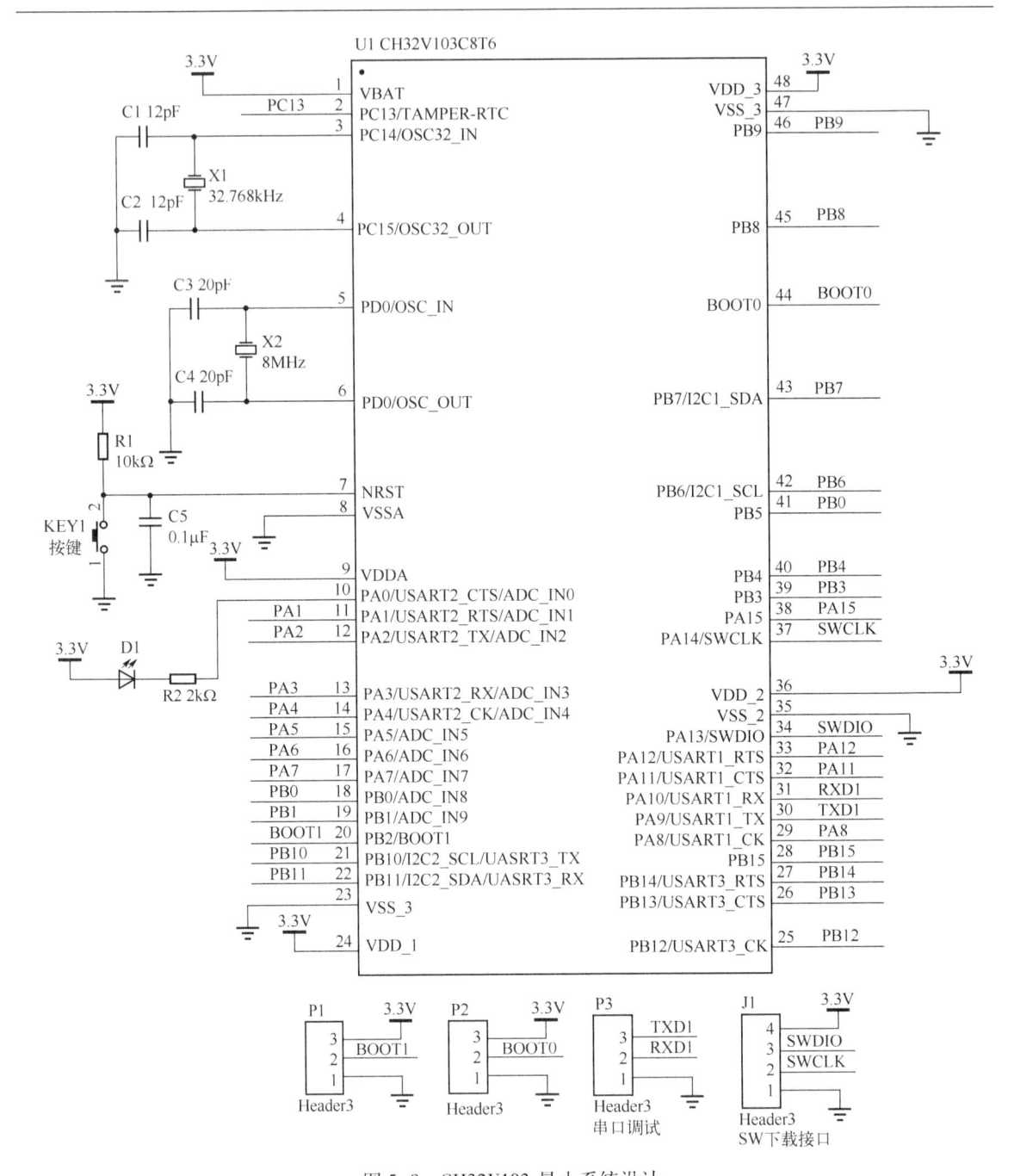

图 5-8 CH32V103 最小系统设计

3) 输入/输出口。最小系统的所有输入/输出口可以通过插针引出,以方便扩展,图 5-8 中没有画出。通常对输入/输出口加上几个辅助电路以进行简单验证,如 LED、串口。图 5-8 中 LED 指示灯区域有 2 个 LED,1 个接在电源与地之间,1 个接在 PA0 与电源之间。图 5-8 中串口部分采用插针引出发送(TXD)和接收(RXD)引脚。

4) 电源。CH32V103 系列微控制器的工作电压在+2.7~+5.5 V 之间,常用电压为 3.3 V。+2.7~+5.5 电源转换芯片 AMS1117-3.3 是一款正电压输出的低压差三端线性稳压电路,输入 5 V 电压,输出固定的 3.3 V 电压。微控制器的电源引脚必须接电容以增强稳定性。电源设计

第 5 章 CH32 嵌入式微控制器与最小系统设计

如图 5-9 所示，D2 为红色发光二极管，用于指示电源是否正常。

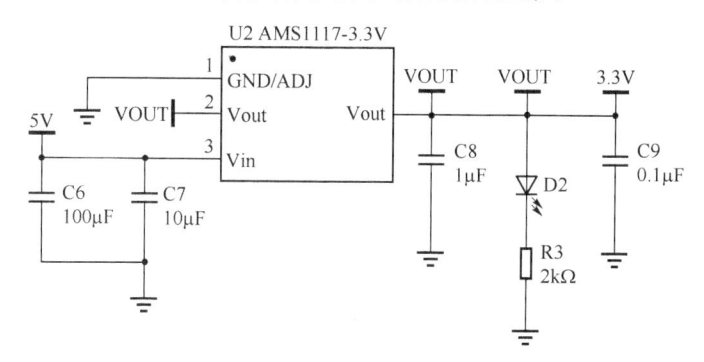

图 5-9 电源设计

习题

1. CH32 系列微控制器的命名规则是什么？
2. CH32V103 的总线系统由什么组成？
3. 说明 CH32V103 最小系统由什么构成的。

第6章 MRS集成开发环境

MRS（MounRiver Studio）是一款支持多种微控制器的集成开发环境，以其强大的功能和灵活的使用方式受到广泛欢迎。通过本章的学习，开发者将能够熟练掌握MRS集成开发环境的各项功能，有效提升开发效率。本章内容安排如下：

1）安装：介绍MRS集成开发环境的安装流程，包括其特点和具体安装步骤。这一部分将为初次接触MRS的开发者提供基础的安装指导。

2）开发环境界面：详细讲述了MRS开发环境的构成，包括菜单栏、快捷工具栏、工程目录窗口和其他显示窗口等关键组成部分，使开发者能够快速熟悉MRS的操作界面。

3）工程管理：讲述了如何在MRS中管理工程，包括新建工程、打开工程和编译代码等基本操作。这些基本操作是每个开发者必须掌握的，它们构成了使用MRS进行项目开发的基础。

4）工程调试：讲述了使用快捷工具栏、在代码中设置断点以及观察变量等调试技巧。这些技巧对于确保代码质量和性能至关重要。

5）工程下载：介绍了工程下载过程，即如何将开发好的程序下载到目标硬件中运行。这是将软件与硬件结合起来，进行实际测试和应用的关键步骤。

6）开发板和仿真器的选择：分别介绍CH32V103开发板和CH32V103仿真器的选择。这两部分内容将帮助开发者在进行硬件开发时做出合适的硬件选择，以适应不同的项目需求。

通过本章的学习，开发者不仅能够掌握MRS集成开发环境的安装和使用，还能够了解如何在该环境下进行有效的工程管理和调试，最终实现软硬件的无缝对接。这将为开发者在微控制器编程和应用开发方面奠定坚实的基础。

6.1 MRS集成开发环境的特点和安装

MRS是一款面向嵌入式微控制器单元（MCU）的免费集成开发环境，提供了包括C编译器、宏汇编、链接器、库管理、仿真调试器和下载器等在内的完整开发方案，同时支持RISC-V和ARM内核。MRS兼顾工程师的使用习惯并进行了优化，在工具链方面持续优化，支持部分MCU厂家的扩展指令和自研指令。在兼容通用RISC-V项目开发功能的基础上，MRS还集成了跨内核单片机工程转换接口，实现了ARM内核项目到RISC-V开发环境的一键迁移。

6.1.1 MRS集成开发环境的特点

MRS集成开发环境有如下特点：
1）支持RISC-V/ARM两种内核芯片项目开发（编译、烧录、调试）。
2）支持根据工程对应的芯片内核自动切换RISC-V或ARM工具链。
3）支持引用外部自定义工具链。
4）支持轻量化的C库函数printf。
5）支持32位和64位RISC-V指令集架构，包括I、M、A、C、F等指令集扩展。

6）内置 WCH、GD 等多个厂家系列芯片工程模板。
7）支持双击项目文件打开、导入工程。
8）支持自由创建、导入、导出单片机工程模板。
9）多线程构建，最大限度减少编译时间。
10）支持软件中英文、深浅色主题界面快速切换。
11）支持链接脚本文件可视化修改。
12）支持文件版本管理，一键追溯历史版本。
13）支持单片机在线编程（In System Programming，ISP）。
14）支持汇编、C 和 C++语言（均无代码大小限制）。
15）支持在线自动检测升级，本地补丁包离线升级。

6.1.2　MRS 集成开发环境的安装

下面以 MRS V1.91 版本为例，介绍该集成开发环境的安装。

打开 MounRiver 官网（www.mounriver.com），在下载页面单击软件安装包链接。双击如图 6-1 所示的 MounRiver_Studio_V191_Setup 安装包进行安装，弹出如图 6-2 所示的安装界面。

图 6-1　MRS 安装包

单击图 6-2 中的"下一步（N）"进行安装，弹出如图 6-3 所示的许可协议界面。

图 6-2　安装界面

图 6-3　许可协议界面

选中图 6-3 中的"我同意此协议（A）"，单击"下一步（N）"，弹出如图 6-4 所示的选择目标位置界面。

选择目标位置，目标位置的路径中不能包含空格，单击图 6-4 中的"下一步（N）"，弹出如图 6-5 所示准备安装界面。

单击图 6-5 中的"安装（I）"按钮，弹出如图 6-6 所示的正在安装界面。

等待安装完成，完成后会弹出如图 6-7 所示的安装完成界面。

单击图 6-7 中的"完成（F）"按钮，弹出如图 6-8 所示的 MRS 概述界面，至此，MRS 集成开发环境安装完成。

MRS 安装完成后，在桌面上生成如图 6-9 所示的 MRS 集成开发环境图标。

图 6-4 选择目标位置界面

图 6-5 准备安装界面

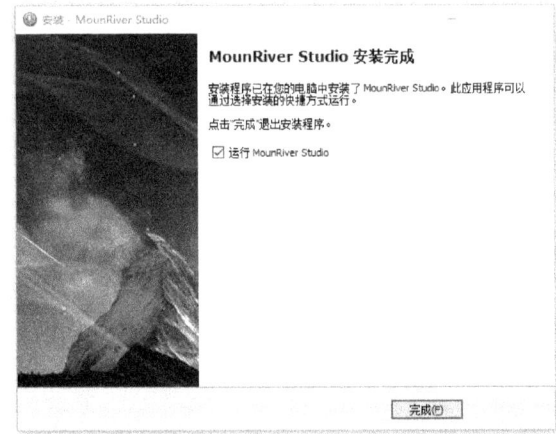

图 6-6 正在安装界面

图 6-7 安装完成界面

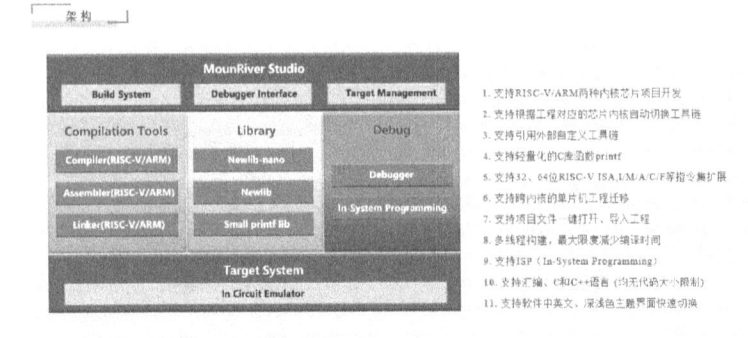

图 6-8 MRS 概述界面

图 6-9 MRS 集成开发环境图标

6.2 MRS 集成开发环境界面

双击图 6-9 所示 MounRiver Studio 图标,进入如图 6-10 所示的 MRS 运行界面。MRS 集成开发环境分为菜单栏、快捷工具栏、工程目录窗口和其他显示窗口。

图 6-10　MRS 运行界面

6.2.1　菜单栏

菜单栏如图 6-11 所示。

图 6-11　菜单栏

各菜单项功能如下:
1) File:新建文件、导入 Keil 工程、加载已有工程、保存文件等功能。
2) Edit:文本编辑、查找等功能。
3) Project:工程文件编译等操作。
4) Run:运行、调试等操作。
5) Tools:提供 ISP 下载、计算器、任务管理器的快捷启动项。
6) Flash:程序下载、下载配置等功能。
7) Window:显示视图、软件全局配置等操作。
8) Help:软件帮助文件、软件更新检查、中英文切换等操作。

1. File 菜单

File（文件）菜单如图 6-12 所示。

File 菜单功能说明如下：

1) New ：新建。
2) Load ：加载 MounRiver 工程、解决方案。
3) Import Keil Project Ctrl+Shift+K ：导入待转换的 Keil 工程。
4) Recent Files ：最近的文件。
5) Recent Solutions ：最近的解决方案。
6) Close Ctrl+W ：关闭资源管理器中选中的工程。
7) Close All Ctrl+Shift+W ：关闭资源管理器中所有工程。
8) Save Ctrl+S ：保存。
9) Save As... ：另存为。
10) Save All Ctrl+Shift+S ：全部保存。
11) Move... ：移动。
12) Rename... F2 ：重命名。
13) Refresh F5 ：刷新 IDE。
14) Import... ：导入。
15) Export... ：导出。
16) Load Last Solution ：加载最后的解决方案。
17) Properties ：属性。
18) Restart ：启动 IDE。
19) Exit ：关闭 IDE。

2. Edit 菜单

Edit（编辑）菜单如图 6-13 所示。

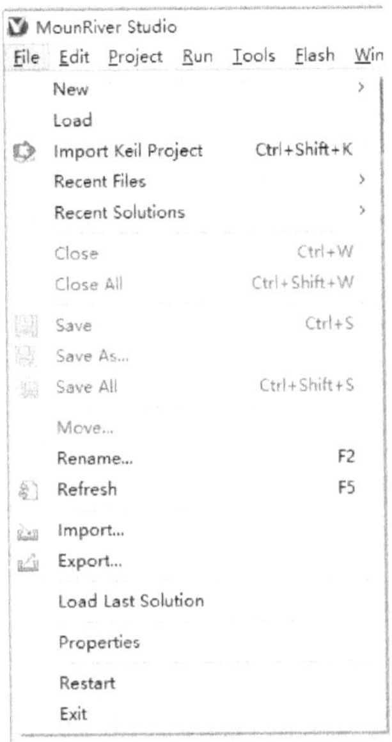

图 6-12 File 菜单

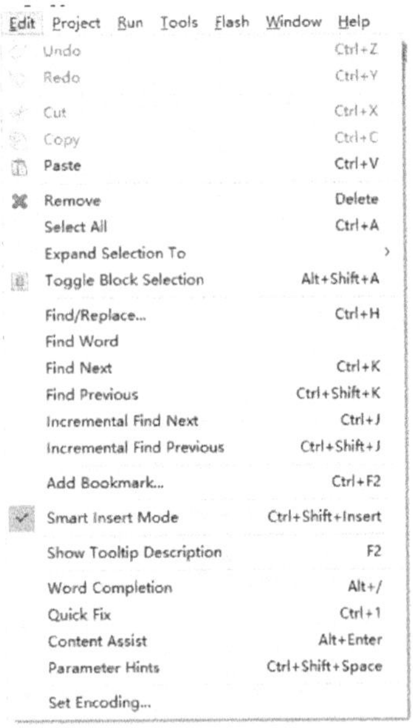

图 6-13 Edit 菜单

Edit 菜单功能说明如下：

1） Undo　　　　　　　　　　　　　　Ctrl+Z：撤销。
2） Redo　　　　　　　　　　　　　　Ctrl+Y：反撤销。
3） Cut　　　　　　　　　　　　　　 Ctrl+X：剪切。
4） Copy　　　　　　　　　　　　　　Ctrl+C：复制。
5） Paste　　　　　　　　　　　　　 Ctrl+V：粘贴。
6） Remove　　　　　　　　　　　　　Delete：删除。
7） Select All　　　　　　　　　　　Ctrl+A：全选。
8） Expand Selection To　　　　　　　>：将选择范围扩展到。
9） Toggle Block Selection　　　　　Alt+Shift+A：打开块选择。
10） Find/Replace...　　　　　　　　 Ctrl+H：查找/替换。
11） Find Word：查找单词。
12） Find Next　　　　　　　　　　　 Ctrl+K：查找下一个。
13） Find Previous　　　　　　　　　 Ctrl+Shift+K：查找上一个。
14） Incremental Find Next　　　　　 Ctrl+J：增量式查找下一个。
15） Incremental Find Previous　　　 Ctrl+Shift+J：增量式查找上一个。
16） Add Bookmark...　　　　　　　　 Ctrl+F2：添加书签。
17） Smart Insert Mode　　　　　　　 Ctrl+Shift+Insert：智能插入模式。
18） Show Tooltip Description　　　　F2：显示工具提示描述。
19） Word Completion　　　　　　　　 Alt+/：文字补全。
20） Quick Fix　　　　　　　　　　　 Ctrl+1：快速修正。
21） Content Assist　　　　　　　　　Alt+Enter：内容辅助。
22） Parameter Hints　　　　　　　　 Ctrl+Shift+Space：参数提示。
23） Set Encoding...：设置编码。

3. Project 菜单

Project（项目）菜单如图 6-14 所示。

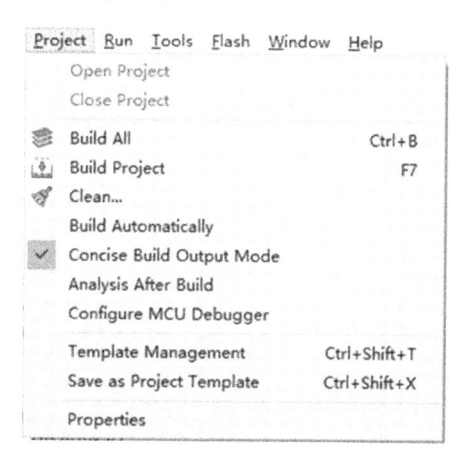

图 6-14　Project 菜单

Project 菜单功能说明如下：

1) Open Project：打开工程。
2) Close Project：关闭工程。
3) Build All   Ctrl+B：编译全部工程。
4) Build Project   F7：增量编译选中的工程。
5) Clean...：清理工程。
6) Build Automatically：自动编译。
7) Concise Build Output Mode：精简编译输出模式。
8) Analysis After Build：构建后分析。
9) Configure MCU Debugger：配置 MCU 调试器。
10) Template Management   Ctrl+Shift+T：工程模板管理。
11) Save as Project Template   Ctrl+Shift+X：导出工程为模板。
12) Properties：工程属性。

4. Run 菜单

Run（运行）菜单如图 6-15 所示。

Run 菜单功能说明如下：

1) Run：运行。
2) Debug：调试。
3) Run History   >：运行历史记录。
4) Run As   >：运行方式。
5) Run Configurations...：运行配置。
6) Debug History   >：调试历史记录。
7) Debug As   >：调试方式。
8) Debug Configurations...：调试配置。
9) Remote Debug：远程调试。

5. Tools 菜单

Tools（工具）菜单如图 6-16 所示。

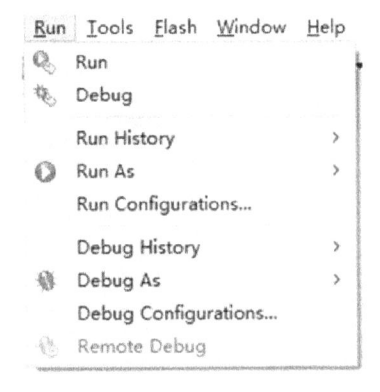

图 6-15 Run 菜单

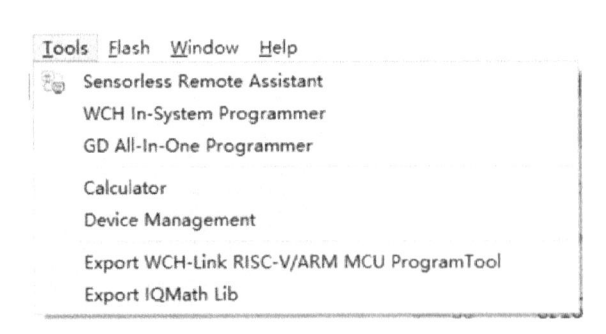

图 6-16 Tools 菜单

Tools 菜单功能说明如下：

1) Sensorless Remote Assistant：无传感器远程助手。

2) WCH In-System Programmer：WCH ISP 下载工具。

3) GD All-In-One Programmer：GD All-In-One 下载工具。

4) Calculator：计算器。

5) Device Management：设备管理器。

6) Export WCH-Link RISC-V/ARM MCU ProgramTool：导出 WCH-Link RISC-V/ARM MCU 编程工具。

7) Export IQMath Lib：导出 IQMath 库。

6. Flash 菜单

Flash（闪存）菜单如图 6-17 所示。

Flash 菜单功能说明如下：

1) Download F8：RISC-V/ARM 内核芯片下载。

2) Configuration：RISC-V 内核芯片下载配置。

3) Remote Download：远程下载。

7. Window 菜单

Window（窗口）菜单如图 6-18 所示。

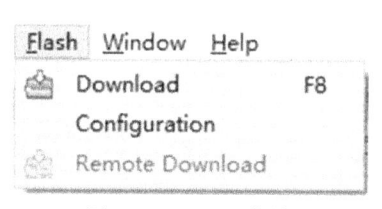

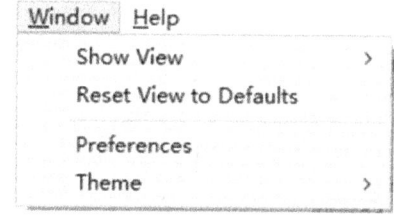

图 6-17 Flash 菜单　　　　图 6-18 Window 菜单

Window 菜单功能说明如下：

1) Show View　＞：显示视图。

2) Reset View to Defaults：恢复默认透视图排版。

3) Preferences：首选项。

4) Theme　＞：界面主题。

8. Help 菜单

Help（帮助）菜单如图 6-19 所示。

Help 菜单功能说明如下：

1) Welcome：欢迎页。

2) Language：切换 IDE 界面语言。MRS 集成开发环境可以在英文界面和简体中文界面之间切换，如图 6-20 所示。

3) Feedback：用户提交 MRS 使用反馈。

4) Show Active Keybindings... Ctrl+Shift+L：查看快捷键列表。

5) Sensorless Remote Assistant Manual：无传感器远程助手手册。

6) Help Manual：打开帮助手册。

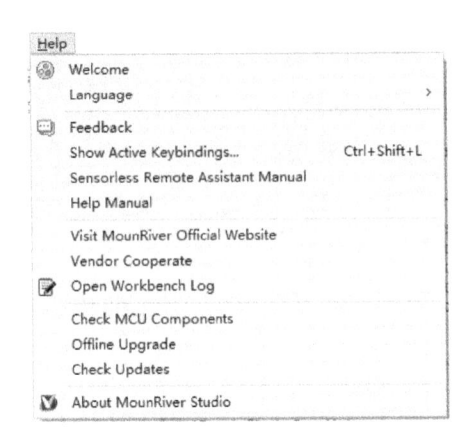

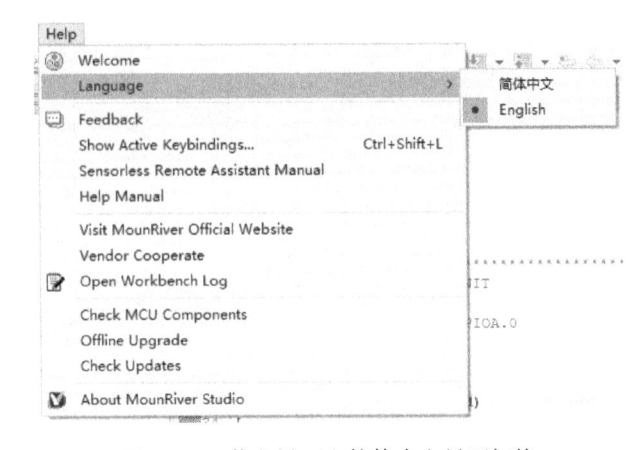

图 6-19 Help 菜单　　　　图 6-20 英文界面和简体中文界面切换

7) Visit MounRiver Official Website：访问 MounRiver 官方网站。

8) Vendor Cooperate：供应商合作。

9) Open Workbench Log：查看 MRS 运行日志。

10) Check MCU Components：检查 MCU 组件。

11) Offline Upgrade：离线升级。

12) Check Updates：检查更新。

13) About MounRiver Studio：关于 MRS。

6.2.2 快捷工具栏

典型的快捷工具栏如图 6-21 所示。

图 6-21 快捷工具栏

快捷工具栏图标功能从左到右说明如下：

1) 新建空白文件（New）。

2) 保存当前文件（Save）(⟨Ctrl+S⟩)。

3) 全部保存（Undo Typing）(⟨Ctrl+Z⟩)。

4) 全局工具设置（Global Tool Setting）。

5) GPIO_Toggle 的构建设置（Build Setting of GPIO_Toggle）。

6) 为项目 GPIO_Toggle 构建 obj（Build obj for project GPIO_Toggle）(⟨F7⟩)。

7) 重新构建（Rebuild）(⟨Shift+F7⟩)。

8) 构建所有（Build All）(⟨Ctrl+B⟩)。

9) 下载（Download）(⟨F8⟩)。

10) 远程下载（Remote Download）。

11) 调试为（Debug As）。

12) 调试（Debug）。

13) 无传感器远程助手（Sensorless Remote Assistant）。

14) 搜索（Search）。
15) 链接配置（Link Configuration）。
16) 工具栏介绍（Toolbar Introduction）。
17) 打开 MRS 控制台（Open MRS Console）(〈Ctrl+Shift+V〉)。
18) 导入 Keil 项目（Import Keil Project）。
19) 向右移动（Shift Right）。
20) 向左移动（Shift Left）。
21) 切换注释（Toggle Comment）。
22) 打开终端（Open a Terminal）(〈Ctrl+Alt+Shift+T〉)。
23) 下一个注释（Next Annotation）(〈Ctrl+.〉)。
24) 上一个注释（Previous Annotation）(〈Ctrl+,〉)。
25) 上次编辑位置（Last Edit Location）(〈Ctrl+Q〉)。
26) 返回到 main.c（Back to main.c）(〈Alt+←t〉)。
27) 前进（Forward）(〈Alt+→t〉)。
28) 撤销输入（Undo Typing）(〈Ctrl+Z〉)。
29) 重做输入（Redo Typing）(〈Ctrl+Y〉)。

6.2.3 工程目录窗口

工程目录窗口包含各个工程的目录结构，如图 6-22 所示。

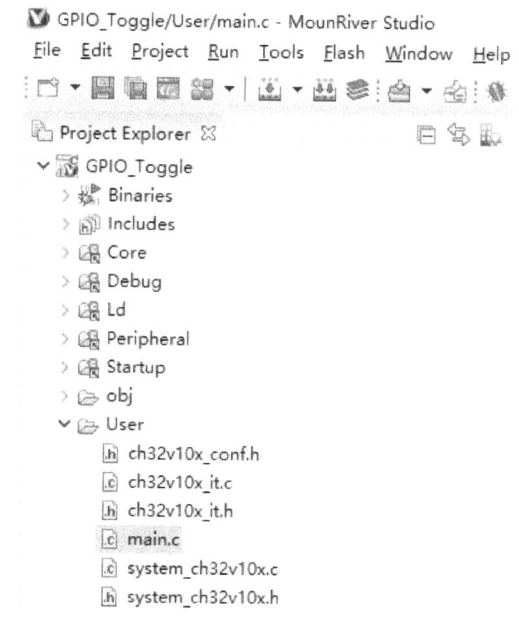

图 6-22 工程的目录结构

6.2.4 其他显示窗口

单击 IDE 界面右上角 ，可以选择显示模式，如图 6-23 所示。

进入调试模式后,系统会自动切换至专门的调试界面。不同的工作模式会展示不同的窗口布局,以满足特定的调试需求。在这些模式下,用户可以通过单击菜单栏中的"Window"(如图 6-24 所示),对窗口配置进行个性化设置和调整。

图 6-23 选择显示模式

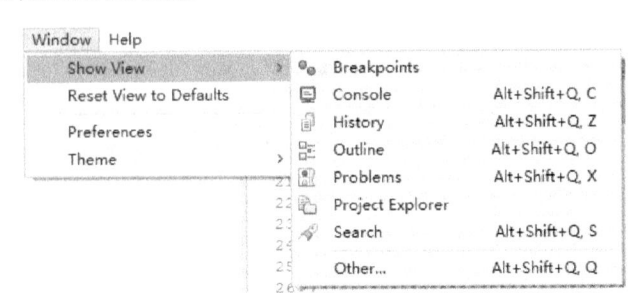

图 6-24 Window 配置

6.3 MRS 工程

下面讲述如何新建工程、打开工程和编译代码。

6.3.1 新建工程

作为面向嵌入式 MCU 的通用型 IDE,MRS 内嵌了南京沁恒微电子、兆易创新等厂商及通用 RV32/RV64 的单片机工程模板。支持南京沁恒微电子厂商的 ARM 内核单片机(CH32F103 等)、RISC-V 内核单片机(CH32V103、CH57x 等)等。这里以 CH32V103C8T6 模板工程为例,介绍新建项目的具体过程。

1)单击菜单栏"File"→"New",单击"MounRiver Project",如图 6-25 所示。

图 6-25 新建工程

2）弹出如图 6-26 所示界面，在"Project Name"处空白框中填入工程名称，本次创建第一个 CH32V103 工程，命名为"GPIO_Toggle"。如果勾选"Use solution location"，则工程文件被存放在软件安装目录下；取消勾选，则可以通过单击"Browse"按钮自定义存放目录。单击"Finish"按钮，完成新模板工程的创建。

图 6-26　填入工程名称与选择存放目录

3）模板工程创建完成后，工程目录窗口如图 6-27 所示。
接下来介绍工程目录下各分组以及相关文件：
1）Core 文件夹：存放 RISC-V 内核的核心文件。
2）Debug 文件夹：其中的 debug.c 文件提供了一段串口调试代码，可以通过 printf 函数打印调试信息，在串口助手中查看数据。
3）Peripheral 文件夹：存放 CH32V103 官方提供的外设驱动固件库文件，这些文件可以根据实际需求来添加或者删除。其中 inc 文件夹下存放的为固件库头文件，src 文件夹下存放的为固件库源文件。
4）Startup 文件夹：存放 RISC-V 内核的启动文件。这里的文件无须修改。

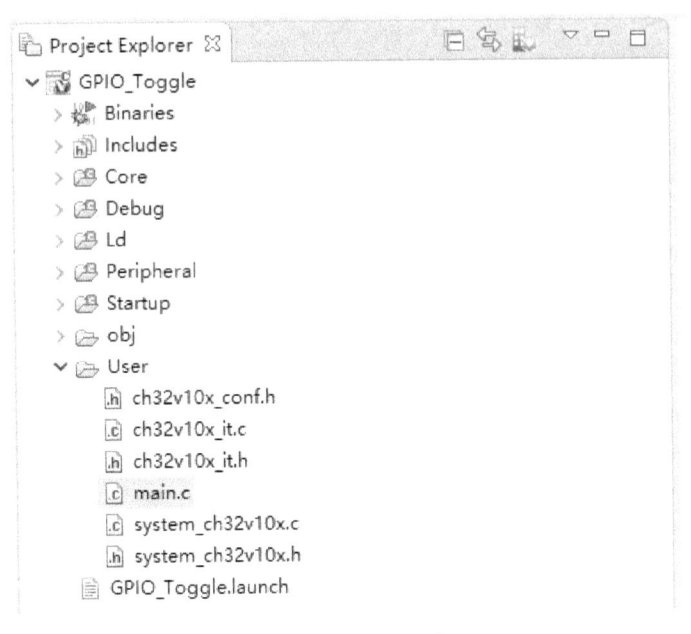

图 6-27 工程目录窗口

5) User 文件夹：主要存放用户代码。其中，ch32v10x_conf.h 文件包含所有外设驱动的头文件；ch32v10x_it.c 存放部分中断服务函数；system_ch32v10x.c 里面包含芯片初始化函数 SystemInit，配置芯片时钟为 72 MHz，CH32V103 芯片上电后，执行启动文件命令后调用该函数，设置芯片工作时钟。

6.3.2 打开工程

在已构建完成的工程源代码目录中，通过双击工程名 .wvproj 的文件（例如，图 6-28 中的 GPIO_Toggle 工程文件），可以直接启动 MRS 开发环境，并且系统会自动加载该工程至默认的工作空间中，为后续的开发、调试工作提供便利。

图 6-28 GPIO_Toggle 工程文件

6.3.3 编译代码

选中工程目录窗口中的工程，然后单击"build project"进行编译，或者单击快捷工具栏中的编译按钮进行编译，如图 6-29 所示。"Console"窗口会显示编译过程中产生的信息，如图 6-30 所示。可以通过"Project"→"Concise Build Output Mode"切换编译信息精简/完整输出模式。

图 6-29　快捷工具栏中的编译按钮

图 6-30　简洁编译信息

若编译成功，则编译过程中产生的文件存放在源码目录下的 obj 文件夹中，如图 6-31 所示。

图 6-31　编译文件输出

如果需要对编译过程做进一步的配置，可单击快捷工具栏中的工程构建设置按钮，如图 6-32 所示。

图 6-32　快捷工具栏中的工程构建设置按钮

选中左侧"C/C++ Build"，再选中右侧"Behavior"，如图 6-33 所示。

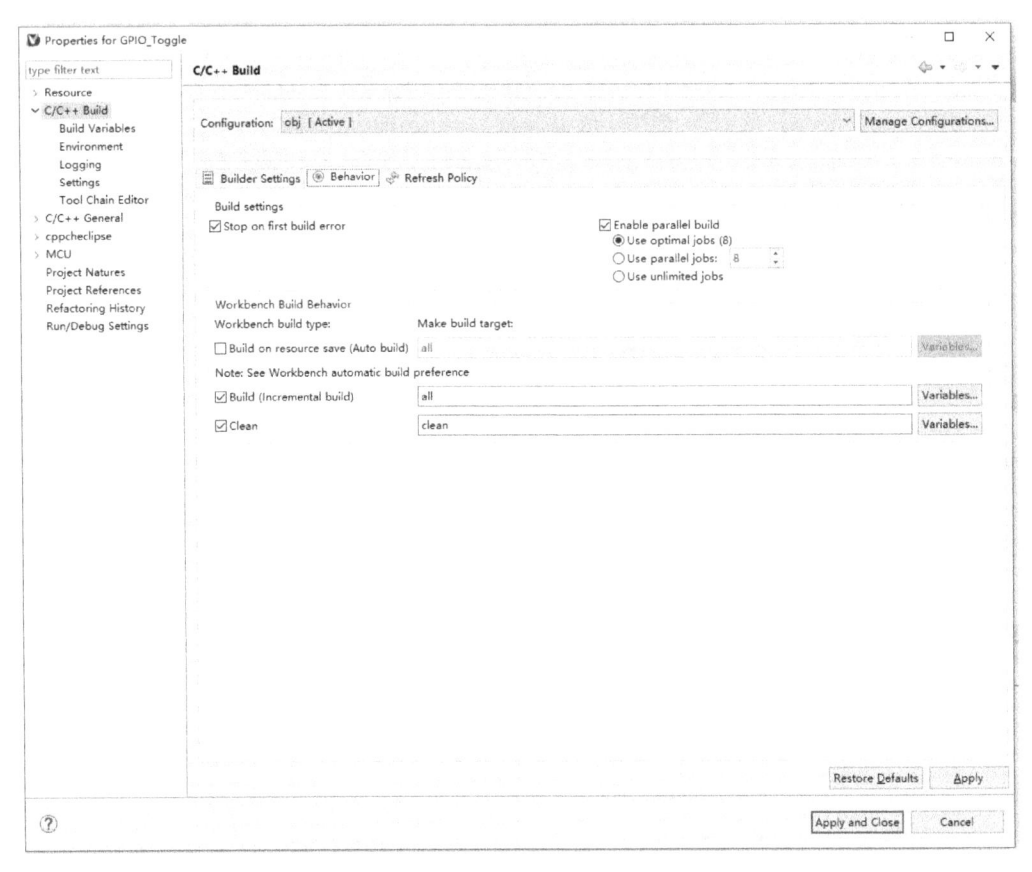

图 6-33　工程构建设置对话框

各选项含义如下：

1) Stop on first build error：遇到第一个错误就停止编译。
2) Enable parallel build：可选择的编译线程个数。
3) Build on resource save (Auto build)：保存文件后自动编译。
4) Build (Incremental build)：增量编译。
5) Clean：清除编译产生的文件。

单击左侧"C/C++ Build"的下拉按钮，选择"Settings"，在右侧窗口中选择"Tool Settings"下的"Warnings"，如图 6-34 所示。

各选项含义如下：

1) Check syntax only：只检查语法错误。

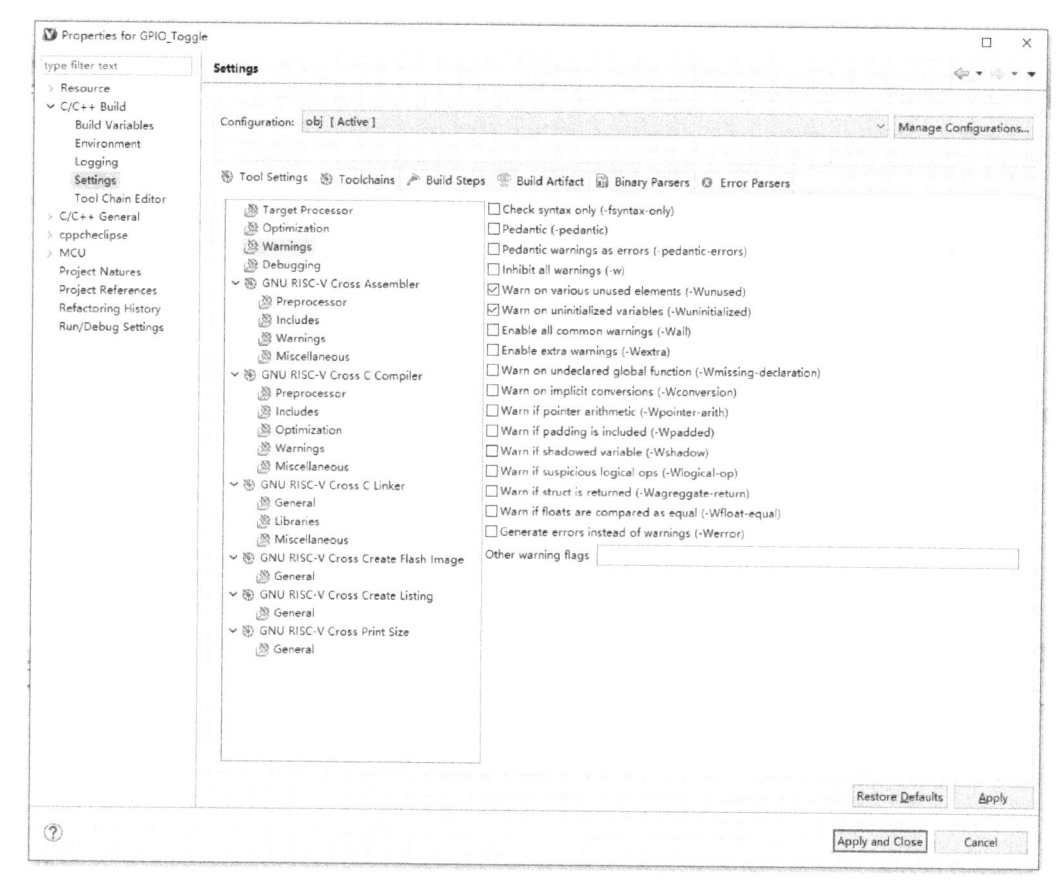

图 6-34 工程（GPIO_Toggle）属性设置

2）Pedantic：严格执行 ISO C 和 ISO C++要求的所有警告。

3）Pedantic warnings as errors：ISO C 和 ISO C++要求的所有警告显示为错误。

4）Inhibit all warnings：禁止全部警告。

5）Warn on various unused elements：各种未使用参数的警告。

6）Warn on uninitialized variables：未初始化自动变量的警告。

7）Enable all common warning：启用所有警告。

8）Enable extra warnings：启用额外的警告。

9）Warn on undeclared global function：全局函数在头文件中没有声明。

10）Warn on implicit conversions：隐式转换可能改变值的警告。

11）Warn if pointer arithmetic：对指针进行算术操作时警告。

12）Warn if padding is included：结构体填充警告。

13）Warn if shadowed variable：变量或类型声明可能遮蔽了另一个变量，从而产生影响。

14）Warn if suspicious logical ops：可疑的逻辑操作符警告。

15）Warn if struct is returned：返回结构、联合或数组时给出警告。

16）Warn if floats are compared as equal：浮点值比较相关的警告。

17）Generate errors instead of warnings：生成错误代替警告。

对编译过程进一步的配置，此处不再详述。

6.4 工程调试

选中工程目录窗口中的工程，如果未编译，则先编译工程，再通过快捷工具栏进入调试模式。

6.4.1 工程调试快捷工具栏

工程调试快捷工具栏如图 6-35 所示。

工程调试快捷工具栏的功能从左到右说明如下：

1）跳过所有断点（Skip All Breakpoints）(〈Ctrl+Alt+B〉)。
2）重新启动（Restart）。
3）运行（Run）(F5)。
4）暂停（Stop）。
5）终止（Terminate）(〈Ctrl+F5〉)。
6）断开连接（Disconnect）。
7）单步跳入（Step Into）(〈F11〉)。
8）单步跳过（Step Over）(〈F10〉)。
9）单步返回（Step Return）(〈Ctrl+F11〉)。
10）指令单步模式（Instruction Stepping Mode）。

图 6-35 工程调试快捷工具栏

6.4.2 设置断点

双击代码行左侧，设置断点，再次双击取消断点，设置断点后如图 6-36 所示。

图 6-36 设置断点

6.4.3 观察变量

鼠标悬停在源码中变量之上会显示详细信息,或者选中变量。选中变量"Bit_SET",如图 6-37 所示。然后在变量(Bit_SET)上单击右键,弹出如图 6-38 所示的快捷菜单。

图 6-37 选中变量(Bit_SET)

图 6-38 快捷菜单

单击图 6-38 中的"Add Watch Expression…",弹出如图 6-39 所示的添加观察变量"Bit_SET"界面。

填写变量名,直接单击"OK"按钮,变量"Bit_SET"添加成功,界面如图 6-40 所示。

图 6-39　添加观察变量 "Bit_SET"　　　　　图 6-40　变量 "Bit_SET" 添加成功

6.5　工程下载

下载器为 WCH-LinkE 模块。将下载器与计算机的 USB 相连，WCH-LinkE 的下载接口（SWDIO、SWCLK、GND、VCC）与 CH32V103 开发板相连，单击快捷工具栏中 的下拉按钮，弹出如图 6-41 所示的工程下载配置窗口。

图 6-41　工程下载配置窗口

各选项的含义如下：
1) MCU Type：选择芯片型号。
2) Program Address：编程地址。
3) Erase All：全擦。
4) Program：编程。
5) Verify：校验。
6) Reset and run：复位后运行。
7) ：针对 CH32V103 型号，查询设备读保护状态。
8) ：针对 CH32V103 型号，使能设备读保护状态。
9) ：针对 CH32V103 型号，解除设备读保护状态。

单击"Browse"，可以添加工程文件生成的 HEX 文件。设置完参数后，单击"Apply and Close"保存下载配置。设置完毕后需要下载时，直接单击工具栏图标即可下载代码，结果显示在"Console"中，如图 6-42 所示。

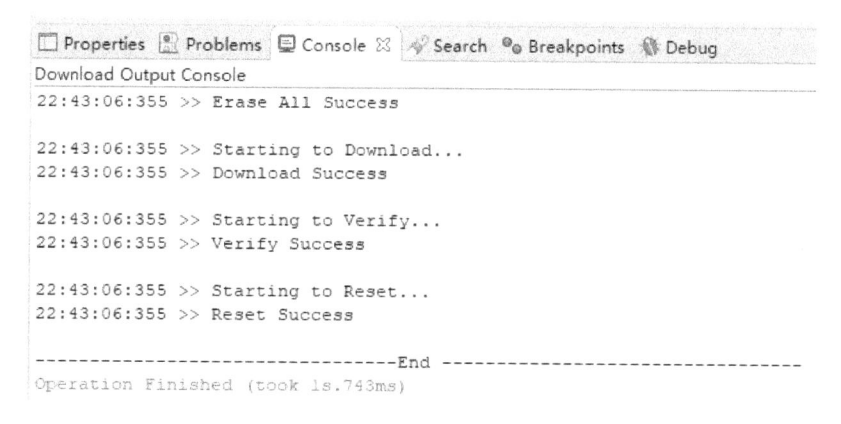

图 6-42　工程下载成功

6.6　CH32V103 开发板的选择

本书应用实例是在南京沁恒微电子 CH32V103 开发板上调试通过的，该开发板可以从网上购买。

CH32V103 开发板使用 CH32V103C8T6 作为主控芯片，具有 1 个 LED 指示灯、2 个触摸按键、1 个串口、1 个 SD 卡座、板载 Flash 存储器 W25Q16、EEPROM（电擦除可编程只读存储器）AT24C02、USB 主从接口、RS232 电平转换和调试接口。

本开发板应用于 CH32V103 芯片的开发，使用 MRS 集成开发环境，可使用独立的 WCH-LinkE 进行仿真和下载，并提供了芯片资源相关的应用参考示例及演示。

CH32V103 开发板如图 6-43 所示。
CH32V103 开发板配置说明如下：
① 主控 MCU。
② 在线调试接口。
③ LED 指示灯。

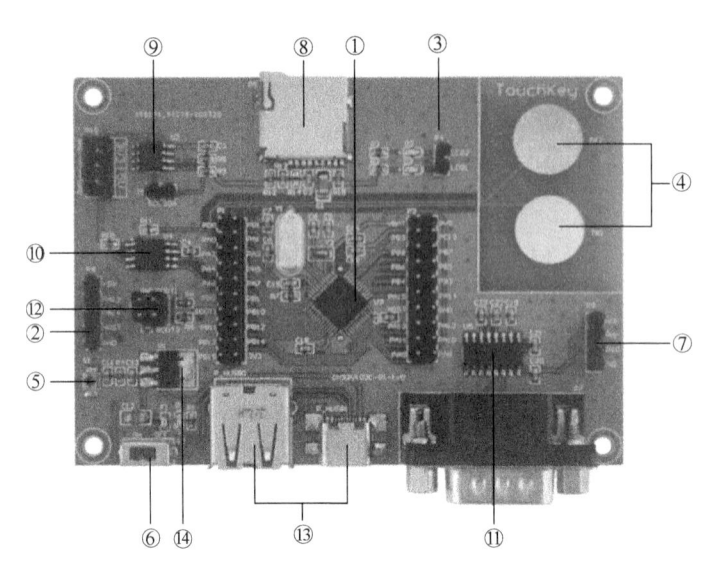

图 6-43　CH32V103 开发板

④ 触摸按键。
⑤ 复位按键。
⑥ 电源开关。
⑦ 串口 1。
⑧ SD 卡座。
⑨ EEPROM 芯片。
⑩ SPI Flash 芯片。
⑪ RS232 电平转换芯片。
⑫ 启动模式配置。
⑬ USB 主从接口。
⑭ 稳压芯片。

6.7　CH32V103 仿真器的选择

CH32V103 开发板可以采用 WCH-Link 系列仿真器。

WCH-Link 系列仿真器可用于南京沁恒微电子 RISC-V 架构 MCU 的在线调试和下载,也可用于带有 SWD/JTAG 接口的 ARM 内核 MCU 的在线调试和下载。它还带有一路串口,方便调试输出。目前有 4 种 WCH-Link,即 WCH-Link、WCH-LinkE、WCH-DAPLink 和 WCH-LinkW。

本书采用 WCH-LinkE 仿真器,如图 6-44 所示。

WCH-LinkE 仿真器与计算机的 USB 接口连接成功后,在计算机设备管理器的 COM 端口中会出现如图 6-45 所示的"WCH-Link SERIAL (COM24)"串口设备。COM 端口号(此处为COM24)会因计算机不同而不同。

第 6 章　MRS 集成开发环境

图 6-44　WCH-LinkE 仿真器

图 6-45　计算机设备管理器的 COM 端口

习题

1. MRS 集成开发环境的功能是什么？
2. MRS 集成开发环境的特点是什么？

第7章 CH32 通用输入输出接口

输入输出接口是微控制器最基本的外设功能之一。CH32V103 系列微控制器按可用通用输入输出（General Purpose Input Output，GPIO）引脚数量分为 3 种类型：48 引脚的 CH32V10xCx 系列，有 37 个 GPIO 引脚；64 引脚的 CH32V10xRx 系列，有 51 个 GPIO 引脚；100 引脚的 CH32V10xVx 系列，有 80 个 GPIO 引脚。GPIO 可以配置多种输入或输出模式，内置可关闭的上下拉电阻，可以配置推挽或开漏功能，也可以复用其他功能。本章将介绍 CH32V103 微控制器的输入输出接口及其应用，并给出相应的应用实例。

本章内容安排如下：

1）GPIO 概述：对 CH32V103x 的 GPIO 进行了概述，包括 GPIO 的模块基本结构、输入配置、输出配置、复用功能配置以及模拟输入配置等方面。这些内容为读者提供了对 GPIO 功能和结构的基础理解。

2）GPIO 功能：详细介绍了 GPIO 的功能，包括不同的工作模式、GPIO 的初始化功能，如何配置外部中断、复用功能以及锁定机制等。这些高级功能的掌握对于开发复杂的输入输出控制应用至关重要。

3）GPIO 库函数：GPIO 相关的库函数可以简化 GPIO 的编程和配置过程。通过使用这些库函数，开发者可以更加高效地实现 GPIO 的配置和控制，从而加速开发流程。

4）GPIO 使用流程：详细讲述了 GPIO 的使用流程，包括普通引脚配置和引脚复用功能配置。这些步骤为读者提供了一个清晰的指南，以便能够高效地配置和使用 GPIO。

5）应用实例：详细讲述了两个实际应用实例，分别是 CH32V103 GPIO 的按键输入应用实例和 LED 输出应用实例。这两个实例分别涵盖了硬件设计、软件设计、工程下载、串口助手测试以及独立下载软件的使用等方面。通过这些应用实例，读者可以更好地理解如何将前面学到的理论知识应用到实际项目中。

本章内容旨在将理论介绍和实际应用实例相结合，为读者提供全面的、实用的关于 CH32V103x 系列微控制器 GPIO 功能的学习资源。通过本章的学习，读者将能够熟练地使用 GPIO 完成各种输入输出任务，为开发更加复杂和功能丰富的应用打下坚实的基础。

7.1 CH32V103x 通用输入输出接口概述

CH32V103x 系列产品中的 CH32V103R8T6/CH32V103C8T6/CH32V103C8U6/CH32V103C6T6 是基于 32 位 RISC-V 指令集（IMAC）及 RISC-V3A 青稞处理器设计的通用微控制器，挂载了丰富的外设接口和功能模块。其内部组织架构能够满足低成本、低功耗嵌入式应用场景的要求。

7.1.1 模块基本结构

CH32V103x 系列产品 GPIO 的每一个端口都可以配置为以下多种模式之一：浮空输入、上拉输入、下拉输入、模拟输入、开漏输出、推挽输出和复用功能的输入和输出。

CH32V103 微控制器的大部分引脚都支持复用功能,可以将其他外设的输入/输出通道映射到这些引脚上。这些复用引脚的具体用法需要参照各个外设的说明。

CH32V103 微控制器的 GPIO 模块基本结构框图如图 7-1 所示。

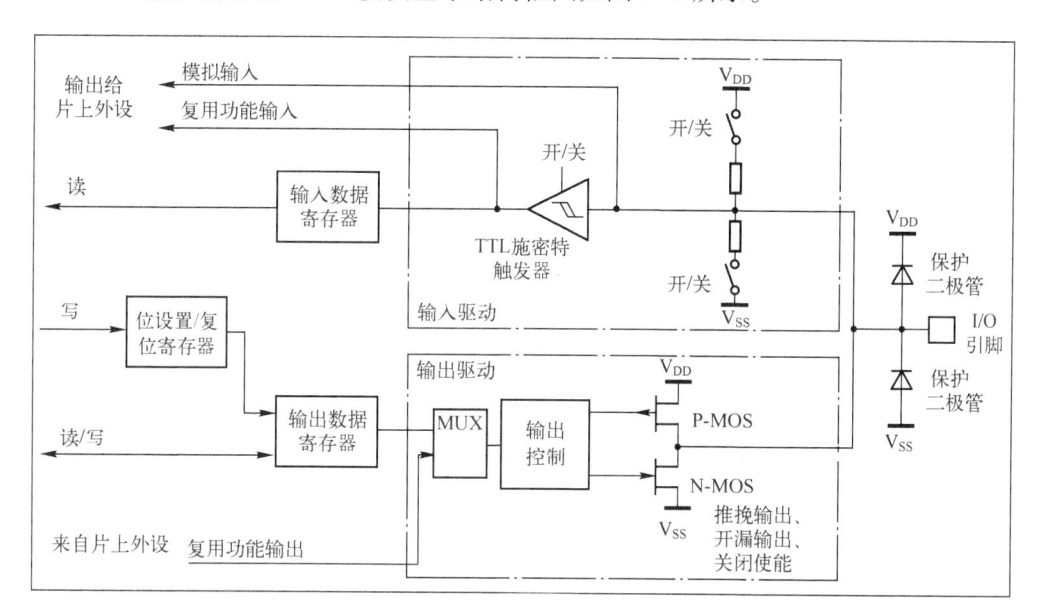

图 7-1 GPIO 模块基本结构框图

GPIO 模块主要包括以下部分:

1)保护二极管。每个引脚在芯片内部都有两个保护二极管,可以防止微控制器外部引脚过高或者过低电压输入导致芯片损坏。引脚电压高于 V_{DD} 时,上方二极管导通;引脚电压低于 V_{SS} 时,下方二极管导通。

2)上下拉电阻。通过配置是否使能弱上拉、弱下拉电阻,可以将引脚配置为上拉输入、下拉输入以及浮空输入 3 种状态。

3)P-MOS 管和 N-MOS 管。输出驱动有一对 MOS 管,可通过配置 P-MOS 管和 N-MOS 管的状态将 IO 口配置成开漏输出、推挽输出或关闭。推挽输出模式时,双 MOS 管轮流工作;开漏输出模式时,只有 N-MOS 管工作;关闭时,N-MOS 管和 P-MOS 管均关闭。

4)输出数据寄存器。通过配置端口输出寄存器(GPIOx_OUTDR)的值,可以设置端口输出的数据。通过配置端口复位/置位寄存器(GPIOx_BSHR)的值,可以修改 GPIO 引脚输出高电平或低电平。

5)复用功能输出。"复用"是指 CH32V103 的外设模块对 GPIO 引脚进行控制,此时 GPIO 引脚用作该外设功能的一部分。

例如,使用通用定时器 TIM2 进行 PWM 波形输出时,需要使用一个 GPIO 引脚作为 PWM 信号输出引脚。这时候通过将该引脚配置成定时器复用功能,可以由通用定时器 TIM2 控制该引脚,从而进行 PWM 波形输出。

6)输入数据寄存器。GPIO 引脚作为输入时,GPIO 引脚经过内部的上拉、下拉电阻,可以配置成上拉、下拉输入,经过 TTL 施密特触发器,将输入信号转化为 0、1 的数字信号存储在端口输入寄存器（GPIOx_INDR）中。微控制器通过读取该寄存器中的数据可以获取 GPIO 引脚的电平状态。

7）复用功能输入。与复用功能输出模式类似，在复用功能输入时，GPIO 引脚的信号传输到 CH32V103 的外设模块中，由该外设读取引脚状态。

例如，使用 USART 配置串口通信时，需要使用某个 GPIO 引脚作为通信数据接收引脚，将该 GPIO 引脚配置成 USART 串口复用功能，可使 USART 外设模块通过该通信引脚接收数据。

8）模拟输入。使用 ADC 外设模块进行模拟电压采集时，须将 GPIO 引脚配置为模拟输入功能。从图 7-1 可以看出，信号不经过施密特触发器，直接进行原始信号采集。

GPIO 口可以配置成多种输入或者是输出模式，内置可关闭的上下拉电阻，可以配置成推挽或者是开漏功能。GPIO 口还可以复用成其他功能。

7.1.2 输入配置

当 IO 口配置成输入模式时，输出驱动断开，输入上下拉可选，不连接复用功能和模拟输入。每个 IO 口上的数据在每个 APB2 时钟被采样到输入数据寄存器，读取输入数据寄存器对应位即获取了对应引脚的电平状态。GPIO 模块输入配置结构框图如图 7-2 所示。

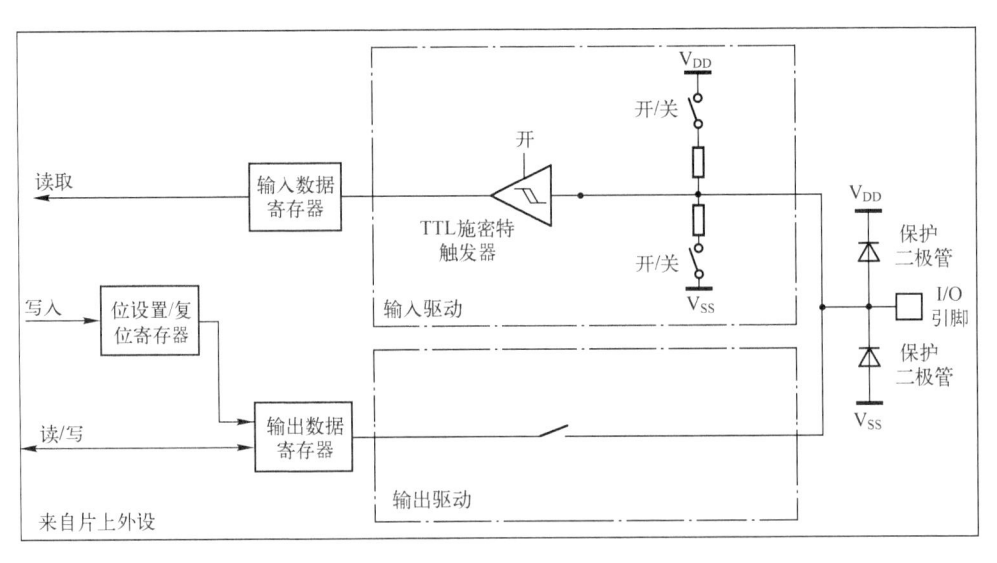

图 7-2 GPIO 模块输入配置结构框图

7.1.3 输出配置

当 IO 口配置成输出模式时，输出驱动器中的一对 MOS 可根据需要被配置成推挽或者开漏模式，不使用复用功能。输入驱动的上下拉电阻被禁用，TTL 施密特触发器被激活，出现在 IO 引脚上的电平将会在每个 APB2 时钟被采样到输入数据寄存器，所以读取输入数据寄存器将会得到 IO 状态。在推挽输出模式下，访问输出数据寄存器就会得到最后一次写入的值。GPIO 模块输出配置结构框图如图 7-3 所示。

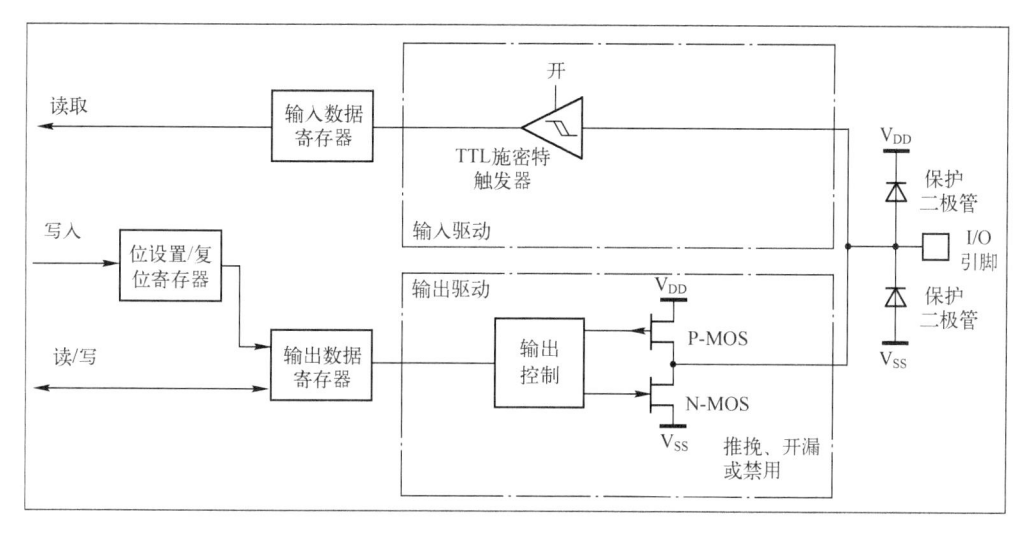

图 7-3　GPIO 模块输出配置结构框图

7.1.4　复用功能配置

在启用复用功能时，输出驱动器被使能，可以按需要被配置成开漏或者推挽模式，TTL 施密特触发器也被打开，复用功能的输入和输出线都被连接，但是输出数据寄存器被断开，出现在 IO 引脚上的电平将会在每个 APB2 时钟被采样到输入数据寄存器。在开漏模式下，读取输入数据寄存器将会得到 IO 口当前状态；在推挽模式下，读取输出数据寄存器将会得到最后一次写入的值。GPIO 模块被其他外设复用时的结构框图如图 7-4 所示。

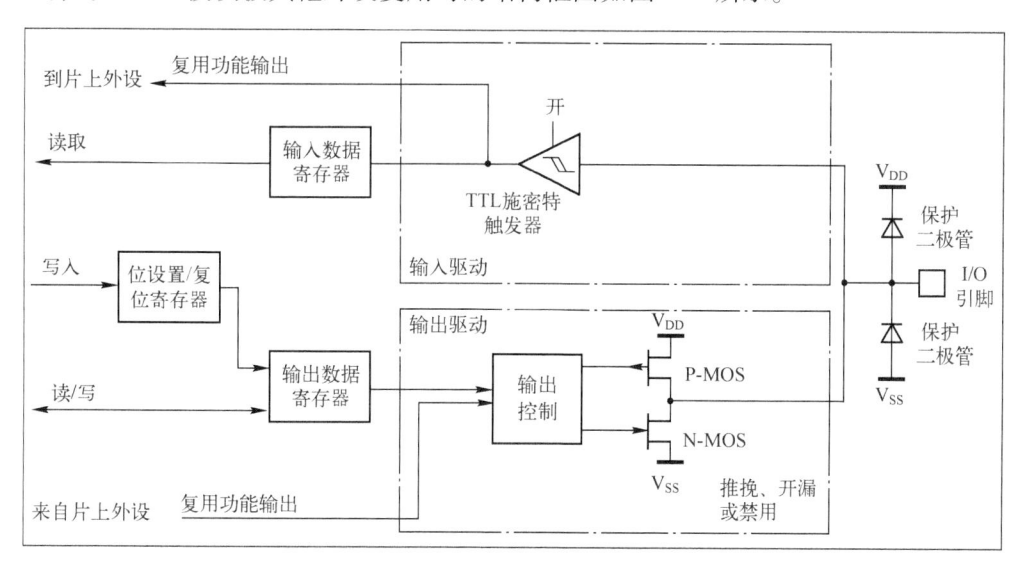

图 7-4　GPIO 模块被其他外设复用时的结构框图

7.1.5　模拟输入配置

在启用模拟输入时，输出缓冲器被断开，输入驱动中的 TTL 施密特触发器的输入被禁止，以防止产生 IO 口上的消耗，上下拉电阻被禁止，读取输入数据寄存器将一直得到 0。GPIO 模块作为模拟输入时的配置结构框图如图 7-5 所示。

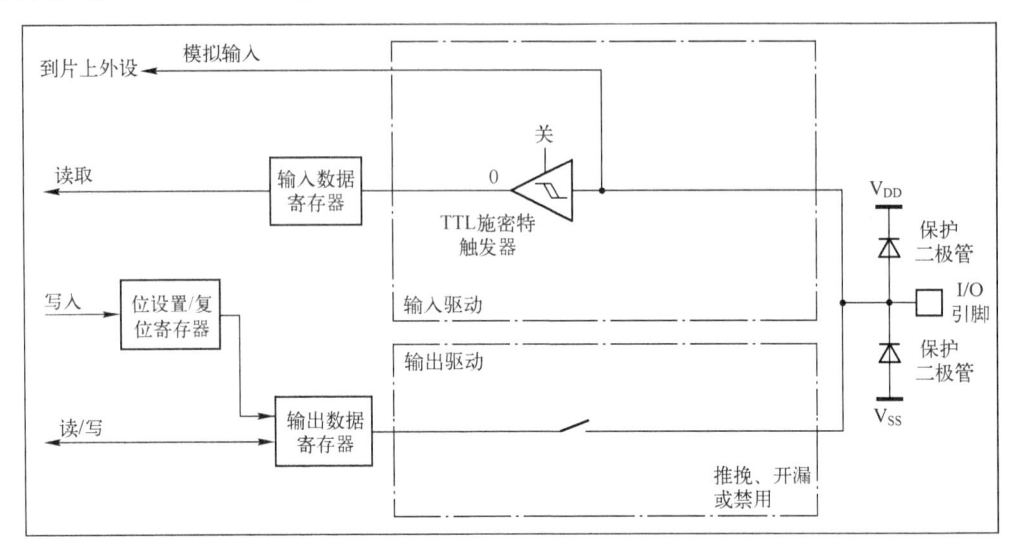

图 7-5　GPIO 模块作为模拟输入时的配置结构框图

7.2　通用输入输出接口功能

通用输入输出（GPIO 接口）是一种通用输入输出端口，广泛应用于微控制器（MCU）、微处理器（MPU）和其他数字设备中。GPIO 引脚可以被配置成输入或输出模式，用于读取外部信号或驱动外部设备。GPIO 的灵活性和简单性使其成为嵌入式系统设计中不可或缺的组成部分。

7.2.1　工作模式

GPIO 有多种工作模式，见表 7-1。

表 7-1　GPIO 工作模式

GPIO 工作模式	功 能 说 明
模拟输入	适用于 ADC 外设的模拟电压采集功能
浮空输入	呈高阻态，由外部输入决定电平的状态
下拉输入	默认的电平状态为低电平
上拉输入	默认的电平状态为高电平
开漏输出	没有驱动能力，输出高电平需要外接上拉电阻
推挽输出	可直接输出高电平或低电平，高电平时电压为电源电压，低电平时为地。该模式下无须外接上拉电阻
复用开漏	信号来源于外部输入
复用推挽	信号来源于其他外设模块，输出数据寄存器此时无效

7.2.2　初始化功能

刚复位时，GPIO 口运行在初始状态，这时大多数 IO 口都运行在浮空输入状态，但也有例

7.2.3 外部中断

所有 GPIO 口都可被配置成外部中断输入通道，此时 GPIO 口需要配置为输入模式。一个外部中断输入通道最多只能映射到一个 GPIO 引脚上，且外部中断通道的序号必须和 GPIO 口的位号一致，比如 PA1（或者 PB1、PC1、PD1 等）只能映射到 EXTI1 上，且 EXTI1 只能接受 PA1（或者 PB1、PC1、PD1 等）的一个映射，两方是一对一的关系。

7.2.4 复用功能

同一个 IO 口有多个外设复用到此引脚。为了使各个外设都有最大的发挥空间，外设的复用引脚除了默认复用引脚，还可以重新映射到其他引脚，避开被占用的引脚。

CH32V103 系列微控制器的 GPIO 功能均通过读写寄存器实现，每一个 GPIO 口都由 1 个 GPIO 配置寄存器低位（GGPIOx_CFGFGLR）、1 个 GPIO 配置寄存器高位（GPPIOx_CFGHR）、1 个端口输入寄存器（GGPIOx_INDDR）、1 个端口输出寄存器（CGPIOx_OUUTDR）、1 个端口复位/置位寄存器（GPIGPIOx_BSHSHR）、1 个端口复位寄存器（GPIPIOx_BCR））、1 个配置锁定寄存器（GPIOx_LCKR）组成。有关 GPIO 寄存器的详细功能请参考 CH32V103 系列寄存器手册。GPIO 的功能也可以使用标准库函数实现，标准库函数提供了绝大部分寄存器操作函数，基于库函数开发代码更加简单便捷。

7.2.5 锁定机制

锁定机制可以锁定 IO 口的配置。经过特定的一个写序列后，选定的 IO 引脚配置将被锁定，在下一个复位前无法更改。通过操作 Px 端口锁定配置寄存器（R32_GPIOx_LCKR），可以对需要锁定的 IO 口进行配置。

7.3 库函数

CH32V103 标准库函数提供 GPIO 相关的函数（见表 7-2）。本节将详细介绍其中常用的库函数。

表 7-2 GPIO 库函数

序 号	函 数 名 称	函 数 说 明
1	GPIO_DeInit	GPIO 相关的寄存器配置成上电复位后的默认状态
2	GPIO_AFIODeInit	复用功能寄存器值配置成上电复位后的默认状态
3	GPIO_Init	根据 GPIO_InitStruct 中指定的参数初始化 GPIOx
4	GPIO_StructInit	将每一个 GPIO_InitStruct 成员填入默认值
5	GPIO_ReadInputDataBit	读取指定 GPIO 输入数据端口位
6	GPIO_ReadInputData	读取指定 GPIO 输入数据端口
7	GPIO_ReadOutputDataBit	读取指定 GPIO 输出数据端口位
8	GPIO_ReadOutputData	读取指定 GPIO 输出数据端口
9	GPIO_SetBits	置位指定数据端口位

(续)

序号	函数名称	函数说明
10	GPIO_ResetBits	清零指定数据端口位
11	GPIO_WriteBit	置位或清零指定数据端口位
12	GPIO_Write	向指定 GPIO 数据端口写入数据
13	GPIO_PinLockConfig	锁定 GPIO 引脚配置寄存器
14	GPIO_EventOutputConfig	选择 GPIO 引脚作为事件输出
15	GPIO_EventOutputCmd	使能或失能时间输出
16	GPIO_PinRemapConfig	改变指定引脚的映射
17	GPIO_EXTILineConfig	选择 GPIO 引脚作为外部中断线

1. 函数 GPIO_Init

GPIO_Init 的说明见表 7-3。

表 7-3　GPIO_Init 的说明

项目名	描述
函数原型	void GPIO_Init(GPIO_TypeDef * GPIOx, GPIO_InitTypeDef * GPIO_InitStruct)
功能描述	根据 GPIO_InitStruct 中指定的参数初始化 GPIOx
输入参数 1	GPIOx：x 可以是 A、B、C、D、E，用来选择 GPIO 端口号
输入参数 2	GPIO_InitStruct：指向结构体 GPIO_InitTypeDef 的指针，包含了指定 GPIO 的配置信息
输出参数	无

GPIO_InitTypeDef 定义在 ch32v10x_gpio.h 文件中，其结构体定义如下：

```
typedef struct
{
uint16_t   GPIO_Pin;
GPIOSpeed_TypeDef   GPIO_Speed;
GPIOMode_TypeDef   GPIO_Mode;
}GPIO_InitTypeDef;
```

（1）GPIO_Pin

此参数用于明确指定需要配置的 GPIO 引脚。可以选择 GPIO_Pin_x（其中 x 的取值范围是 0 至 15）中的任意一个或多个引脚进行组合配置。这样的设计旨在提供灵活性，允许根据实际需求自由地选择和配置所需的 GPIO 引脚。GPIO_Pin 参数定义见表 7-4。

表 7-4　GPIO_Pin 参数定义

GPIO_Pin 参数	描述	GPIO_Pin 参数	描述	GPIO_Pin 参数	描述
GPIO_Pin_0	选择引脚 0	GPIO_Pin_6	选择引脚 6	GPIO_Pin_12	选择引脚 12
GPIO_Pin_1	选择引脚 1	GPIO_Pin_7	选择引脚 7	GPIO_Pin_13	选择引脚 13
GPIO_Pin_2	选择引脚 2	GPIO_Pin_8	选择引脚 8	GPIO_Pin_14	选择引脚 14
GPIO_Pin_3	选择引脚 3	GPIO_Pin_9	选择引脚 9	GPIO_Pin_15	选择引脚 15
GPIO_Pin_4	选择引脚 4	GPIO_Pin_10	选择引脚 10	GPIO_Pin_All	选择所有引脚
GPIO_Pin_5	选择引脚 5	GPIO_Pin_11	选择引脚 11		

（2）GPIO_Speed

此参数用于指定被选中引脚的最高输出速率。GPIO_Speed 参数定义见表 7-5。

表 7-5　GPIO_Speed 参数定义

GPIO_Speed 参数	描　　述
GPIO_Speed_2 MHz	最高输出频率为 2 MHz
GPIO_Speed_10 MHz	最高输出频率为 10 MHz
GPIO_Speed_50 MHz	最高输出频率为 50 MHz

（3）GPIO_Mode

此参数用于指定被选中引脚的工作模式。GPIO_Mode 参数定义见表 7-6。

表 7-6　GPIO_Mode 参数定义

GPIO_Mode 参数	描　　述	GPIO_Mode 参数	描　　述
GPIO_Mode_AIN	模拟输入	GPIO_Mode_Out_OD	开漏输出
GPIO_Mode_IN_FLOATING	浮空输入	GPIO_Mode_Out_PP	推挽输出
GPIO_Mode_IPD	下拉输入	GPIO_Mode_AF_OD	复用开漏输出
GPIO_Mode_IPU	上拉输入	GPIO_Mode_AF_PP	复用推挽输出

该函数的使用方法如下：

```
/*设置 GPIOB 的 PIN3 和 PIN12 脚为推挽输出模式*/
GPIO_InitTypeDef  GPIO_InitStructure;
GPIO_InitStructure.GPIO_Pin = GPIO_Pin_3|GPIO_Pin_12;
GPIO_InitStructure.GPIO_Mode =GPIO_Mode_Out_PP;
GPIO_InitStructure.GPIO_Speed = GPIO_Speed_50MHz;
GPIO_Init(GPIOB,&GPIO_InitStructure);
```

2. 函数 GPIO_ReadInputDataBit

GPIO_ReadInputDataBit 的说明见表 7-7。

表 7-7　GPIO_ReadInputDataBit 的说明

项 目 名	描　　述
函数原型	uint8_t GPIO_ReadInputDataBit(GPIO_TypeDef* GPIOx, uint16_t GPIO_Pin)
功能描述	读取指定 GPIO 输入数据端口位
输入参数 1	GPIOx：x 可以是 A、B、C、D、E，用来选择 GPIO 端口号
输入参数 2	GPIO_Pin：指定要配置的 GPIO 引脚
输出参数	指定引脚的高低电平值

该函数的使用方法如下：

```
uint8_t  value;        //读取 PA1 引脚的输入值
Value = GPIO_ReadInputDataBit(GPIOA,GPIO_Pin_1);
```

3. 函数 GPIO_SetBits

GPIO_SetBits 的说明见表 7-8。

表 7-8 GPIO_SetBits 的说明

项 目 名	描 述
函数原型	void GPIO_SetBits(GPIO_TypeDef* GPIOx, uint16_t GPIO_Pin)
功能描述	置位指定数据端口位
输入参数 1	GPIOx：x 可以是 A、B、C、D、E，用来选择 GPIO 端口号
输入参数 2	GPIO_Pin：指定要配置的 GPIO 引脚
输出参数	无

该函数的使用方法如下：

```
//设置 PA1 引脚输出高电平
GPIO_SetBits(GPIOA,GPIO_Pin_1);
```

4. 函数 GPIO_ResetBits

GPIO_ResetBits 的说明见表 7-9。

表 7-9 GPIO_ResetBits 的说明

项 目 名	描 述
函数原型	void GPIO_ResetBits(GPIO)_TypeDef* GPIOx, uint16_t GPIO_Pin)
功能描述	清零指定数据端口位
输入参数 1	GPIOx：x 可以是 A、B、C、D、E，用来选择 GPIO 端口号
输入参数 2	GPIO_Pin：指定要配置的 GPIO 引脚
输出参数	无

该函数的使用方法如下：

```
//设置 PA1 引脚输出低电平
GPIO_ ResetBits(GPIOA,GPIO_Pin_1);
```

5. 函数 GPIO_PinRemapConfig

GPIO_PinRemapConfig 的说明见表 7-10。

表 7-10 GPIO_PinRemapConfig 的说明

项 目 名	描 述
函数原型	void GPIO_PinRemapConfig(uint32_t GPIO_Remap,FunctionalState NewState)
功能描述	改变指定引脚的映射
输入参数 1	GPIO_Remap：选择需要重映射的引脚
输入参数 2	NewState：指重映射配置状态，参数可以取 ENABLE 或 DISABLE
输出参数	无

该函数的使用方法如下：

```
//重映射 USART1_TX 为 PB6, USART1_RX 为 PB7
GPIO_PinRemapConfig(GPIO_Remap_USART1,ENABLE);
```

其中，GPIO_Remap 参数的说明见表 7-11。

表 7-11 GPIO_Remap 参数的说明

GPIO_Remap 参数	描述	GPIO_Remap 参数	描述
GPIO_Remap_SPI1	重映射 SPI1	GPIO_FullRemap_TIM2	完全重映射 TIM2
GPIO_Remap_I2C1	重映射 I2C1	GPIO_PartialRemap_TIM3	部分重映射 TIM3
GPIO_Remap_USART1	重映射 USART1	GPIO_FullRemap_TIM3	完全重映射 TIM3
GPIO_Remap_USART2	重映射 USART2	GPIO_Remap_TIM4	重映射 TIM4
GPIO_PartialRemap_TIM1	部分重映射 TIM1	GPIO_Remap_PD01	重映射 PD01
GPIO_FullRemap_TIM1	完全重映射 TIM1	GPIO_Remap_SWJ_NoJTRST	重映射
GPIO_PartialRemap1_TIM2	部分重映射 TIM2	GPIO_Remap_SWJ_JTAGDisable	重映射
GPIO_PartialRemap2_TIM2	部分重映射 TIM2	GPIO_Remap_SWJ_Disable	重映射

6. 函数 GPIO_EXTILineConfig

GPIO_EXTILineConfig 的说明见表 7-12。

表 7-12 GPIO_EXTILineConfig 的说明

项目名	描述
函数原型	void GPIO_EXTILineConfig(uint8_t GPIO_PortSource,uint8_t GPIO_PinSource)
功能描述	选择 GPIO 引脚作为外部中断线
输入参数 1	GPIO_PortSource：选择作为外部中断源的 GPIO 端口
输入参数 2	GPIO_PinSource：待设置的外部中断引脚
输出参数	无

该函数的使用方法如下：

//设置 PA3 为外部中断线
GPIO_EXTILineConfig(GPIO_PortSourceGPIOA,GPIO_PinSource3);

7.4 使用流程

GPIO 口可以配置成多种输入或输出模式。芯片上电工作后，需要先对使用到的引脚功能进行配置。

1）如果没有使能引脚复用功能，则配置为普通 GPIO。
2）如果有使能引脚复用功能，则对需要复用的引脚进行配置。
3）锁定机制可以锁定 IO 口的配置。经过特定的一个写序列后，选定的 IO 引脚配置将被锁定，在下一个复位前无法更改。

7.4.1 普通引脚配置

CH32V103 的 GPIO 引脚配置过程如下：

1）定义 GPIO 的初始化类型结构体，即 GPIO_InitTypeDef GPIO_InitStructure。
2）开启 APB2 外设时钟使能，根据使用的 GPIO 口使能对应的 GPIO 时钟。
3）配置 GPIO 引脚、传输速率、工作模式。

4）完成 GPIO_Init 函数的配置。

7.4.2 引脚复用功能配置

CH32V103 的 IO 复用功能 AFIO 配置过程如下：

1）开启 APB2 的 AFIO 时钟和 GPIO 时钟。
2）配置引脚为复用功能。
3）根据使用的复用功能进行配置。如果复用功能 AFIO 对应到外设模块，则需要配置对应外设的功能。

使用复用功能必须要注意以下 3 点：

1）使用输入方向的复用功能，端口必须配置成复用输入模式，上下拉设置可根据实际需要来设置。
2）使用输出方向的复用功能，端口必须配置成复用输出模式，设置成推挽还是开漏，可根据实际情况设置。
3）对于双向的复用功能，端口必须配置成复用输出模式，这时驱动器被配置成浮空输入模式。

表 7-13～表 7-20 推荐了 CH32V103 各个外设的引脚相应的 GPIO 口配置。

表 7-13 高级定时器（TIM1）

TIM1 引脚	配 置	GPIO 配置
TIM1_CHx	输入捕获通道 x	浮空输入
	输出比较通道 x	推挽复用输出
TIM1_CHxN	互补输出通道 x	推挽复用输出
TIM1_BKIN	刹车输入	浮空输入
TIM1_ETR	外部触发时钟输入	浮空输入

表 7-14 通用定时器（TIM2/3/4）

TIM2/3/4 引脚	配 置	GPIO 配置
TIM2/3/4_CHx	输入捕获通道 x	浮空输入
	输出比较通道 x	推挽复用输出
TIM2/3/4_ETR	外部触发时钟输入	浮空输入

表 7-15 通用同步异步串行收发器（USART）

USART 引脚	配 置	GPIO 配置
USARTx_TX	全双工模式	推挽复用输出
	半双工同步模式	推挽复用输出
USARTx_RX	全双工模式	浮空输入或者上拉输入
	半双工同步模式	未使用
USARTx_CX	同步模式	推挽复用输出
USARTx_RTX	硬件流量控制	推挽复用输出
USARTx_CTX	硬件流量控制	浮空输入或上拉输入

表 7-16 串行外设接口（SPI）模块

SPI 引脚	配 置	GPIO 配置
SPIx_SCK	主模式	推挽复用输出
	从模式	浮空输入
SPIx_MOSI	全双工主模式	推挽复用输出
	全双工从模式	浮空输入或者上拉输入
	简单的双向数据线/主模式	推挽复用输出
	简单的双向数据线/从模式	未使用
SPIx_MISO	全双工主模式	浮空输入或上拉输入
	全双工从模式	推挽复用输出
	简单的双向数据线/主模式	未使用
	简单的双向数据线/从模式	推挽复用输出
SPIx_NSS	硬件主或从模式	浮空或上拉或下拉的输入
	硬件主模式	推挽复用输出
	软件模式	未使用

表 7-17 内部集成总线（I^2C）模块

I^2C 引脚	配 置	GPIO 配置
IIC_SDA	时钟线	开漏复用输出
IIC_SCL	数据线	开漏复用输出

表 7-18 通用串行总线（USB）控制器

USB 引脚	GPIO 配置
USB_DM/USB_DP	使能 USB 模块后，复用的 IO 口会自动连接到内部 USB 收发器

表 7-19 模数转换器（ADC）

ADC	GPIO 配置
ADC	模拟输入

表 7-20 其他 IO 功能设置

引 脚	配 置	GPIO 配置
TAMPER_RTC	RTC 输出	硬件自动设置
	侵入事件输入	
MCO	时钟输出	推挽复用输出
EXTI	外部中断输入	浮空输入或上拉或下拉输入

7.5 CH32V103 的通用输入输出按键输入应用实例

CH32V103 微控制器的通用输入输出（GPIO）按键输入应用实例中，将讲述如何利用 CH32V103 开发板实现触摸按键输入的硬件设计和软件设计。本实例特别关注两个触摸按键，它们分别连接到 CH32V103 微控制器的 PA1 和 PA2 引脚上。这种设计允许微控制器通过检测这两个引脚的电平变化来识别按键的触摸动作。

7.5.1 触摸按键输入硬件设计

本实例 CH32V103 开发板连接的触摸按键检测电路如图 7-6 所示，触摸按键分别连接 CH32V103 的 PA1、PA2 引脚。若使用的开发板按键连接方式或引脚不一样，只需根据工程修改引脚即可，程序的控制原理相同。

在本实例中，两个触摸按键被设计为连接到 CH32V103 开发板的 PA1 和 PA2 引脚。这样的设计使得微控制器能够通过 GPIO 口直接监测这些引脚的状态，从而检测按键是否被按下。

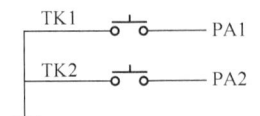

图 7-6 触摸按键检测电路

7.5.2 触摸按键输入软件设计

1. 软件设计步骤

CH32V103 微控制器的软件设计可以实现触摸按键采集。这个过程涵盖了从初始化硬件到读取 ADC 值，并在主循环中处理这些值的完整流程。软件设计步骤如下：

步骤 1：初始化 GPIO 和 ADC。

1）启用 GPIO 和 ADC 时钟：首先，通过 RCC_APB2PeriphClockCmd 函数启用 GPIOA 和 ADC1 的时钟。这确保了这些硬件模块的电源供应，使其可以正常工作。

2）配置 GPIO 为模拟输入模式：使用 GPIO_Init 函数将与触摸按键连接的引脚（在此实例中为 GPIO_Pin_2，即 PA2）配置为模拟输入模式（GPIO_Mode_AIN）。这是因为该引脚被用于读取模拟信号。

3）启用 ADC：通过 ADC_Cmd 函数启用 ADC1。

步骤 2：配置 ADC。

1）设置 ADC 参数：在 Touch_Key_Init 函数中，通过直接操作 ADC 寄存器（TKEY_CR）配置 ADC 的特定参数，如启用 TouchKey 等。

2）选择 ADC 通道：在 Touch_Key_Adc 函数中，通过设置 TKEY_CH 寄存器来选择需要读取的 ADC 通道。这是通过传递一个通道参数（ch）来实现的。

步骤 3：读取 ADC 值。

1）启动转换并等待完成：在 Touch_Key_Adc 函数中，设置相应的通道后，等待转换完成。这是通过检查 TKEY_CR 寄存器的特定位来实现的。

2）读取转换结果：转换完成后，从 TKEY_SR 寄存器读取 ADC 转换结果。

步骤 4：主循环处理。

1）循环读取 ADC 值：在 main 函数的无限循环中，通过调用 Touch_Key_Adc 函数读取特定通道（在此实例中为 ADC_Channel_2）的 ADC 值。

2）打印 ADC 值：使用 printf 函数将读取的 ADC 值打印出来，以便观察。

3）检查并处理特殊值：如果 ADC 值的最高位为 1（即 ADC_val & 0x8000），则认为该值无效并打印忽略它的相关消息。

4）清除转换完成标志：通过设置 TKEY_CR 寄存器来清除 ADC 转换完成标志，准备下一次转换。

步骤5：测试和调试。

1) 编译和上传代码：将代码编译并上传到CH32V103微控制器上。

2) 观察结果：通过串口监视器观察打印的ADC值，验证触摸按键的响应和功能是否按预期工作。

通过遵循以上步骤，开发者可以在CH32V103微控制器上实现触摸按键的有效采集和处理。这个过程涉及硬件的配置、ADC值的读取和处理，以及通过串口输出结果的调试。

2. 软件程序

程序清单如下：

```c
#include "debug.h"
/* 全局定义 */
#define TKEY_CR      ADC1->CTLR1
#define TKEY_CH      ADC1->RSQR3
#define TKEY_SR      ADC1->RDATAR
/***************************************************************
 * 程序名：Touch_Key_Init
 * 功能：初始化触摸按键采集
 * 返回：无
 */
void Touch_Key_Init(void)
{
    GPIO_InitTypeDef GPIO_InitStructure = {0};

    RCC_APB2PeriphClockCmd(RCC_APB2Periph_GPIOA, ENABLE);
    RCC_APB2PeriphClockCmd(RCC_APB2Periph_ADC1, ENABLE);

    GPIO_InitStructure.GPIO_Pin = GPIO_Pin_2;
    GPIO_InitStructure.GPIO_Mode = GPIO_Mode_AIN;
    GPIO_Init(GPIOA, &GPIO_InitStructure);

    ADC_Cmd(ADC1, ENABLE);

    TKEY_CR |= 0x51000000; // 使能TouchKey
}
/***************************************************************
 * 程序名：Touch_Key_Adc
 * 功能：  返回ADCx转换结果数据
 * 参数：    ch - ADC channel.
 *          ADC_Channel_0 - ADC Channel0 selected.
 *          ADC_Channel_1 - ADC Channel1 selected.
 *          ADC_Channel_2 - ADC Channel2 selected.
 *          ADC_Channel_3 - ADC Channel3 selected.
 *          ADC_Channel_4 - ADC Channel4 selected.
 *          ADC_Channel_5 - ADC Channel5 selected.
 *          ADC_Channel_6 - ADC Channel6 selected.
 *          ADC_Channel_7 - ADC Channel7 selected.
 *          ADC_Channel_8 - ADC Channel8 selected.
 *          ADC_Channel_9 - ADC Channel9 selected.
 *          ADC_Channel_10 - ADC Channel10 selected.
 *          ADC_Channel_11 - ADC Channel11 selected.
 *          ADC_Channel_12 - ADC Channel12 selected.
```

```
         *           ADC_Channel_13 - ADC Channel13 selected.
         *           ADC_Channel_14 - ADC Channel14 selected.
         *           ADC_Channel_15 - ADC Channel15 selected.
         *
         * 返回: val 为数据转换值
         */
        u16 Touch_Key_Adc(u8 ch)
        {
            u16 val;
            TKEY_CH = ch; // TouchKey Channel
            while(!(TKEY_CR & 0x08000000))
                ;
            val = (u16)TKEY_SR;

            return val;
        }

        /*********************************************************************/
        int main(void)
        {
            u16 ADC_val;
            SystemCoreClockUpdate();
            USART_Printf_Init(115200);
            printf("SystemClk:%d\r\n", SystemCoreClock);
            printf("ChipID:%08x\r\n", DBGMCU_GetCHIPID());

            Touch_Key_Init();

            while(1)
            {
                ADC_val = Touch_Key_Adc(ADC_Channel_2);
                printf("TouchKey:%04d\r\n", ADC_val);

                if(ADC_val & 0x8000)
                {
                    printf("This value is discarded\r\n");
                }

                TKEY_CR |= 0x08000000; //Clear Flag
            }
        }
```

3. 程序代码说明

下面对上述代码的功能进行说明。

(1) void Touch_Key_Init(void)函数

该函数的功能是读取并返回触摸按键（TouchKey）的模拟-数字转换（ADC）值。

程序定义了一个名为 Touch_Key_Adc 的函数，它接收一个参数 ch，这个参数指定了要读取的触摸按键通道。

程序步骤如下：

1) 定义一个 16 位无符号整型变量 val 用于存储转换结果。

2) 将传入的通道号 ch 赋值给 TKEY_CH，这里 TKEY_CH 是一个宏定义或全局变量，用于指定当前需要读取的触摸按键通道。

3) 使用一个 while 循环等待转换完成。循环条件!（TKEY_CR & 0x08000000）检查 TKEY_CR 寄存器的某一位（这里是第 27 位，因为 0x08000000 的二进制表示中只有第 27 位是 1）是否被置位。如果该位没有被置位，则循环继续等待；这通常意味着 ADC 转换还未完成。

4) 一旦上述循环结束，就说明 ADC 转换完成，然后从 TKEY_SR 寄存器（或变量）中读取转换结果，并将其强制类型转换为 16 位无符号整型，赋值给变量 val。

5) 函数最后返回变量 val，即触摸按键的 ADC 转换结果。

这个函数的目的是触发一个特定通道的触摸按键的 ADC 转换，并等待直到转换完成，然后返回转换结果。这对于基于触摸输入的应用程序是非常有用的。

(2) USART_Printf_Init(115200)函数

该函数的功能是初始化 USART 模块，以使其能够以 115200 波特率进行数据的发送和接收。USART 是微控制器或微处理器中常见的通信接口，用于串行通信。

USART_Printf_Init(115200)函数原型是 void USART_Printf_Init(uint32_t baudrate)，在 debug.c 中定义。

原型函数的功能是根据预编译条件#if(DEBUG == DEBUG_UARTx)，初始化不同的 USART 端口，以实现串行通信。程序通过配置 GPIO 引脚和 USART 参数来实现这一点。具体 USART 端口（USART1、USART2 或 USART3）的选择取决于 DEBUG 宏的定义。

程序步骤如下：

1) 启用时钟：根据所选的 USART 端口，启用相应的时钟。对于 USART1，需要启用 APB2 时钟；对于 USART2 和 USART3，启用 APB1 时钟。同时，还需要启用 GPIOA 或 GPIOB 的时钟，因为 USART 端口的 TX（发送）和 RX（接收）引脚位于这些 GPIO 端口上。

2) 配置 GPIO 引脚：设置 USART 的 TX 引脚为复用推挽输出（GPIO_Mode_AF_PP），并设置速度为 50 MHz。不同的 USART 端口使用不同的 GPIO 引脚（例如，USART1 使用 GPIOA 的 Pin 9，USART2 使用 GPIOA 的 Pin 2，USART3 使用 GPIOB 的 Pin 10）。

3) 配置 USART 参数：设置波特率（由函数的参数 baudrate 指定），数据位长度（8 位），停止位（1 位），无奇偶校验，无硬件流控制，并设置模式为仅发送（USART_Mode_Tx）。

4) 初始化 USART：根据之前的配置初始化选定的 USART 端口。

5) 启用 USART：使能选定的 USART 端口，允许数据发送。

这个函数允许基于编译时定义的 DEBUG 宏来选择不同的 USART 端口进行初始化，从而能够灵活地用于不同的调试目的或与不同的外部设备通信。通过修改 DEBUG 的值，可以轻松地切换所使用的 USART 端口，而无须更改程序的其他部分。这对于开发过程中需要调试或与外部设备（如传感器、计算机等）通信的嵌入式系统非常有用。

(3) printf("TouchKey:%04d\r\n", ADC_val)函数

该函数的功能是在标准输出（通常是屏幕或控制台）上打印一个格式化的字符串，显示触摸按键的 ADC 值。具体来说，printf 函数用于输出格式化的文本。这里的格式化字符串 "TouchKey:%04d\r\n" 指示 printf 函数如何输出变量 ADC_val 的值。

1) TouchKey 是一个普通文本，将会原样输出。

2) %04d 是一个格式说明符，用于输出一个整数（d 表示十进制整数）。04 表示如果数值小于 4 位数，前面会用 0 来填充，以确保输出的数字总是至少 4 位长。例如，ADC_val 是 23，那么输出是 0023。

3) \r\n 是一个控制字符序列，用于表示回车（\r，将光标移动到行首）和换行（\n，将光标移动到下一行）。这确保了输出后，后续输出会从新的一行开始。

如果 ADC_val 的值是 123，那么 printf 函数会在屏幕或控制台上输出 TouchKey：0123，并且输出后光标移动到下一行，准备输出后续文本或数据。这种输出格式在需要清晰显示和记录传感器读数或其他数值数据时非常有用。

7.5.3 工程下载

双击 TouchKey.wvproj 工程（见图 7-7），打开 MRS 集成开发环境加载界面（见图 7-8）。

图 7-7　TouchKey.wvproj 工程　　　　图 7-8　MRS 集成开发环境加载界面

MRS 集成开发环境加载完毕，进入如图 7-9 所示的 TouchKey 工程调试界面。

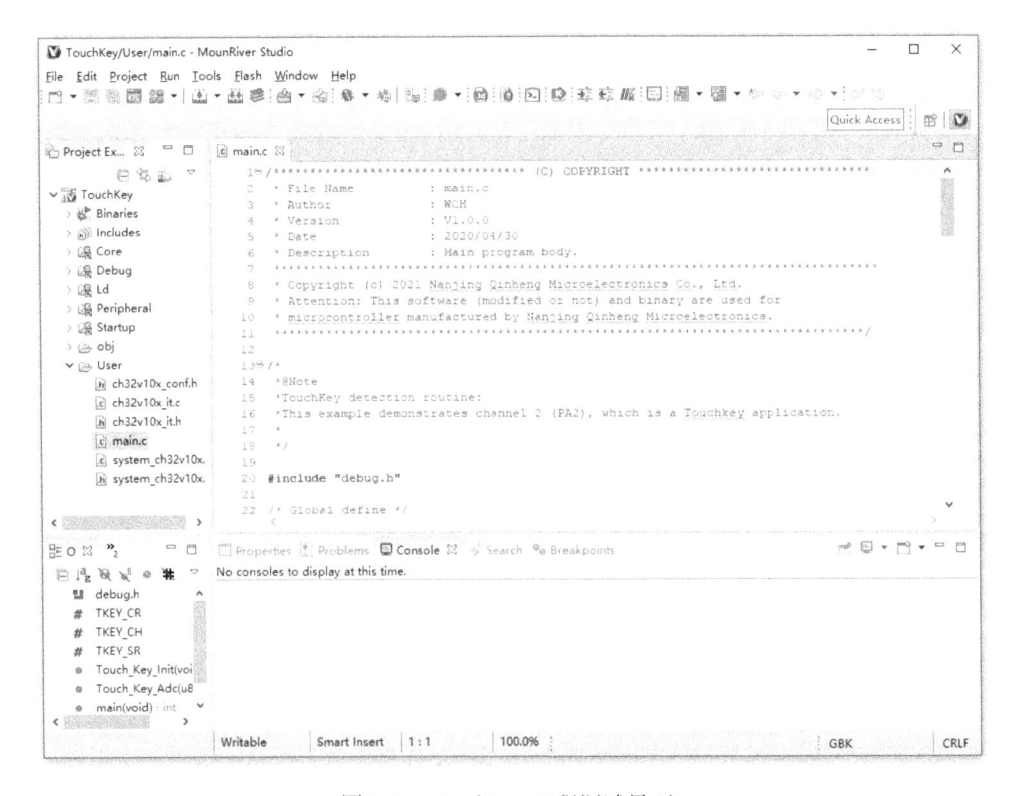

图 7-9　TouchKey 工程调试界面

单击工具栏里的 ◈（编译全部）按钮，编译 TouchKey 工程。编译完成后的界面如图 7-10 所示。

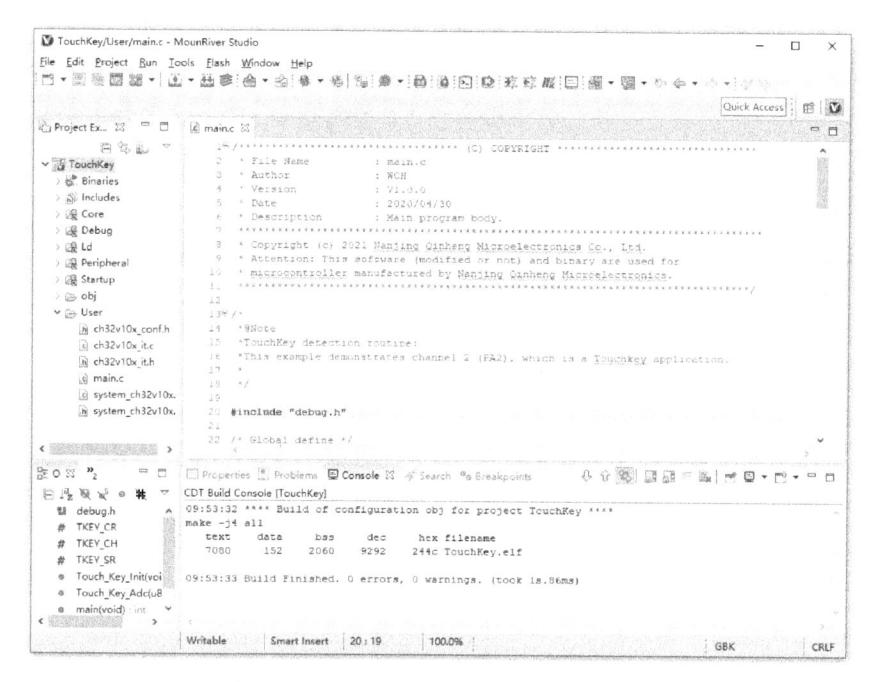

图 7-10　TouchKey 工程编译完成后的界面

单击工具栏里 ◈ ▾ 中的下拉按钮，进入 TouchKey 工程下载配置界面，配置好的界面如图 7-11 所示。

图 7-11　TouchKey 工程下载配置界面（已配置好）

TouchKey 工程下载配置完成后，单击工具栏里的 ⬚（下载）按钮，即可完成下载。

7.5.4 串口助手测试

CH32V103 开发板上串口连接计算机的 USB 转虚拟串口时，通过串口调试助手可以接收并显示 ADC_val 的值。

下面讲述测试过程。

USB 转虚拟串口选择微雪电子的"USB TO TTL"转换器，如图 7-12 所示。

FT232 USB UART Board 是一种将 USB 接口转换为 TTL 电平的 UART 串口模块。通过这种转换，可以实现将计算机或其他设备的 USB 接口连接到 TTL 逻辑电平设备，如微控制器、传感器等，从而实现数据通信。

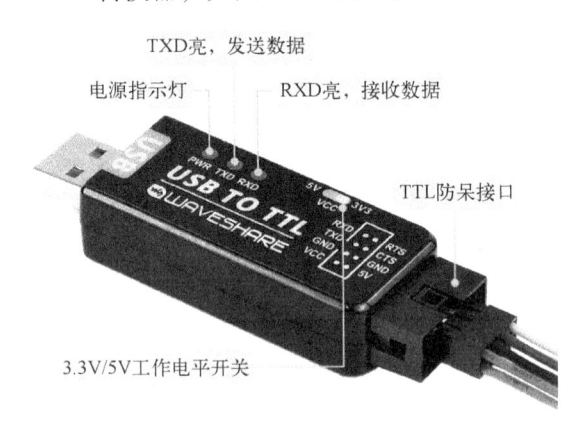

图 7-12 中的防呆接口是计算机组装中的术语。它通常指的是由两排或多排电源供电接口组成的连接器，其中某个非对称位置的接口处没有设置插槽或引脚。这样设计的目的是使 DIY（自己动手制作）爱好者更容易正确连接电源线，防止接错，因此被称为防呆接口。防呆是一种旨在预防矫正的行为约束手段，运用避免产生错误的限制方法，使操作者不需要花费注意力，也不需要经验与专业知识，即可直接无误地完成操作。在工业设计上，为了避免使用者操作失误造成机器或人身伤害（包括无意识的动作，或下意识的误动作，或不小心的肢体动作），会针对这些可能发生的情况来做预防措施，称为防呆。USB 线的 Type-C 接口不用区分正反面也是防呆设计。

串口助手选择 SSCOM V5.13.1，安装包图标如图 7-13 所示。

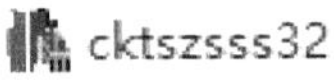

图 7-13 串口助手安装包图标

把"USB TO TTL"转换器插入计算机的 USB 后，安装驱动程序。计算机设备管理器的 COM 端口多了一个虚拟串口 COM26，如图 7-14 所示。COM24 为 WCH-Link SERIAL 的虚拟串口。

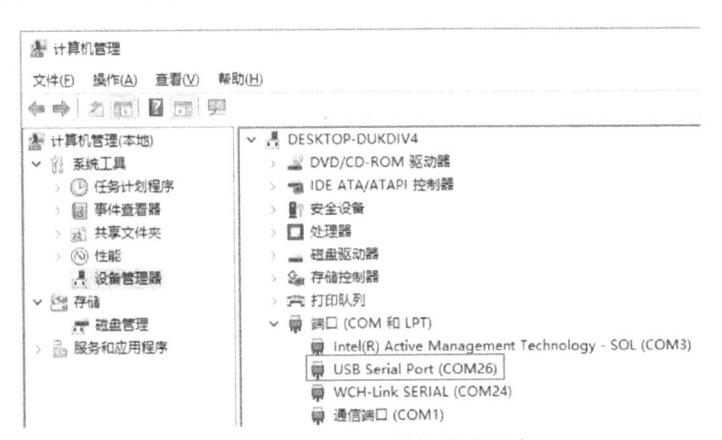

图 7-14 USB TO TTL 转换器虚拟串口

"USB TO TTL"转换器的 TXD、RXD 与 CH32V103 开发板的 TXD、RXD 交叉相连,GND 连在一起。

双击串口助手图标,进入测试界面,如图 7-15 所示。端口号选择"COM26 USB Serial Port",波特率自动跟踪,与 CH32V103 的波特率一致,为"115200"。图 7-15 的接收窗口显示 TouchKey 的值,当用手触摸 CH32V103 开发板上的 TK2 大圆盘时,TouchKey 的值会变小。

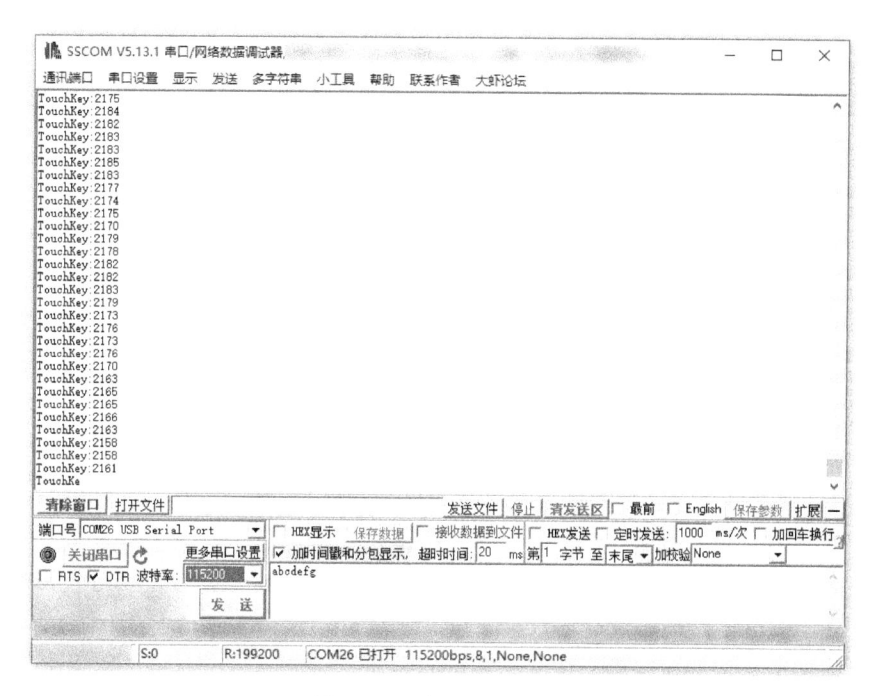

图 7-15 串口助手测试

7.5.5 WCH-LinkUtility 独立下载软件

CH32V103 的工程还可以通过 WCH-LinkUtility 独立下载软件进行下载。下载软件名称为 WCH-LinkUtility。双击图 7-16 中的 WCH-LinkUtility.exe 应用程序,进入下载界面。

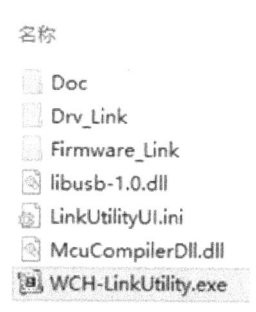

图 7-16 WCH-LinkUtility 软件

配置完成并已打开 TouchKey.hex 下载文件的界面如图 7-17 所示。单击图 7-17 中的 按钮,打开 TouchKey.hex 下载文件,单击图 7-17 中的 按钮进行工程下载。

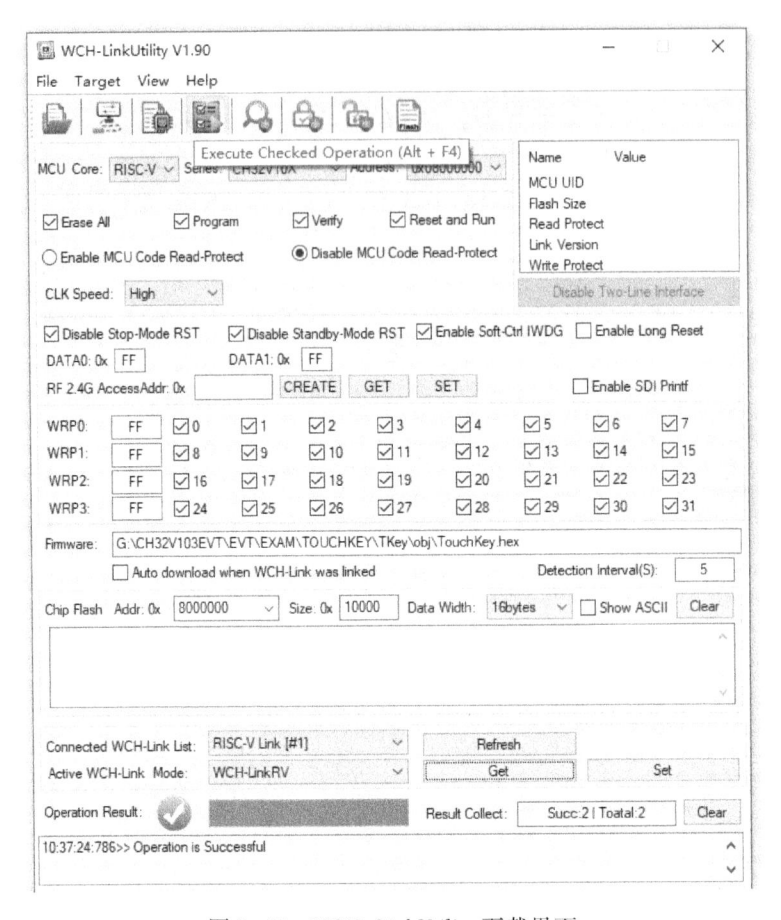

图 7-17　WCH-LinkUtility 下载界面

7.6　CH32V103 的通用输入输出 LED 输出应用实例

通过 CH32V103 微控制器控制 LED 的亮灭状态。通过配置并操作 PA0 引脚作为输出口，实现对连接在此引脚上 LED 的直接控制。程序主要包括配置 GPIO 引脚为输出模式和通过编程循环控制引脚电平高低，从而控制 LED 闪烁。这个简单的应用实例不仅展示了 GPIO 引脚的基本操作，也为初学者提供了一个理解和实践微控制器编程控制外部设备的基础平台。

7.6.1　LED 输出硬件设计

CH32V103 与 LED 的连接如图 7-18 所示。

这些 LED 的阴极通过跳线连接到 CH32V103 开发板上的 PA0 引脚，只要控制 PA0 引脚的电平输出状态，即可控制 LED 的亮灭。如果你使用的开发板中 LED 的连接方式或引脚与此不同，只需修改程序的相关引脚即可，程序的控制原理相同。

图 7-18　LED 灯硬件电路

7.6.2 LED 输出软件设计

1. 实现 LED 闪烁功能的软件设计步骤

步骤 1：系统初始化。

1）配置中断优先级分组：通过 NVIC_PriorityGroupConfig 函数设置 NVIC（嵌套向量中断控制器）的优先级分组。这是为了后续可能的中断管理做准备。

2）更新系统核心时钟：调用 SystemCoreClockUpdate 函数更新系统核心时钟变量 SystemCoreClock，确保系统时钟准确。

3）初始化延时函数：执行 Delay_Init 函数初始化延时功能，这对于后续控制 LED 的闪烁间隔至关重要。

4）初始化串口打印功能：通过 USART_Printf_Init 函数以 115200 的波特率初始化串口，用于调试信息的输出。

步骤 2：打印系统信息。

1）打印系统核心时钟频率：使用 printf 函数输出当前的系统核心时钟频率，帮助调试和确认系统运行状态。

2）打印芯片 ID：调用 DBGMCU_GetCHIPID 函数获取并打印芯片 ID，帮助确认芯片信息。

3）打印测试信息：输出"GPIO Toggle TEST"字符串，表示程序已运行到 LED 闪烁测试阶段。

步骤 3：初始化 GPIO。

1）启用 GPIOA 时钟：调用 RCC_APB2PeriphClockCmd 函数，传入 RCC_APB2Periph_GPIOA 和 ENABLE 参数，以启用 GPIOA 的时钟。

2）配置 GPIOA.0 为输出模式：设置 GPIO_InitStructure 结构体，指定 GPIO_Pin_0、GPIO_Mode_Out_PP（推挽输出模式）和 GPIO_Speed_50MHz。然后通过 GPIO_Init 函数将这些配置应用到 GPIOA 上。

步骤 4：主循环控制 LED 闪烁。

1）循环体内延时：使用 Delay_Ms 函数实现 250 ms 的延时，这决定了 LED 闪烁的频率。

2）控制 GPIOA.0 电平翻转：通过 GPIO_WriteBit 函数控制 GPIOA 的第 0 位（即 PA0）的电平状态。使用三元运算符和变量 i 交替设置 Bit_SET（高电平）和 Bit_RESET（低电平），实现 LED 的闪烁效果。

通过以上步骤，实现通过 GPIOA.0 控制 LED 的闪烁功能。这个过程不仅涉及 GPIO 的基本配置和操作，还包括系统初始化、延时控制以及串口调试信息的输出，为嵌入式系统开发提供了可行实例。

2. 软件程序

程序清单如下：

```
#include "debug.h"
/***************************************************************
 * 程序名：GPIO_Toggle_INIT
 * 功能：初始化 GPIOA.0
 * 返回：无
 */
void GPIO_Toggle_INIT( void)
```

```c
    GPIO_InitTypeDef GPIO_InitStructure = {0};

    RCC_APB2PeriphClockCmd(RCC_APB2Periph_GPIOA, ENABLE);
    GPIO_InitStructure.GPIO_Pin = GPIO_Pin_0;
    GPIO_InitStructure.GPIO_Mode = GPIO_Mode_Out_PP;
    GPIO_InitStructure.GPIO_Speed = GPIO_Speed_50MHz;
    GPIO_Init(GPIOA, &GPIO_InitStructure);
}

/*******************************************************************/
int main(void)
{
    u8 i = 0;

    NVIC_PriorityGroupConfig(NVIC_PriorityGroup_2);
    SystemCoreClockUpdate();
    Delay_Init();
    USART_Printf_Init(115200);
    printf("SystemClk:%d\r\n", SystemCoreClock);
    printf("ChipID:%08x\r\n", DBGMCU_GetCHIPID());
    printf("GPIO Toggle TEST\r\n");
    GPIO_Toggle_INIT();

    while(1)
    {
        Delay_Ms(250);
        GPIO_WriteBit(GPIOA, GPIO_Pin_0, (i == 0)?(i = Bit_SET) : (i = Bit_RESET));
    }
}
```

3. 程序代码说明

下面对上述代码的功能进行说明。

(1) void GPIO_Toggle_INIT(void)函数

该函数的功能是初始化一个 GPIO 引脚（GPIOA 的 Pin0），并将其配置为推挽输出模式，输出速率为 50 MHz。简而言之，它设置了一个特定的 GPIO 引脚，以便于之后可以通过改变该引脚的电平状态（高电平或低电平）来控制外部设备，例如 LED 灯的开关。这是在使用微控制器时常见的操作，用于控制和管理外部硬件。

(2) GPIO_WriteBit(GPIOA, GPIO_Pin_0, (i == 0)?(i = Bit_SET) : (i = Bit_RESET))函数

该函数的功能是根据变量 i 的值来设置 GPIOA 的 Pin0 的电平状态。如果 i 等于 0，则将 i 设置为 Bit_SET 并将 GPIOA 的 Pin0 设置为高电平；如果 i 不等于 0，则将 i 设置为 Bit_RESET 并将 GPIOA 的 Pin0 设置为低电平。

图 7-19 GPIO_Toggle.wvproj 工程

双击图 7-19 中的 GPIO_Toggle.wvproj 工程，弹出如图 7-20 所示的 GPIO_Toggle 工程调试界面。

工程下载和串口助手测试方法同触摸按键工程 TouchKey，详细过程从略。

程序执行的结果是 CH32V103 开发板上的 LED1 指示灯闪烁，如图 7-21 所示。

图 7-20　GPIO_Toggle 工程调试界面

图 7-21　CH32V103 开发板上的 LED1 指示灯闪烁

双击串口助手图标，进入测试界面，如图 7-22 所示。端口号选择"COM26 USB Serial Port"，波特率自动跟踪，与 CH32V103 的波特率一致，为 115200。图 7-22 的接收窗口显示：

SystemClk:72000000
ChipID:2500410f
GPIO Toggle TEST

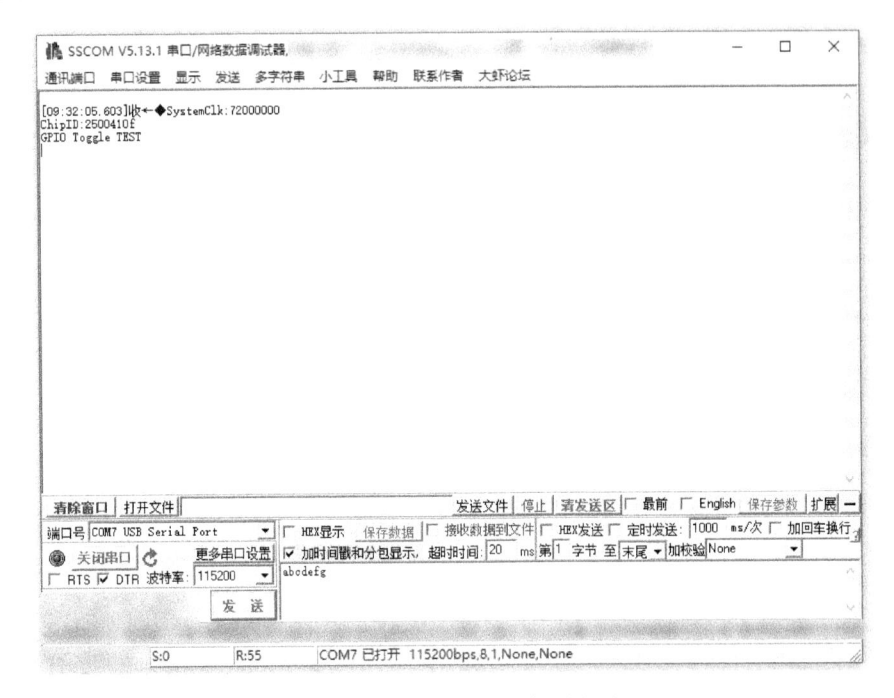

图 7-22　GPIO_Toggle 程序测试界面

习题

1. CH32V103x 系列产品 GPIO 的每一个端口可以配置成哪几种模式?
2. 画出 CH32V103 单片机的 GPIO 模块基本结构框图，并说明组成。

第8章 CH32 外部中断

中断是现代微控制器架构中不可或缺的一部分，它允许处理器响应外部和内部事件，实现更高效的资源管理和程序执行。

本章的内容安排如下：

1) 中断的基本概念：包括中断的定义和应用。这为理解中断在微控制器中的重要性提供了基础。

2) CH32V103 微控制器中断系统组成结构：这包括中断系统的主要特征、系统定时器、中断向量表，以及外部中断系统结构。这些内容帮助读者了解 CH32V103 微控制器中断系统的内部工作原理。

3) 中断控制：介绍了中断屏蔽控制和中断优先级控制。这些控制机制是理解如何管理和优化中断处理的关键。

4) EXTI 常用的库函数：包括快速可编程中断控制器库函数和 CH32V103 EXTI 库函数。这为开发人员提供了实现中断功能的具体工具和方法。

5) 外部中断的使用流程：包括 PFIC 配置、中断端口设置和中断处理。

6) CH32 的外部中断设计实例：CH32 的外部中断硬件设计和软件设计。这些步骤为读者提供了从理论到实践外部中断的完整指南。

本章为读者提供了一个全面的指南，涵盖了 CH32 微控制器外部中断的理论基础、系统结构、控制策略、库函数使用，以及实际应用流程，旨在帮助读者更好地理解和利用 CH32 微控制器的外部中断功能。

8.1 中断的基本概念

中断是计算机系统的一种处理异步事件的重要方法。它的作用是在计算机 CPU 运行软件的同时，监测系统内外有没有发生需要 CPU 处理的"紧急事件"：当紧急事件发生时，中断控制器会打断 CPU 正在处理的常规事务，转而插入一段处理该紧急事件的代码；该紧急事件处理完成之后，CPU 又能正确地返回刚才被打断的地方，以继续运行原来的代码。中断可以分为"中断响应""中断处理"和"中断返回"3 个阶段。

中断的异步性是指紧急事件在什么时候发生与 CPU 正在运行的程序完全没有关系，是无法预测的。既然无法预测，就只能随时查看这些紧急事件是否发生，而中断机制最重要的作用是将 CPU 从不断监测紧急事件是否发生这类繁重工作中解放出来，将这项"相对简单"的繁重工作交给"中断控制器"这个硬件来完成。中断机制的第二个重要作用是判断哪个或哪些中断请求更紧急，应该优先被响应和处理，并且寻找不同中断请求所对应的中断处理代码的位置。中断机制的第三个作用是帮助 CPU 在运行完处理紧急事件的代码后，正确地返回之前运行被打断的地方。根据上述中断处理过程及作用，读者会发现中断机制既提高了 CPU 正常运行常规程序的效率，又提高了响应中断的速度，是几乎所有现代计算机都配备的一种重要机制。

嵌入式系统是嵌入宿主对象中，帮助宿主对象完成特定任务的计算机系统，其主要工作就是和真实世界打交道。能够快速、高效地处理来自真实世界的异步事件成为嵌入式系统的重要标志，因此中断对于嵌入式系统而言尤其重要，是学习嵌入式系统的难点和重点。

在实际应用系统中，嵌入式微控制器 CH32V 可能与各种各样的外部设备相连接。这些外设的结构形式、信号种类与大小、工作速度等差异很大，因此，需要有效的方法使微控制器与外部设备协调工作。通常微控制器与外设交换数据有 3 种方式：无条件传输方式、程序查询方式以及中断方式。

1）无条件传输方式：微控制器无须了解外部设备状态，在执行传输数据指令时直接向外部设备发送数据，因此适合快速设备或者状态明确的外部设备。

2）程序查询方式：微控制器主动查询外部设备的状态，依据查询到的状态传输数据。查询方式常常使微控制器处于等待状态，同时也不能做出快速响应。因此，在微控制器任务不太繁忙，对外部设备响应速度要求不高的情况下常采用这种方式。

3）中断方式：外部设备主动向微控制器发送请求，微控制器接到请求后立即中断当前工作，处理外部设备的请求，处理完毕后继续处理未完成的工作。这种传输方式提高了微处理器的利用率，并且对外部设备有较快的响应速度。因此，中断方式更加适应实时控制的需要。

8.1.1 中断的定义

为了更好地描述中断，我们用日常生活中常见的例子来比喻。假如你有朋友下午要来拜访，可又不知道他具体什么时候到，为了提高效率，你就边看书边等。在看书的过程中，门铃响了，这时，你先在书签上记下你当前阅读的页码，然后暂停阅读，放下手中的书，开门接待朋友。等接待完毕后，再从书签上找到阅读进度，从刚才暂停的页码处继续看书。这个例子很好地表现了日常生活中的中断及其处理过程：门铃的铃声让你暂时中止当前的工作（看书），而去处理更为紧急的事情（朋友来访），把急需处理的事情（接待朋友）处理完毕之后，继续做原来的事情（看书）。显然这样的处理方式比你一个下午不做任何事情，一直站在门口傻等要高效多了。

类似地，在计算机执行程序的过程中，CPU 暂时中止其正在执行的程序，转去执行请求中断的那个外设或事件的服务程序，等处理完毕后再返回执行原来中止的程序，叫作中断。

8.1.2 中断的应用

1. 提高 CPU 工作效率

在早期的计算机系统中，CPU 工作速度快，外设工作速度慢，形成 CPU 等待，效率降低。设置中断后，CPU 不必花费大量时间等待和查询外设工作。例如，计算机和打印机连接，计算机可以快速地传送一行字符给打印机（由于打印机存储容量有限，一次不能传送很多）；打印机开始打印字符；CPU 可以不理会打印机，处理自己的工作；打印机打印该行字符完毕，发给 CPU 一个信号；CPU 产生中断，中断正在处理的工作，转而再传送一行字符给打印机。这样在打印机打印字符期间（外设慢速工作），CPU 可以不必等待或查询，处理自己的工作，从而大大提高了工作效率。

2. 具有实时控制功能

实时控制是微型计算机系统特别是微控制器系统应用领域的一个重要任务。在实时控制系统中，现场各种参数和状态的变化是随机发生的，这要求 CPU 能做出快速响应、及时处理。有了中断系统，这些参数和状态的变化可以作为中断信号，使 CPU 中断，在相应的中断服务程序中得到及时处理。

3. 具有故障处理功能

微控制器应用系统在实际运行中，常会出现一些故障。例如，电源突然掉电、硬件自检出错、运算溢出等。利用中断，就可执行处理故障的中断程序服务。例如，电源突然掉电，由于稳压电源输出端接有大电容，从电源掉电至大电容的电压下降到正常工作电压之下，一般有几毫秒至几百毫秒的时间。这段时间内若想使 CPU 产生中断，在处理掉电的中断服务程序中将需要保存的数据和信息及时转移到具有备用电源的存储器中，待电源恢复正常时再将这些数据和信息送回原存储单元之中，返回中断点继续执行原程序。

4. 实现分时操作

微控制器应用系统通常需要控制多个外设同时工作，例如键盘、打印机、显示器、模数转换器、数模转换器等。这些设备的工作有些是随机的，有些是定时的。对于一些定时工作的外设，可以利用定时器，到一定时间产生中断，在中断服务程序中控制这些外设工作。例如，动态扫描显示，每隔一定时间会更换显示字位码和字段码。

此外，中断系统还能用于程序调试、多机连接等。因此，中断系统是计算机中重要的组成部分。可以说，有了中断系统后的计算机能比原来无中断系统的早期计算机演绎出多姿多彩的功能。

8.2 CH32V103 中断系统组成结构

CH32V103 系列内置快速可编程中断控制器（PFIC），最多支持 255 个中断向量。当前系统管理了 44 个外设中断通道和 5 个内核中断通道，其他保留。

8.2.1 CH32V103 中断系统主要特征

1. NVIC 控制器

NVIC 控制器的主要特征如下：

1) 44 个可屏蔽的中断通道。
2) 提供不可屏蔽中断第一时间响应。
3) 向量化的中断设计，实现向量入口地址直接进入内核。
4) 中断进入和退出时自动压栈和恢复，不需要额外指令开销。
5) 16 级嵌套，优先级动态修改。

2. PFIC 控制器

PFIC 控制器的主要特征如下：

1) 47 个可单独屏蔽中断，每个中断请求都有独立的触发和屏蔽位、状态位。
2) 提供一个不可屏蔽中断 NMI。
3) 2 级嵌套中断进入和退出、硬件自动压栈和恢复，不需要指令开销。
4) 4 路可编程快速中断通道，用户可以自定义中断向量地址。

8.2.2 系统定时器

CH32V103 系列产品采用的 RISC-V3A 内核，并自带了一个 64 位自增型计数器（SysTick），支持 HCLK/8 作为时基，具有较高优先级，校准后可用于时间基准。

8.2.3 中断向量表

CH32V103 的中断向量见表 8-1。

表 8-1　CH32V103 的中断向量表

编　号	优先级	优先级类型	名　称	描　述	入口地址
0	—	—	—	—	0x00000000
1	-3	固定	Reset	复位	0x00000004
2	-2	固定	NMI	不可屏蔽中断	0x00000008
3	-1	固定	EXC	异常中断	0x0000000C
4~11	—	—	—	保留	
12	0	可编程	SysTick	系统定时器中断	0x00000030
13	—	—	—	保留	
14	1	可编程	SWI	软件中断	0x00000038
15	—	—	—	保留	
16	2	可编程	WWDG	窗口定时器中断	0x00000040
17	3	可编程	PVD	电源电压检测中断（EXTI）	0x00000044
18	4	可编程	TAMPER	侵入检测中断	0x00000048
19	5	可编程	RTC	实时时钟中断	0x0000004C
20	6	可编程	FLASH	闪存全局中断	0x00000050
21	7	可编程	RCC	复位和时钟控制中断	0x00000054
22	8	可编程	EXTI0	EXTI 线 0 中断	0x00000058
23	9	可编程	EXTI1	EXTI 线 1 中断	0x0000005C
24	10	可编程	EXTI2	EXTI 线 2 中断	0x00000060
25	11	可编程	EXTI3	EXTI 线 3 中断	0x00000064
26	12	可编程	EXTI4	EXTI 线 4 中断	0x00000068
27	13	可编程	DMA1_CH1	DMA1 通道 1 全局中断	0x0000006C
28	14	可编程	DMA1_CH2	DMA1 通道 2 全局中断	0x00000070
29	15	可编程	DMA1_CH3	DMA1 通道 3 全局中断	0x00000074
30	16	可编程	DMA1_CH4	DMA1 通道 4 全局中断	0x00000078
31	17	可编程	DMA1_CH5	DMA1 通道 5 全局中断	0x0000007C

第 8 章　CH32 外部中断

（续）

编　号	优先级	优先级类型	名　　称	描　　述	入 口 地 址
32	18	可编程	DMA1_CH6	DMA1 通道 6 全局中断	0x00000080
33	19	可编程	DMA1_CH7	DMA1 通道 7 全局中断	0x00000084
34	20	可编程	ADC	ADC 全局中断	0x00000088
35~38	—	—	—	保留	
39	21	可编程	EXTI9_5	EXTI 线［9：5］中断	0x0000009C
40	22	可编程	TIM1_BRK	TIM1 刹车中断	0x000000A0
41	23	可编程	TIM1_UP	TIM1 更新中断	0x000000A4
42	24	可编程	TIM1_TRG_COM	TIM1 触发和通信中断	0x000000A8
43	25	可编程	TIM1_CC	TIM1 捕获比较中断	0x000000AC
44	26	可编程	TIM2	TIM2 全局中断	0x000000B0
45	27	可编程	TIM3	TIM3 全局中断	0x000000B4
46	28	可编程	TIM4	TIM4 全局中断	0x000000B8
47	29	可编程	I2C1_EV	I2C1 事件中断	0x000000BC
48	30	可编程	I2C1_ER	I2C1 错误中断	0x000000C0
49	31	可编程	I2C2_EV	I2C2 事件中断	0x000000C4
50	32	可编程	I2C2_ER	I2C2 错误中断	0x000000C8
51	33	可编程	SPI1	SPI1 全局中断	0x000000CC
52	34	可编程	SPI2	SPI2 全局中断	0x000000D0
53	35	可编程	USART1	USART1 全局中断	0x000000D4
54	36	可编程	USART2	USART2 全局中断	0x000000D8
55	37	可编程	USART3	USART3 全局中断	0x000000DC
56	38	可编程	EXTI15_10	EXTI 线［15：10］中断	0x000000E0
57	39	可编程	RTCAlarm	RTC 闹钟中断（EXTI）	0x000000E4
58	40	可编程	USBWakeUp	USB 唤醒中断（EXTI）	0x000000E8
59	41	可编程	USBHD	USBHD 传输中断	0x000000EC

CH32V103 处理器支持 3 个固定的最高优先级，编号为 1~3，分别是复位（Reset）、不可屏蔽中断（NMI）、异常中断（EXC）。它们属于系统中断向量，不能设置优先级。从编号 12 开始为系统可编程中断向量，可以自定义中断优先级。两个相同优先级的中断同时发生时，编号较小的异常将被先执行。

中断向量表非常重要。当处理器响应某个中断源后，硬件将通过查询中断向量表中存储的 PC 地址跳转到对应的中断服务程序函数中去，如图 8-1 所示。

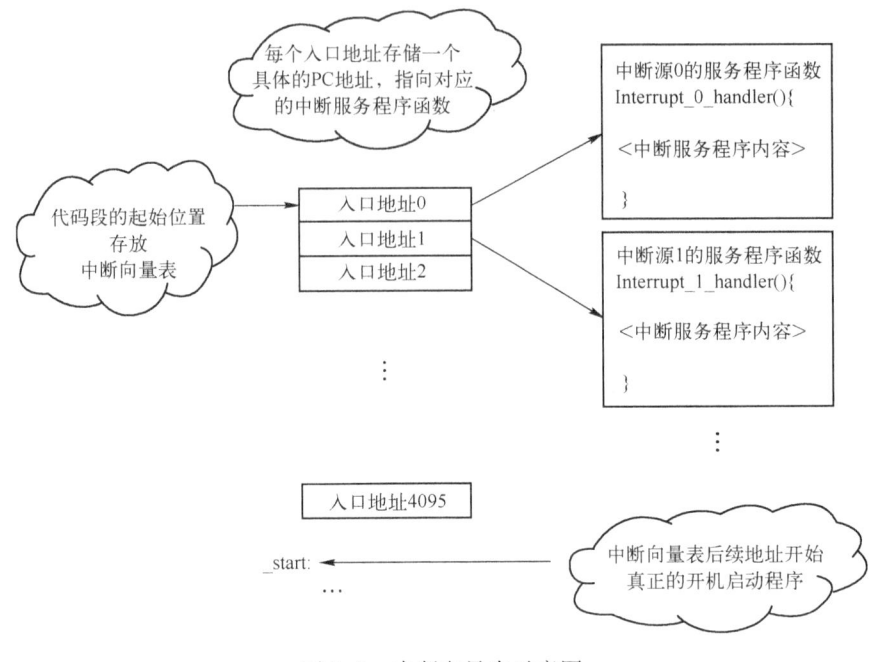

图 8-1 中断向量表示意图

8.2.4 外部中断系统结构

外部中断系统是微控制器（MCU）或微处理器（MPU）中的一个关键特性，它允许设备响应外部事件，如按钮按下、传感器信号变化等。外部中断系统的设计使得处理器能够在特定事件发生时立即中断当前执行的任务，转而执行一个特定的中断服务程序（ISR），处理该事件。这种机制对于实现实时系统和提高能效比至关重要。

1. 外部中断系统结构概述

外部中断（EXTI）接口如图 8-2 所示。可以看出，外部中断的触发源既可以是软件中断（SWIEVR），也可以是实际的外部中断通道，外部中断通道的信号（Input Line）会先经过边沿检测电路（Edge Detect Circuit）的筛选。只要产生软中断或者外部中断信号，就会通过或门电路输出给事件使能和中断使能两个与门电路，只要有中断被使能或者事件被使能，就会产生中断或者事件。EXTI 的 6 个寄存器由处理器通过 APB2 接口访问。

2. 唤醒事件说明

外部中断系统可以通过唤醒事件来唤醒由 WFE 指令引起的睡眠模式。唤醒事件通过以下两种配置产生：

1）在外设的寄存器里使能一个中断，但不在内核的 NVIC 里使能这个中断，同时在内核里使能 SEVONPEND 位。体现在 EXTI 中，就是使能 EXTI 中断，但不在 NVIC 中使能 EXTI 中断，同时使能 SEVONPEND 位。当 CPU 从 WFE 中唤醒后，需要清除 EXTI 的中断标志位和 NVIC 挂起位。

2）启用一个 EXTI 通道作为事件通道时，CPU 从 WFE（等待事件）状态唤醒后，无须执行清除中断标志位和 NVIC 挂起位的操作。

3. 使用外部中断说明

使用外部中断需要配置好外部中断通道，即选择好触发沿，使能好中断。当外部中断通道上出现了设定的触发沿时，将产生一个中断请求，对应的中断标志位也会被置位。对标志位写 1 可以清除该标志位。

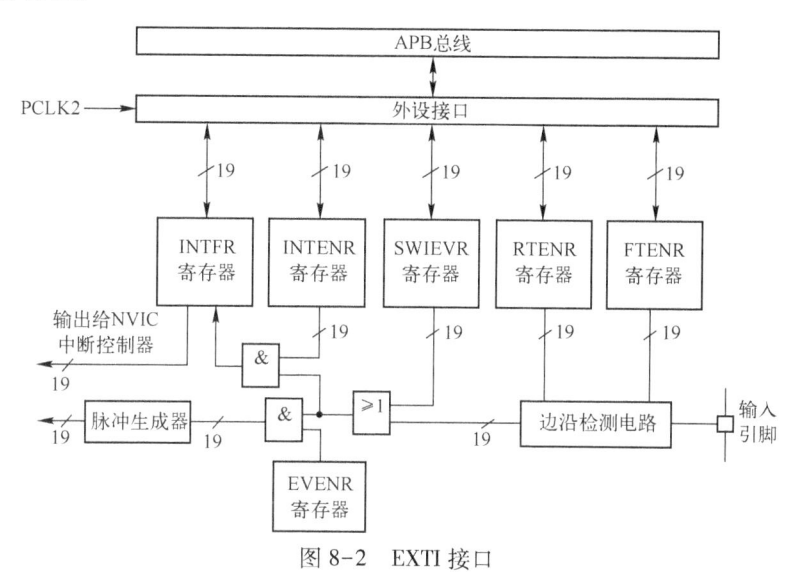

图 8-2 EXTI 接口

（1）使用外部硬件中断　使用外部硬件中断步骤如下：

1）配置 GPIO 操作。

2）配置对应的外部中断通道的中断使能位（EXTI_INTENR）。

3）配置触发沿（EXTI_RTENR 或者 EXTI_FTENR），选择上升沿触发、下降沿触发或者双边沿触发。

4）在内核的 NVIC 中配置 EXTI 中断，以保证其可以正确响应。

（2）使用外部硬件事件　使用外部硬件事件步骤如下：

1）配置 GPIO 操作。

2）配置对应的外部中断通道的事件使能位（EXTI_EVENR）。

3）配置触发沿（EXTI_RTENR 或者 EXTI_FTENR），选择上升沿触发、下降沿触发或者双边沿触发。

（3）使用软件中断/事件　使用软件中断/事件步骤如下：

1）使能外部中断（EXTI_INTENR）或者外部事件（EXTI_EVENR）。

2）如果使用中断服务函数，则需要设置内核的 NVIC 里 EXTI 中断。

3）设置软件中断触发（EXTI_SWIEVR），即会产生中断。

（4）外部事件映射　通用 IO 端口可以映射到 16 根外部中断/事件线路上。EXTI 中断映射见表 8-2。

表 8-2　EXTI 中断映射

外部中断/事件线路	映射事件描述
EXTI0~EXTI15	Px0~Px15（x = A/B/C/D），任何一个 IO 端口都可以启用外部中断/事件功能，由 AFIO_EXTICRx 寄存器配置
EXTI16	PVD 事件：超出电压监控阈值
EXTI17	RTC 闹钟事件
EXTI18	USB 唤醒事件

8.3 中断控制

中断控制是微处理器（CPU）或微控制器（MCU）中用于管理和处理外部事件或内部条件（中断）的一种机制。中断使得处理器能够响应异步事件，暂停当前执行的任务，转而执行一个特定的中断服务程序（ISR），处理完毕后再返回到中断前的任务继续执行。中断控制对于构建高效、快速响应的嵌入式系统至关重要。中断控制通常包括中断屏蔽控制和中断优先级控制两个主要方面。

8.3.1 中断屏蔽控制

中断屏蔽控制包括快速可编程中断控制器（PFIC）、外部中断/事件控制器（EXTI）、外设中断控制器。其中，PFIC包含有以下寄存器：PFIC中断配置寄存器（R32_PFIC_CFGR）、PFIC中断使能设置寄存器（R32_PFIC_IENR1、R32_PFIC_IENR2）、PFIC中断使能清除寄存器（R32_PFIC_IRER1、R32_PFIC_IRER2）、PFIC中断挂起设置寄存器（R32_PFIC_IPSR1、R32_PFIC_IPSR2）、PFIC中断挂起清除寄存器（R32_PFIC_IPRR1、R32_PFIC_IPRR2）。这些寄存器的读/写可以通过编程设置寄存器自由实现，也可以通过标准库实现。EXTI由19个产生事件/中断要求的边沿检测器组成，控制GPIO的中断。外设中断控制器包括串口、定时器、RTC、ADC等相关功能寄存器。

1. PFIC

CH32V103系列微控制器内置快速可编程中断控制器，最多支持255个中断向量。当前系统具有如下特点：管理47个可单独屏蔽中断，每个中断请求都有独立的触发和屏蔽位、状态位；提供一个不可屏蔽中断不可屏蔽中断；具有2级嵌套中断进入和退出，硬件自动压栈和恢复，不需要指令开销；具有4路可编程快速中断通道，可自定义中断向量地址。

2. EXTI

EXTI由19个产生事件/中断要求的边沿检测器组成，但其中只有16个是由用户自由支配的，分别对应EXTI0~EXTI15通道，这16根输入线可以独立地配置输入类型（脉冲或挂起）和对应的事件触发方式（上升沿、下降沿或双边沿触发）；每根输入线都可以被独立地屏蔽，由挂起寄存器保持状态线的中断请求。EXTI16~EXTI18通道分配给PVD、RTC和USB使用。

3. 外设中断控制器

除了GPIO的EXTI外，其他外设均有自己的中断屏蔽控制器，比如定时器TIMx中断由DMA/中断使能寄存器（R16_TIMx_DMAINTENR）控制，串口中断由USART状态寄存器（R32_USARTx_STATR）控制等。有关的外设中断控制器将在后续章节详述。

8.3.2 中断优先级控制

CH32V103系列微控制器的中断向量具有两个属性，即抢占属性和响应属性，属性编号越小，优先级越高。其中断优先级由PFIC中断优先级配置寄存器（PFIC_IPRIORx）组控制，这个寄存器组包含64个32位寄存器，每个中断使用8位来设置控制优先级，因此一个寄存器可以控制4个中断，一共支持256个中断。在这占用的8位中，只使用了高4位，低4位固定为

0。中断优先级可以分配为 5 组,即 0、1、2、3、4 组,它们决定了 CH32V103 系列微控制器中断优先级的分配。5 个组与中断优先级的对应关系见表 8-3。

表 8-3 5 个组与中断优先级的对应关系

组 别	分 配 结 果	组 别	分 配 结 果
0	0 位抢占优先级,4 位响应优先级	3	3 位抢占优先级,1 位响应优先级
1	1 位抢占优先级,3 位响应优先级	4	4 位抢占优先级,0 位响应优先级
2	2 位抢占优先级,2 位响应优先级		

0 组对应的是 0 位抢占优先级、4 位响应优先级,那么没有抢占优先级,响应优先级可设置 0~15 级中的任意一种。1 组对应的是 1 位抢占优先级、3 位响应优先级,抢占优先级只可设置为 0 级或 1 级(2^1)中的任意一种,响应优先级可设置为 0~7 级(2^3)中的任意一种。以此类推。

上电复位时,中断配置为 4 组,并且所有中断都是抢占优先级为 0 级,无响应优先级。

抢占是指打断其他中断的属性,即中断嵌套。判断两个中断的优先级时,先看抢占优先级的高低,如果相同再看响应优先级的高低;如果全部相同则看中断通道向量地址,地址较低的中断向量优先响应。一般来说,在使用过程中,一个系统使用一个组别就完全可以满足需要,设定好一个组别后不要在系统中再改动组别。

CH32V103 系列微控制器具有 2 级中断嵌套功能,即中断系统正在执行一个中断服务,有另一个抢占优先级更高的中断请求时,会中止当前执行的中断服务去处理抢占优先级更高的中断,处理完毕后再返回被中断的中断服务继续执行。

8.4 外部中断常用库函数

基于 CH32V307 微控制器的外部中断(EXTI)库函数,主要围绕外部中断的配置、管理和处理来展开。CH32V307 基于 RISC-V 架构,其 EXTI 库函数的设计旨在提供一套方便的接口,以便开发者能够轻松地在其应用程序中实现对外部事件的响应。

8.4.1 快速可编程中断控制器库函数

CH32V103 系列微控制器通过快速可编程中断控制器(PFIC)管理 44 个外设中断通道和 5 个内核中断通道。在使用 EXTI 前需要对 PFIC 进行配置。CH32V103 标准库函数提供了 PFIC 相关库函数,见表 8-4。

表 8-4 PFIC 相关库函数

序 号	函 数 名 称	函 数 说 明
1	NVIC_PriorityGroupConfig	优先级分组配置
2	NVIC_Init	根据 NVIC_InitStruct 中指定参数配置寄存器

1. 函数 NVIC_PriorityGroupConfig

函数 NVIC_PriorityGroupConfig 的说明见表 8-5。

表 8-5 函数 NVIC_PriorityGroupConfig 的说明

项 目 名	描 述
函数原型	void NVIC_PriorityGroupConfig(uint32_t NVIC_PriorityGroup)
功能描述	配置优先级分组,抢占优先级和响应优先级
输入参数	NVIC_PriorityGroup:指定优先级分组
输出参数	无
注意事项	在优先级分组配置方面,习惯上在初始化时设置一次

参数 NVIC_PriorityGroup 的说明见表 8-6 所示。

表 8-6 参数 NVIC_PriorityGroup 的说明

参 数	描 述
NVIC_PriorityGroup_0	抢占优先级为 0 级,响应优先级为 4 级
NVIC_PriorityGroup_1	抢占优先级为 1 级,响应优先级为 3 级
NVIC_PriorityGroup_2	抢占优先级为 2 级,响应优先级为 2 级
NVIC_PriorityGroup_3	抢占优先级为 3 级,响应优先级为 1 级
NVIC_PriorityGroup_4	抢占优先级为 4 级,响应优先级为 0 级

该函数使用方法如下:

```
//设置优先级为第 2 组
NVIC_PriorityGroupConfig(NVIC_PriorityGroup_2);
```

2. 函数 NVIC_Init

函数 NVIC_Init 的说明见表 8-7。

表 8-7 函数 NVIC_Init 的说明

项 目 名	描 述
函数原型	void NVIC_Init(NVIC_InitTypeDef * NVIC_InitStruct)
功能描述	根据 NVI_InitStruct 中指定参数配置寄存器
输入参数	NVIC_InitStruct:指向 NVIC_InitTypeDef 结构体的指针,包含寄存器配置信息
输出参数	无

NVIC_InitTypeDef 定义在 ch32v10x_misc.h 文件中,其结构体定义如下:

```
typedef struct
{
uint8_t    NVIC_IRQChannel;
uint8_t    NVIC_IRQChannelPreemptionPriority;
uint8_t    NVIC_IRQChannelSubPriority;
FunctionalState    NVIC_IRQChannelCmd;
}NVIC_InitTypeDef;
```

1) NVIC_IRQChannel:指定要配置的 IRQ 通道,参数定义见表 8-8。

第 8 章 CH32 外部中断

表 8-8 NVIC_IRQChannel 参数定义

NVIC_IRQChannel	描述	NVIC_IRQChannel	描述
WWDG_IRQn	窗口看门狗中断	TIM1_BRK_IRQn	TIM1 暂停中断
PVD_IRQn	PVD 通过 EXTI 探测中断	TIM1_UP_IRQn	TIM1 更新中断
TAMPER_IRQn	篡改中断	TIM1_TRG_COM_IRQn	TIM1 触发和交换中断
RTC_IRQn	RTC 全局中断	TIM1_CC_IRQn	TIM1 捕获比较中断
FLASH_IRQn	Flash 全局中断	TIM2_IRQn	TIM2 全局中断
RCC_IRQn	RCC 全局中断	TIM3_IRQn	TIM3 全局中断
EXTI0_IRQn	外部中断线 0 中断	TIM4_IRQn	TIM4 全局中断
EXTI1_IRQn	外部中断线 1 中断	I2C1_EV_IRQn	I2C1 事件中断
EXTI2_IRQn	外部中断线 2 中断	I2C1_ER_IRQn	I2C1 错误中断
EXTI3_IRQn	外部中断线 3 中断	I2C2_EV_IRQn	I2C2 事件中断
EXTI4_IRQn	外部中断线 4 中断	I2C2_ER_IRQn	I2C2 错误中断
DMA1_Channel1_IRQn	DMA 通道 1 中断	SPI1_IRQn	SPI1 全局中断
DMA1_Channel2_IRQn	DMA 通道 2 中断	SPI2_IRQn	SPI2 全局中断
DMA1_Channel3_IRQn	DMA 通道 3 中断	USART1_IRQn	USART1 全局中断
DMA1_Channel4_IRQn	DMA 通道 4 中断	USART2_IRQn	USART2 全局中断
DMA1_Channel5_IRQn	DMA 通道 5 中断	USART3_IRQn	USART3 全局中断
DMA1_Channel6_IRQn	DMA 通道 6 中断	EXTI15_10_IRQn	外部中断线 15~10 中断
NVIC_IRQChannel	描述	NVIC_IRQChannel	描述
DMA1_Channel7_IRQn	DMA 通道 7 中断	RTCAlarm_IRQn	经 EXTI 线的 RTC 闹钟中断
ADC_IRQn	ADC 全局中断	USBWakeUp_IRQn	经 EXTI 线的 USB 唤醒中断
EXTI9_5_IRQn	外部中断线 9~5 中断	USBHD_IRQn	USBHD 全局中断

2) NVIC_IRQChannelPreemptionPriority：设置成员 NVIC_IRQChannel 中的抢占优先级，其设置范围取决于 NVIC_PriorityGroup，见表 8-9。

3) NVIC_IRQChannelSubPriority：设置成员 NVIC_IRQChannel 中的响应优先级，其设置范围取决于 NVIC_PriorityGroup，见表 8-9。

表 8-9 两种优先级设置范围

NVIC_PriorityGroup	NVIC_IRQChannel 的抢占优先级	NVIC_IRQChannel 的响应优先级	描述
NVIC_PriorityGroup_0	0	0~15	抢占优先级 0 位，响应优先级 4 位
NVIC_PriorityGroup_1	0~1	0~7	抢占优先级 1 位，响应优先级 3 位
NVIC_PriorityGroup_2	0~3	0~3	抢占优先级 2 位，响应优先级 2 位
NVIC_PriorityGroup_3	0~7	0~1	抢占优先级 3 位，响应优先级 1 位
NVIC_PriorityGroup_4	0~15	0	抢占优先级 4 位，响应优先级 0 位

4) NVIC_IRQChannelCmd：指定在成员 NVIC_IRQChannel 中定义的 IRQ 通道被使能还是失能。这个参数取值为 ENABLE 或 DISABLE。

该函数使用方法如下：

```
//开启外部中断线10~15中断，赋予其抢占优先级2，响应优先级2，使能EXTI15_10_IRQn通道
NVIC_InitTypeDef   NVIC_InitStructure;
NVIC_InitStructure.NVIC_IRQChannel = EXTI15_10_IRQn;
NVIC_InitStructure.NVIC_IRQChannelPreemptionPriority = 2;
NVIC_InitStructure.NVIC_IRQChannelSubPriority = 2;
NVIC_InitStructure.NVIC_IRQChannelCmd = ENABLE;
NVIC_Init(&NVIC_InitStructure);
```

8.4.2 CH32V103的外部中断库函数

CH32V103标准库中提供大部分外部中断（EXTI）操作函数，见表8-10。

表8-10 EXTI操作函数

序号	函数名称	函数说明
1	EXTI_DeInit	将EXTI寄存器设置为初始值
2	EXTI_Init	将EXTI_InitTypeDef中指定参数，以初始化EXTI寄存器
3	EXTI_StructInit	将EXTI_InitTypeDef中每个参数按照初始值填入
4	EXTI_GenerateSWInterrupt	产生一个软件中断
5	EXTI_GetFlagStatus	检查指定的EXTI线路状态标志位
6	EXTI_ClearFlag	清除EXTI线路挂起标志位
7	EXTI_GetITStatus	检查指定的EXTI线路是否触发请求
8	EXTI_ClearITPendingBit	清除EXTI线路挂起位

1. 函数EXTI_Init

函数EXTI_Init的说明见表8-11所示。

表8-11 函数EXTI_Init的说明

项目名	描述
函数原型	void EXTI_Init(EXTI_IinitTypeDef * EXTI_InitStruct)
功能描述	将EXTI_InitTypeDef中指定参数，以初始化EXTI寄存器
输入参数	EXTI_InitStruct：指向EXTI_InitTypeDef结构体的指针
输出参数	无

EXTI_InitTypeDef定义在ch32v10x_exti.h文件中，其结构体定义如下：

```
typedef struct
{
uint32_t EXTI_Line;
EXTIMode_TypeDef    EXTI_Mode;
EXTITrigger_TypeDef   EXTI_Trigger;
FunctionalState    EXTI_LineCmd;
} EXTI_InitTypeDef;
```

1) EXTI_Line：指定要配置的外部中断线路，参数定义见表 8-12。

表 8-12　EXTI_Line 参数定义

EXTI_Line 参数	描　　述	EXTI_Line 参数	描　　述
EXTI_Line0	外部中断线 0	EXTI_Line10	外部中断线 10
EXTI_Line1	外部中断线 1	EXTI_Line11	外部中断线 11
EXTI_Line2	外部中断线 2	EXTI_Line12	外部中断线 12
EXTI_Line3	外部中断线 3	EXTI_Line13	外部中断线 13
EXTI_Line4	外部中断线 4	EXTI_Line14	外部中断线 14
EXTI_Line5	外部中断线 5	EXTI_Line15	外部中断线 15
EXTI_Line6	外部中断线 6	EXTI_Line16	外部中断线 16，连接到 PVD 事件：超电压监控阈值
EXTI_Line7	外部中断线 7		
EXTI_Line8	外部中断线 8	EXTI_Line17	外部中断线 17，连接到 RTC 闹钟事件
EXTI_Line9	外部中断线 9	EXTI_Line18	外部中断线 18，连接到 USB 唤醒事件

2) EXTI_Mode：设置中断线工作模式，参数定义见表 8-13。

表 8-13　EXTI_Mode 参数定义

EXTI_Mode 参数	描　　述
EXTI_Mode_Interrupt	设置线路为中断请求
EXTI_Mode_Event	设置线路为事件请求

3) EXTI_Trigger：设置被使能线路的触发边沿，参数定义见表 8-14。

表 8-14　EXTI_Trigger 参数定义

EXTI_Trigger 参数	描　　述
EXTI_Trigger_Rising	设置线路上升沿为中断请求
EXTI_Trigger_Falling	设置线路下降沿为中断请求
EXTI_Trigger_Rising_Falling	设置线路上升沿和下降沿均为中断请求

4) EXTI_LineCmd：设置被使能线路的状态，可以被设置为 ENABLE 或 DISABLE。该函数的使用方法如下：

```
/*设置 GPIOB 的 PIN0 引脚为下降沿触发中断*/
GPIO_EXTILineConfig(GPIO_PortSourceGPIOB,GPIO_PinSource0);
EXTI_InitStructure.EXTI_Line=EXTI_Line0;                      //设置中断线
EXTI_InitStructure.EXTI_Mode=EXTI_Mode_Interrupt;             //设置中断请求
EXTI_InitStructure.EXTI_Trigger=EXTI_Trigger_Falling;         //设置下降沿
EXTI_InitStructure.EXTI_LineCmd=ENABLE;                       //使能状态
EXTI_Init(&EXTI_InitStructure);                               //EXTI 初始化
```

2. 函数 EXTI_GetFlagStatus

函数 EXTI_GetFlagStatus 的说明见表 8-15。

表 8-15 函数 EXTI_GetFlagStatus 的说明

项目名	描述
函数原型	FlagStatusEXTI_GetFlagStatus(uint32_t EXTI_Line)
功能描述	检查指定的 EXTI 线路状态标志位
输入参数	EXTI_Line：指定外部中断线使能或失能
输出参数	FlagStatus：返回外部中断线最新状态参数，为 SET 或 RESET

该函数的使用方法如下：

```
//获取外部中断线 0 的状态标志位
FlagStatus bitstatus;
Bitstatus = EXTI_GetFlagStatus(EXTI_Line0);
```

3. 函数 EXTI_ClearFlag

函数 EXTI_ClearFlag 的说明见表 8-16。

表 8-16 函数 EXTI_ClearFlag 的说明

项目名	描述
函数原型	void EXTI_ClearFlag(uint32_t EXTI_Line)
功能描述	清除 EXTI 线路挂起标志位
输入参数	EXTI_Line：指定外部中断线使能或失能
输出参数	无

该函数的使用方法如下：

```
//清除外部中断线 0 的状态标志位
EXTI_ClearFlag(EXTI_Line0);
```

4. 函数 EXTI_GetITStatus

函数 EXTI_GetITStatus 的说明见表 8-17。

表 8-17 函数 EXTI_GetITStatus 的说明

项目名	描述
函数原型	ITStatus EXTI_GetITStatus(uint32_t EXTI_Line)
功能描述	检查指定的 EXTI 线路的中断状态标志位
输入参数	EXTI_Line：指定外部中断线使能或失能
输出参数	ITStatus：返回外部中断线最新状态参数，为 SET 或 RESET

该函数的使用方法如下：

```
//获取外部中断线 0 的中断状态标志位
FlagStatus bitstatus;
bitstatus = ITStatus EXTI_GetITStatus(EXTI_Line0);
```

5. 函数 EXTI_ClearITPendingBit

函数 EXTI_ClearITPendingBit 的说明见表 8-18。

表 8-18 函数 EXTI_ClearITPendingBit 的说明

项 目 名	描 述
函数原型	void EXTI_ClearITPendingBit(uint32_t EXTI_Line)
功能描述	清除 EXTI 线路挂起位
输入参数	EXTI_Line：指定外部中断线使能或失能
输出参数	无

该函数的使用方法如下：

//清除外部中断线 0 的中断状态标志位
EXTI_ClearITPendingBit(EXTI_Line0);

8.5 外部中断使用流程

CH32V103 系列微控制器中断设计包括 3 个部分，即快速可编程中断控制器配置、中断端口设置、中断处理。

8.5.1 快速可编程中断控制器配置

使用中断时，首先需要对快速可编程中断控制器（PFIC）进行配置。PFIC 配置流程如图 8-3 所示。

PFIC 配置主要包括以下内容：

1）根据需要对中断优先级进行分组，确定抢占优先级和响应优先级的位数。

2）选择中断通道，不同的引脚对应不同的中断通道。在 ch32v10x.h 中定义中断通道结构体 IRQn_Type，包含芯片的所有中断通道。外部中断 EXTI0~EXTI4 有独立的中断通道 EXTI0_IRQn~EXTI4_IRQn，而 EXTI5~EXTI9 共用一个中断通道 EXTI9_5_IRQn，EXTI10~EXTI15 共用一个中断通道 EXTI15_10_IRQn。

3）根据系统要求设置中断优先级，包括抢占优先级和响应优先级。

4）使能相应的中断，完成 PFIC 的设置。

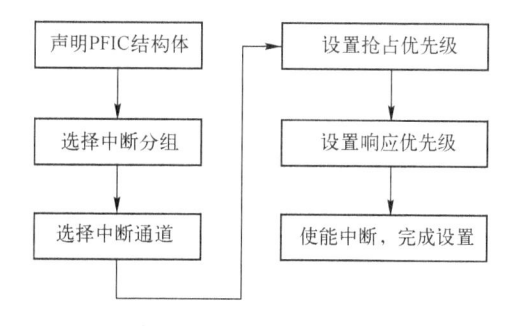

图 8-3 PFIC 配置流程

8.5.2 中断端口设置

PFIC 设置完成后需要对中断端口进行配置，即配置哪个引脚发生了什么中断。GPIO 外部中断端口配置流程如图 8-4 所示。

中断端口配置主要包括以下内容：

1）首先进行 GPIO 配置，对引脚进行配置，使能引脚。

2）对外部中断方式进行配置，包括中断线路设置、中断或事件选择、触发方式设置、使能

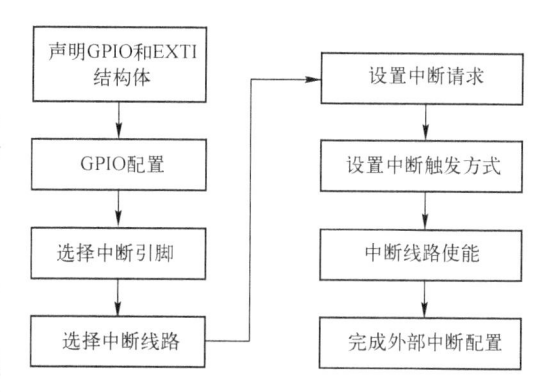

图 8-4 GPIO 外部中断端口配置流程

中断线完成设置。

其中，中断线路 EXTI_Line0~EXTI_Line15 分别对应 EXTI0~EXTI15，即每个端口的 16 个引脚。EXTI_Line16、EXTI_Line17、EXTI_Line18 分别对应 PVD 输出事件、RTC 闹钟事件、USB 唤醒事件。

8.5.3 中断处理

中断处理的整个过程包括中断请求、中断响应、中断服务程序及中断返回 4 个步骤。其中，中断服务程序主要完成中断线路状态检测、中断服务内容和中断清除。

1) 中断请求。如果系统存在多个中断源，处理器要先对当前中断的优先级进行判断，先响应优先级高的中断。若多个中断请求同时到达且抢占优先级相同，则先处理响应优先级高的中断。

2) 中断响应。在中断事件产生后，当前系统没有同级别或者更高级别中断正在服务时，系统将调用新的入口地址，进入中断服务程序。

3) 中断服务程序。以外部中断为例，中断服务程序处理流程如图 8-5 所示。

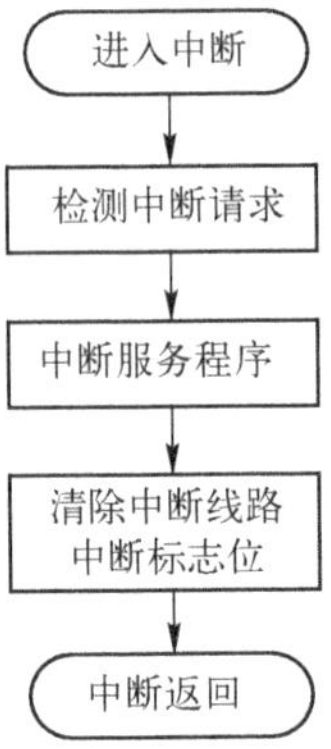

图 8-5 中断服务程序处理流程

4) 中断返回。中断返回是指中断服务完成后，处理器返回到原来程序断点处继续执行原来的程序。例如，外部中断 0 的中断服务程序如下：

```
void EXTI0_IRQHandler( void)
{
    if( EXTI_GetITStatus( EXTI_Line0)！= RESET)
    {
        //中断服务内容
        ……
        EXTI_ClearITPendingBit( EXTI_Line0);    //清除外部中断线 0 中断标志
    }
}
```

8.6 CH32 的外部中断设计实例

中断在嵌入式应用中占有非常重要的地位，几乎每个控制器都有中断功能。中断对保证紧急事件在第一时间得到处理是非常重要的。

本实例设计使用外接的按键作为触发源，使得控制器产生中断，并在中断服务函数中实现控制 RGB 彩灯的任务。

8.6.1 CH32 的外部中断硬件设计

外部中断线路例程是 EXTI_Line0(PA0)，PA0 设置为上拉输入，下降沿触发中断。

在 CH32V103 外部中断设计实例中，以外接按键作为中断触发源，实现打印"Run at EXTI"的任务。具体硬件设计上，使用 PA0 引脚（EXTI_Line0）连接按键，并将其配置为上拉输入模式，以便在按键按下产生下降沿信号时触发外部中断。

8.6.2 CH32 的外部中断软件设计

1. 软件设计步骤

CH32V103 外部中断（EXTI0）软件设计步骤如下：

步骤1：系统初始化。

1）配置 NVIC 优先级分组：通过 NVIC_PriorityGroupConfig(NVIC_PriorityGroup_2)设置 NVIC 的优先级分组为2。

2）更新系统时钟：调用 SystemCoreClockUpdate()以更新系统时钟频率，确保系统时钟频率的准确性。

3）初始化延时函数：执行 Delay_Init()以初始化延时功能，用于之后的延时操作。

4）初始化串口打印：通过 USART_Printf_Init(115200)以 115200 的波特率初始化串口，用于输出调试信息。

步骤2：打印系统信息。

1）打印系统时钟频率：使用 printf 输出当前的系统时钟频率。

2）打印芯片 ID：调用 DBGMCU_GetCHIPID()获取并打印芯片 ID，这有助于识别当前使用的硬件。

3）打印测试信息：输出"EXTI0 Test"字符串，表示程序已进入外部中断测试阶段。

步骤3：初始化 EXTI0 外部中断。

1）启用 GPIOA 和 AFIO（复用功能）时钟：通过 RCC_APB2PeriphClockCmd 启用 GPIOA 和 AFIO 的时钟。

2）配置 GPIOA.0 为上拉输入：将 GPIOA 的第0脚（PA0）配置为上拉输入模式，用于检测外部按键。

3）映射 EXTI0 到 PA0：通过 GPIO_EXTILineConfig 将 PA0 映射到 EXTI0 上。

4）配置 EXTI0 的属性：设置 EXTI0 为中断模式，触发条件为下降沿，并启用该线路。

5）配置 NVIC 中断优先级：为 EXTI0 中断设置优先级，并在 NVIC 中启用。

步骤4：EXTI0 中断服务函数。

1）检查中断标志：在 EXTI0_IRQHandler 中断服务函数中，首先检查 EXTI_Line0 是否触发了中断。

2）执行中断响应：如果检测到中断，打印"Run at EXTI"信息，并清除中断标志位，避免重复触发。

步骤5：主循环。

1）循环体内延时：在 main 函数的循环中，使用 Delay_Ms(1000)实现1s的延时。

2）执行主循环任务：每隔1s，在串口打印"Run at main"，表示程序在主循环中正常运行。

通过以上步骤，该程序实现了通过按键触发 PA0（EXTI_Line0）产生外部中断，并在中断服务程序中响应该事件的功能。这个过程展示了如何在 CH32V103 上配置和使用外部中断，以及如何通过中断服务程序处理外部事件。

2. 软件程序

这里只讲解核心的部分代码，有些变量的设置、头文件的包含等并没有涉及。

程序清单如下：

```c
#include "debug.h"
/***************************************************************
 * 函数名称: EXTI0_INT_INIT
 * 功能: 初始化 EXTI0 采集
 * 返回: 无
 */
void EXTI0_INT_INIT(void)
{
    GPIO_InitTypeDef  GPIO_InitStructure = {0};
    EXTI_InitTypeDef  EXTI_InitStructure = {0};
    NVIC_InitTypeDef  NVIC_InitStructure = {0};

    RCC_APB2PeriphClockCmd(RCC_APB2Periph_AFIO | RCC_APB2Periph_GPIOA, ENABLE);

    GPIO_InitStructure.GPIO_Pin = GPIO_Pin_0;
    GPIO_InitStructure.GPIO_Mode = GPIO_Mode_IPU;
    GPIO_Init(GPIOA, &GPIO_InitStructure);

    /* GPIOA ----> EXTI_Line0 */
    GPIO_EXTILineConfig(GPIO_PortSourceGPIOA, GPIO_PinSource0);
    EXTI_InitStructure.EXTI_Line = EXTI_Line0;
    EXTI_InitStructure.EXTI_Mode = EXTI_Mode_Interrupt;
    EXTI_InitStructure.EXTI_Trigger = EXTI_Trigger_Falling;
    EXTI_InitStructure.EXTI_LineCmd = ENABLE;
    EXTI_Init(&EXTI_InitStructure);

    NVIC_InitStructure.NVIC_IRQChannel = EXTI0_IRQn;
    NVIC_InitStructure.NVIC_IRQChannelPreemptionPriority = 1;
    NVIC_InitStructure.NVIC_IRQChannelSubPriority = 2;
    NVIC_InitStructure.NVIC_IRQChannelCmd = ENABLE;
    NVIC_Init(&NVIC_InitStructure);
}
/***************************************************************
 * 函数名称: EXTI0_IRQHandler
 * 功能: EXTI0 中断处理程序
 * 返回: 无
 ***************************************************************/
void EXTI0_IRQHandler(void)
{
    if(EXTI_GetITStatus(EXTI_Line0) != RESET)
    {
        printf("Run at EXTI\r\n");
        EXTI_ClearITPendingBit(EXTI_Line0); /* Clear Flag */
    }
}
/***************************************************************/
int main(void)
{
    NVIC_PriorityGroupConfig(NVIC_PriorityGroup_2);
    SystemCoreClockUpdate();
    Delay_Init();
    USART_Printf_Init(115200);
    printf("SystemClk:%d\r\n", SystemCoreClock);
    printf("ChipID:%08x\r\n", DBGMCU_GetCHIPID());
```

```
        printf("EXTI0 Test\r\n");
        EXTI0_INT_INIT();

        while(1)
        {
            Delay_Ms(1000);
            printf("Run at main\r\n");
        }
    }
```

3. 程序代码说明

下面对上述代码的功能进行说明。

（1）void EXTI0_INT_INIT(void)函数　该函数的功能是初始化外部中断 EXTI0 的配置。程序的主要步骤和功能如下：

1）时钟配置：通过 RCC_APB2PeriphClockCmd 函数使能 GPIOA 端口和 AFIO 的时钟。这是为了确保 GPIOA 端口和外部中断功能可以正常工作。

2）GPIO 配置：设置 GPIOA 的第 0 脚（即 PA0）为上拉输入模式（GPIO_Mode_IPU），准备用于外部中断信号的输入。

3）外部中断线路配置：通过 GPIO_EXTILineConfig 函数将 GPIOA 的第 0 脚（PA0）与外部中断线 EXTI_Line0 连接起来，实现物理引脚到中断线路的映射。

4）EXTI 配置：配置外部中断 EXTI_Line0 的工作模式为中断模式（EXTI_Mode_Interrupt），触发条件为下降沿（EXTI_Trigger_Falling），并启用该中断线（EXTI_LineCmd = ENABLE）。

5）NVIC 配置：配置 NVIC，设置 EXTI0 中断的优先级，并启用该中断。这里设置了抢占优先级为 1，子优先级为 2。

通过以上步骤，当 PA0 检测到从高电平到低电平的变化时（即下降沿），将触发 EXTI0 中断，执行相应的中断服务程序。这通常用于处理诸如按钮按压等外部事件。

（2）void EXTI0_IRQHandler(void)函数　该函数定义了一个名为 EXTI0_IRQHandler 的函数，这是一个外部中断 0（EXTI0）的中断处理程序。该函数的功能是在外部中断 0（EXTI0）被触发时，打印一条消息到控制台或调试窗口，并清除中断标志位以避免重复触发中断处理程序。其主要功能如下：

1）检查中断标志：通过调用 EXTI_GetITStatus（EXTI_Line0）函数检查 EXTI_Line0（即外部中断线 0，通常与某个具体的 GPIO 引脚相连）是否触发了中断。如果返回值不是 RESET（意味着中断确实发生了），则执行下一步。

2）执行中断响应：当检测到 EXTI_Line0 触发了中断，程序首先通过 printf 函数打印信息"Run at EXTI"到控制台或调试窗口，表明 EXTI0 中断被触发，并且程序已经进入了中断处理程序中。

3）清除中断标志：最后，调用 EXTI_ClearITPendingBit（EXTI_Line0）函数清除 EXTI_Line0 的中断等待标志位。这一步是必需的，如果不清除已经处理的中断标志，中断服务程序就会不断被调用，导致程序不能正常向下执行。

（3）int main(void)函数　这是一个主函数（main 函数），其功能主要包括初始化系统、配置外部中断 EXTI0，并在主循环中周期性地执行一些操作。具体步骤和功能如下：

1）设置 NVIC 中断优先级分组：调用 NVIC_PriorityGroupConfig 函数，设置 NVIC 的优先级分组为 2。这影响中断优先级的配置方式。

2）系统时钟更新：调用 SystemCoreClockUpdate 函数更新系统时钟变量 SystemCoreClock，确保系统时钟设置正确。

3）初始化延时函数：调用 Delay_Init 函数初始化延时功能，这是基于系统时钟的一种软件延时实现。

4）初始化串口打印功能：调用 USART_Printf_Init 函数，以 115200 的波特率初始化串口，用于调试信息的输出。

5）由 CH32V103 的 UART 串口发送系统时钟和芯片 ID：通过 printf 函数重定向由串口发送系统时钟频率和芯片 ID。这些信息对于确认系统状态和识别硬件很有用。

6）由 CH32V103 的 UART 串口发送 EXTI0 测试信息：通过 printf 函数重定向由串口发送"EXTI0 Test\r\n"字符串，表示程序将进行外部中断 EXTI0 的测试。

7）初始化 EXTI0 外部中断：调用之前定义的 EXTI0_INT_INIT 函数，初始化与 EXTI0 相关的 GPIO、EXTI 和 NVIC 配置，准备接收和处理外部中断。

8）主循环：程序进入一个无限循环，每隔 1 s（通过 Delay_Ms(1000) 实现）通过 printf 函数重定向由串口发送"Run at main\r\n"信息。这表明程序正在正常运行，并持续检测外部中断信号。

这个程序的主要目的是演示如何配置和使用 CH32V103 的外部中断功能（特别是 EXTI0），同时通过串口输出一些系统信息和运行状态，用于调试和演示。

4. 工程调试

双击图 8-6 中的 EXTI0.wvproj 工程，弹出如图 8-7 所示的 EXTI0 工程调试界面。

图 8-6　EXTI0.wvproj 工程

图 8-7　EXTI0 工程调试界面

工程编译、下载和串口助手测试方法同触摸按键工程 TouchKey，详细过程从略。

双击串口助手图标，进入测试界面，如图 8-8 所示。端口号选择 "COM26 USB Serial Port"，波特率自动跟踪，与 CH32V103 的波特率一致，为 115200。图 8-8 的接收窗口显示：

SystemClk:72000000
ChipID:2500410f
EXTI0 Test

然后一直接收到 "Run at main"。

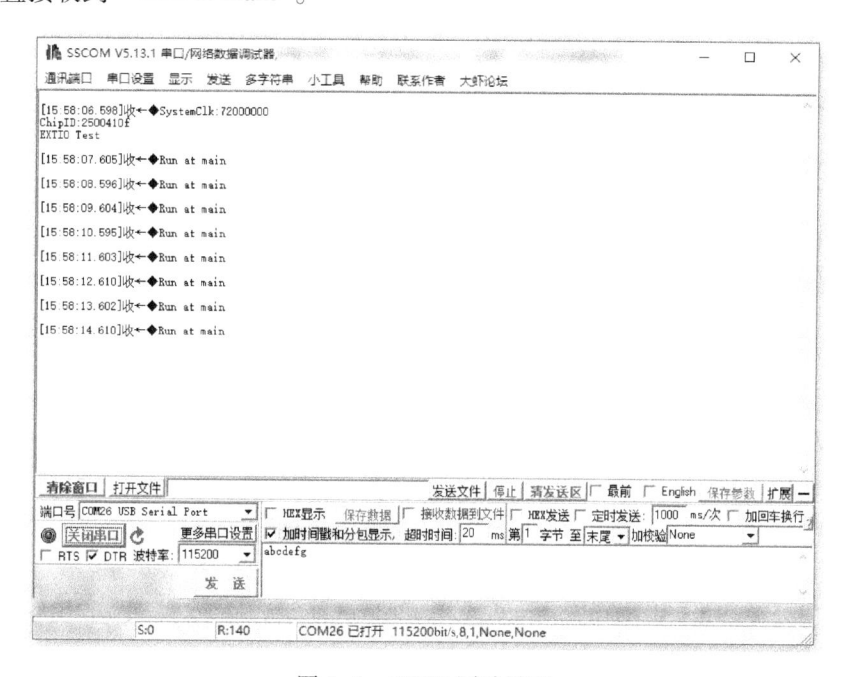

图 8-8　EXTI0 测试界面

习题

1. CH32V103 中断系统的主要特征有哪些？
2. 画出 CH32V103 的外部中断（EXTI）接口图。
3. 什么是 PFIC？

第 9 章 CH32 定时器系统

CH32 定时器是微控制器中非常重要的组成部分，它们提供了精确的时间控制和事件计时功能，支持广泛的应用，包括时间测量、事件计数、信号产生和响应外部事件等。

本章内容安排如下：

1）CH32 定时器概述：介绍了 CH32 定时器的基本类型和计数模式，以及它们的主要功能。这为理解定时器如何在 CH32 微控制器中工作提供了必要的背景知识。

2）CH32V103 通用定时器的结构：详细讲述了 CH32V103 通用定时器的内部结构，包括输入时钟、核心计数器、比较捕获通道及功能寄存器等。此外，还介绍了通用定时器的外部触发及输入/输出通道，这些都是理解和使用定时器的关键要素。

3）CH32V103 通用定时器的功能模式：详细讲述了 CH32V103 通用定时器支持的多种功能模式，包括输入捕获模式、比较输出模式、强制输出模式、PWM 输入模式、PWM 输出模式、单脉冲模式、编码器模式、定时器同步模式和调试模式等。每种模式的工作原理和应用场景也将在此部分讨论。

4）通用定时器常用库函数：为了简化开发过程，详细讲述了 CH32V103 通用定时器的常用库函数。这些函数允许开发者轻松配置定时器参数，启动和停止计时过程，以及处理定时器事件，从而加快开发速度和提高效率。

5）通用定时器使用流程：详细介绍了通用定时器的使用流程，包括 PFIC 设置、定时器中断配置和处理流程等步骤。这些内容将帮助读者理解如何在实际项目中配置和使用 CH32 定时器。

6）CH32 定时器应用实例：通过具体的硬件和软件设计实例，讲述了如何在实际项目中应用 CH32 定时器。这包括硬件设计的基本要求和软件设计的步骤，以及如何结合使用库函数来实现特定的应用需求。

通过本章的学习，读者将能够充分理解 CH32 定时器的功能和应用，掌握如何在自己的项目中有效地使用这些功能。

9.1 CH32 定时器概述

定时器本质上就是"数字电路"课程中学过的计数器（Counter），它像"闹钟"一样忠实地为处理器完成定时或计数任务，几乎是所有现代微处理器必备的一种片上外设。

定时与计数的应用十分广泛。在实际生产过程中，许多场合都需要定时或者计数操作。例如产生精确的时间、对流水线上的产品计数等。因此，定时/计数器在嵌入式微控制器中十分重要。

定时和计数可以通过软件延时、可编程定时/计数器方式实现。

1. 软件延时

微控制器是在一定时钟下运行的，可以根据代码所需的时钟周期来完成延时操作。软件延时会导致 CPU 利用率低，因此主要用于短时间延时，如高速模数转换器。

2. 可编程定时/计数器

微控制器中的可编程定时/计数器可以实现定时和计数操作，定时/计数器功能由程序灵活设置，重复利用。设置好后由硬件与 CPU 并行工作，不占用 CPU 时间，这样在软件的控制下，可以实现多个精密定时/计数。嵌入式处理器为了适应多种应用，通常集成多个高性能的定时/计数器。

微控制器中的定时器本质上是一个计数器，可以对内部脉冲或外部输入计数，不仅具有基本的延时/计数功能，还具有输入捕获、输出比较和 PWM 波形输出等高级功能。在嵌入式开发中，充分利用定时器的强大功能，可以显著提高外设驱动的编程效率和 CPU 利用率，增强系统的实时性。

CH32V103 系列微控制器具有丰富的定时器资源，包括通用定时器（TIM2/3/4）、高级定时器（TIM1）、专用定时器（RTC、独立看门狗、窗口看门狗、系统滴答定时器）。

9.1.1 CH32 定时器的类型

1. 通用定时器

通用定时器模块包含一个 16 位可自动重装的定时器（TIM2/3/4），用于测量脉冲宽度或者产生特定频率的脉冲、PWM 波等，可用于自动化控制、电源等领域。通用定时器的主要特征包括：

1) 16 位自动重装计数器，支持增计数模式和减计数模式。
2) 16 位预分频器，分频系数在 1~65536 之间动态可调。
3) 支持 4 路独立的比较捕获通道。
4) 每路比较捕获通道都支持多种工作模式，比如输入捕获、输出比较、PWM 生成和单脉冲输出。
5) 支持外部信号控制定时器。
6) 支持在多种模式下使用 DMA。
7) 支持增量式编码。
8) 支持定时器之间的级联和同步。

2. 高级定时器

高级定时器模块包含一个功能强大的 16 位自动重装定时器（TIM1），可用于测量脉冲宽度或者产生脉冲、PWM 波等，可用于电机控制、电源等领域。高级定时器的主要特征包括：

1) 16 位自动重装计数器，支持增计数模式和减计数模式。
2) 16 位预分频器，分频系数在 1~65536 之间动态可调。
3) 支持 4 路独立的比较捕获通道。
4) 每路比较捕获通道都支持多种工作模式，比如输入捕获、输出比较、PWM 生成和单脉冲输出。
5) 支持可编程死区时间的互补输出。
6) 支持外部信号控制定时器。
7) 支持使用重复计数器在确定周期后更新定时器。
8) 支持使用刹车信号将定时器复位或置其于确定状态。
9) 支持在多种模式下使用 DMA。
10) 支持增量式编码器。

11）支持定时器之间的级联和同步。

3. 系统定时器

CH32V103 系列产品的 RISC-V3A 内核自带了一个 64 位自增型计数器（SysTick），支持 HCLK/8 作为时基，具有较高优先级，校准后可用于时间基准。

4. 通用定时器和高级定时器的区别

与高级定时器相比，通用定时器缺少以下功能：

1）缺少对核心计数器（CNT）的计数周期进行计数的重复计数寄存器。
2）通用定时器的比较捕获功能缺少死区产生模块，没有互补输出的功能。
3）没有刹车信号机制。
4）通用定时器的默认时钟 CK_INT 都来自 APB2，而高级定时器（TIM1）的 CK_INT 来自 APB1。

9.1.2　CH32 定时器的计数模式

（1）增计数模式　在增计数模式中，计数器从 0 向上计数到 TIMx 自动重装值寄存器（R16_TIMx_ATRLR），然后重新从 0 开始计数并且产生一个计数器溢出事件，每次计数器溢出时 M_X _A 都可以产生更新事件。

（2）减计数模式　在减计数模式中，计数器从 TIMx 自动重装值寄存器（R16_TIMx_ATRLR）开始向下计数，然后重新从 0 开始计数并且产生一个计数器溢出事件，每次计数器溢出时都可以产生更新事件。

9.1.3　CH32 定时器的主要功能

CH32 定时器的主要功能如下：

1）定时功能：通过对内部系统时钟计数实现定时的功能。
2）输入捕获模式：计算脉冲频率和宽度。
3）比较输出模式：在核心计数器的值与比较捕获寄存器的值一致时，输出特定的变化或波形。
4）强制输出模式：比较捕获通道的输出模式可以由软件强制输出确定的电平，而不依赖比较捕获寄存器的影子寄存器和核心计数器的比较。
5）PWM 输入模式：PWM 输入模式是用来测量 PWM 的占空比和频率的，是输入捕获模式的一种特殊情况。
6）PWM 输出模式：最常见的 PWM 输出模式是使用重装值确定 PWM 频率，使用捕获比较寄存器确定占空比的方法。
7）单脉冲模式：单脉冲模式可以响应一个特定的事件，在一个延迟之后产生一个脉冲，延迟和脉冲的宽度可编程。
8）编码器模式：用来接入编码器的双相输出，核心计数器的计数方向和编码器的转轴方向同步，编码器每输出一个脉冲就会使核心计数器加 1 或减 1。
9）定时器同步模式：定时器既能够输出时钟脉冲，也能接收其他定时器的输入。
10）互补输出和死区控制：高级定时器（TIM1）能够输出两个互补的信号，并且能够管理输出的瞬时关断和接通，这段事件被称为死区。用户应该根据连接的输出器件和它们的特性（电平转换的延时、电源开关的延时等）来调整死区时间。
11）刹车信号输入功能：用来完成紧急停止。

9.2 CH32V103 通用定时器的结构

CH32V103 通用定时器主要包括 1 个外部触发引脚 TIMx_ETR、4 个输入/输出通道（TIMx_CH1、TIMx_CH2、TIMx_CH3、TIMx_CH4）、1 个内部时钟、1 个触发控制器、1 个时钟单元（由 PSC、ARR 和 CNT 组成）。通用定时器的基本结构如图 9-1 所示。

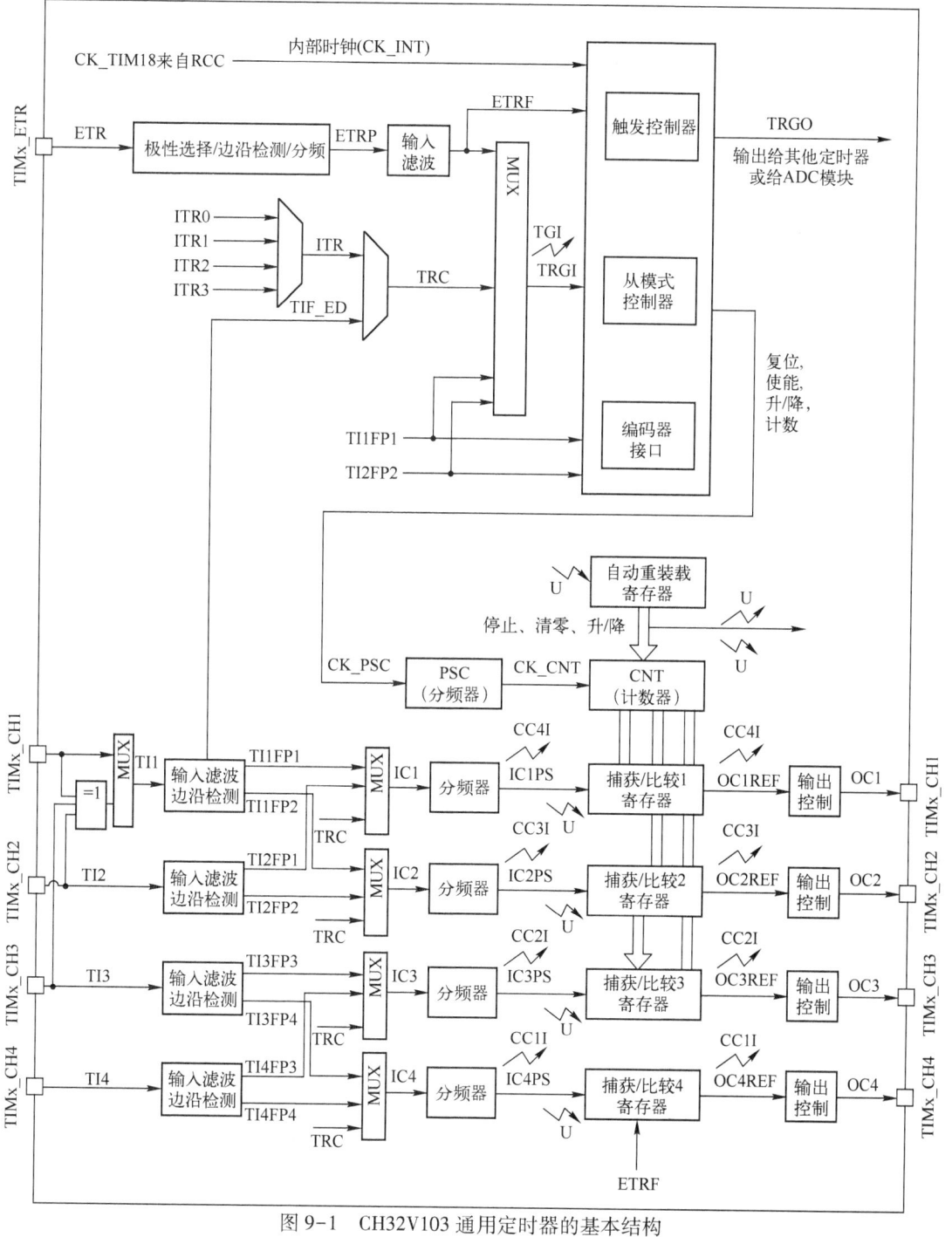

图 9-1 CH32V103 通用定时器的基本结构

9.2.1 输入时钟

通用定时器的时钟可以来自 AHB 总线时钟（CK_INT）、外部时钟输入引脚（TIMx_ETR）、其他具有时钟输出功能的定时器（ITRx）以及比较捕获通道的输入端（TIMx_CHx）。这些输入的时钟信号经过各种设定的滤波分频等操作后成为 CK_PSC 时钟，输出给核心计数器部分。另外，这些复杂的时钟来源还可以作为触发输出（TRGO）输出给其他定时器、ADC 等外设。

时钟源选择内部 APB 时钟时，计数器对内部时钟脉冲计数，属于定时功能，可以完成精密定时；时钟源选择外部信号时，可以完成外部信号计数。具体包括：时钟源为外部输入引脚 TIx 时，定时器对选定输入端（TIMx_CH1、TIMx_CH2、TIMx_CH3、TIMx_CH4）的每个上升沿或下降沿计数，属于计数功能；时钟源为外部时钟引脚（ETR）时，计数器对外部触发引脚（TIMx_ETR）计数，属于计数功能。通用定时器输入时钟源如图 9-2 所示。

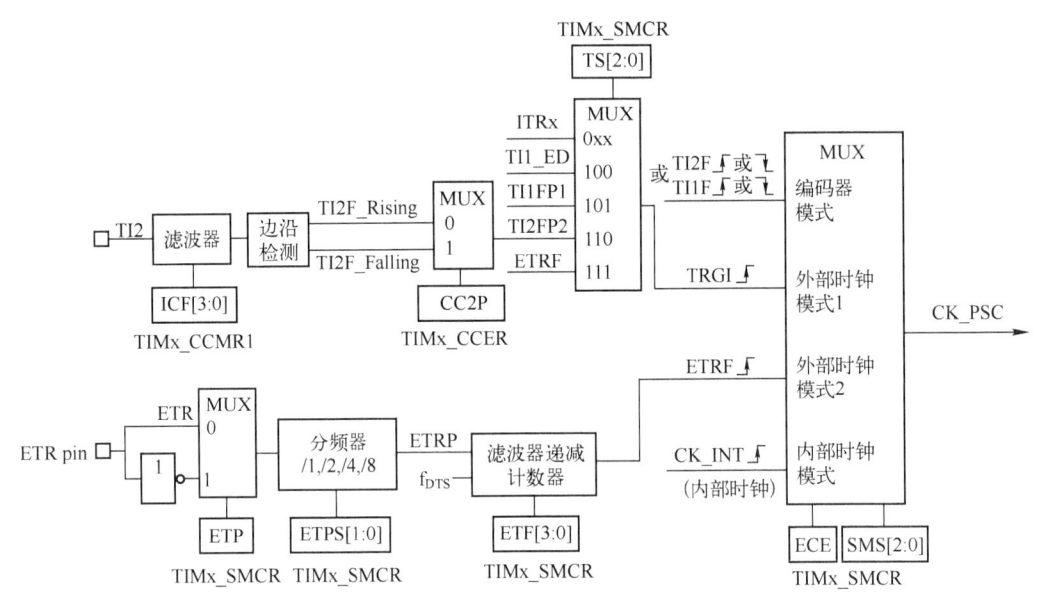

图 9-2 通用定时器输入时钟源

9.2.2 核心计数器

通用定时器的核心是一个 16 位计数器（CNT）。CK_PSC 经过预分频器（PSC）分频后成为 CK_CNT，再最终传输给 CNT，CNT 支持增计数模式、减计数模式和增减计数模式，并有 1 个自动重装值寄存器（ATRLR），该寄存器在每个计数周期结束后为 CNT 重装载初始化值。

9.2.3 比较捕获通道

通用定时器拥有 4 组比较捕获通道，每组比较捕获通道都可以从专属的引脚上输入脉冲，也可以向引脚输出波形，即比较捕获通道支持输入和输出模式。比较捕获寄存器的每个通道的输入都支持滤波、分频、边沿检测等操作，并支持通道间的互触发，还能为核心计数器 CNT 提供时钟。每个比较捕获通道都拥有 4 组比较捕获寄存器（CHxCVR），支持与核心计数器 CNT 进行比较而输出脉冲。

9.2.4　通用定时器的功能寄存器

计数寄存器（16 位）包括 TIMx 计数器（R16_TIMx_CNT）、TIMx 计数时钟预分频器（R16_TIMx_PSC）、TIMx 自动重装值寄存器（R16_TIMx_ATRLR）。计数寄存器可以进行增计数、减计数或增减计数。

控制寄存器（16 位）包括 TIMx 控制寄存器 1（R16_TIMx_CTLR1）、TIMx 控制寄存器 2（R16_TIMx_CTLR2）、TIMx 从模式控制寄存器（R16_TIMx_SMCFGR）、TIMx DMA/中断使能寄存器（R16_TIMx_DMAINTENR）、TIMx 中断状态寄存器（R16_TIMx_INTFR）、TIMx 事件产生寄存器（R16_TIMx_SWEVGR）、TIMx 比较捕获控制寄存器 1（R16_TIMx_CHCTLR1）、TIMx 比较捕获控制寄存器 2（R16_TIMx_CHCTLR2）、TIMx 比较捕获使能寄存器（R16_TIMx_CCER）、TIMx 比较捕获寄存器 1（R16_TIMx_CH1CVR）、TIMx 比较捕获寄存器 2（R16_TIMx_CH2CVR）、TIMx 比较捕获寄存器 3（R16_TIMx_CH3CVR）、TIMx 比较捕获寄存器 4（R16_TIMx_CH4CVR）、TIMx DMA 控制寄存器（R16_TIMx_DMACFGR）、TIMx 连续模式的 DMA 地址寄存器（R16_TIMx_DMAADR）。

通用定时器的相关寄存器功能请参考芯片手册。通用定时器各种功能的设置可以通过控制寄存器实现。寄存器的读写既可以通过编程设置寄存器自由实现，也可以利用通用定时器标准库函数实现。标准库提供了几乎所有寄存器操作函数，使基于标准库的开发更加简单、快捷。

9.2.5　通用定时器的外部触发及输入/输出通道

CH32V103C8T6 的通用定时器有 1 个外部触发引脚 TIM2_ETR(PA0)。外部触发引脚经过各种设定的滤波分频等操作后成为 CK_PSC 时钟，输出给核心计数器部分。另外，该时钟还可作为 TRGO 输出给其他定时器、ADC 等外设。

CH32V103C8T6 有 3 个通用定时器，共 12 个输入/输出通道：TIM2_CH1(PA0)、TIM2CH2(PA1)、TIM2_CH3(PA2)、TIM2_CH4(PA3)、TIM3_CH1(PA6)、TIM3_CH2(PA7)、TIM3_CH3(PB0)、TIM3_CH4(PB1)、TIM4_CH1(PB6)、TIM4_CH2(PB7)、TIM4_CH3(PB8)、TIM4_CH4(PB9)。

9.3　CH32V103 通用定时器的功能模式

CH32V103 通用定时器的基本功能是定时和计数。可编程定时/计数器的时钟源来自内部 APB 时钟时，可以完成精密定时；时钟源来自外部信号时，可完成外部信号计数。使用过程中，需要设置时钟源、时基单元和计数模式。

时基单元是设置定时/计数器计数时钟的基本单元，包含计数器寄存器（R16_TIMx_CNT）、预分频器（R16_TIMx_PSC）和自动重装值寄存器（R16_TIMx_ATRLR）。

1）计数器寄存器（R16_TIMx_CNT）由预分频器的时钟输出 CK_INT 驱动。设置控制寄存器 1（R16_TIMx_CTLR1）中的使能计数器位（CEN）时，CK_INT 有效。

2）预分频器（R16_TIMx_PSC）可以将计数器的时钟频率按照 1~65535 之间的任意值（PSC）分频。计数器的时钟频率等于分频器的输入频率/(PSC+1)。

3）自动重装值寄存器（R16_TIMx_ATRLR）是预先装载的，写或读自动重装载寄存器将访问预装载寄存器。

时基单元可根据实际需要，由软件设置预分频器，得到定时/计数器的计数时钟。可通过设置相应的寄存器或由库函数设置来实现。

9.3.1 输入捕获模式

输入捕获模式是定时器的基本功能之一，其原理是：当检测到 ICxPS 信号上确定的边沿后，产生捕获事件，计数器当前的值会被锁存到比较捕获寄存器（R16_TIMx_CHxCVR）中。发生捕获事件时，CCxIF（在 R16_TIMx_INTFR 中）被置位，如果使能了中断或者 DMA，还会产生相应中断或者 DMA。如果发生捕获事件时，CCxIF 已经被置位了，那么 CCxOF 位会被置位。CCxIF 既可以由软件清除，也可以通过读取比较捕获寄存器由硬件清除。CCxOF 由软件清除。

下面以通道 1 为例来说明使用输入捕获模式的步骤。具体步骤如下：

1）配置 CCxS 域，选择 ICx 信号的来源。比如设为 10b，选择 TI1FP1 作为 IC1 的来源，不可以使用默认设置，CCxS 域默认是将比较捕获模块作为输出通道。

2）配置 ICxF 域，设定 TI 信号的数字滤波器。数字滤波器会以确定的频率，采样确定的次数，再输出一个跳变。这个采样频率和次数是通过 ICxF 来确定的。

3）配置 CCxP 位，设定 TIxFPx 的极性。比如保持 CC1P 位为低，选择上升沿跳变。

4）配置 ICxPS 域，设定 ICx 信号成为 ICxPS 之间的分频系数。比如保持 ICxPS 为 00b（b 即 bit），不分频。

5）配置 CCxE 位，允许捕获核心计数器（CNT）的值到比较捕获寄存器中。置 CC1E 位。

6）根据需要配置 CCxIE 和 CCxDE 位，决定是否允许使能中断或者 DMA。

至此已经将比较捕获通道配置完成。

当 TI1 输入了一个被捕获的脉冲时，核心计数器（CNT）的值会被记录到比较捕获寄存器中，CC1IF 被置位，如果 CC1IF 在之前已经被置位，CC1OF 位也会被置位；如果 CC1IE 被置位，那么会产生一个中断；如果 CC1DE 被置位，会产生一个 DMA 请求。可以通过写事件产生寄存器（R16_TIMx_SWEVGR）的方式由软件产生一个输入捕获事件。

9.3.2 比较输出模式

比较输出模式是定时器的基本功能之一。比较输出模式的原理是在核心计数器（CNT）的值与比较捕获寄存器的值一致时，输出特定的变化或波形。OCxM 域（在 R16_TIMx_CHCTLRx 中）和 CCxP 位（在 R16_TIMx_CCER 中）决定输出的是确定的高低电平还是电平翻转。产生比较一致事件时还会置 CCxIF 位。如果预先置了 CCxIE 位，则会产生一个中断；如果预先设置了 CCxDE 位，则会产生一个 DMA 请求。

配置比较输出模式的步骤如下：

1）配置核心计数器（CNT）的时钟源和自动重装值。

2）设置好需要对比的计数值到比较捕获寄存器（R16_TIMx_CHxCVR）中。

3）如果需要产生中断，置 CCxIE 位。

4）保持 OCxPE 为 0，禁用比较捕获寄存器的预装载寄存器。

5）设定输出模式，设置 OCxM 域和 CCxP 位。

6）使能输出，置 CCxE 位。

7）置 CEN 位启动定时器。

9.3.3 强制输出模式

强制输出模式是指定时器的比较捕获通道的输出模式可以由软件强制输出确定的电平,而不依赖比较捕获寄存器的影子寄存器和核心计数器的比较。

具体的做法是:将 OCxM 置为 100b,即强制将 OCxREF 置为低;或者将 OCxM 置为 101b,即强制将 OCxREF 置为高。

需要注意的是,将 OCxM 强制置为 100b 或者 101b,内部核心计数器和比较捕获寄存器的比较过程还在进行,相应的标志位还在置位,中断和 DMA 请求还在产生。

9.3.4 PWM 输入模式

PWM 输入模式用于测量 PWM 的占空比和频率,是输入捕获模式的一种特殊情况。除以下区别外,其操作和输入捕获模式相同:PWM 占用两个比较捕获通道,且两个通道的输入极性设为相反,其中一个信号被设为触发输入,SMS 设为复位模式。

例如,测量从 TI1 输入的 PWM 波的周期和频率,需要进行以下操作:

1) 将 TI1(TI1FP1)设为 IC1 信号的输入,将 CC1S 置为 01b。
2) 将 TI1FP1 置为上升沿有效,将 CC1P 保持为 0。
3) 将 TI1(TI1FP2)置为 IC2 信号的输入,将 CC2S 置为 10b。
4) 选 TI1FP2 置为下降沿有效,将 CC2P 置为 1。
5) 时钟源的来源选择 TI1FP1,将 TS 设为 101b。
6) 将 SMS 设为复位模式,即 100b。
7) 使能输入捕获,CC1E 和 CC2E 置位。

9.3.5 PWM 输出模式

PWM 输出模式是定时器的基本功能之一。最常见的 PWM 输出模式是使用重装值确定 PWM 频率,使用比较捕获寄存器确定占空比的方法。将 OCxM 域中置 110b 或者 111b,使用 PWM 模式 1 或者模式 2,置 OCxPE 位使能预装载寄存器,最后置 ARPE 位使能预装载寄存器的自动重装载。只有在发生一个更新事件时,预装载寄存器的值才能被送到影子寄存器,所以在核心计数器开始计数之前,需要置 UG 位来初始化所有寄存器。在 PWM 模式下,核心计数器和比较捕获寄存器一直在进行比较,根据 CMS 位,定时器能够输出边沿对齐或者中央对齐的 PWM 信号。

1. 边沿对齐

使用边沿对齐时,核心计数器增计数或者减计数。在 PWM 模式 1 的情景下:在核心计数器的值大于比较捕获寄存器时,OCxREF 上升为高;当核心计数器的值小于比较捕获寄存器时(比如核心计数器增长到 R16_TIMx_ATRLR 的值而恢复成全 0 时),OCxREF 下降为低。

2. 中央对齐

使用中央对齐模式时,核心计数器运行在增计数和减计数交替进行的模式下,OCxREF 在核心计数器和比较捕获寄存器的值一致时进行上升和下降的跳变。但比较标志在 3 种中央对齐模式下,置位的时机有所不同。在使用中央对齐模式时,最好在启动核心计数器之前产生一个软件更新标志(置 UG 位)。

9.3.6 单脉冲模式

单脉冲模式可以响应一个特定的事件，在一个延迟之后产生一个脉冲，延迟和脉冲的宽度可编程。置 OPM 位可以使核心计数器在产生下一个更新事件 UEV 时（计数器翻转到 0）停止。

如图 9-3 所示，需要在 TI2 输入引脚上检测到一个上升沿开始，延迟 t_{delay} 之后，在 OC1 上产生一个长度为 t_{pulse} 的正脉冲：

1）设定 TI2 触发。置 CC2S 域为 01b，把 TI2FP2 映射到 TI2；置 CC2P 位为 0b，TI2FP2 设为上升沿检测；置 TS 域为 110b，TI2FP2 设为触发源；置 SMS 域为 110b，TI2FP2 被用来启动计数器。

2）t_{delay} 由比较捕获寄存器定义，t_{pulse} 根据自动重装值寄存器的值和比较捕获寄存器的值确定。

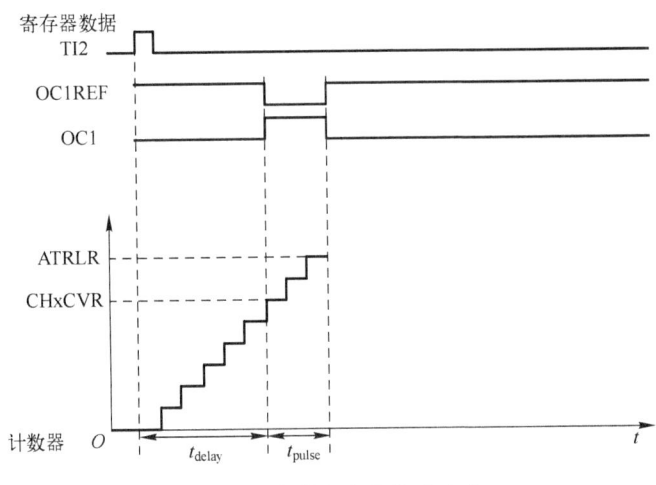

图 9-3 事件产生和脉冲响应

9.3.7 编码器模式

编码器模式是定时器的一个典型应用，可以用来接入编码器的双相输出，核心计数器的计数方向和编码器的转轴方向同步，编码器每输出一个脉冲就会使核心计数器加 1 或减 1。使用编码器的步骤为：将 SMS 域置为 001b（只在 TI2 边沿计数）、010b（只在 TI1 边沿计数）或者 011b（在 TI1 和 TI2 双边沿计数），将编码器接到比较捕获通道 1、2 的输入端，设一个重装值计数器的值，这个值可以设得大一点。在编码器模式时，定时器内部的比较捕获寄存器、预分频器、重复计数寄存器等都正常工作。定时器编码器模式的计数方向和编码器信号的关系见表 9-1。

表 9-1 定时器编码器模式的计数方向和编码器信号的关系

计数有效边沿	相对信号的电平	TI1FP1 信号		TI2FP2 信号	
		上升沿	下降沿	上升沿	下降沿
仅在 TI1 边沿计数	高	向下计数	向上计数	不计数	
	低	向上计数	向下计数		

(续)

计数有效边沿	相对信号的电平	TI1FP1 信号		TI2FP2 信号	
		上升沿	下降沿	上升沿	下降沿
仅在 TI2 边沿计数	高	不计数		向上计数	向下计数
	低			向下计数	向上计数
在 TI1 和 TI2 双边沿计数	高	向下计数	向上计数	向上计数	向下计数
	低	向上计数	向下计数	向下计数	向上计数

9.3.8 定时器同步模式

定时器能够输出时钟脉冲（TRGO），也能接收其他定时器的输入（ITRx）。不同定时器的 ITRx 的来源（别的定时器的 TRGO）是不一样的。

尽管 RISC-V 规范本身没有直接定义"定时器同步模式"，但在嵌入式系统和计算机架构的语境中，同步模式通常指的是定时器操作与系统中其他事件或定时器的操作保持一定的同步关系。具体到定时器，同步模式可能涉及以下几个方面：

1) 与 CPU 时钟同步：定时器的计数操作与 CPU 的时钟周期同步，确保定时精度与 CPU 时钟频率紧密相关。

2) 多个定时器之间的同步：在一些复杂的应用场景中，可能需要多个定时器协同工作，这时它们之间的启动、停止或计数可能需要同步，以协调它们的操作。

3) 与外部事件同步：在一些应用中，定时器的操作可能需要与外部事件（如输入信号的变化）同步，以便在特定事件发生时启动或停止计数。

9.3.9 调试模式

系统进入调试模式时，根据 DBG 模块的设置可以控制定时器继续运转或者停止。

RISC-V 架构中的通用定时器（如定时器在 RISC-V 的特权架构中定义）本身并不直接规定一个特定的"调试模式"。然而，定时器的调试通常涉及在调试环境中检查和修改定时器的配置，包括计数器的当前值、定时器的比较值（用于生成时间中断的值），以及相关的控制寄存器等。

在 RISC-V 环境中，调试模式通常指的是处理器进入一种特殊状态，使得调试者可以检查和控制执行环境，包括寄存器、内存和外设状态。

9.4 通用定时器常用库函数

TIM 固件库提供了 92 个定时器库函数，见表 9-2。本节将对其中的部分函数做详细介绍。

表 9-2 定时器库函数

序号	函数名称	功能描述
1	TIM_DeInit	将外设 TIMx 寄存器重设为缺省值
2	TIM_TimeBaseInit	根据 TIM_TimeBaseInitStruct 中指定的参数，初始化 TIMx 的时间基数单位
3	TIM_OC1Init	根据 TIM_OCInitStruct 中指定的参数，初始化外设 TIMx 通道 1

(续)

序号	函数名称	功能描述
4	TIM_OC2Init	根据 TIM_OCInitStruct 中指定的参数，初始化外设 TIMx 通道 2
5	TIM_OC3Init	根据 TIM_OCInitStruct 中指定的参数，初始化外设 TIMx 通道 3
6	TIM_OC4Init	根据 TIM_OCInitStruct 中指定的参数，初始化外设 TIMx 通道 4
7	TIM_ICInit	根据 TIM_ICInitStruct 中指定的参数，初始化外设 TIMx
8	TIM_PWMIConfig	根据 TIM_ICInitStruct 中指定的参数配置外设 TIM，以测量外部 PWM 信号
9	TIM_BDTRConfig	配置中断特性、死区时间、锁定级别、OSSI/OSSR 状态和 AOE
10	TIM_TimeBaseStructInit	把 TIM_TimeBaseStructInit 中的每一个参数按默认值填入
11	TIM_OCStructInit	把 TIM_OCInitStruct 中的每一个参数按默认值填入
12	TIM_ICStructInit	把 TIM_ICInitStruct 中的每一个参数按默认值填入
13	TIM_BDTRStructInit	把 TIM_BDTRInitStruct 中的每一个参数按默认值填入
14	TIM_Cmd	使能或者失能 TIMx 外设
15	TIM_CtrlPWMOutputs	使能或者失能外设 TIM 的主要输出
16	TIM_ITConfig	使能或者失能指定的 TIM 中断
17	TIM_GenerateEvent	设置 TIMx 事件由软件产生
18	TIM_DMAConfig	设置 TIMx 的 DMA 接口
19	TIM_DMACmd	使能或者失能指定的 TIMx 的 DMA 请求
20	TIM_InternalClockConfig	设置 TIMx 的内部时钟
21	TIM_ITRxExternalClockConfig	设置 TIMx 的内部触发为外部时钟模式
22	TIM_TIxExternalClockConfig	设置 TIMx 触发为外部时钟
23	TIM_ETRClockModelConfig	设置 TIMx 外部时钟模式 1
24	TIM_ETRClockMode2Config	设置 TIMx 外部时钟模式 2
25	TIM_ETRConfig	配置 TIMx 外部触发
26	TIM_PrescalerConfig	设置 TIMx 预分频
27	TIM_CounterModeConfig	设置 TIMx 计数器模式
28	TIM_SelectInputTrigger	选择 TIMx 输入触发源
29	TIM_EncoderInterfaceConfig	设置 TIMx 编码界面
30	TIM_ForcedOC1Config	置 TIMx 输出 1 为活动或者非活动电平
31	TIM_ForcedOC2Config	置 TIMx 输出 2 为活动或者非活动电平
32	TIM_ForcedOC3Config	置 TIMx 输出 3 为活动或者非活动电平
33	TIM_ForcedOC4Config	置 TIMx 输出 4 为活动或者非活动电平
34	TIM_ARRPreloadConfig	使能或者失能 TIMx 在 ARR 上的预装载寄存器
35	TIM_SelectCOM	选择外设 TIM 交换事件
36	TIM_SelectCCDMA	选择 TIMx 外设的比较捕获 DMA 源
37	TIM_CCPreloadControl	设置或重置 TIM 外设比较捕获预加载控制位
38	TIM_OC1PreloadConfig	使能或者失能 TIMx 在 CCR1 上的预装载寄存器
39	TIM_OC2PreloadConfig	使能或者失能 TIMx 在 CCR2 上的预装载寄存器
40	TIM_OC3PreloadConfig	使能或者失能 TIMx 在 CCR3 上的预装载寄存器

（续）

序号	函数名称	功能描述
41	TIM_OC4PreloadConfig	使能或者失能 TIMx 在 CCR4 上的预装载寄存器
42	TIM_OC1FastConfig	设置 TIMx 比较捕获 1 快速特征
43	TIM_OC2FastConfig	设置 TIMx 比较捕获 2 快速特征
44	TIM_OC3FastConfig	设置 TIMx 比较捕获 3 快速特征
45	TIM_OC4FastConfig	设置 TIMx 比较捕获 4 快速特征
46	TIM_ClearOC1Ref	在一个外部事件时清除或者保持 OCREF1 信号
47	TIM_ClearOC2Ref	在一个外部事件时清除或者保持 OCREF2 信号
48	TIM_ClearOC3Ref	在一个外部事件时清除或者保持 OCREF3 信号
49	TIM_ClearOC4Ref	在一个外部事件时清除或者保持 OCREF4 信号
50	TIM_OC1PolarityConfig	设置 TIMx 通道 1 极性
51	TIM_OC1NPolarityConfig	设置 TIMx 通道 1 极性
52	TIM_OC2PolarityConfig	设置 TIMx 通道 2 极性
53	TIM_OC2NPolarityConfig	设置 TIMx 通道 2 极性
54	TIM_OC3PolarityConfig	设置 TIMx 通道 3 极性
55	TIM_OC3NPolarityConfig	设置 TIMx 通道 3 极性
56	TIM_OC4PolarityConfig	设置 TIMx 通道 4 极性
57	TIM_OC4NPolarityConfig	设置 TIMx 通道 4 极性
58	TIM_CCxCmd	使能或者失能 TIM 比较捕获通道 x
59	TIM_CCxNCmd	使能或者失能 TIM 捕获比较通道 xN
60	TIM_SelectOCxM	选择 TIM 输出比较模式
61	TIM_UpdateDisableConfig	使能或者失能 TIMx 更新事件
62	TIM_UpdateRequestConfig	设置 TIMx 更新请求源
63	TIM_SelectHallSensor	使能或者失能 TIMx 霍尔传感器接口
64	TIM_SelectOnePulseMode	设置 TIMx 单脉冲模式
65	TIM_SelectOutputTrigger	设置 TIMx 触发输出模式
66	TIM_SelectSlaveMode	选择 TIMx 从模式
67	TIM_SelectMasterSlaveMode	设置或重置 TIMx 主/从模式
68	TIM_SetCounter	设置 TIMx 计数器寄存器值
69	TIM_SetAutoreload	设置 TIMx 自动重装载寄存器值
70	TIM_SetCompare1	设置 TIMx 比较捕获 1 寄存器值
71	TIM_SetCompare2	设置 TIMx 比较捕获 2 寄存器值
72	TIM_SetCompare3	设置 TIMx 比较捕获 3 寄存器值
73	TIM_SetCompare4	设置 TIMx 比较捕获 4 寄存器值
74	TIM_SetIC1Prescaler	设置 TIMx 输入捕获 1 预分频
75	TIM_SetIC2Prescaler	设置 TIMx 输入捕获 2 预分频
76	TIM_SetIC3Prescaler	设置 TIMx 输入捕获 3 预分频
77	TIM_SetIC4Prescaler	设置 TIMx 输入捕获 4 预分频

(续)

序号	函数名称	功能描述
78	TIM_SetClockDivision	设置 TIMx 的时钟分割值
79	TIM_GetCapture1	获得 TIMx 输入捕获 1 的值
80	TIM_GetCapture2	获得 TIMx 输入捕获 2 的值
81	TIM_GetCapture3	获得 TIMx 输入捕获 3 的值
82	TIM_GetCapture4	获得 TIMx 输入捕获 4 的值
83	TIM_GetCounter	获得 TIMx 计数器的值
84	TIM_GetPrescaler	获得 TIMx 预分频值
85	TIM_GetFlagStatus	检查指定的 TIM 标志位设置与否
86	TIM_ClearFlag	清除 TIMx 的待处理标志位
87	TIM_GetITStatus	检查指定的 TIM 中断发生与否
88	TIM_ClearITPendingBit	清除 TIMx 的中断待处理位
89	TI1_Config	配置 TI1 作为输出
90	TI2_Config	配置 TI2 作为输出
91	TI3_Config	配置 TI3 作为输出
92	TI4_Config	配置 TI4 作为输出

1. TIM_TimeBaseInit 函数

TIM_TimeBaseInit 的说明见表 9-3。

表 9-3 TIM_TimeBaseInit 的说明

项目名	描述
函数原型	Void TIM_TimeBaseInit(TIM_TypeDef * TIMx, TIM_TimeBaseInitTypeDef * TIM_TimeBaseInit-Struct)
功能描述	根据 TIM_TimeBaseInitStruct 中指定的参数，初始化 TIMx 的时间基数单位
输入参数 1	TIMx：x 可以从 1~4 中选择 TIM 外设
输入参数 2	TIM_TimeBaseInitStruct：指向 TIM_TimeBaseInitTypeDefStruct
输出参数	无

参数 TIM_TimeBaseInit * TypeDefTIM_TimeBaseStructure 在文件 ch32v10x_tim.h 中定义：

```
/* TIM Time Base Init structure definition */
typedef struct
{
  uint16_t TIM_Prescaler;
  uint16_t TIM_CounterMode;
  uint16_t TIM_Period;
  uint16_t TIM_ClockDivision;
  uint8_t TIM_RepetitionCounter;
} TIM_TimeBaseInitTypeDef;
```

1）TIM_Prescaler：设置了用作 TIMx 时钟频率除数的预分频值。它的取值在 0x0000～0xFFFF。

2）TIM_CounterMode：选择计数器模式，参数定义见表 9-4。

第9章 CH32 定时器系统

表 9-4 TIM_CounterMode 参数定义

TIM_CounterMode 参数	描 述
TIM_CounterMode_Up	向上计数模式
TIM_CounterMode_Down	向下计数模式
TIM_CounterMode_CenterAligned1	中央对齐模式 1 计数模式
TIM_CounterMode_CenterAligned2	中央对齐模式 2 计数模式
TIM_CounterMode_CenterAligned3	中央对齐模式 3 计数模式

3）TIM_Period：设置计数周期。它的取值在 0x0000~0xFFFF。

4）TIM_ClockDivision：设置时钟分频，参数定义见表 9-5。

表 9-5 TIM_ClockDivision 参数定义

TIM_ClockDivision 参数	描 述
TIM_CKD_DIV1	TDTS=Tck_tim
TIM_CKD_DIV2	TDTS=2Tck_tim
TIM_CKD_DIV4	TDTS=4Tck_tim

5）TIM_RepetitionCounter：重复计数器，属于高级控制寄存器专用寄存器位，利用它可以很容易地控制输出 PWM 个数，这里不用设置。

该函数的使用方法如下：

```
TIM_TimeBaseInitTypeDef    TIM_TimeBaseStructure;
//设置在下一个更新事件装入活动的自动重装载寄存器周期的值，计数到5000 为 500 ms
TIM_TimeBaseStructure.TIM_Period = 4999;
//设置用作 TIMx 时钟频率除数的预分频值，10 kHz 的计数频率
TIM_TimeBaseStructure.TIM_Prescaler =7199;
TIM_TimeBaseStructure.TIM_ClockDivision = 0;      //设置时钟分割：TDTS = Tck_tim
TIM_TimeBaseStructure.TIM_CounterMode = TIM_ CounterMode_Up;  //TIM 向上计数模式
//根据 TIM_TimeBaseInitStruct 中指定的参数初始化 TIMx 的时间基数单位
TIM_TimeBaseInit(TIM3,&TIM _TimeBaseStructure);
```

2. TIM_Cmd 函数

TIM_Cmd 的说明见表 9-6。

表 9-6 TIM_Cmd 的说明

项 目 名	描 述
函数原型	void TIM_Cmd(TIM_TypeDef * TIMx,FunctionalState NewState)
功能描述	使能或者失能 TIMx 外设
输入参数 1	TIMx：x 可以从 1~4 中选择 TIM 外设
输入参数 2	NewState：使能或者失能
输出参数	无

该函数的使用方法如下：

```
//使能 TIM2 外设
TIM_Cmd(TIM2,ENABLE);
```

3. TIM_ITConfig 函数

TIM_ITConfig 的说明见表 9-7，参数 TIM_IT 中断源的说明见表 9-8。

表 9-7 TIM_ITConfig 的说明

项 目 名	描 述
函数原型	void TIM_ITConfig(TIM_TypeDef * TIMx, uint16_t TIM_IT, FunctionalState NewState)
功能描述	使能或者失能指定的 TIM 中断
输入参数 1	TIMx：x 可以从 1~4 中选择 TIM 外设
输入参数 2	TIM_IT：使能或者失能指定的 TIM 中断源
输入参数 3	NewState：使能或者失能
输出参数	无

表 9-8 TIM_IT 中断源的说明

TIM_IT 中断源	描 述
TIM_IT_Update	TIM 更新中断源
TIM_IT_CC1	TIM 比较捕获 1 中断源
TIM_IT_CC2	TIM 比较捕获 2 中断源
TIM_IT_CC3	TIM 比较捕获 3 中断源
TIM_IT_CC4	TIM 比较捕获 4 中断源
TIM_IT_COM	TIM 交换中断源
TIM_IT_Trigger	TIM 触发中断源
TIM_IT_Break	TIM break 中断源

该函数的使用方法如下：

```
//配置 TIM3 更新中断使能
TIM_ITConfig(TIM3,TIM_IT_Update,ENABLE);
```

4. TIM_PrescalerConfig 函数

TIM_PrescalerConfig 的说明见表 9-9，参数 TIM_PSCReloadMode 的说明见表 9-10。

表 9-9 TIM_PrescalerConfig 的说明

项 目 名	描 述
函数原型	void TIM_PrescalerConfig(TIM_TypeDef * TIMx, uint16_t Prescaler, uint16_t TIM_PSCReloadMode)
功能描述	设置 TIMx 预分频
输入参数 1	TIMx：x 可以从 1~4 中选择 TIM 外设
输入参数 2	Prescaler：指定预分频器寄存器值
输入参数 3	TIM_PSCReloadMode：指定 TIM 预分频加载模式
输出参数	无

表 9-10 TIM_PSCReloadMode 的说明

TIM_PSCReloadMode 模式	描 述
TIM_PSCReloadMode_Update	预分频器在更新事件时加载
TIM_PSCReloadMode_Immediate	立刻加载预分频器

该函数的使用方法如下：

```
//设置 TIM3 预分频系数为 100，立刻加载预分频器
TIM_PrescalerConfig(TIM3,99,TIM_PSCReloadMode_Immediate);
```

5. TIM_GenerateEvent 函数

TIM_GenerateEvent 的说明见表 9-11，参数 TIM_EventSource 的说明见表 9-12。

表 9-11 TIM_GenerateEvent 的说明

项 目 名	描 述
函数原型	void TIM_GenerateEvent(TIM_TypeDef * TIMx,uint16_t TIM_EventSource)
功能描述	设置 TIMx 事件由软件产生
输入参数 1	TIMx：x 可以从 1~4 中选择 TIM 外设
输入参数 2	TIM_EventSource：指定事件源
输出参数	无

表 9-12 TIM_EventSource 的说明

TIM_EventSource 事件源	描 述
TIM_EventSource_Update	定时器更新事件源
TIM_EventSource_CC1	定时器比较捕获 1 事件源
TIM_EventSource_CC2	定时器比较捕获 2 事件源
TIM_EventSource_CC3	定时器比较捕获 3 事件源
TIM_EventSource_CC4	定时器比较捕获 4 事件源
TIM_EventSource_COM	定时器 COM 事件源
TIM_EventSource_Trigger	定时器触发事件源
TIM_EventSource_Break	定时器 break 事件源

该函数的使用方法如下：

```
//选择 TIM3 触发事件源
TIM_GenerateEvent(TIM3,TIM_EventSource_Trigger);
```

6. TIM_SetCounter 函数

TIM_SetCounter 的说明见表 9-13。

表 9-13 TIM_SetCounter 的说明

项 目 名	描 述
函数原型	void TIM_SetCounter(TIM_TypeDef * TIMx,uint16_t Counter)
功能描述	设置 TIMx 计数器寄存器值
输入参数 1	TIMx：x 可以从 1~4 中选择 TIM 外设

(续)

项 目 名	描 述
输入参数2	Counter：指定计数器寄存器的新值
输出参数	无

该函数的使用方法如下：

　　//设置 TIM3 新的计数值为 0xFFF
　　TIM_SetCounter(TIM3,0xFFF);

7. TIM_SetAutoreload 函数

TIM_SetAutoreload 的说明见表 9-14。

表 9-14　TIM_SetAutoreload 的说明

项 目 名	描 述
函数原型	void TIM_SetAutoreload(TIM_TypeDef * TIMx,uint16_t Autoreload)
功能描述	设置 TIMx 自动重装载寄存器值
输入参数1	TIMx：x 可以从 1~4 中选择 TIM 外设
输入参数2	Autoreload：指定自动重装载寄存器的新值
输出参数	无

该函数的使用方法如下：

　　//设置 TIM3 新的计数值为 0xFFF
　　TIM_SetAutoreload(TIM3,0xFFF);

8. TIM_GetFlagStatus 函数

TIM_GetFlagStatus 的说明见表 9-15，TIM_FLAG 的参数定义见表 9-16。

表 9-15　TIM_GetFlagStatus 的说明

项 目 名	描 述
函数原型	FlagStatus TIM_GetFlagStatus(TIM_TypeDef * TIMx,uint16_t TIM_FLAG)
功能描述	检查指定的 TIM 标志位设置与否
输入参数1	TIMx：x 可以从 1~4 中选择 TIM 外设
输入参数2	TIM_FLAG：指定要检查的标志
输出参数	bitstatus：设置或重置

表 9-16　TIM_FLAG 的参数定义

TIM_FLAG 参数	描 述	TIM_FLAG 参数	描 述
TIM_FLAG_Update	TIM 更新标志	TIM_FLAG_Trigger	TIM 触发标志
TIM_FLAG_CC1	TIM 比较捕获标志 1	TIM_FLAG_Break	TIM break 标志
TIM_FLAG_CC2	TIM 比较捕获标志 2	TIM_FLAG_CC1OF	TIM 比较捕获过剩标志 1
TIM_FLAG_CC3	TIM 比较捕获标志 3	TIM_FLAG_CC2OF	TIM 比较捕获过剩标志 2
TIM_FLAG_CC4	TIM 比较捕获标志 4	TIM_FLAG_CC3OF	TIM 比较捕获过剩标志 3
TIM_FLAG_COM	TIM COM 标志	TIM_FLAG_CC4OF	TIM 比较捕获过剩标志 4

该函数的使用方法如下：

```
//检查TIM3更新标志位是否为1
if(TIM_GetFlagStatus(TIM3,TIM_FLAG_Update)= = SET)
{
}
```

9. TIM_ClearFlag 函数

TIM_ClearFlag 的说明见表 9-17。

表 9-17　TIM_ClearFlag 的说明

项 目 名	描　述
函数原型	void　TIM_ClearFlag(TIM_TypeDef *　TIMx,uint16_t　TIM_FLAG)
功能描述	清除 TIMx 的待处理标志位
输入参数 1	TIMx：x 可以从 1~4 中选择 TIM 外设
输入参数 2	TIM_FLAG：指定要清除的标志位
输出参数	无

该函数的使用方法如下：

```
//清除TIM3更新标志位
TIM_ClearFlag(TIM3,TIM_FLAG_Update);
```

10. TIM_GetITStatus 函数

TIM_GetITStatus 的说明见表 9-18。

表 9-18　TIM_GetITStatus 的说明

项 目 名	描　述
函数原型	ITStatus　TIM_GetITStatus(TIM_TypeDef *　TIMx,uint16_t　TIM_IT)
功能描述	检查指定的 TIM 中断发生与否
输入参数 1	TIMx：x 可以从 1~4 中选择 TIM 外设
输入参数 2	TIM_IT：待检查的指定 TIM 中断源
输出参数	bitstatus：设置或重置

该函数的使用方法如下：

```
//检查TIM3更新中断标志位是否为1
if(TIM_GetITStatus(TIM3,TIM_FLAG_Update)= = SET)
{
}
```

11. TIM_ClearITPendingBit 函数

TIM_ClearITPendingBit 的说明见表 9-19。

表 9-19　TIM_ClearITPendingBit 的说明

项 目 名	描　述
函数原型	void　TIM_ClearITPendingBit(TIM_TypeDef *　TIMx,uint16_t　TIM_IT)
功能描述	清除 TIMx 的中断待处理位

(续)

项 目 名	描 述
输入参数1	TIMx：x 可以从 1~4 中选择 TIM 外设
输入参数2	TIM_IT：待清除的指定待处理位
输出参数	无

该函数的使用方法如下：

```
//清除 TIM3 更新中断挂起位
TIM_ClearITPendingBit(TIM3,TIM_FLAG_Update);
```

9.5 通用定时器使用流程

通用定时器具有多种功能，其原理大致相同，仅流程有所区别。下面以使用中断方式为例来介绍，主要包括快速可编程中断控制器设置、定时器中断配置、定时器中断处理流程。

9.5.1 快速可编程中断控制器设置

快速可编程中断控制器（PFIC）设置用来完成中断分组、中断通道选择、中断优先级分组以及中断使能。其中，需要注意通道的选择，对于不同的定时器，不同事件发生时产生不同中断请求，针对不同的功能要选择相应的中断通道。

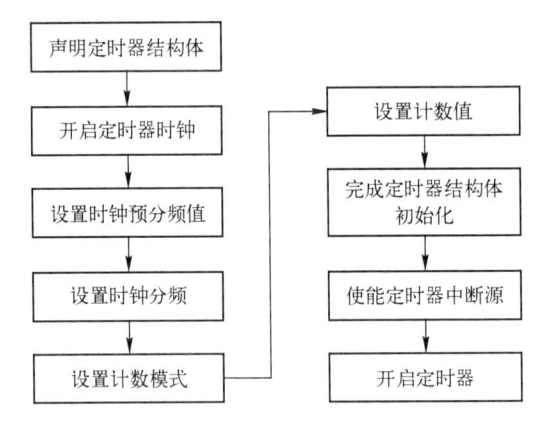

9.5.2 定时器中断配置

定时器中断配置用来配置定时器时基及开启中断，定时器中断配置流程如图 9-4 所示。

图 9-4 定时器中断配置流程

高级定时器 TIM1 使用的是 APB2 总线，通用定时器 TIM2/3/4 使用的是 APB1 总线，使用相应的函数开启时钟。

预分频将输入的时钟按照 1~65535 的任一值进行分频，分频值决定了计数频率。计数值为计数的个数，当计数寄存器的值达到计数值时，产生溢出，发生中断。比如，TIM2 系统时钟频率为 72 MHz，若设定的分频值 TIM_TimeBaseStructure.TIM_Prescaler = 7200 - 1，计数值 TIM_TimeBaseStructure.TIM_Period = 10000，则计数时钟周期为 7200/72 MHz = 0.1 ms，定时器产生 10000×0.1 ms＝1 s 的定时，每 1 s 产生一次中断。

计数模式可以设置为向上计数、向下计数。设置好定时器结构体后，调用函数 TIM_TimeBaseInit 完成设置。

中断在使用时必须使能，如向上溢出中断，则需要调用函数 TIM_ITConfig。不同的模式参数不同，如配置为更新中断时 TIM_ITConfig(TIM3,TIM_IT_Update,ENABLE)。在需要的时候使用函数 TIM_Cmd 开启定时器。

9.5.3 定时器中断处理流程

进入定时器中断后需要根据设计完成相应操作，定时器中断处理流程如图 9-5 所示。

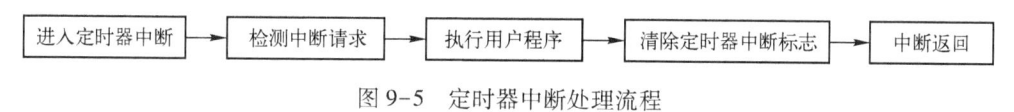

进入定时器中断 → 检测中断请求 → 执行用户程序 → 清除定时器中断标志 → 中断返回

图 9-5 定时器中断处理流程

9.6 CH32 定时器应用实例

在 CH32V103 微控制器的定时器应用实例中，介绍了如何使用定时器在单脉冲模式下工作。单脉冲模式是定时器的一种特殊工作模式，它允许定时器在检测到外部事件（例如信号的边沿触发）时产生一个单一的脉冲。这种模式在需要精确控制脉冲宽度和时间的场景下非常有用，例如步进电机的控制、PWM 信号的生成等。

9.6.1 CH32 的定时器应用硬件设计

基于 CH32V103 微控制器的单脉冲输出实例通过配置定时器 TIM2 来实现。该实例主要讲述了如何在 TIM2 的通道 1（TIM2_CH1，对应引脚 PA0）上生成一个单脉冲，当在 TIM2 的通道 2（TIM2_CH2，对应引脚 PA1）检测到上升沿时触发该脉冲。

使用 CH32V103 微控制器，引脚连接如下：

PA0：连接到 TIM2_CH1，配置为复用推挽输出（GPIO_Mode_AF_PP），用于单脉冲输出。
PA1：连接到 TIM2_CH2，配置为浮空输入（GPIO_Mode_IPD），用于检测上升沿触发。

硬件配置步骤如下：

1）时钟配置：为 GPIOA 和 TIM2 启用时钟（通过 RCC_APB2PeriphClockCmd 和 RCC_APB1PeriphClockCmd 函数）。

2）GPIO 配置：将 PA0 配置为复用推挽输出模式，以便允许 TIM2_CH1 作为单脉冲输出；将 PA1 配置为浮空输入模式，以便检测外部信号的上升沿。

3）定时器基本配置：设置 TIM2 的周期（ARR）、预分频器（PSC）和计数模式（向上计数）。这些参数决定了定时器的基本时钟频率和计数周期。

4）定时器输出比较（OC）配置：配置 TIM2_CH1 为 PWM 模式 2，设置输出状态、脉冲值和输出极性。这些设置决定了单脉冲的宽度和极性。

5）定时器输入捕获（IC）配置：配置 TIM2_CH2 为输入捕获通道，设置输入捕获极性（上升沿）、捕获分频和直接输入选择。这允许定时器在检测到 PA1 上的上升沿时触发单脉冲。

6）单脉冲模式配置：将 TIM2 配置为单脉冲模式，并设置为触发模式。

通过以上配置，当在 PA1（TIM2_CH2）检测到上升沿时，TIM2 会在 PA0（TIM2_CH1）上生成一个预设宽度的单脉冲。这个功能可以用于多种应用场景，如精确控制脉冲触发的事件、测量时间间隔或生成特定的控制信号等。

9.6.2 CH32 的定时器应用软件设计

通过配置定时器 TIM2 来实现单脉冲的生成，当 TIM2 的通道 2（PA1）检测到上升沿时，在通道 1（PA0）上输出一个单脉冲。

1. 软件设计步骤

基于 CH32V103 微控制器的单脉冲输出程序的软件设计步骤如下：

步骤 1：初始化系统。

1）系统时钟更新：调用 SystemCoreClockUpdate() 函数更新系统时钟，确保系统时钟频率是最新的。

2）串口初始化：通过 USART_Printf_Init（115200）函数初始化串口，设置波特率为 115200。这允许通过串口输出调试信息。

3）打印系统信息：打印系统时钟频率和芯片 ID，以验证系统配置和芯片识别。

步骤 2：GPIO 配置。

1）启用 GPIOA 时钟：调用 RCC_APB2PeriphClockCmd（RCC_APB2Periph_GPIOA，ENABLE）函数，为 GPIOA 提供时钟。

2）配置 PA0 为复用推挽输出：将 PA0（TIM2_CH1）配置为复用推挽输出模式，用于单脉冲输出。

3）配置 PA1 为浮空输入：将 PA1（TIM2_CH2）配置为浮空输入模式，用于检测外部信号的上升沿。

步骤 3：定时器 TIM2 配置。

1）启用 TIM2 时钟：调用 RCC_APB1PeriphClockCmd（RCC_APB1Periph_TIM2，ENABLE）函数，为 TIM2 提供时钟。

2）基本时钟配置：设置 TIM2 的周期（ARR）、预分频值（PSC）、时钟分频和计数模式。

3）输出比较（OC）配置：将 TIM2_CH1 配置为 PWM 模式 2，设置脉冲宽度、输出状态和极性。

4）输入捕获（IC）配置：将 TIM2_CH2 配置为输入捕获通道，设置捕获极性（上升沿）、捕获分频和直接输入选择。

步骤 4：单脉冲模式配置。

1）设置单脉冲模式：调用 TIM_SelectOnePulseMode（TIM2，TIM_OPMode_Single）将 TIM2 配置为单脉冲模式，这意味着在触发后只生成一个脉冲。

2）选择输入触发源：通过 TIM_SelectInputTrigger（TIM2，TIM_TS_TI2FP2）选择 TIM2_CH2 作为输入触发源。

3）设置从模式：调用 TIM_SelectSlaveMode（TIM2，TIM_SlaveMode_Trigger）将 TIM2 设置为从模式，以便在检测到触发事件时启动计数。

步骤 5：循环等待。

程序进入一个空的无限循环，等待外部触发事件。当在 PA1 上检测到上升沿时，TIM2 会在 PA0 上生成一个配置好的单脉冲。

通过以上步骤，程序实现了在检测到外部信号上升沿时，通过 TIM2 在 PA0 引脚上生成一个单脉冲的功能。这种配置在需要精确控制脉冲发生时机和持续时间的应用中非常有用，例如在测量、通信或控制系统中。

2. 软件程序

程序清单如下：

```
#include "debug.h"
/*********************************************************
 * 函数名称：One_Pulse_Init
 * 函数功能：初始化 TIM1 单脉冲。
 * 参数：arr——周期值。
 *       psc——预分频值。
 *       ccp——脉冲值。
 * 返回：无
 *********************************************************/
void One_Pulse_Init(u16 arr, u16 psc, u16 ccp)
{
    GPIO_InitTypeDef GPIO_InitStructure = {0};
    TIM_OCInitTypeDef TIM_OCInitStructure = {0};
    TIM_ICInitTypeDef TIM_ICInitStructure = {0};
    TIM_TimeBaseInitTypeDef TIM_TimeBaseInitStructure = {0};

    RCC_APB2PeriphClockCmd(RCC_APB2Periph_GPIOA, ENABLE);
    RCC_APB1PeriphClockCmd(RCC_APB1Periph_TIM2, ENABLE);

    GPIO_InitStructure.GPIO_Pin = GPIO_Pin_0;
    GPIO_InitStructure.GPIO_Mode = GPIO_Mode_AF_PP;
    GPIO_InitStructure.GPIO_Speed = GPIO_Speed_50MHz;
    GPIO_Init(GPIOA, &GPIO_InitStructure);

    GPIO_InitStructure.GPIO_Pin = GPIO_Pin_1;
    GPIO_InitStructure.GPIO_Mode = GPIO_Mode_IPD;
    GPIO_Init(GPIOA, &GPIO_InitStructure);

    TIM_TimeBaseInitStructure.TIM_Period = arr;
    TIM_TimeBaseInitStructure.TIM_Prescaler = psc;
    TIM_TimeBaseInitStructure.TIM_ClockDivision = TIM_CKD_DIV1;
    TIM_TimeBaseInitStructure.TIM_CounterMode = TIM_CounterMode_Up;
    TIM_TimeBaseInit(TIM2, &TIM_TimeBaseInitStructure);
    TIM_OCInitStructure.TIM_OCMode = TIM_OCMode_PWM2;
    TIM_OCInitStructure.TIM_OutputState = TIM_OutputState_Enable;
    TIM_OCInitStructure.TIM_Pulse = ccp;
    TIM_OCInitStructure.TIM_OCPolarity = TIM_OCPolarity_High;
    TIM_OC1Init(TIM2, &TIM_OCInitStructure);

    TIM_ICStructInit(&TIM_ICInitStructure);
    TIM_ICInitStructure.TIM_Channel = TIM_Channel_2;
    TIM_ICInitStructure.TIM_ICPrescaler = TIM_ICPSC_DIV1;
    TIM_ICInitStructure.TIM_ICFilter = 0x00;
    TIM_ICInitStructure.TIM_ICPolarity = TIM_ICPolarity_Rising;
    TIM_ICInitStructure.TIM_ICSelection = TIM_ICSelection_DirectTI;
```

```
        TIM_ICInit(TIM2, &TIM_ICInitStructure);
        TIM_SelectOnePulseMode(TIM2, TIM_OPMode_Single);
        TIM_SelectInputTrigger(TIM2, TIM_TS_TI2FP2);
        TIM_SelectSlaveMode(TIM2, TIM_SlaveMode_Trigger);
    }

    /**********************************************/
    int main(void)
    {
        SystemCoreClockUpdate();
        USART_Printf_Init(115200);
        printf("SystemClk:%d\r\n", SystemCoreClock);
        printf("ChipID:%08x\r\n", DBGMCU_GetCHIPID());

        One_Pulse_Init(200, 48000 - 1, 100);

        while(1);
    }
```

3. 程序代码说明

下面对上述代码的功能进行说明。

（1）void One_Pulse_Init(u16 arr, u16 psc, u16 ccp)函数　该函数的功能是初始化TIM2定时器为单脉冲模式，并配置相关的GPIO引脚。在单脉冲模式下，当检测到TIM2_CH2（即PA1引脚）上的上升沿时，TIM2_CH1（即PA0引脚）会输出一个正脉冲。具体步骤和配置包括：

1）使能时钟：首先，使能GPIOA端口和TIM2定时器的时钟。这是使用这些硬件资源的前提条件。

2）配置GPIOA。

将PA0引脚配置为复用推挽输出（GPIO_Mode_AF_PP），适用于输出PWM信号。

将PA1引脚配置为下拉输入（GPIO_Mode_IPD），用于检测外部信号的上升沿。

3）配置TIM2基本时钟。

设置定时器的周期（TIM_Period）和预分频值（TIM_Prescaler），这决定了定时器的计数速度和最大计数值。

设置计数模式为向上计数（TIM_CounterMode_Up）。

4）配置TIM2的输出比较（OC1）。

设置为PWM模式2（TIM_OCMode_PWM2），使能输出状态，设置脉冲宽度（TIM_Pulse），并设置输出极性为高（TIM_OCPolarity_High）。

5）配置TIM2的输入捕获（IC2）。

设置捕获通道为TIM2的第二通道，捕获极性为上升沿，直接连接到TI2（TIM_ICSelection_DirectTI），不使用预分频和滤波。

6）配置单脉冲模式和触发。

选择单脉冲模式（TIM_OPMode_Single），这意味着在触发事件后，TIM2只会产生一个脉冲然后就停止计数。

设置输入触发源为TI2FP2（即PA1引脚的上升沿），并将TIM2设置为从模式，触发方式为外部触发。

这段程序通过配置 TIM2 和相关 GPIO，实现了一个单脉冲输出功能。当 PA1 检测到上升沿时，PA0 将输出一个预设宽度的正脉冲。这种功能在需要精确控制脉冲发生的场景下非常有用，例如步进电机控制、信号同步发生等。

（2）int main(void)函数　这段程序的主要功能是初始化系统，设置串口通信，并通过串口输出系统时钟频率和芯片 ID，然后配置一个定时器（假设是 TIM2）为单脉冲模式，并进入一个空的无限循环。这里的单脉冲模式配置通过之前提到的 One_Pulse_Init 函数完成。下面是程序执行的具体步骤：

1）更新系统时钟：为了确保 SystemCoreClock 全局变量能够准确反映当前系统时钟的频率，应当调用 SystemCoreClockUpdate( )函数。这一变量在系统初始化过程中以及配置外设时尤为重要，因为它用于计算各种时钟设置。通过调用此函数，可以保障系统时钟信息的实时性和准确性，从而确保系统的稳定运行和外设的正确配置。

2）初始化串口：通过调用 USART_Printf_Init(115200)函数，以 115200 的波特率初始化串口。这允许程序通过串口输出调试信息或其他数据。

3）用 CH32V103 的串口输出系统时钟频率：使用 printf 函数通过串口输出当前的系统时钟频率（SystemCoreClock）。这对于验证系统时钟是否按预期配置很有帮助。

4）用 CH32V103 的串口输出芯片 ID：使用 printf 函数通过串口输出芯片 ID。芯片 ID 是一个唯一的标识符，可以用来识别使用的具体微控制器型号。这里假设 DBGMCU_GetCHIPID( )函数用于获取芯片 ID。

5）初始化单脉冲模式：调用 One_Pulse_Init 函数，传入参数 arr = 200，psc = 48000 - 1，ccp = 100 来配置定时器（比如 TIM2）为单脉冲模式。这里的 arr 参数设置定时器的自动重装载寄存器，用于确定计数器溢出（即周期）的时间点；psc 是预分频值，用于降低定时器的计数频率；ccp 设置脉冲宽度，即定时器输出的单个脉冲的持续时间。

6）无限循环：程序进入一个空的循环。由于没有进一步的操作，这意味着程序在完成上述初始化和配置后将"停滞"在这个循环中。实际应用中，这是等待某个外部事件触发定时器的单脉冲输出。

这段程序主要用于演示如何通过串口输出系统信息，并如何配置和使用单脉冲模式。单脉冲模式在需要精确控制单次事件发生时非常有用，比如在特定条件下触发一个动作或信号。

4. 工程调试

双击图 9-6 中的 One_Pulse 工程，弹出如图 9-7 所示的 One_Pulse 工程调试界面。

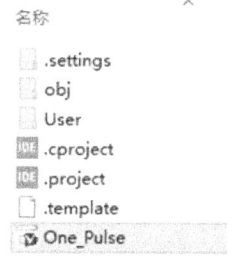

图 9-6　One_Pulse 工程

工程下载和串口助手测试方法同触摸按键工程 One_Pulse，详细过程从略。

双击串口助手图标，进入测试界面，如图 9-8 所示。端口号选择"COM26 USB Serial Port"，波特率自动跟踪，与 CH32V103 的波特率一致，为 115200。图 9-8 的接收窗口显示：

SystemClk:72000000
ChipID:2500410f

图 9-7 One_Pulse 工程调试界面

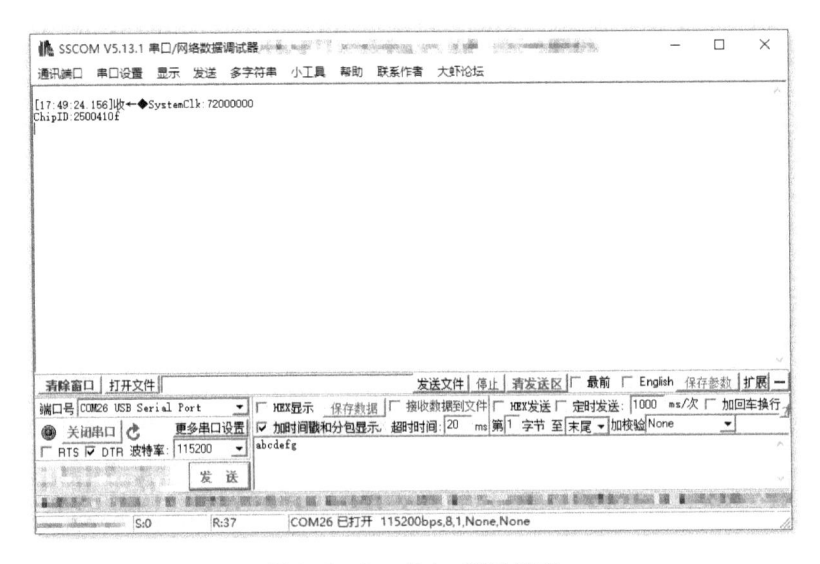

图 9-8 One_Pulse 测试界面

习题

1. 简述 CH32V103 的通用定时器。
2. CH32 定时器的主要功能是什么？

第10章 CH32通用同步异步收发器

通用同步异步收发器（USART）是一种非常灵活的通信协议，广泛应用于微控制器和计算机系统之间的串行通信。本章旨在全面探讨 USART 的原理和应用，特别聚焦于 CH32 微控制器平台。为确保读者能够逐步深入理解 USART 的各个方面，本章内容安排如下：

1）串行通信基础：介绍了串行通信的基本概念，包括串行异步通信数据格式、连接握手过程、确认机制、中断处理以及轮询方法。这为读者后续深入学习 USART 提供了必要的背景知识。

2）USART 的结构、工作模式和方式：详细讲解了 USART 的内部结构，包括其组成部件和功能。此外，还探讨了 USART 的不同工作模式及工作方式，帮助读者理解 USART 如何在多种场景下配置和使用。

3）USART 常用库函数：介绍了 USART 编程中常用的库函数，旨在为开发者提供便利，使他们通过库函数简化编程过程，提高开发效率。

4）USART 的使用流程：逐步指导读者如何使用 USART，详细说明从初始化设置到数据传输的每一步骤，确保读者能够顺利实现 USART 通信。

5）CH32 的 USART 串行通信应用实例：通过具体的应用实例，包括硬件设计和软件设计两个方面，展示如何在 CH32 微控制器上实现 USART 串行通信。这些实例不仅将理论知识与实践相结合，也为读者提供宝贵的经验，以便他们在未来的项目中更好地应用 USART 技术。

通过本章的学习，读者将获得对 USART 通信技术的全面理解，以及在 CH32 微控制器上实现 USART 通信的实际技能，为未来的项目开发和研究奠定坚实的基础。

10.1 串行通信基础

在串行通信中，参与通信的两台或多台设备通常共享一条物理通路。发送者依次逐位发送一串数据信号，这串数据信号按一定的规则被接收者所接收。由于串行端口通常只是规定了物理层的接口规范，所以为确保每次传送的数据报文能准确到达目的地，使每一个接收者能够接收到所有发向它的数据，必须在通信连接上采取相应的措施。

借助串行端口所连接的设备在功能、型号上往往互不相同，其中大多数设备除了等待接收数据之外还会有其他任务。例如：一个数据采集单元需要周期性地收集和存储数据；一个控制器需要负责控制计算或向其他设备发送报文；一台设备可能会在接收方正在进行其他任务时向它发送信息。必须有能应对多种不同工作状态的一系列规则来保证通信的有效性。这里所讲的"保证通信的有效性"的方法包括：使用轮询或者中断来检测、接收信息；设置通信帧的起始、停止位；建立连接握手；实行对接收数据的确认、数据缓存以及错误检查等。

10.1.1 串行异步通信数据格式

无论是 RS-232 还是 RS-485，均可通用串行异步收发数据格式。

在串行端口的异步传输中，接收方一般事先并不知道数据会在什么时候到达。在它检测到数据并做出响应之前，第一个数据位就已经过去了。因此每次异步传输都应该在发送数据之前设置至少一个起始位，以通知接收方有数据即将到达，给接收方准备接收数据、缓存数据和做出其他响应所需要的时间。在传输过程结束时，则应由一个停止位通知接收方本次传输过程已终止，以便接收方正常终止本次通信而转入其他工作程序。

串行异步收发（UART）通信的数据格式如图10-1所示。

若通信线上无数据发送，该线路应处于逻辑1状态（高电平）。计算机向外发送一个字符数据时，应先送出起始位（逻辑0，低电平），随后紧跟着数据位，这些数据位构成要发送的字符信息。有效数据位的个数可以规定为5、6、7或8。奇偶校验位视需要设定，紧跟其后的是停止位（逻辑1，高电平），其位数可在1、1.5、2中选择其一。

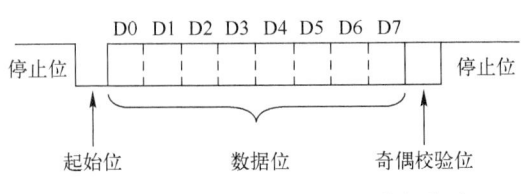

图10-1 串行异步收发通信的数据格式

10.1.2 连接握手

通信帧的起始位可以引起接收方的注意，但发送方并不知道，也不能确认接收方是否已经做好了接收数据的准备。利用连接握手可以使收发双方确认已经建立了连接关系，接收方已经做好准备，可以进入数据收发状态。

连接握手过程是指：发送者在发送一个数据块之前使用一个特定的握手信号来引起接收者的注意，表明要发送数据；接收者则通过握手信号回应发送者，说明它已经做好了接收数据的准备。

连接握手既可以通过软件也可以通过硬件来实现。在软件连接握手中，发送者通过发送一个字节表明它想要发送数据。接收者看到这个字节的时候，也发送一个信息来声明自己可以接收数据。当发送者看到这个信息时，便知道它可以发送数据了。接收者还可以通过另一个信息来告诉发送者停止发送。

在普通的硬件握手方式中，接收者在准备好接收数据的时候将相应的I/O线变为高电平，然后开始全神贯注地监视它的串行输入端口的允许发送端。这个允许发送端与接收者的已准备好接收数据的信号端相连，发送者在发送数据之前一直在等待这个信号的变化。一旦得到信号，说明接收者已处于准备好接收数据的状态，发送者便开始发送数据。接收者可以在任何时候将这根I/O线变为低电平，即便是在接收一个数据块的过程中也可以把这根I/O线变为低电平。当发送者检测到这个低电平信号时，就应该停止发送。在完成本次传输之前，发送者还会继续等待这根I/O线再次回到高电平，以继续被中止的数据传输。

10.1.3 确认

接收者为表明已经收到数据而向发送者回复信息的过程称为确认。有的传输过程可能会收到报文而不需要向相关节点回复确认信息。但是在许多情况下，接收者需要通过确认告知发送者数据已经收到。有的发送者需要根据是否收到确认信息来采取相应的措施，因而确认对某些通信过程是必需的和有用的。即便接收者没有其他信息要告诉发送者，也要为此单独发一个确认数据已经收到的信息。

确认报文可以是一个特别定义过的字节，例如一个标识接收者的数值。发送者收到确认报文就可以认为数据传输过程正常结束。如果发送者没有收到所希望回复的确认报文，它就认为通信出现了问题，然后将采取重发或者其他行动。

10.1.4 中断

中断是一个信号，它通知 CPU 有需要立即响应的任务。每个中断请求对应一个连接到中断源和中断控制器的信号。通过自动检测端口事件发现中断并转入中断处理。

许多串行端口（简称串口）采用硬件中断。串口发生硬件中断，或者一个软件缓存的计数器到达一个触发值，表明某个事件已经发生，需要执行相应的中断响应程序，并对该事件做出及时的反应。这种过程也称为事件驱动。

采用硬件中断就应该提供中断服务程序，以便在中断发生时让它执行所期望的操作。很多微控制器为满足其应用需求而设置了硬件中断。在一个事件发生的时候，应用程序会自动对端口的变化做出响应，跳转到中断服务程序。发送数据、接收数据、握手信号变化、接收到错误报文等，都可能被视为串口的不同工作状态，或称为通信中发生了不同事件，需要根据工作状态变化停止执行现行程序而转向与工作状态变化相适应的应用程序。

外部事件驱动可以在任何时间插入并且使得程序转向执行一个专门的应用程序。

10.1.5 轮询

通过周期性地获取特征或信号来读取数据或发现是否有事件发生的工作过程称为轮询。它需要足够频繁地轮询端口，以便不遗失任何数据或者事件。轮询的频率取决于对事件快速反应的需求以及缓存区的大小。

轮询通常用于计算机与 I/O 端口之间较短数据或字符组的传输。由于轮询端口不需要硬件中断，因此可以在一个没有分配中断的端口运行此类程序。很多轮询使用系统定时器来确定周期性读取端口的操作时间。

10.2 通用同步异步收发器的结构、工作模式和方式

通用同步异步收发器（USART）是一种通用的串行总线，支持同步、异步通信，可以实现全双工发送和接收，在嵌入式系统中常用于主机与辅助设备之间的通信。利用 USART 也可以轻松实现计算机与嵌入式系统之间的通信。

CH32V103 系列的 USART 具有以下特征：

1) 支持全双工或半双工通信。
2) 具有分数波特率发生器，最高通信速率达到 4.5 Mbit/s。
3) 具有可编程的数据长度和停止位。
4) 支持 LIN（Local Interconnection Network，局域互联网络）、IrDA（Infrared Data Association，用于无线红外通信的协议）、智能卡（ISO 7816-3）协议。
5) 支持 DMA 功能，实现快速收发数据。
6) 具有多种中断源，灵活进行数据通信。

10.2.1 内部结构

CH32V103 有多个全双工的串行异步通信接口 USART，可以实现设备之间串行数据的传输。USART 内部结构框图如图 10-2 所示。

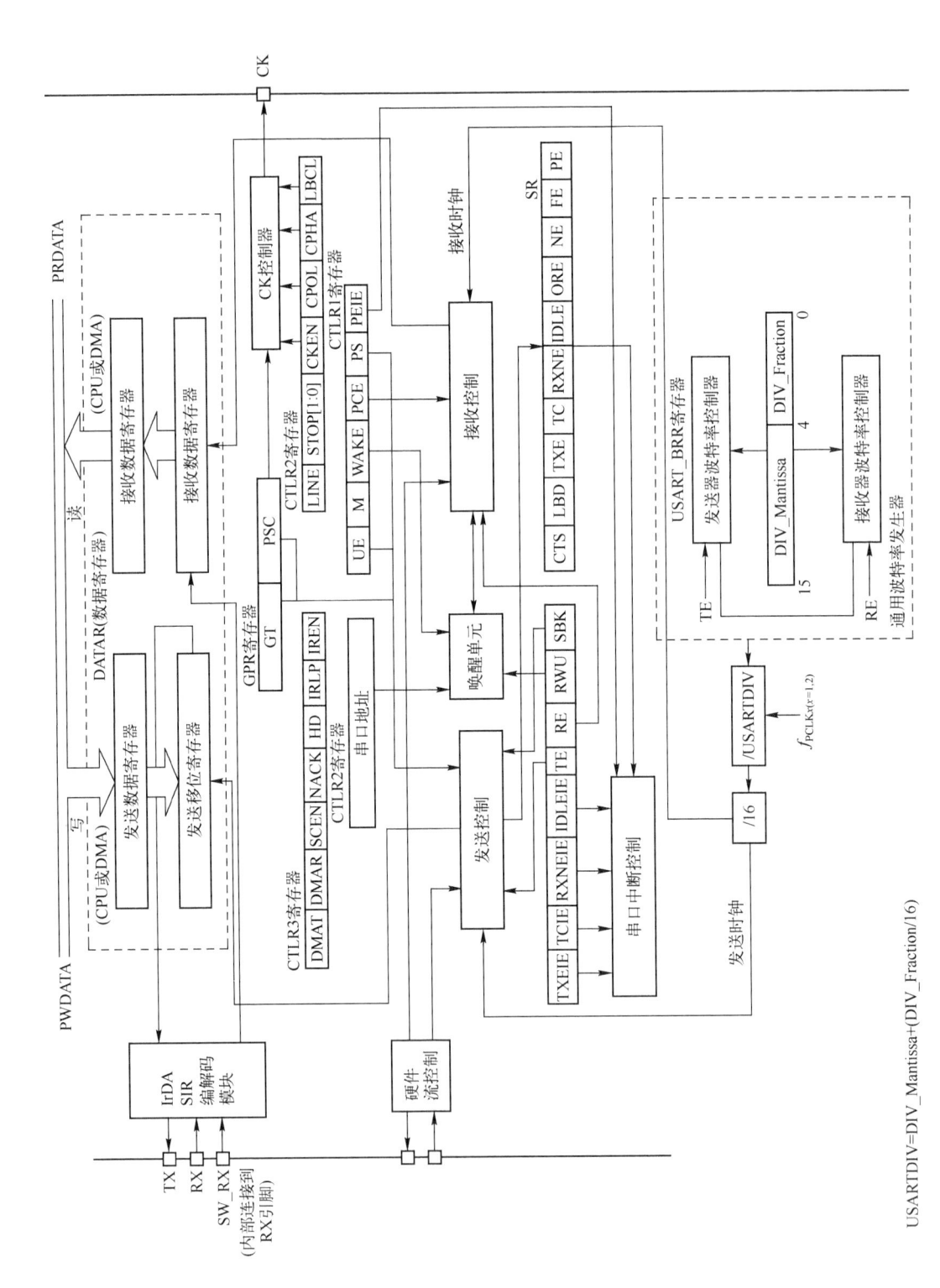

图 10-2 USART 内部结构框图

USARTDIV=DIV_Mantissa+(DIV_Fraction/16)

任何 USART 双向通信都至少需要两个引脚：RX 和 TX。发送器被禁止时，TX 引脚会恢复到其 IO 端口配置。发送器被使能且不发送数据时，TX 引脚处于高电平。在 IrDA 模式下，TX 作为 IrDA_OUT，RX 作为 IrDA_IN。在单线和智能卡模式中，TX 被同时用于数据的接收和发送。

nCTS 和 nRTS 用于调制解调。nCTS 为清除发送，若是高电平，则在当前数据传输结束时不进行下一次数据发送。nRTS 为发送请求，若是低电平，则表明 USART 准备好接收数据。

CK 引脚为发送器时钟输出，此引脚输出用于同步传输的时钟，数据可以在 RX 上同步被接收，可以用来控制带有移位寄存器的外部设备。时钟的相位和极性都可以通过软件编程。在智能卡模式中，CK 引脚可以为智能卡提供时钟。

CH32V103C8T6 有 3 个 USART，即 USART1、USART2、USART3，各引脚的对应关系为：USART1_TX（PA9）、USART1_RX（PA10）、USART1_CTS（PA11）、USART1_RTS（PA12）、USART1_CK（PA8）、USART2_TX（PA2）、USART2_RX（PA3）、USART2_CTS（PA0）、USART2_RTS（PA1）、USART2_CK（PA4）、USART3_TX（PB10）、USART3_RX（PB11）、USART3_CTS（PB13）、USART3_RTS（PB14）、USART3_CK（PB12）。IrDA_OUT 和 IrDA_IN 本身没有对应的引脚，当 USART 配置为红外模式时，IrDA_OUT 和 IrDA_IN 分别对应 TX 和 RX。SW_RX 也没有单独的引脚对应，当 USART 配置为单线或智能卡模式时，SW_RX 对应 TX 引脚。

USART 的功能是通过操作相应寄存器实现的，包括 UASRT 状态寄存器（R32_USART_STATR）、UASRT 数据寄存器（R32_USART_DATAR）、UASRT 波特率寄存器（R32_US-ART_BRR）、UASRT 控制寄存器 1（R32_USART_CTLR1）、UASRT 控制寄存器 2（R32_USART_CTLR2）、UASRT 控制寄存器 3（R32_USART_CTLR3）、UASRT 保护时间和预分频寄存器（R32_USART_GPR）。

USART 的相关寄存器功能可参考芯片寄存器手册。寄存器的读写可通过编程设置寄存器来实现，也可借助标准库函数来实现。标准库函数提供了大部分寄存器操作函数，基于标准库开发更加简单、便捷。

10.2.2 工作模式

1. 同步模式

配置为同步模式后，系统在使用 USART 模块时可以输出时钟信号。在开启同步模式对外发送数据时，CK 引脚会同时对外输出时钟。开启同步模式时需要关闭 LIN 模式、智能卡模式、红外模式和半双工模式。

2. 单线半双工模式

半双工模式支持使用单个引脚（只使用 TX 引脚）来接收和发送，TX 引脚和 RX 引脚在芯片内部连接。开启半双工模式时需要关闭 LIN 模式、智能卡模式、红外模式和同步模式。设置成半双工模式之后，需要把 TX 的 IO 口设置成悬空输入或者开漏输出（高电平）的模式。在 USART 发送使能的情况下，只要将数据写到数据寄存器上就会发送出去。特别要注意的是，半双工模式可能会出现多设备使用单总线收发时的总线冲突，这需要用软件自行避免。

3. 智能卡模式

智能卡模式支持通过 ISO 7816-3 协议访问智能卡控制器。开启智能卡模式时需要关闭 LIN 模式、半双工模式和红外模式，但是可以开启 CLKEN 来输出时钟。

为了支持智能卡模式，USART 应当被置为 8 位数据位外加 1 位校验位，它的停止位建议配置成发送和接收都为1.5位。智能卡模式采用的是一种单线半双工通信协议，其中，TX线担当着数据通信的重要角色。为了确保通信顺畅进行，TX线应当被精心配置为开漏输出模式，并且需要加上拉电阻，这样的设置旨在优化信号传输的稳定性和可靠性。当接收方接收一帧数据并检测到奇偶校验错误时，会在停止位时发出一个NACK信号，即在停止位期间主动把TX拉低一个周期，发送方检测到NACK信号后，会产生帧错误，应用程序据此可以重发。

在智能卡模式下，CK引脚使能后输出的波形和通信无关，仅仅是给智能卡提供时钟的，它的值是APB时钟再经过5位可设置的时钟分频（分频值为PSC的两倍，最高62分频）。

4. IrDA模式

USART模块支持控制IrDA红外收发器进行物理层通信。USART模块和SIR物理层（红外收发器）之间使用NRZ（不归零）编码，最高支持到115200 bit/s。

IrDA是一个半双工的协议，如果USART正在给SIR物理层发数据，IrDA解码器将会忽视新发来的红外信号；如果USART正在接收从SIR发来的数据，则SIR不会接收来自USART的信号。USART发给SIR和SIR发给USART的电平逻辑是不一样的：SIR接收逻辑中，高电平为1，低电平为0；但是在SIR发送逻辑中，高电平为0，低电平为1。

5. DMA模式

USART模块支持DMA功能，可以利用DMA实现快速连续收发。当启用DMA时，发送数据寄存器空（TXE）中断使能时，DMA就会从设定的内存空间向发送缓冲区写数据。当使用DMA接收时，每次接收数据就绪（RXNE）中断置位后，DMA就会将接收缓冲区里的数据转移到特定的内存空间。

6. 中断模式

USART模块支持多种中断源，包括发送数据寄存器空（TXE）、运行发送（CTS）、发送完成（TC）、接收数据就绪（RXNE）、数据溢出（ORE）、线路空闲（IDLE）、奇偶校验出错（PE）、断开标志（LBD）、噪声（NE）、多缓冲通信的溢出（ORT）和帧错误（FE）等。

中断和对应的使能位的关系见表10-1所示。

表10-1 中断和对应的使能位的关系

中　断　源	使　能　位
发送数据寄存器空（TXE）	TXEIE
运行发送（CTS）	CTSIE
发送完成（TC）	TCIE
接收数据就绪（RXNE）	RXNEIE
数据溢出（ORE）	RXNEIE
线路空闲（IDLE）	IDLEIE
奇偶校验出错（PE）	PEIE
断开标志（LBD）	LBDIE
噪声（NE）	EIE
多缓冲通信的溢出（ORT）	EIE
多缓冲通信的帧错误（FE）	EIE

10.2.3 工作方式

1. 数据发送

当 TE（发送使能位）置位时，发送移位寄存器里的数据在 TX 引脚上输出，时钟在 CK 引脚上输出。发送时，最先移出的是最低有效位，每个数据帧都由一个低电平的起始位开始，然后发送器根据 M（字长）位上的设置发送 8 位或者 9 位的数据字，最后是数目可配置的停止位。如果配有奇偶检验位，数据字的最后 1 位为校验位。

在 TE 置位后会发送一个空闲帧，空闲帧是 10 位或者 11 位高电平，包含停止位。

断开帧是 10 位或 11 位低电平，后跟着停止位。

2. 数据接收

USART 接收期间，数据的最低有效位首先从 RX 引脚移进。当一个字符被接收时，RXNE 位被置位，表明移位寄存器的内容被转移到接收数据寄存器中，也就是接收的数据可以从接收数据寄存器中读出。如果 RXNEIE 位被置位，则可以产生接收中断。在接收过程中如果检测到帧错误、噪声或溢出错误，错误标志将被置位。

3. 分数波特率的产生

收发器的波特率的计算公式为

$$波特率 = \frac{F_{CLK}}{16 \times USARTDIV}$$

式中，F_{CLK} 是 APBx 的时钟，即 PCLK1 或者 PCLK2，USART1 模块使用 PCLK1，其余的使用 PCLK2；USARTDIV 的值是根据 USART_BRR 中的 DIV_M 和 DIV_F 两个域决定的，具体计算公式为

$$USARTDIV = DIV\_M + (DIV\_F/16)$$

需要注意的是，波特率产生器产生的波特率不一定能刚好生成用户所需要的波特率，可能会存在偏差。除了尽量取接近的值，减小偏差的方法可以是增大 APBx 的时钟。比如设定波特率为 115200 时，USARTDIV 的值设为 39.0625，在最高频率时可以得到刚好 115200 的波特率；如果需要 921600 的波特率时，计算的 USARTDIV 是 4.88，但是实际上在 USART_BRR 里填入的值最接近的只能是 4.875，实际产生的波特率是 923076，误差达到 0.16%。

发送方发出的串口波形传到接收端时，接收方和发送方的波特率是有一定误差的。误差主要来自 3 个方面：接收方和发送方实际的波特率不一致；接收方和发送方的时钟有误差；波形在线路中产生的变化。外设模块的接收器是有一定接收容差能力的，当以上 3 个方面产生的总偏差之和小于模块的容差能力极限时，这个总偏差不影响收发。模块的容差能力极限受是否采用分数波特率和 M 位（字长）影响，采用分数波特率和使用 9 位数据域字长会使容差能力极限降低，但不低于 3%。

上述配置均可以通过 USART 库函数实现，这样更加简单、快捷。

10.3 常用库函数

CH32V103 标准库提供了大部分 USART 函数，见表 10-2。

表 10-2 大部分 USART 函数

序号	函数名称	功能描述
1	USART_DeInit	将外设 USARTx 寄存器配置为默认值
2	USART_Init	根据 USART_InitStruct 中指定的参数初始化外设 USARTx
3	USART_StructInit	把 USART_InitStruct 中每一个参数配置为默认值
4	USART_ClockInit	根据 USART_ClockInitStruct 中指定参数配置 USARTx 外设时钟
5	USART_ClockStructInit	把 USART_ClockInitStruct 中每一个参数配置为默认值
6	USART_Cmd	使能或失能 USART 外设
7	USART_ITConfig	使能或失能指定的 USART 中断
8	USART_DMACmd	使能或失能指定 USART 的 DMA 请求
9	USART_SetAddress	设置 USART 节点地址
10	USART_WakeUpConfig	设置 USART 的唤醒方式
11	USART_ReceiverWakeUpCmd	检查 USART 是否处于静默模式
12	USART_LINBreakDetectLengthConfig	设置 USARTLIN 中断检测长度
13	USART_LINCmd	使能或失能 USARTx 的 LIN 功能
14	USART_SendData	USARTx 发送数据
15	USART_ReceiveData	USARTx 接收数据
16	USART_SendBreak	发送中断字
17	USART_SetGuardTime	设置指定的 USART 保护时间
18	USART_SetPrescaler	设置 USART 时钟预分频值
19	USART_SmartCardCmd	使能或失能指定 USART 的智能卡模式
20	USART_SmartCardNACKCmd	使能或失能智能卡 NACK 传输
21	USART_HalfDuplexCmd	使能或失能 USART 半双工模式
22	USART_IrDAConfig	配置 USART 的 IrDA 功能
23	USART_IrDACmd	使能或失能 USART 的 IrDA 功能
24	USART_GetFlagStatus	检查指定的 USART 标志位设置与否
25	USART_ClearFlag	清除 USARTx 指定的标志位
26	USART_GetITStatus	检查指定的 USART 中断标志位设置与否
27	USART_ClearITPendingBit	清除 USARTx 指定的中断标志位

1. USART_Init 函数

USART_Init 函数的说明见表 10-3。

表 10-3 USART_Init 函数的说明

项目名	描述
函数原型	void USART_(USART_TypeDef * USARTx, USART_InitTypeDef * USART_InitStruct)
功能描述	根据 USART_InitStruct 中指定的参数初始化外设 USARTx
输入参数 1	USARTx：x 可以是 1、2、3，以选择 USART
输入参数 2	USART_InitStruct：指向 USART_InitTypeDef 结构体的指针，包含 USART 的配置信息
输出参数	无

USART_InitTypeDef 定义在 "ch32v10x_usart.h" 文件中。

```
typedef struct
{
    uint32_t USART_BaudRate;
    uint16_t USART_WordLength;
    uint16_t USART_ StopBits;
    uint16_t USART_Parity;
    uint16_t USART_Mode;
    uint16_t USART HardwareFlowControl;
} USART_InitTypeDef;
```

1）USART_BaudRate：设置 USART 的波特率，常用值为 115200、38400 和 9600 等。

2）USART_WordLength：设置一帧数据接收或发送的数据位数，其说明见表 10-4。

表 10-4　USART_WordLength 参数的说明

USART_WordLength 参数	描　　述
USART_rdLength_8b	8 位数据
USART_WordLength_9b	9 位数据

3）USART_StopBits：设置发送的停止位数目，其说明见表 10-5。

表 10-5　USART_StopBits 参数的说明

USART_StopBits 参数	描　　述
USART_StopBits_1	在帧结尾传输 1 个停止位
USART_StopBits_0_5	在帧结尾传输 0.5 个停止位
USART_StopBits_2	在帧结尾传输 2 个停止位
USART_StopBits_1_5	在帧结尾传输 1.5 个停止位

4）USART_Parity：设置校验方式，其说明见表 10-6。

表 10-6　USART_Parity 参数的说明

USART_Parity 参数	描　　述
USART_Parity_No	无校验
USART_Parity_Even	偶校验
USART_Parity_Odd	奇校验

5）USART_Mode：设置串口收发模式，其说明见表 10-7。

表 10-7　USART_Mode 参数的说明

USART_Mode 参数	描　　述
USART_Mode_Rx	接收使能
USART_Mode_Tx	发送使能

（6）USART_HardwareFlowControl 设置硬件流控模式，其说明见表 10-8。

表 10-8 USART_HardwareFlowControl 参数说明

USART_HardwareFlowControl 参数	描 述
USART_HardwareFlowControl_None	关闭硬件流控
USART_HardwareFlowControl_RTS	使能 RTS 流控
USART_HardwareFlowControl_CTS	使能 CTS 流控
USART_HardwareFlowControl_RTS_CTS	使能 RTS、CTS 流控

该函数的使用方法如下：

```
USART_InitTypeDef   USART_InitStructure;

USART_InitStructure.USART_ BaudRate = 115200;                                        //波特率 115200
USART_InitStructure.USART_WordLength = USART_WordLength_8b;                          //8 位数据位
USART_InitStructure.USART_StopBits = USART_StopBits_1;                               //1 位停止位
USART_InitStructure.USART_Parity = USART_Parity_No;                                  //无校验
USART_InitStructure.USART_HardwareFlowControl = USART_HardwareFlowControl_None;      //无硬件流控
USART_InitStructure.USART_Mode = USART_Mode_Tx | USART_Mode_Rx;                      //配置发送和接收模式
USART_Init(USART1, &USART_InitStructure);                                            //初始化 USART 设置
```

2. USART_Cmd 函数

USART_Cmd 函数的说明见表 10-9。

表 10-9 USART_Cmd 函数的说明

项 目 名	描 述
函数原型	void USART_Cmd(USART_TypeDef * USARTx, FunctionalState NewState)
功能描述	使能或失能 USART 外设
输入参数 1	USARTx：x 可以是 1、2、3，以选择 USART
输入参数 2	NewState：设置 USART 外设状态，可配置 ENABLE 或 DISABLE
输出参数	无

该函数的使用方法如下：

```
USART_Cmd(USART1, ENABLE);        //使能 USART1
```

3. USART_ITConfig 函数

USART_ITConfig 函数的说明见表 10-10。

表 10-10 USART_ITConfig 函数的说明

项 目 名	描 述
函数原型	void USART_ITConfig(USART_TypeDef * USARTx, uint16_t USART_IT, FunctionalState NewState)
功能描述	使能或失能指定的 USART 中断
输入参数 1	USARTx：x 可以是 1、2、3，以选择 USART
输入参数 2	USART_IT：使能或失能指定的 USART 中断
输入参数 3	NewState：设置 USART 外设状态，可配置 ENABLE 或 DISABLE
输出参数	无

USART_IT 中断源有 8 种，见表 10-11。

表 10-11 USART_IT 中断源说明

USART_IT 中断源	描　述
USART_IT_CTS	CTS 中断
USART_IT_LBD	LIN 中断检测中断
USART_IT_TXE	发送数据寄存器空中断
USART_IT_TC	传输完成中断
USART_IT_RXNE	接收完成中断
USART_IT_IDLE	总线空闲中断
USART_IT_PE	奇偶错误中断
USART_IT_ERR	错误中断

该函数的使用方法如下：

USART_ITConfig(USART1, USART_IT_RXNE, ENABLE); //使能 USART1 接收数据寄存器非空中断

4. USART_SendData 函数

USART_SendData 函数的说明见表 10-12。

表 10-12 USART_SendData 函数的说明

项 目 名	描　述
函数原型	void　USART_SendData(USART_TypeDef * USARTx,uint16_t　Data)
功能描述	USARTx 发送数据
输入参数 1	USARTx：x 可以是 1、2、3，以选择 USART
输入参数 2	Data：待发送数据
输出参数	无

该函数的使用方法如下：

USART_SendData(USART1, 0x86);　　//USART1 发送一个字节数据 0x86

5. USART_ReceiveData 函数

USART_ReceiveData 函数的说明见表 10-13。

表 10-13 USART_ReceiveData 函数的说明

项 目 名	描　述
函数原型	uint16_t　USART_ReceiveData(USART_TypeDef * USARTx)
功能描述	USARTx 接收数据
输入参数	USARTx：x 可以是 1、2、3，以选择 USART
输出参数	接收到的字节数据

该函数的使用方法如下：

uint8_t　rx_data=0;
rx_data = USART_ReceiveData(USART1);　//接收 USART1 的一个字节数据

6. USART_GetFlagStatus 函数

USART_GetFlagStatus 函数的说明见表 10-14。

表 10-14 USART_GetFlagStatus 函数的说明

项 目 名	描 述
函数原型	FlagStatus USART_GetFlagStatus(USART_TypeDef * USARTx, uint16_t USART_FLAG)
功能描述	检查指定的 USART 标志位设置与否
输入参数 1	USARTx：x 可以是 1、2、3，以选择 USART
输入参数 2	USART_FLAG：检查指定的 USART 标志位设置与否
输出参数	USART_FLAG 的最新状态，参数为 SET 或 RESET

USART_FLAG 的参数定义见表 10-15。

表 10-15 USART_FLAG 参数定义

USART_FLAG 参数	描 述
USART_FLAG_CTS	CTS 标志位
USART_FLAG_LBD	LIN 检测标志位
USART_FLAG_TXE	发送数据寄存器空标志位
USART_FLAG_TC	发送完成标志位
USART_FLAG_RXNE	接收数据寄存器非空标志位
USART_FLAG_IDLE	总线空闲标志位
USART_FLAG_ORE	溢出错误标志位
USART_FLAG_NE	噪声错误标志位
USART_FLAG_FE	帧错误标志位
USART_FLAG_PE	奇偶校验错误标志位

该函数的使用方法如下：

```
FlagStatus  bitstatus;
//检测 USART1 接收数据寄存器非空标志
bitstatus = USART_GetFlagStatus(USART1,USART_FLAG_RXNE);
```

7. USART_ClearFlag 函数

USART_ClearFlag 函数的说明见表 10-16。

表 10-16 USART_ClearFlag 函数的说明

项 目 名	描 述
函数原型	void USART_ClearFlag(USART_TypeDef * USARTx, uint16_t USART_FLAG)
功能描述	清除 USARTx 挂起的标志位
输入参数 1	USARTx：x 可以是 1、2、3，以选择 USART
输入参数 2	USART_FLAG：清除指定的 USART 标志位
输出参数	无

该函数用于清除 USARTx 挂起的标志位，可以清除 USART_FLAG_CTS、USART_FLAG_LBD、USART_FLAG_TC、USART_FLAG_RXNE 这 4 个状态标志位。该函数的使用方法如下：

```
USART_ClearFlag(USART1,USART_FLAG_TC);  //清除 USART1 的发送完成标志位
```

8. USART_GetITStatus 函数

USART_GetITStatus 函数的说明见表 10-17。

表 10-17 USART_GetITStatus 函数的说明

项 目 名	描 述
函数原型	ITStatus USART_GetITStatus(USART_TypeDef* USARTx,uint16_t USART_IT)
功能描述	检查指定的 USART 中断标志位设置与否
输入参数 1	USARTx：x 可以是 1、2、3，以选择 USART
输入参数 2	USART_IT：获取指定的 USART 中断标志位
输出参数	USART_IT 的最新状态，参数为 SET 或 RESET

USART_IT 的参数定义见表 10-18。

表 10-18 USART_IT 参数定义

USART_IT 参数	描 述
USART_IT_CTS	CTS 中断标志位
USART_IT_LBD	LIN 检测中断标志位
USART_IT_TXE	发送数据寄存器空中断标志位
USART_IT_TC	发送完成中断标志位
USART_IT_RXNE	接收数据寄存器非空中断标志位
USART_IT_IDLE	总线空闲中断标志位
USART_IT_ORE_RX	RXNEIE 置位时溢出错误标志位
USART_IT_ORE_ER	EIE 置位时溢出错误标志位
USART_IT_NE	噪声错误中断标志位
USART_IT_FE	帧错误中断标志位
USART_IT_PE	奇偶校验错误标志位

该函数使用方法如下：

```
FlagStatus    bitstatus;
//检测 USART1 接收数据寄存器非空中断标志
bitstatus = USART_GetITStatus(USART1, USART_IT_RXNE);
```

9. USART_ClearITPendingBit 函数

USART_ClearITPendingBit 函数的说明见表 10-19。

表 10-19 USART_ClearITPendingBit 函数的说明

项 目 名	描 述
函数原型	void USART_ClearITPendingBit(USART_TypeDef* USARTx, uint16_t USART_IT)
功能描述	清除 USARTx 指定的中断标志位
输入参数 1	USARTx：x 可以是 1、2、3，以选择 USART
输入参数 2	USART_IT：清除指定的 USART 中断标志位
输出参数	无

该函数用于清除 USARTx 挂起的中断标志位，可以清除 USART_IT_CTS、USART_IT_LBD、USART_IT_TC、USART_IT_RXNE 这 4 个状态标志位。该函数的使用方法如下：

  USART_ClearITPendingBit(USART1,USART_IT_TC); //清除 USART1 的发送完成中断标志位

10.4 使用流程

  CH32V103 的 USART 具有多种功能，其中最基本的功能是串口数据的发送和接收。USART 的基本配置流程如图 10-3 所示。

  USART 和 GPIO 是两种不同的外设，但串口是 IO 口的复用功能，所以不仅需要打开 USART 时钟，也需要打开 GPIO 时钟。例如，在配置 USART2 时，USART2 的发送引脚 PA2 配置为复用推挽输出，接收引脚 PA3 配置为浮空输入；然后配置串口参数，配置完成后使能串口功能。

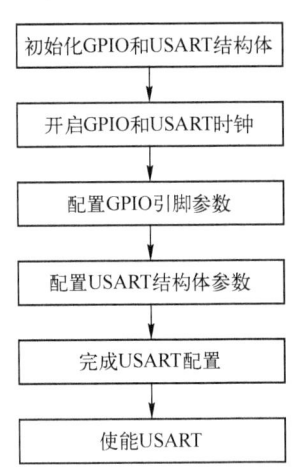

  发送数据和接收数据既可以采用查询方式，也可以采用中断方式，这里以最简单的查询方式为例说明。发送 1B 数据时，调用函数 USART_SendData()，通过检测 USART_FLAG_TC 标志位判断发送状态，等待串口发送完成。

图 10-3 USART 基本配置流程

  USART_SendData(USART1, buf); //发送当前字符
  while (USART_GetFlagStatus(USART1, USART_FLAG_TC) == RESET); //等待发送完成

  接收数据时，首先通过检测 USART_FLAG_RXNE 标志位判断是否有数据，再调用函数 USART_ReceiveData 进行串口数据的接收。

  if(USART_GetFlagStatus(USART1, USART_FLAG_RXNE) == SET) //接收寄存器非空
  {
  usart1_data = USART_ReceiveData(USART1); //接收数据
  }

10.5 CH32 的通用同步异步收发器串行通信应用实例

  本实例讲述了如何使用 CH32V103 微控制器通过 USART2 和 USART3 实现串行通信。主机（USART2）和从机（USART3）通过 PA2/PA3 和 PB10/PB11 端口进行数据发送和接收。程序通过查询方式发送数据，并利用中断接收数据。全局变量存储发送和接收的数据缓冲区，通过比较函数验证数据传输的正确性。初始化函数配置了 USART 的参数和中断，主循环中发送数据后，通过中断服务程序接收数据，最终通过串口打印传输结果，验证通信是否成功。

10.5.1 CH32 的通用同步异步收发器串行通信应用硬件设计

  USART 中断例程：
  主机：USART2_Tx(PA2)/USART2_Rx(PA3)。
  从机：USART3_Tx(PB10)/USART3_Rx(PB11)。

此实例演示了 USART2 和 USART3 如何使用查询发送和中断接收。

CH32V103 的 USART 串行通信硬件设计涉及 USART2 和 USART3 模块，通过配置 GPIO 端口来实现数据的发送和接收。在此设计中，USART2 作为主机，其发送端口（Tx）连接至 PA2，接收端口（Rx）连接至 PA3。相应地，USART3 作为从机，其发送端口（Tx）连接至 PB10，接收端口（Rx）连接至 PB11。这种配置允许两个 USART 模块通过串行通信协议交换数据。

硬件设计的关键步骤包括：

1) GPIO 配置：首先，需要启用 GPIOA 和 GPIOB 的时钟（通过 RCC_APB2PeriphClockCmd 函数），然后将 USART2 的 Tx 和 Rx 端口分别配置为复用推挽输出（GPIO_Mode_AF_PP）和浮空输入（GPIO_Mode_IN_FLOATING）模式。同样，USART3 的 Tx 和 Rx 端口也需要进行相应配置。

2) USART 配置：启用 USART2 和 USART3 的时钟（通过 RCC_APB1PeriphClockCmd 函数），然后设置波特率、字长、停止位、奇偶校验位和硬件流控等参数（通过 USART_Init 函数）。此外，还需要启用 USART 的接收中断（通过 USART_ITConfig 函数），以便在接收到数据时能够自动触发中断服务程序。

3) 中断优先级配置：使用 NVIC 配置 USART2 和 USART3 的中断优先级。这涉及设置中断通道、抢占优先级和子优先级，并使能中断（通过 NVIC_Init 函数）。

4) 使能 USART 模块：通过 USART_Cmd 函数使能 USART2 和 USART3，允许它们开始发送和接收数据。

此设计有效地利用了 CH32V103 的 USART 模块和中断机制，实现了两个串口之间的数据通信，展示了嵌入式系统中常用的串行通信技术。

10.5.2 CH32 的通用同步异步收发器串行通信应用软件设计

1. 软件设计步骤

CH32V103 的 USART 串行通信应用软件设计可以分为几个关键步骤，以确保 USART2 和 USART3 模块正确配置并实现数据的发送和接收。这些步骤的详细说明如下：

步骤 1：定义全局变量和类型。

1) 定义发送和接收缓冲区大小。
2) 定义发送和接收缓冲区数组。
3) 定义传输状态枚举（PASSED 或 FAILED）。
4) 定义用于追踪发送和接收进度的计数器。
5) 定义完成标志以指示数据是否完全接收。

步骤 2：缓冲区比较函数。

实现一个 Buffercmp 函数，用于比较两个缓冲区的内容。如果两个缓冲区完全相同，则返回 PASSED；否则返回 FAILED。

步骤 3：USART 配置函数。

1) 配置 GPIO 端口：启用 GPIO 时钟，并配置 USART2 和 USART3 的 Tx 和 Rx 引脚为相应的功能模式。

2) 配置 USART 参数：设置 USART 的波特率、字长、停止位、奇偶校验位、硬件流控以及模式（接收和发送）。

3）启用 USART 中断：对 USART2 和 USART3 启用接收缓冲区非空中断（RXNE）。
4）配置 NVIC 中断优先级：为 USART2 和 USART3 的中断设置优先级，并使能这些中断。
5）使能 USART 模块：通过调用 USART_Cmd 函数，使能 USART2 和 USART3。

步骤 4：主函数。

1）配置 NVIC 中断优先级分组。
2）初始化系统时钟。
3）初始化延时函数。
4）初始化 USART 打印功能。
5）打印系统信息。
6）调用 USART 配置函数初始化 USART2 和 USART3。
7）循环发送数据：通过查询方式发送数据，并等待直到发送完成。
8）等待接收完成：通过中断方式接收数据，并设置接收完成标志。
9）比较发送和接收的数据：使用 Buffercmp 函数检查数据是否正确传输。
10）打印传输状态和数据内容。

步骤 5：中断服务程序。

1）实现 USART2 和 USART3 的中断服务程序。
2）在接收中断中，从 USART 的数据寄存器读取数据到接收缓冲区。
3）当接收到足够的数据后，禁用接收中断并设置接收完成标志。

以上软件设计步骤概述了如何在 CH32V103 微控制器上实现基于中断的串行通信。通过这种方式，可以有效地在 USART2 和 USART3 之间传输数据，同时主循环可以继续执行其他任务。

2. 软件程序

程序清单如下：

```
#include "debug.h"
/* 全局定义(Global define) */
#define TxSize1     (size(TxBuffer1))
#define TxSize2     (size(TxBuffer2))
#define size(a)     (sizeof(a) / sizeof(*(a)))

/* 全局类型定义(Global typedef) */
typedef enum
{
    FAILED = 0,
    PASSED = !FAILED
} TestStatus;

/* 全局变量(Global Variable) */
u8 TxBuffer1[] = "*Buffer1 Send from USART2 to USART3 using Interrupt!"; /* Send by UART2 */
u8 TxBuffer2[] = "#Buffer2 Send from USART3 to USART2 using Interrupt!"; /* Send by UART3 */
u8 RxBuffer1[TxSize1] = {0};                                              /* USART2 Using */
u8 RxBuffer2[TxSize2] = {0};                                              /* USART3 Using */

volatile u8 TxCnt1 = 0, RxCnt1 = 0;
volatile u8 TxCnt2 = 0, RxCnt2 = 0;
```

```c
volatile u8 Rxfinish1 = 0, Rxfinish2 = 0;

TestStatus TransferStatus1 = FAILED;
TestStatus TransferStatus2 = FAILED;

void USART2_IRQHandler(void)  __attribute__((interrupt("WCH-Interrupt-fast")));
void USART3_IRQHandler(void)  __attribute__((interrupt("WCH-Interrupt-fast")));

/*********************************************
 * 函数名称: Buffercmp
 * 函数功能: 比较两个缓冲区
 * 参数: Buf1 和 Buf2, 即被比较的两个参数
 *       BuffLength, 即缓冲区的长度
 * 返回: PASSED, 即 Buf1 与 Buf2 完全相同
 *       FAILED, 即 Buf1 与 Buf2 不相同
 *********************************************/
TestStatus Buffercmp(uint8_t *Buf1, uint8_t *Buf2, uint16_t BufLength)
{
    while(BufLength--)
    {
        if(*Buf1 != *Buf2)
        {
            return FAILED;
        }
        Buf1++;
        Buf2++;
    }
    return PASSED;
}

/*********************************************
 * 函数名称: USARTx_CFG
 * 函数功能: 初始化 USART2 和 USART3 外设
 * 返回: 无
 *********************************************/
void USARTx_CFG(void)
{
    GPIO_InitTypeDef  GPIO_InitStructure = {0};
    USART_InitTypeDef USART_InitStructure = {0};
    NVIC_InitTypeDef  NVIC_InitStructure = {0};

    RCC_APB1PeriphClockCmd(RCC_APB1Periph_USART2 | RCC_APB1Periph_USART3, ENABLE);
    RCC_APB2PeriphClockCmd(RCC_APB2Periph_GPIOA | RCC_APB2Periph_GPIOB, ENABLE);

    /* USART2  TX-->A.2   RX-->A.3 */
    GPIO_InitStructure.GPIO_Pin = GPIO_Pin_2;
    GPIO_InitStructure.GPIO_Speed = GPIO_Speed_50MHz;
    GPIO_InitStructure.GPIO_Mode = GPIO_Mode_AF_PP;
    GPIO_Init(GPIOA, &GPIO_InitStructure);
    GPIO_InitStructure.GPIO_Pin = GPIO_Pin_3;
    GPIO_InitStructure.GPIO_Mode = GPIO_Mode_IN_FLOATING;
    GPIO_Init(GPIOA, &GPIO_InitStructure);
    /* USART3  TX-->B.10   RX-->B.11 */
    GPIO_InitStructure.GPIO_Pin = GPIO_Pin_10;
```

```c
    GPIO_InitStructure.GPIO_Speed = GPIO_Speed_50MHz;
    GPIO_InitStructure.GPIO_Mode = GPIO_Mode_AF_PP;
    GPIO_Init(GPIOB, &GPIO_InitStructure);
    GPIO_InitStructure.GPIO_Pin = GPIO_Pin_11;
    GPIO_InitStructure.GPIO_Mode = GPIO_Mode_IN_FLOATING;
    GPIO_Init(GPIOB, &GPIO_InitStructure);

    USART_InitStructure.USART_BaudRate = 115200;
    USART_InitStructure.USART_WordLength = USART_WordLength_8b;
    USART_InitStructure.USART_StopBits = USART_StopBits_1;
    USART_InitStructure.USART_Parity = USART_Parity_No;
    USART_InitStructure.USART_HardwareFlowControl = USART_HardwareFlowControl_None;
    USART_InitStructure.USART_Mode = USART_Mode_Tx | USART_Mode_Rx;

    USART_Init(USART2, &USART_InitStructure);
    USART2->STATR = 0x00C0;
    USART_ITConfig(USART2, USART_IT_RXNE, ENABLE);

    USART_Init(USART3, &USART_InitStructure);
    USART3->STATR = 0x00C0;
    USART_ITConfig(USART3, USART_IT_RXNE, ENABLE);

    NVIC_InitStructure.NVIC_IRQChannel = USART2_IRQn;
    NVIC_InitStructure.NVIC_IRQChannelPreemptionPriority = 1;
    NVIC_InitStructure.NVIC_IRQChannelSubPriority = 1;
    NVIC_InitStructure.NVIC_IRQChannelCmd = ENABLE;
    NVIC_Init(&NVIC_InitStructure);

    NVIC_InitStructure.NVIC_IRQChannel = USART3_IRQn;
    NVIC_InitStructure.NVIC_IRQChannelPreemptionPriority = 2;
    NVIC_InitStructure.NVIC_IRQChannelSubPriority = 2;
    NVIC_InitStructure.NVIC_IRQChannelCmd = ENABLE;
    NVIC_Init(&NVIC_InitStructure);

    USART_Cmd(USART2, ENABLE);
    USART_Cmd(USART3, ENABLE);
}
/*********************************************/
int main(void)
{
    NVIC_PriorityGroupConfig(NVIC_PriorityGroup_2);
    SystemCoreClockUpdate();
    Delay_Init();
    USART_Printf_Init(115200);
    printf("SystemClk:%d\r\n", SystemCoreClock);
    printf("ChipID:%08x\r\n", DBGMCU_GetCHIPID());
    printf("USART Interrupt TEST\r\n");
    USARTx_CFG();                   /* USART2 & USART3 INIT */

    while(TxCnt2 < TxSize2)         /* USART3->USART2 */
    {
        USART_SendData(USART3, TxBuffer2[TxCnt2++]);
        /* waiting for sending finish */
        while(USART_GetFlagStatus(USART3, USART_FLAG_TXE) == RESET)
```

第10章 CH32通用同步异步收发器

```
            }
        }
    }
    while(TxCnt1 < TxSize1)            /* USART2->USART3 */
    {
        USART_SendData(USART2, TxBuffer1[TxCnt1++]);
        /* waiting for sending finish */
        while(USART_GetFlagStatus(USART2, USART_FLAG_TXE) == RESET)
        {
        }
    }

    Delay_Ms(100);

    while(! Rxfinish1 || ! Rxfinish2)   /* waiting for receiving int finish */
    {
    }

    TransferStatus1 = Buffercmp(TxBuffer1, RxBuffer2, TxSize1);
    TransferStatus2 = Buffercmp(TxBuffer2, RxBuffer1, TxSize2);

    if(TransferStatus1 && TransferStatus2)
    {
        printf("\r\nSend Success! \r\n");
    }
    else
    {
        printf("\r\nSend Fail! \r\n");
    }
    printf("TxBuffer1---->RxBuffer2    TxBuffer2---->RxBuffer1\r\n");
    printf("TxBuffer1:%s\r\n", TxBuffer1);
    printf("RxBuffer1:%s\r\n", RxBuffer1);
    printf("TxBuffer2:%s\r\n", TxBuffer2);
    printf("RxBuffer2:%s\r\n", RxBuffer2);

    while(1)
    {
    }
}

/*********************************************
 * 函数名称: USART2_IRQHandler
 * 功能: USART2的全局中断请求程序
 * 返回: 无
 *********************************************/
void USART2_IRQHandler(void)
{
    if(USART_GetITStatus(USART2, USART_IT_RXNE) != RESET)
    {
        RxBuffer1[RxCnt1++] = USART_ReceiveData(USART2);

        if(RxCnt1 == TxSize2)
        {
            USART_ITConfig(USART2, USART_IT_RXNE, DISABLE);
```

```
                    Rxfinish1 = 1;
            }
        }
    }

/*******************************************
 * 函数名称: USART3_IRQHandler
 * 功能: USART3 的全局中断请求程序
 * 返回: 无
 ******************************************/
void    USART3_IRQHandler( void)
{
        if( USART_GetITStatus( USART3, USART_IT_RXNE) != RESET)
        {
            RxBuffer2[ RxCnt2++] = USART_ReceiveData( USART3);

            if( RxCnt2 == TxSize1)
            {
                USART_ITConfig( USART3, USART_IT_RXNE, DISABLE);
                Rxfinish2 = 1;
            }
        }
}
```

3. 程序代码说明

下面对上述代码的功能进行说明。

(1) void USART2_IRQHandler(void) _attribute_((interrupt("WCH-Interrupt-fast")))

这行代码定义了一个中断服务程序函数 USART2_IRQHandler，这个函数专门用于处理与 USART2 相关的中断事件。_attribute_((interrupt("WCH-Interrupt-fast")))是一个编译器指令，用于告诉编译器这个函数是一个中断处理函数，并且使用了一种特定的中断处理策略，名为 "WCH-Interrupt-fast"。

这里的关键点如下：

1) USART2_IRQHandler: 这是一个函数名，用于处理 USART2 相关的中断。当 USART2 触发中断（例如，数据接收完成或发送缓冲区空闲）时，该函数将被自动调用。

2) attribute((interrupt("WCH-Interrupt-fast"))): 这是一个 GCC 编译器的特性，允许开发者为函数指定特定的属性。在这个例子中，它指定了函数是一个中断处理函数，并且应该按照 "WCH-Interrupt-fast" 策略来处理中断。

① interrupt: 这个关键字告诉编译器，这个函数是一个中断处理函数。这意味着编译器会产生一些特殊的代码，以确保当中断发生时，函数能够正确地保存和恢复 CPU 的状态，使得程序能够在中断处理完成后继续正常运行。

② WCH-Interrupt-fast: 这个字符串指示了一种特定的中断处理策略。虽然没有提供上下文，但从名称可以推测，这是一种为了提高中断处理速度而设计的策略。"WCH" 是一个硬件平台、微控制器系列或特定开发环境的缩写，而 "fast" 表明这种策略注重快速处理。

这行代码的功能是定义了一个用于快速处理 USART2 相关中断的函数。这对于需要高效处理串行通信中断的应用来说非常重要，可以帮助减少通信延迟、提高系统的响应速度和可靠性。

(2) void　USARTx_CFG(void)函数

该函数是一个配置函数，名为 USARTx_CFG，用于初始化和配置 CH32V103 微控制器上的 USART2 和 USART3 串行通信接口。具体来说，它执行以下操作：

1) 开启时钟：通过调用 RCC_APB1PeriphClockCmd 和 RCC_APB2PeriphClockCmd 函数，为 USART2、USART3 以及与之相关的 GPIO 端口（GPIOA 和 GPIOB）开启时钟。这是硬件工作的前提，确保了所需的硬件模块获得了时钟信号。

2) 配置 GPIO：对于 USART2 和 USART3 的 Tx（发送）和 Rx（接收）引脚，分别配置为复用推挽输出（GPIO_Mode_AF_PP）和浮空输入（GPIO_Mode_IN_FLOATING）。这些配置确保了 USART 的引脚能够正确地进行数据的发送和接收。

USART2 的 Tx 和 Rx 分别连接到 GPIOA 的引脚 2（PA2）和引脚 3（PA3）。

USART3 的 Tx 和 Rx 分别连接到 GPIOB 的引脚 10（PB10）和引脚 11（PB11）。

3) 配置 USART 参数：为 USART2 和 USART3 设置波特率、字长、停止位、奇偶校验位、硬件流控以及工作模式（发送和接收）。这里，波特率被设置为 115200，字长为 8 位，停止位为 1 位，无奇偶校验，无硬件流控，且配置为既可以发送也可以接收。

4) 启用 USART 接收中断：通过调用 USART_ITConfig 函数，为 USART2 和 USART3 的接收缓冲区非空中断（RXNE）启用中断。这意味着每当接收缓冲区中有数据时，中断将被触发。

5) 配置和启用中断控制器（NVIC）：为 USART2 和 USART3 的中断设置优先级，并通过调用 NVIC_Init 函数使能这些中断。这确保了当 USART2 或 USART3 接收数据时，相应的中断服务程序将被执行。

6) 启用 USART 模块：最后，通过调用 USART_Cmd 函数，启用 USART2 和 USART3。这使得这两个串行接口开始工作，可以发送和接收数据。

该函数的功能是对 CH32V103 微控制器上的两个串行接口 USART2 和 USART3 进行初始化和配置，以便它们可以用于串行通信，如与其他微控制器、计算机或其他串行设备交换数据。通过配置中断，程序能够以非阻塞方式响应接收到的数据，提高了程序的效率和响应速度。

(3) void　USART2_IRQHandler(void)函数

该函数是一个用于 CH32V103 微控制器中的 USART 中断服务程序。这段代码的功能是处理 USART2 接口接收到的数据。下面是代码的详细解释：

1) 当 USART2 接收缓冲区非空（即接收到数据）时，USART_GetITStatus(USART2, USART_IT_RXNE)函数会检查是否有接收中断发生（USART_IT_RXNE 是接收缓冲区非空中断的标志）。如果返回值不是 RESET（意味着接收到了数据），则执行中断内的代码。

2) RxBuffer1[RxCnt1++] = USART_ReceiveData(USART2)　这行代码从 USART2 的接收数据寄存器中读取一个字节的数据，并将其存储到 RxBuffer1 数组中，同时接收计数器 RxCnt1 自增。这样，每接收到一个字节的数据，就将其保存到接收缓冲区 RxBuffer1 中，并更新接收到的数据数量。

3) if(RxCnt1 == TxSize2)　这个条件判断是否已经接收到了预定数量的字节（TxSize2 是预定要接收的数据大小）。如果接收到的数据量达到了这个预定值，执行以下两个操作：

① USART_ITConfig(USART2, USART_IT_RXNE, DISABLE)。这行代码禁用 USART2 的接收缓冲区非空中断，这是因为已经接收完毕，不需要再接收数据了。

② Rxfinish1 = 1。设置一个标志（Rxfinish1），表明接收操作已经完成。

该函数的目的是从 USART2 接口接收特定数量的数据，并将接收到的数据存储在一个数组中。一旦接收到足够的数据，就会停止接收并设置一个完成标志。这种机制通常用于基于中断的串行通信，可以有效地在后台接收数据而不阻塞主程序的执行。

(4) int main(void) 主函数

该函数实现了一个基于 CH32V103 微控制器的 USART 数据传输和接收测试程序。程序的主要功能是通过 USART 接口进行数据的发送和接收，并检查数据传输的正确性。其主要步骤和功能解释如下：

1) 初始化配置。

① NVIC_PriorityGroupConfig(NVIC_PriorityGroup_2)：设置中断控制器的优先级分组。

② SystemCoreClockUpdate()：更新系统时钟频率，确保 SystemCoreClock 变量反映当前的时钟设置。

③ Delay_Init()：初始化延时函数。

④ USART_Printf_Init(115200)：初始化 USART，设置波特率为 115200，用于 printf 函数的输出。

⑤ printf：将系统时钟频率、芯片 ID 和测试信息发送到串口。

2) USART 通信初始化。

USARTx_CFG()：初始化 USART2 和 USART3 的配置，准备进行数据传输和接收。

3) USART 数据发送。使用两个 while 循环分别通过 USART3 发送给 USART2(TxCnt2<TxSize2) 和通过 USART2 发送给 USART3(TxCnt1<TxSize1) 数据。

① USART_SendData(USARTx, TxBufferx[TxCntx++])：从 TxBuffer 中获取数据并发送。

② USART_GetFlagStatus(USARTx, USART_FLAG_TXE)：等待数据发送完成。

4) 等待接收完成。

while(!Rxfinish1 || !Rxfinish2)：循环等待，直到 USART2 和 USART3 的接收操作完成（由中断服务程序更新 Rxfinish1 和 Rxfinish2 标志）。

5) 验证数据传输。使用 Buffercmp 函数比较发送缓冲区和接收缓冲区的内容，验证数据是否正确传输。根据比较结果，输出传输成功或失败的信息。

6) 输出传输和接收的数据。将 TxBuffer1、RxBuffer1、TxBuffer2 和 RxBuffer2 的内容发送到串口，以便检查和验证。

7) 无限循环。程序最后进入一个空的 while 循环，防止程序结束。

该函数演示了如何使用 CH32V103 的 USART 接口进行数据的发送和接收，并通过比较发送和接收的数据来验证数据传输的正确性。这是嵌入式系统开发中常见的一种通信方式和测试方法。

4. 工程调试

双击图 10-4 中的 USART_Interrupt.wvproj 工程，弹出如图 10-5 所示的 USART 工程调试界面。

工程下载和串口助手测试方法同触摸按键工程 TouchKey，详细过程从略。

双击串口助手图标，进入测试界面，如图 10-6 所示。端口号选择 "COM26 USB Serial Port"，波特率自动跟踪，与 CH32V103 的波特率一致，为 115200。图 10-6 的接收窗口显示：

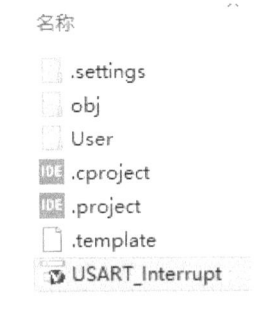

图 10-4 USART_Interrupt.wvproj 工程

第 10 章　CH32 通用同步异步收发器

SystemClk:72000000
ChipID:2500410f
USART Interrupt TEST

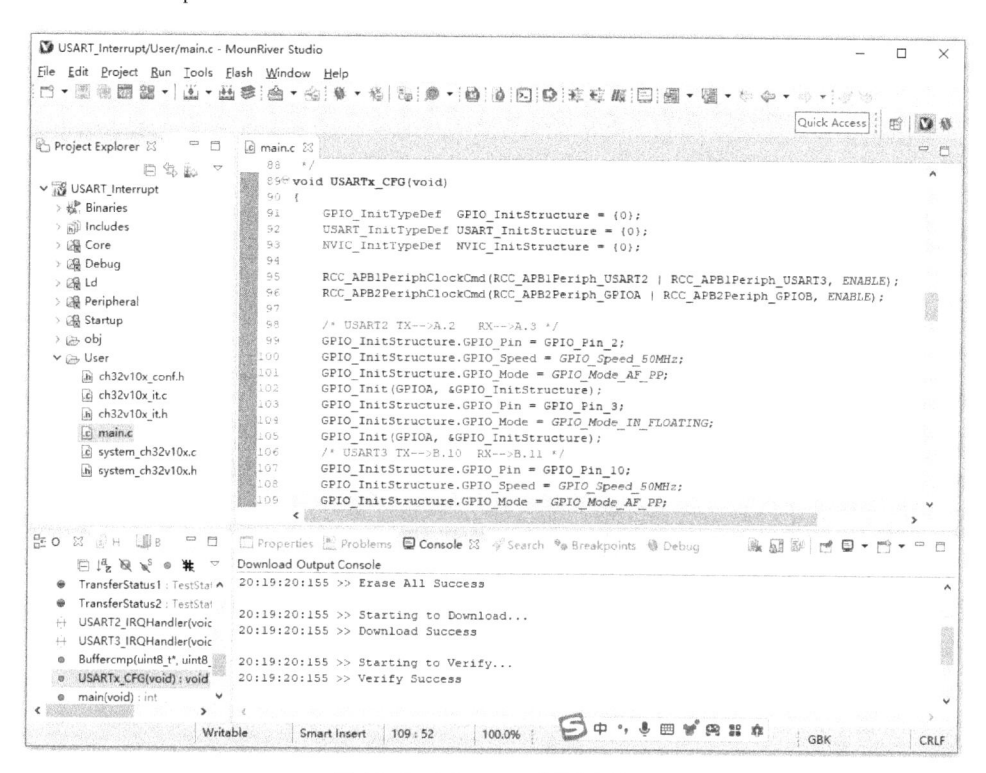

图 10-5　USART 工程调试界面

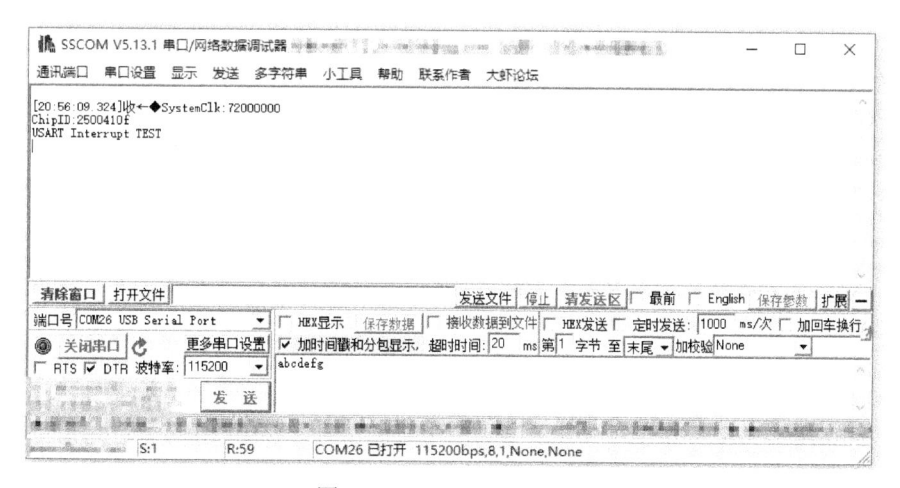

图 10-6　USART 测试界面

习题

1. CH32V103 的 USART 主要组成部分有哪些？
2. USART 有哪些工作模式？

第11章　HPM6700系列高性能微控制器

本章讲述的主要内容如下：

（1）HPM6700概述　简要介绍了HPM6700系列微控制器的定位和应用领域，为读者提供了系列产品的背景知识。

（2）HPM6750的主要特性　深入探讨了HPM6750微控制器的核心特性，包括内核与系统、内部存储器、电源管理、时钟、复位、启动、外部存储器、图形系统、定时器、通信外设、模拟外设、输入输出和系统调试，为开发者提供了全面的硬件资源和功能概览。

（3）HPM6750处理器内核　详细讲述了HPM6750的处理器内核，包括中央处理器、双核配置、总线和存储器接口、TRAP、机器定时器MCHTMR、硬件性能监视器、特权模式、物理内存属性及保护等方面，为开发者理解处理器核心提供了深入的视角。

通过本章内容，读者可以获得对HPM6700系列微控制器，尤其是HPM6750的深入理解，为开发基于HPM6750的高性能应用提供了坚实的基础。

11.1　HPM6700概述

HPM6700系列微控制器是由上海先楫半导体科技有限公司（简称先楫半导体）生产的高性能实时RISC-V微控制器，为工业自动化及边缘计算应用提供了极大的算力、高效的控制能力及丰富的多媒体功能。

HPM6700系列微控制器包括6个型号：HPM6730IVM、HPM6730IAN、HPM6750IVM、HPM6750IAN、HPM6754IVM和HPM6754IAN。

HPM6700系列产品命名规则如图11-1所示。

HPM6700处理器适用于以下应用：电机控制、数字电源、仪器仪表、医疗设备、工业控制、音频设备、无人机、边缘计算。

HPM6750作为先楫半导体与晶心科技（Andes Technology）联袂推出的实时RISC-V微控制器HPM6000系列的旗舰产品，搭载了双RISC-V AndesCore D45内核，主频为816 MHz。凭借先楫半导体创新的总线架构、高效的L1缓存和本地存储器设计，HPM6750实现了9000 CoreMark和4500 DMIPS的性能。

HPM6700系列产品集成了众多高性能外设，包括支持2D图形加速的先进显示系统、高速USB接口、千兆以太网、CAN FD等多样化的通信接口，以及高速12位和高精度16位模数转换器，为高性能电机控制和数字电源应用提供了强大的运动控制系统支持。

HPM6000系列微控制器包括双核的HPM6750、单核的HPM6450以及入门级的HPM6120。它们均配备了双精度浮点运算和强大的DSP扩展指令，内置2 MB SRAM，拥有丰富的多媒体功能、电机控制模块、通信接口和安全加密特性。这一系列微控制器可广泛应用于工业4.0、智能家电、支付终端、边缘计算、物联网等众多前沿领域。

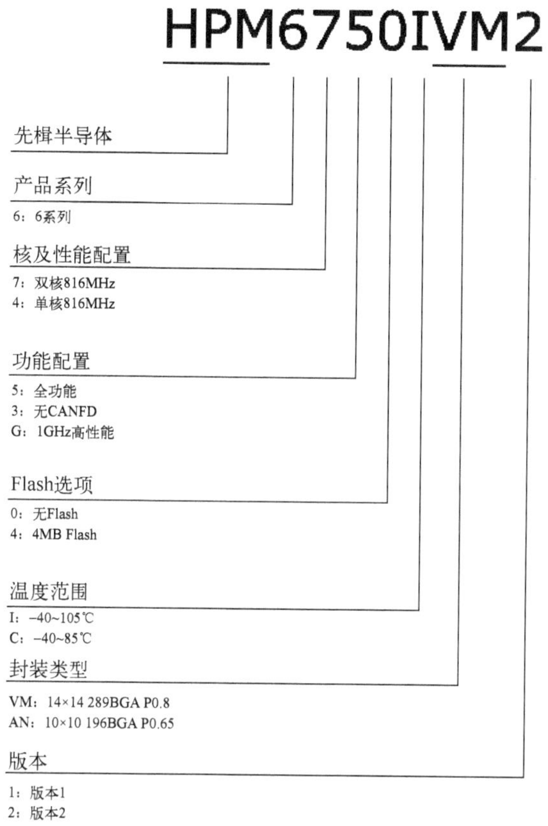

第 11 章 HPM6700 系列高性能微控制器

HPM6750IVM2

```
先楫半导体
产品系列
  6：6系列
核及性能配置
  7：双核816MHz
  4：单核816MHz
功能配置
  5：全功能
  3：无CANFD
  G：1GHz高性能
Flash选项
  0：无Flash
  4：4MB Flash
温度范围
  I：-40~105℃
  C：-40~85℃
封装类型
  VM：14×14 289BGA P0.8
  AN：10×10 196BGA P0.65
版本
  1：版本1
  2：版本2
```

图 11-1 HPM6700 系列产品命名规则

值得一提的是，D45 内核作为晶心科技 RISC-V 系列 AndesCore 45 系列的杰出代表，采用了有序的 8 级双问题超标量架构，并优化了负载和存储管道设计，配备了高级分支预测功能。此外，D45 还支持 IEEE 754 单/双精度浮点单元（FPU）和 RISC-V P 扩展（DSP/SIMD）指令，给指令和数据存储器子系统带来了显著提升。所有 45 系列内核均配备了本地存储器和缓存，极大提升了如 HPM6000 系列等大存储器 SOC 的性能。

HPM6750 的系统框图如图 11-2 所示。

图 11-1 中所有外设简称的释义见表 11-1。

表 11-1 HPM6750 外设简称的释义

简　称	描　述
CPU0 子系统	包含 RISC-V CPU0 及其本地存储器和私有外设的子系统
CPU1 子系统	包含 RISC-V CPU1 及其本地存储器和私有外设的子系统
CONN 子系统	包含高速通信外设的子系统
VIS 子系统	包含显示、图像外设的子系统
ILM	指令本地存储器（Instruction Local Memory）
DLM	数据本地存储器（Data Local Memory）
FGPIO	快速 GPIO（Fast General Purpose Input Output）控制器

(续)

简称	描述
ENET	以太网（Ethernet）控制器
USB	通用串行总线（Universal Serial Bus）
SDXC	SD/eMMC（Secure Digital Memory Card/Embedded Multi-Media Card，安全数码存储卡/嵌入式多媒体卡）控制器
JPEG	JPEG 编解码器
CAM	摄像接口控制器（Camera Controller）
LCDC	显示接口控制器（lLCD Controller）
PDMA	像素直接内存访问（Pixel DMA），是 2D 图形加速单元
SDP	安全数据处理器（Secure Data Processor）
XDMA	AXI 系统总线 DMA（AXI DMA）控制器
HDMA	AHB 外设总线 DMA（AHB DMA）控制器
AXI SRAM	AXI 总线 SRAM
AHB SRAM	AHB 总线 SRAM
APB SRAM	APB 总线 SRAM
XPI	串行总线控制器（一种用于微控制器的可扩展编程接口模块）
FEMC	多功能外部存储器控制器（Flexible External Memory Controller）
EXIP	在线解密模块（Encrypted Execution-In-Place）
ADC	模数转换器（Analog-to-Digital Convertor）
SYSCTL	系统控制（System Control）模块
PLLCTL	锁相环控制器（PLL Controller）
ACMP	模拟比较器（Analog Comparator）
MBX	信箱（Mailbox）
DMAMUX	DMA 请求路由器
IOC	IO 控制器（Input Output Controller）
PIOC	电源管理域 IO 控制器
BIOC	电池备份域 IO 控制器
GPIO	通用输入输出（General Purpose Input Output）控制器
PGPIO	电源管理域 GPIO 控制器
BGPIO	电池备份域 GPIO 控制器
GPIOM	GPIO 管理器（GPIO Manager）
OTP	一次性可编程存储（One Time Program）
I2S	集成电路内置音频（Inter IC Sound）总线
DAO	数字音频输出（Digital Audio Output）
PDM	PDM（Pulse Density Modulation，脉冲密度调制）数字麦克风

第 11 章　HPM6700 系列高性能微控制器

（续）

简　称	描　述
PWM	PWM（Pulse Width Modulation，脉冲宽度调制）定时器
QEI	正交编码器接口（Quadrature Encoder Interface）
HALL	霍尔传感器接口
TRGM	触发管理器（Trigger Manager）
SYNT	同步定时器（Sync Timer）
GPTMR	通用定时器（General Purpose Timer）
PTMR	电源管理域内的通用定时器
WDG	看门狗（Watchdog）
PWDG	电源管理域内的看门狗
UART	通用异步收发器（Universal Asynchronous Receiver and Transmitter）
PUART	电源管理域内的通用异步收发器
SPI	串行外设接口（Serial Peripheral Interface）
I2C	集成电路总线（Inter-Integrated Circuit）
CAN	控制器局域网（Control Area Network）
PTPC	精确时间协议模块（Precise Time Protocol）
RNG	随机数发生器（Random Number Generator）
KEYM	密钥管理器（Key Manager）
PGPR	电源管理域的通用寄存器
BGPR	电池备份域的通用寄存器
PCFG	电源管理域配置模块
BCFG	电池备份域配置模块
PSEC	电源管理域安全管理器
BSEC	电池备份域安全管理器
PMON	电源管理域监视器
BMON	电池备份域监视器
VAD	语音唤醒模块（Voice Active Detector）
BKEY	电池备份域密钥模块
TAMP	侵入检测模块
MONO	单调计数器（Monolithic Counter）
RTC	实时时钟（Real Time Clock）
系统电源域	系统电源域指由 VDD_SOC 供电的逻辑和存储电路
电源管理域	电源管理域指由 VPMC（特定的电源管理控制电压）供电的逻辑和存储电路
电池备份域	电池备份域指由 VBAT（电池电压）供电的逻辑和存储电路

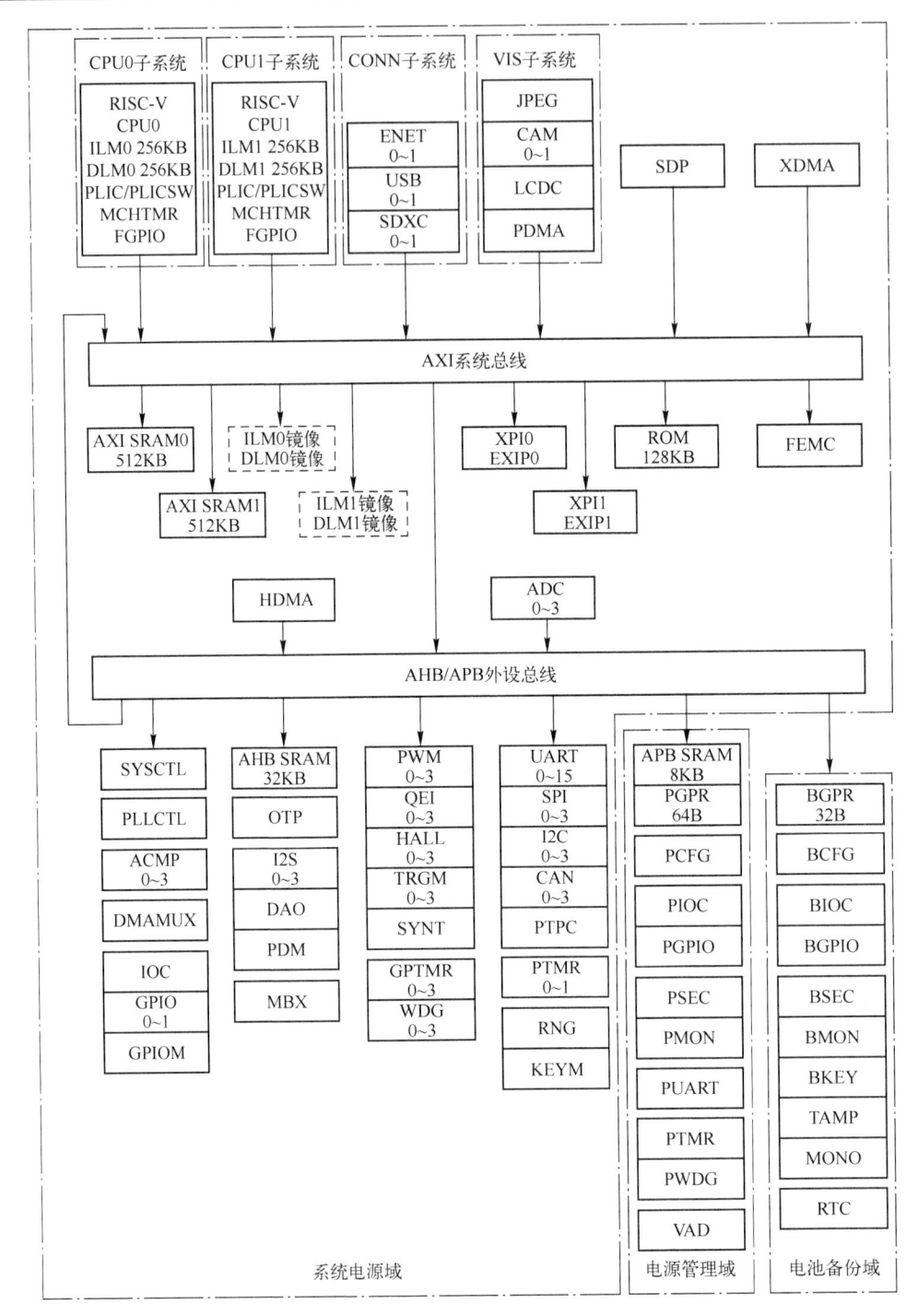

图 11-2 HPM6750 的系统框图

11.2 HPM6750 的主要特性

微控制器将 CPU、内存、输入输出接口等核心功能集成于一体。它们的主要特性包括高集成度、低功耗、成本效益、易于编程、多样的通信接口、内置的定时器和计数器、模拟接口、以及灵活的内存选项。

下面介绍 HPM6750 产品的主要特性。

11.2.1 内核与系统

HPM6750 采用双核 32 位 RISC-V 处理器，每个处理器特性如下：

1) RV32-IMAFDCP 指令集。
① 整数指令集。
② 乘法指令集。
③ 原子指令集。
④ 单精度浮点数指令集。
⑤ 双精度浮点数指令集。
⑥ 压缩指令集。
⑦ DSP 单元，支持 SIMD 和 DSP 指令，兼容 RV32-P 扩展指令集。
2) 性能可达 5.6 CoreMark/MHz。
3) 特权模式支持机器模式、监督模式和用户模式。
4) 支持 16 个物理内存保护（Physical Memory Protection，PMP）区域。
5) 支持 32 KB L1 指令缓存和 32 KB L1 数据缓存。
6) 支持 256 KB 指令本地存储器 ILM 和 256 KB 数据本地存储器 DLM。
7) 每个处理器配备 1 个 PLIC，用于管理 RISC-V 的外部中断。
① 支持 128 个中断源。
② 支持 8 级可编程中断优先级。
③ 中断嵌套扩展和中断向量扩展。
8) 每个处理器内核配备 1 个 PLICSW，管理 RISC-V 的软件中断，生成 RISC-V 软件中断。
9) 每个处理器内核配备 1 个 MCHTMR，管理 RISC-V 的定时器中断，生成 RISC-V 定时器中断。
10) 2 个 DMA 控制器。
① XDMA，支持 8 个通道，用于在存储器之间进行高带宽的数据传输。
② HDMA，支持 8 个通道，用于在外设寄存器和存储器之间进行低延迟的数据传输。
③ 支持 DMA 请求路由分配到任意 DMA 控制器。
11) 包括 2 个邮箱 MBX，支持处理器核间通信或不同进程间的通信。
① 每个处理器内核都支持独立的信息收发接口。
② 支持生成中断。

11.2.2 内部存储器

内部存储器包括如下内容：

1) 2088 KB 的片上 SRAM。
① ILM0，RISC-V CPU0 的指令本地存储器，容量为 256 KB。
② DLM0，RISC-V CPU0 的数据本地存储器，容量为 256 KB。
③ ILM1，RISC-V CPU1 的指令本地存储器，容量为 256 KB。

④ DLM1，RISC-V CPU1 的数据本地存储器，容量为 256 KB。
⑤ AXI SRAM0，容量为 512 KB，高速片上 SRAM。
⑥ AXI SRAM1，容量为 512 KB，高速片上 SRAM。
⑦ AHB SRAM，容量为 32 KB，适用于 HDMA 的低延时访问。
⑧ APB SRAM，容量为 8 KB，位于电源管理域，可以在系统电源域掉电时保存数据。

2）通用寄存器。
① 电源管理域通用寄存器 PGPR，容量为 64 B，可以在系统电源域掉电时保存数据。
② 电池备份域通用寄存器 BGPR，容量为 32 B，可以在系统电源域、电源管理域掉电时保存数据。

3）内部只读存储器 ROM，容量为 128 KB，ROM 存放本产品的启动代码、闪存加载（Flashloader）和部分外设驱动程序。

4）一次性可编程存储 OTP，4096 位，可用于存放芯片的部分出厂信息、用户密钥和安全配置、启动配置等数据。

11.2.3 电源管理

HPM6750 集成了完整的电源管理系统。

1）多个片上电源。
① DCDC，电压转换器，提供 0.9~1.3 V 输出，为系统电源域的电路供电。可调节 DCDC 输出，以支持动态电压频率调整（DVFS）。
② LDOPMC，典型值 1.1 V 输出的线性稳压器，为电源管理域的电路供电。
③ LDOOTP，典型值 2.5 V 输出的线性稳压器，为 OTP 供电，仅可在烧写 OTP 时打开。
④ LDOBAT，典型值 1.0 V 输出的线性稳压器，为电池备份域的电路供电。

2）运行模式和低功耗模式：等待模式、停止模式、休眠模式和关机模式。

3）芯片集成上电复位电路。

4）芯片集成低压检测电路。

11.2.4 时钟

HPM6750 时钟管理系统支持多个时钟源，支持时钟低功耗管理。

1）外部时钟源，包含 2 个片上振荡器：XTAL24M，24 MHz 片上振荡器，支持 24 MHz 晶体，也支持通过引脚从外部输入 24 MHz 有源时钟，24 MHz 外部高速振荡器是片上各个 PLL 的时钟源；XTAL32K，32.768 KHz 片上振荡器，支持 32.768 KHz 晶体，用作电池备份域外设（如 RTC）等的时钟源。

2）内部时钟源，包含 2 个内部 RC 振荡器：RC24M，内部 RC 振荡器，频率为 24 MHz；RC32K，内部 32 KHz RC 振荡器，作为 RTC 等设备的候补时钟源。

3）5 个锁相环，支持小数分频，支持展频。

4）支持低功耗管理，支持自动时钟门控。

11.2.5 复位

1）全局复位，也称为电池备份域复位，可以复位整个芯片，包括电池备份域、电源管理域和系统电源域。复位源是 RESETN（引脚复位）。

2) 系统电源域复位可以复位系统电源域，复位源有：
① VPMC BOR（VPMC 引脚的低压复位）。
② DEBUG RST（调试复位）。
③ WDOGx RST（看门狗复位）。
④ SW RST（软件复位）。

11.2.6 启动

BootROM 为芯片上电后执行的第一段程序，支持如下功能：
1) 从串行 NOR Flash 启动。
2) UART/USB 启动。
3) ISP（在线系统编程）。
4) 安全启动。
5) 低功耗唤醒。
6) 多种 ROM API。

11.2.7 外部存储器

外部存储器接口包括如下内容：
1) 2 个 XPI（串行总线控制器），具备连接片外多种 SPI 串行存储设备的能力，也可以连接支持串行总线的器件。每个 XPI 具有如下功能：
① 支持 1、2、4 或 8 位数据模式，支持 2 个 CS 片选信号。
② 支持 SDR 和 DDR，最高支持 166 MHz。
③ 支持 Quad-SPI 和 Octal-SPI 的串行 NOR Flash。
④ 支持串行 NAND Flash。
⑤ 支持 HyperBus、HyperRAM 和 HyperFlash。
⑥ 支持 Quad/Oct SPI PSRAM。
2) 1 个 FEMC（多功能外部存储器控制器）。
① DRAM 控制器。
② 支持 SDRAM 和 LPSDR SDRAM。
③ 支持 8 位、16 位和 32 位数据宽度。
④ 支持最高 166 MHz 时钟。
⑤ SRAM 控制器。
⑥ 支持连接外部 SRAM 存储器，或者访问那些接口与 SRAM 兼容的外部器件。
⑦ 支持异步访问。
⑧ 支持数据地址复用模式（ADMUX）或者非复用模式（Non-ADMUX）。
⑨ 支持 8 位或 16 位数据端口。
3) 2 个 SDXC（SD/eMMC 控制器）。
① 支持 SD、SDHC、SDXC，支持 4 位数据位宽，支持 DS、HS、SDR12、SDR25、SDR50 和 SDR104。
② 支持 eMMC 5.1，支持 4 位、8 位接口，支持 legacy（eMMC 存储设备的传统或基本模式）、HS SDR、HS DDR、HS200 和 HS400。

11.2.8 图形系统

图形系统包括如下内容：

1）1个LCDC（显示接口）。

① 支持24位RGB显示接口。

② 支持可配置的分辨率显示屏，在1366×768像素的分辨率下刷新率可达60帧/s。

③ 支持多种数据格式输入ARGB8888、RGB565、YUV422/YCbCr422、Y8、1bpp[⊖]、2bpp、4bpp和8bpp。

④ 支持多达8图层透明度混合（Alpha Blending）。

2）2个CAM（摄像接口）。

① 支持DVP（数字视频接口）。

② 支持提取YUV422、YCbCr422输入的灰度信息。

③ 支持YUV422、YCbCr422输入数据转换为1bpp黑白格式输出。

④ 支持RGB565，YUV422和YCbCr422输入数据转换为ARGB8888格式输出。

3）1个2D图形加速PDMA（像素DMA）。

① 支持双图层输入独立缩放，支持水平和垂直方向独立缩放。

② 支持双图层输入独立旋转，支持90°、180°、270°旋转。

③ 支持双图层输入独立水平或垂直翻转。

④ 支持双图层透明度混合、Porter-Duff操作（一种图形合成操作）。

⑤ 支持输入图像数据格式转换，支持多种格式的输入和输出：RGB565、YUV422/YCbCr422、ARGB8888。

⑥ 支持图块填色。

4）1个JPEG编解码器。

① 支持JPEG编码和解码。

② 支持多种格式输入和输出：RGB565、YUV422/YCbCr422、ARGB8888和Y8。

11.2.9 定时器

定时器包括如下内容：

1）9组32位通用定时器，其中一组（PTMR）位于电源管理域，支持低功耗唤醒，每组通用定时器包括4个32位计数器。

2）5个看门狗，其中一个（PWDG）位于电源管理域。

3）1个实时时钟，位于电池备份域。

11.2.10 通信外设

通信外设包括如下内容：

1）17个UART（通用异步收发器），其中1个（PUART）位于电源管理域，支持低功耗唤醒。

2）4个SPI（串行外设接口）。

⊖ bpp即bits per pixel，每像素位数。

3）4个I2C（集成电路总线），支持标准（100 Kbit/s）、快速（400 Kbit/s）和更快速（1 Mbit/s）三级。

4）4个CAN（控制器局域网），支持CAN FD。

① 支持CAN 2.0B标准，1 Mbit/s。

② 支持CAN FD，8 Mbit/s。

③ 支持时间戳。

5）1个PTPC（精确时间协议模块），PTPC支持2组时间戳模块，每组包含64位计数器，连接到CAN模块，CAN模块可以随时从端口读取时间戳信息。

6）2个USB OTG控制器，集成2个高速USB-PHY。符合Universal Serial Bus Specification Rev. 2.0。

7）2个ENET（以太网控制器）。

① 支持10、100、1000 Mbit/s数据传输。

② 支持RMII（精简媒体独立接口）、RGMII（精简吉比特独立接口）。

③ 支持由IEEE 1588—2002和IEEE 1588—2008标准定义的以太网帧时间戳。

④ MDIO（管理数据输入输出）主接口，用于配置和管理PHY（物理层）。

11.2.11 模拟外设

模拟外设包括如下内容：

1）3个12位ADC（模数转换器）。

① 12位逐次逼近型ADC，可配置的AD转换分辨率分别为6位、8位、10位和12位。

② 支持19个输入通道，支持单端和差分输入。

③ 5 MHz采样率。

2）1个16位ADC（模数转换器）。

① 16位逐次逼近型ADC。

② 支持8个输入通道。

③ 2 MHz采样率。

3）4个高速比较器。

① 工作电压3.0~3.6 V，支持轨到轨输入。

② 内置8位数模转换器（DAC）。

11.2.12 输入输出

输入输出具有如下功能：

1）提供PA~PZ共8组最多195个GPIO功能复用引脚。

2）IO支持3 V和1.8 V电压，分组供电。

3）IO支持开漏控制、内部上下拉、驱动能力调节，内置施密特触发器。

4）2个GPIO控制器，供2个处理器独立操作。

① 支持读取任意IO的输入或者控制IO的输出。

② 支持IO输入触发中断。

5）2个FGPIO（快速GPIO控制器），作为处理器私有的IO快速访问接口。

6）提供一个GPIO管理器，管理各GPIO控制器的IO控制权限。

7）电源管理域专属 IO PYxx 拥有专属 GPIO 控制器和 IO 配置模块，支持低功耗模式下状态保持。

8）电池备份域专属 IO PZxx 拥有专属 GPIO 控制器和 IO 配置模块，支持低功耗模式下状态保持。

11.2.13 系统调试

系统调试模块包括如下内容：
1）支持 JTAG 接口。
① 支持 RISC-V External Debug Support V0.13 规范。
② 支持 IEEE 1149.1。
③ 访问 RISC-V 内核寄存器和 CSR，访问存储器。
2）调试端口锁定功能。
① 开放模式，即调试功能开放。
② 锁定模式，即调试功能关闭，可以通过调试密钥解锁。
③ 关闭模式，即调试功能关闭。

11.3 HPM6750 处理器内核

HPM6750 集成 2 个高性能 RISC-V 处理器作为 CPU，符合以下 RISC-V 规范：
1）《RISC-V 指令集手册 第一卷：用户级 ISA 版本 2.2》（*The RISC-V Instruction Set Manual Volume I: User-Level ISA Version 2.2*）。
2）《RISC-V 指令集手册 第二卷：特权架构 版本 1.11》（*The RISC-V Instruction Set Manual Volume II: Privileged Architecture Version 1.11*）。
3）《RISC-V 调试规范 版本 0.13》（*The RISC-V Debug Specification Version 0.13*）。

11.3.1 中央处理器

RISC-V 32 位高性能嵌入式处理器，支持以下指令集：
① RISC-V，RV32I：基础整数指令集。
② RISC-V，M 扩展：乘法和除法指令集。
③ RISC-V，A 扩展：原子指令集。
④ RISC-V，F 扩展：单精度浮点数指令集。
⑤ RISC-V，D 扩展：双精度浮点数指令集。
⑥ RISC-V，C 扩展：压缩指令集。

同时也支持扩展指令集：
① RISC-V，P 扩展：SIMD 和 DSP 扩展指令集其他特性。
② 8 级顺序流水线。
③ 双发射超标量处理器。
④ 动态分支预测。
⑤ 处理器性能监视器。
⑥ 非对齐的存储器访问。

11.3.2 双核配置

HPM6750 集成 2 个 RISC-V 处理器。双核采用主从结构。

CPU0 和 CPU1 采用相同配置。

① 支持相同指令集。

② 相同容量的 L1 指令和数据缓存。

③ 32 KB L1 指令缓存（I-Cache），4 路组相连，每路 128 个 64 字节缓存行。

④ 32 KB L1 数据缓存（D-Cache），4 路组相连，每路 128 个 64 字节缓存行。

⑤ 相同容量的指令和数据本地存储器：256 KB ILM 和 256 KB DLM。

CPU0 和 CPU1 采用相同的存储器映射，以下为例外：

① CPU 自身的指令/数据本地存储器 ILM/DLM 为私有。

② FGPIO 为私有。

③ PLIC 为私有。

④ PLICSW 为私有。

⑤ MCHTMR 为私有。

注意，CPU 自身的 ILM/DLM 是私有的，即 CPU 通过自身的指令/数据本地存储器接口只能访问自己的 ILM/DLM。但是，HPM6750 支持通过存储器映射表（Memory Map）上 ILM/DLM 的别名（alias），通过系统总线矩阵从对方的本地存储器从接口，访问对方的 ILM/DLM。

CPU0 和 CPU1 采用相同的特权模式设置。

CPU0 为主 CPU，CPU1 为从 CPU。当复位发生时，系统总是由 CPU0 启动，而 CPU1 处于待机状态。

需要时，由 CPU0 装载 CPU1 的程序镜像，之后释放 CPU1，步骤如下：

1）CPU0 将 CPU1 的代码镜像地址写入 SYSCTL_CPU1_GPR0 寄存器。

2）CPU0 将 CPU1 启动代号写入 SYSCTL_CPU1_GPR1 寄存器，代号为 0xC1BEF1A9。

3）CPU0 将 SYSCTL_CPU1_LP[HALT]位清 0，即可释放 CPU1。

11.3.3 总线和存储器接口

RISC-V 处理器被配置为支持以下总线接口：

1）总线主接口，处理器通过它访问片上的内存和其他资源。

2）总线从接口，片上其他总线主设备可以通过它访问处理器的数据和指令本地存储器。

3）指令本地存储器接口，处理器通过它访问高速指令本地存储器。

4）数据本地存储器接口，处理器通过它访问高速数据本地存储器。

11.3.4 "陷阱"

按照 RISC-V 规范，由异常或者中断引起的处理器指令执行控制流程转换被称为"陷阱"（Trap），其中异常由处理器自身的指令执行引发，而中断是由处理器内外部的中断源生成的。当"陷阱"（Trap）发生时，处理器会中断当前的指令执行流程，关闭中断，保存需要的内核通用寄存器到堆栈，随后执行相应的陷阱服务程序。

11.3.5 机器定时器

机器定时器（MCHTMR）是 64 位的定时器，符合 RISC-V 规范，这个定时器以固定的时钟运行，提供固定的时间基准，并能够产生机器定时器中断（Machine Timer Interrupt）。机器定时器包含 64 位的计数器 mtime 和 64 位的比较器 mtimecmpx，当计数器 mtime >= mtimecmpx 时，产生中断。

11.3.6　硬件性能监视器

硬件性能监视器（Hardware Performance Monitor）符合 RISC-V 规范，包含：

1) mcycle/mcycleh CSR，64 位的计数器，统计自特定时刻以来处理器运行的时钟周期数。
2) minstret/minstreth CSR，64 位的计数器，统计自特定时刻以来处理器执行完成（Instruction Retired）的指令数目。
3) hpmcounter3~hpmcounter6、hpmcounterh3~hpmcounterh6 CSR，分别是 4 个 64 位的事件计数器。通过配置 CSR mhpmevent3~mhpmevent6，来配置事件计数器以统计自特定时刻以来：

① 特定指令执行的数量，指令可以是装载（LOAD）、存储（STORE）、乘法等整数指令、浮点数相关指令、跳转、返回等程序流控指令。
② 处理器本地存储器 ILM 和 DLM 的访问次数。
③ 缓存相关的事件数目，如指令或数据缓存命中、未命中次数等。
④ 分支预测模块预测失败次数等。

11.3.7　特权模式

HPM6750 符合《RISC-V 指令集手册　第二卷：特权架构 版本 1.11》（*The RISC-V Instruction Set Manual Volume II*: *Privileged Architecture Version 1.11*）规范。

1) 支持机器模式（Machine Mode，也称 M-mode、M 模式）。
2) 支持监督模式（Supervisor Mode，也称 S-mode、S 模式）。
3) 支持用户模式（User Mode，也称 U-mode、U 模式）。
4) 支持物理内存保护（Physical Memory Protection，PMP），支持 16 个区域（Region）。

11.3.8　物理内存属性

系统的存储器映射（Memory Map）空间可以分为若干种不同的区域，有些对应存储器，有些对应外设的控制寄存器。这些区域都有不同的属性，比如，有些区域不支持读、写或者代码执行，有些区域不支持缓存等。RISC-V 规范把这些不同物理地址存储区间的不同访问属性称为物理内存属性（Physical Memory Attribute，PMA）。

HPM6750 的 RISC-V 处理器支持静态 PMA 配置和可编程 PMA 配置。

(1) 静态 PMA 配置　支持把存储器映射的制定区域设置为设备区域（Device Region），设备区域的存储器不支持缓存（non-cacheable）。在 HPM6750 上，静态 PMA 配置如下：

1) 0x30000000~0x3FFFFFFF，Device Region 0。
2) 0xF0000000~0xFFFFFFFF，Device Region 1。

(2) 可编程 PMA 配置　支持 16 个 PMA 入口，允许软件通过 16 个 PMA ADDR CSR 和 4 个 PMA CFG CSR 设置 16 个 PMA 的存储器属性。可编程 PMA 配置的优先级高于静态 PMA 配置，16 个 PMA 区域中，序号较低的 PMA 区域优先级较高。

用户可以通过 PMA ADDR CSR 指定配置区域的基地址和长度。

用户可以通过 PMA CFG CSR 将指定的地址区域配置为设备区域或者内存区域（Memory

Region)。

内存区域支持配置为支持缓存（cacheable）或者不支持缓存（non-cacheable）。

11.3.9 物理内存保护

RISC-V 规范定义，RISC-V 处理器可以支持物理内存保护（Physical Memory Protection，PMP）模块。PMP 支持对存储器映射的指定地址区间提供读、写和执行代码保护。PMP 的读、写和代码执行检查针对 CPU 的特权模式，即允许用户通过配置 PMP，向监督模式或者用户模式下的软件授权对指定地址区间的读、写或者代码执行权限。

用户通过配置 PMP，可以撤回机器模式下执行的软件对指定地址区间的读、写或者代码执行权限。

HPM6750 的 RISC-V 处理器，支持 16 个 PMP 入口（Entry），可以通过 16 个 PMP ADDR CSR 和 14 个 PMP CFG CSR，配置这 16 个 PMP 入口。

用户可以通过 PMP ADDR CSR 配置指定内存区域的基地址和长度。

用户可以配置 PMP CFG CSR，指定当 CPU 处于监督模式或者用户模式时，对指定的地址区间的读、写或者代码执行权限。

用户可以锁定 PMP CSR 的配置。一旦锁定，即使 CPU 在机器模式下，在下次复位前，也不能再修改 PMP 的相关 CSR。同时，一旦锁定，PMP 的配置不再只针对监督模式或者用户模式生效，对机器模式也有效。

习题

1. 简述 HPM6750。
2. HPM6700 处理器有哪些应用领域？
3. 说明 HPM6700 处理器内核与系统。
4. HPM6750 图形系统包括哪些内容？
5. HPM6750 微控制器的双核是如何配置的？
6. PLIC 的主要特性有哪些？
7. 在 RISC-V 处理器中，时钟系统的关键组成部分包括哪些内容？
8. HPM6750 微控制器的 IO 控制器（IOC）的功能有哪些？

第 12 章 HPM6750 微控制器开发平台

HPM6750 微控制器的跨平台开发环境是一个为开发者设计的全面的开发生态系统，旨在支持和简化基于 HPM6750 微控制器的应用开发。这一环境不仅支持 RISC-V 架构，还提供了一系列工具和资源，以确保开发者能够在不同的操作系统和平台上高效地进行开发工作。

本章讲述的主要内容如下：

1) SDK 概述：首先简要介绍 SDK 开发平台，随后，深入讲解了专为 HPM6750 设计的 HPM SDK。

2) RISC-V 微控制器跨平台开发：介绍 RISC-V 微控制器开发、SDK 平台、SES 开发环境，以及跨平台开发。

3) SDK 与 HPM6750 开发板的连接：详细介绍了与 HPM6750 开发板连接前的准备工作、SDK 的基本命令，以及 CMake 的主要功能。

4) SEGGER Embedded Studio for RISC-V 开发环境：讲述了 SEGGER Embedded Studio for RISC-V 开发环境的安装指南、工程文件夹功能解释、使用步骤和菜单栏，以及命令。

5) HPM6750 开发板：深入探讨了 HPM6750 核心板和 HPM6750IVM2_BTB 开发板的硬件资源，包括规格、功能等。

6) HPM6750 仿真器的选择：介绍了 CMSIS-DAP 仿真器的功能，以及微控制器调试接口的引脚，为开发者的开发和调试提供了重要的工具。

通过本章的学习，开发者不仅能够深入了解 HPM6750 微控制器的软件开发环境和硬件平台，还能学习到如何利用这些资源进行高效的开发和调试工作。这些知识和技能为基于 HPM6750 的高性能应用开发奠定了坚实的基础。

12.1 SDK 概述

SDK（软件开发工具包）是一套软件开发工具的集合，用于帮助软件开发人员创建特定的应用程序或框架。SDK 通常包括一组工具、库、文档、代码示例、过程说明和/或其他支持材料，这些都是为了帮助开发者利用特定的平台、系统、编程语言，或者为特定用途设计的应用程序接口（API）开发软件。

12.1.1 SDK 开发平台

SDK 开发平台是为特定技术或服务提供的一整套工具和程序，它们可以帮助开发者创建应用程序。一个 SDK 开发平台通常包含以下组件：

1) API：一组预定义的函数和命令，允许开发者访问硬件或软件服务的特定功能。
2) 文档：提供 API 参考、开发指南和示例代码，以帮助开发者了解如何使用 SDK。
3) 库和框架：提供常见功能和组件的集合，简化应用程序的开发过程。

SEGGER Embedded Studio for RISC-V 是一款为 RISC-V 架构提供的集成开发环境，包括如

下内容:

1) 代码编辑器:提供语法高亮、代码补全和其他编辑功能,以帮助开发者编写代码。

2) 项目管理:管理项目文件和设置,允许开发者轻松地组织和构建应用程序。

3) 编译器:内置的编译器支持 RISC-V 指令集,能够将源代码编译成可执行的程序。

4) 调试器:集成的调试器支持硬件断点、单步执行和变量检查,使开发者可以在真实的硬件或模拟器上测试和调试程序。

5) 性能分析:提供性能分析工具帮助开发者优化代码。

6) 版本控制集成:支持与 Git 等版本控制系统的集成,方便代码的版本管理。

7) 图形化用户界面:提供一个对用户友好的图形界面,简化开发和调试过程。

SDK 开发平台和 SEGGER Embedded Studio for RISC-V 的关系在于,SEGGER Embedded Studio for RISE-V 可以作为 SDK 开发平台的一部分,为 RISC-V 平台的软件开发提供必要的工具和环境。开发者使用 SEGGER Embedded Studio for RISE-V 编写、编译和调试为 RISC-V 架构而设计的应用程序,而 SDK 开发平台则提供更多的工具和资源,如特定于 RISC-V 的库、中间件、示例代码和详细文档,以支持更广泛的开发需求。

可见,SEGGER Embedded Studio for RISC-V 可以被视为 RISC-V SDK 的核心组成部分,它提供了 IDE 的功能;而 SDK 开发平台则为开发者提供了更全面的资源和工具集合,以便他们能够更有效地开发软件。

12.1.2 HPM SDK

HPM SDK 是 HPM 推出的一个完全开源,基于 BSD 3-Clause 许可证的综合性软件支持包,适用于先楫半导体的所有微控制器产品。此套件中包含先楫半导体微控制器上外设的底层驱动代码,集成了丰富的组件如 RTOS、网络协议栈、USB 栈、文件系统等,以及相应的示例程序和文档。它提供的丰富构建块,使用户可以更加专注于业务逻辑本身。HPM SDK 的优势如下:

(1) 完全开源 基于 BSD 3-Clause 宽松的许可证,可以放心用于商业用途。

(2) 丰富的软件组件

1) 底层驱动。

2) 涵盖先楫半导体出品的微控制器上所有外设。

(3) 中间件

1) 先楫半导体自研的电机控制库,支持 foc/block 控制,方便点击应用开发。

2) 集成 RTOS,方便用户高效率利用硬件计算资源。

3) 集成多种协议栈,如 TCP/IP、USB 等。

4) 集成中间件,如 TensorFlow Lite for Microcontroller、LittleVGL 和 LibJPEG 等。

(4) 内容丰富的在线文档以及示例程序 SDK 架构如图 12-1 所示。

可以从先楫半导体官方网站 http://hpmicro.com/design-resources/chip-information 获取最新手册、应用文档等资料。

打开该网站,进入如图 12-2 所示页面。在该页面中,可以下载 HPM6750 的使用手册、设计库和封装库等。

sdk_env_v1.4.0 文件夹下的内容列表如图 12-3 所示。

图 12-1 SDK 架构

图 12-2 先楫半导体设计资源

图 12-3 sdk_env_v1.4.0 文件夹下的内容列表

12.2 RISC-V 微控制器跨平台开发

RISC-V 微控制器开发、SDK（软件开发套件）平台、SES（Segger Embedded Studio）开发环境和跨平台开发是嵌入式系统开发中的关键组成部分。

1. RISC-V 微控制器开发

RISC-V 微控制器开发是指使用基于 RISC-V ISA 的微控制器进行嵌入式系统设计。

RISC-V 微控制器的优势如下：

1）开放标准：作为一个开源的 ISA，RISC-V 允许任何人自由地使用和实现，无须支付版税。

2）可定制性：开发者可以根据需求定制自己的处理器核心，添加所需的指令。

3）生态系统支持：RISC-V 拥有一个快速增长的生态系统，包括工具链、操作系统和第三方硬件。

4）成本效益：无须支付昂贵的许可费用，可降低整体开发成本。

2. SDK 平台

SDK 平台提供了一套工具和库，用于开发特定硬件或软件平台的应用程序。它通常包括编译器、调试器、代码编辑器和必要的库文件。

SDK 平台的优势如下：

1）快速开发：SDK 提供了开箱即用的工具和库，加快了开发过程。

2）标准化：SDK 通常提供标准化的 API，简化了编程。

3）社区和支持：流行的 SDK 平台通常有活跃的开发者社区和专业的技术支持。

3. SES 开发环境

SES 是一个专门为嵌入式系统开发而设计的集成开发环境（IDE），支持包括 ARM 和 RISC-V 在内的多种架构。

SES 开发环境的优势如下：

1）全功能 IDE：SES 提供了代码编辑、编译、调试和项目管理等全套功能。

2）跨平台支持：SES 支持 Windows、Mac 和 Linux，方便开发者在不同操作系统上工作。

3）高效的调试工具：SES 集成了 Segger 的 J-Link 调试器，提供了高效的调试体验。

4. 跨平台开发

跨平台开发指的是创建可以在多个操作系统或硬件平台上运行的软件。这通常需要特定的工具和库来抽象平台之间的差异。

跨平台开发的优势如下：

1）更广泛的市场覆盖：跨平台软件能够触及更多用户。

2）代码复用：在多个平台间共享代码，减少了开发和维护成本。

3）一致的用户体验：确保在不同平台上提供一致的功能和用户体验。

4）灵活性：适应新的平台只需最小的改动，提高了应对市场变化的能力。

在选择开发工具和环境时，开发者需要根据项目需求、目标平台和资源等权衡这些优势，以找到最适合的解决方案。

RISC-V 的跨平台开发主要是指在不同类型的 RISC-V 架构微控制器或处理器上开发应用程序，并确保这些应用程序能够在这些不同的硬件上运行。RISC-V 是一个开放指令集架构，它允许在不同的硬件实现上运行相同的软件，前提是这些硬件实现遵循相同的基本指令集。

12.3 SDK 与 HPM6750 开发板的连接

连接 SDK 与 HPM6750 开发板通常涉及几个步骤，包括安装适当的 SDK、配置开发环境、连接开发板到计算机以及部署和测试代码。

12.3.1 准备工作

SDK 与 HPM6750 开发板相连接的准备工作如下：

1）根据 Embedfire fireDAP VCOM 串口驱动文件夹里面的说明，安装高速 DAP（Debug Access Port，调试访问端口）虚拟串口驱动。

2）安装开发软件文件夹中的 Setup_EmbeddedStudio_RISCV_v630_win_x64，除了其中选择安装路径之外的步骤都直接单击"Next"按钮即可。安装完毕后如果自动打开了工具，先直接关闭。

3）将官方 SDK 文件夹中的 sdk_env_v1.4.0 解压，其路径只可包含英文字母以及下划线，不可包含空格、中文等字符。SDK 不需要安装，直接双击 sdk_env_v1.4.0 解压后文件夹下的 start_cmd 命令，即进入开发平台。

4）将仿真器与开发板正确连接与上电。

12.3.2 SDK 的基本命令

运行图 12-4 中的"start_cmd"Windows 命令脚本，运行后的界面如图 12-4 所示，由此进入 HPM6750 开发界面——HPMicro SDK Env Tool。

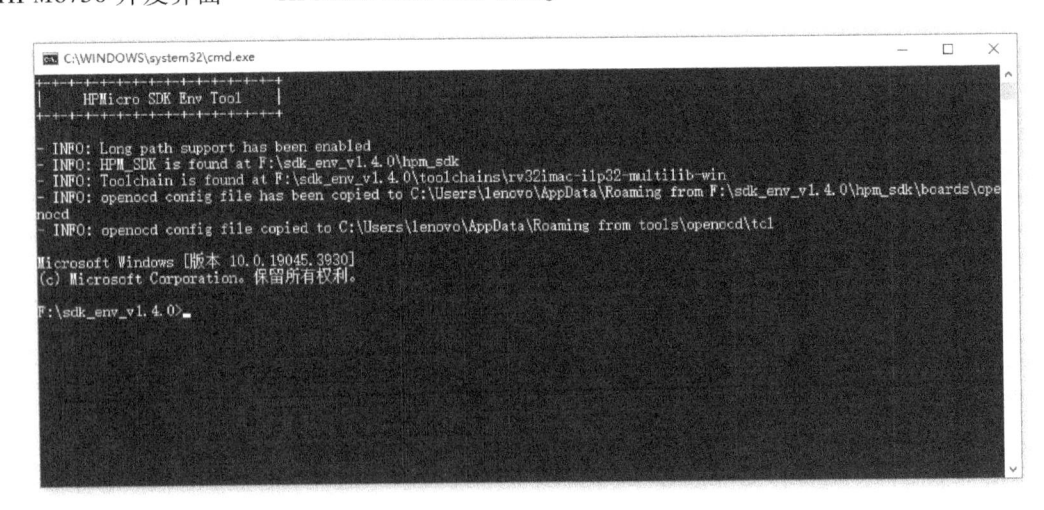

图 12-4 start_cmd 运行界面

下面讲述 SDK 的基本命令。

1. cd 命令

  cd %HPM_SDK_BASE%\samples\hello_world

这是一个命令行指令，用于在 Windows 操作系统的命令提示符（cmd）或者 PowerShell 中切换当前目录到一个特定路径。

1) cd 是一个命令，代表更改目录（change directory），它用来切换当前工作目录到指定的路径。

2) %HPM_SDK_BASE%是一个环境变量的引用。在 Windows 中，环境变量用来存储一些配置信息，它们可以在系统的任何地方被访问。%HPM_SDK_BASE%是一个预先设置好的环境变量，指向 HPM（软件或硬件开发套件的缩写）SDK（Software Development Kit，软件开发工具包）的安装路径。使用 % 符号包围名称，表示这是一个环境变量。

3) \samples\hello_world 是一个相对路径，相对于%HPM_SDK_BASE%环境变量所指的目录。它指向 SDK 中的一个名为 hello_world 的示例项目。

所以，整个命令的意思是：切换当前工作目录到 HPM SDK 的安装路径下的\samples\hello_world 子目录。

如果%HPM_SDK_BASE%环境变量没有被正确设置，命令行将无法解析实际的路径，这个命令就会失败。如果正确设置了，假设%HPM_SDK_BASE%的值是 C:\Program Files\HPM_SDK，那么实际的路径将会是 C:\Program Files\HPM_SDK\samples\hello_world。

需特别注意%的作用。在 Windows 操作系统中，%用来表示环境变量的开始和结束。当在命令行中使用 % 符号包围一个词时，系统会将其识别为一个环境变量的名称，并且尝试查找这个环境变量当前的值。

例如，有一个名为 PATH 的环境变量，它包含了一系列文件的系统路径。如果在命令行中输入 echo %PATH%，系统将会输出 PATH 环境变量的实际值，这是一系列用分号分隔的目录路径。

2. generate_project 命令

generate_project 命令用于为不同开发板和构建配置生成项目文件。命令行选项提供了多种控制项目生成过程的方式。

在 SDK 平台下，输入如下命令行：

  F:\sdk_env-v1.4.0>generate_project -h

然后出现如图 12-5 所示的界面。

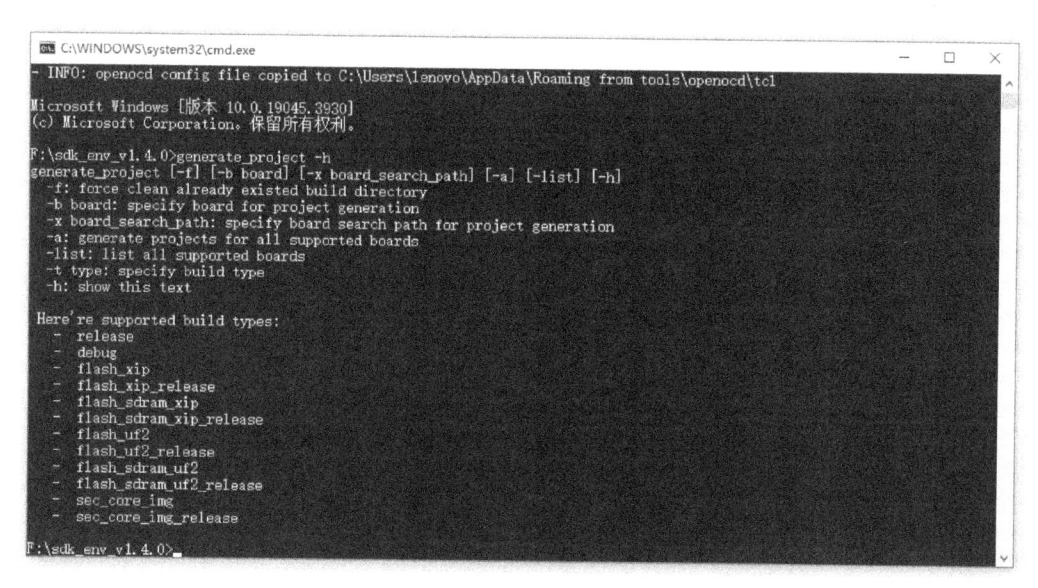

图 12-5 generate_project -h 命令运行界面

（1）命令可用选项

下面对 generate_project 命令可用选项进行详细的解释。

1）-f：强制清除已存在的构建目录。如果使用此选项，就会删除已存在的构建目录，然后重新生成新的项目文件。

2）-b board：指定生成项目的开发板。使用此选项可以为特定的开发板生成相应的项目文件。

3）-x board_search_path：指定搜索开发板的路径。使用此选项可以设置在哪个目录下搜索开发板信息，以便生成项目。

4）-a：为所有支持的开发板生成项目。使用此选项可以为所有支持的开发板生成项目文件。

5）-list：列出所有支持的开发板。使用此选项可以查看所有可用于生成项目的开发板列表。

6）-t type：指定构建类型。可以选择不同的构建类型，以便生成不同配置的项目文件。

7）-h：显示帮助信息。使用此选项可以查看 generate_project 命令的用法和所有可用选项。

（2）支持的构建类型

1）release：正式发布版本，通常优化了代码大小和性能，适用于产品发布。

2）debug：调试版本，包含调试信息，便于开发者调试和定位问题，是默认项。

3）flash_xip：Flash 执行模式，代码直接从 Flash 中执行。

4）flash_xip_release：Flash 执行的正式发布版本。

5）flash_sdram_xip：Flash 和 SDRAM 执行模式，代码部分从 Flash 执行，部分使用 SDRAM。

6）flash_sdram_xip_release：Flash 和 SDRAM 执行的正式发布版本。

7）flash_uf2：采用 UF2（USB Flash Format，USB 闪存格式），生成 UF2 文件，用于某些支持 UF2 引导加载程序的开发板。

8）flash_uf2_release：UF2（USB Flash Format，USB 闪存格式）的正式发布版本。

9）flash_sdram_uf2：Flash 和 SDRAM 的 UF2 模式。

10）flash_sdram_uf2_release：Flash 和 SDRAM 的 UF2 正式发布版本。

11）sec_core_img：生成第二核心（辅助核心）的镜像文件。

12）sec_core_img_release：第二核心的正式发布镜像文件。

（3）生成的项目文件

使用这些选项可以根据不同的开发需求和目标硬件平台生成相应的项目文件。

例如：generate_project -b hpm6750evkmini -t flash_sdram_xip。

这是一个命令行工具的命令，其中：

1）generate_project 是一个用于生成或配置项目的工具或命令。

2）-b hpm6750evkmini 是一个命令行参数，-b 通常表示 board（开发板），这里指定了使用的开发板型号为 hpm6750evkmini。

3）-t flash_sdram_xip 是另一个命令行参数，-t 表示 target（目标配置），这里指定的目标配置为 flash_sdram_xip。

flash_sdram_xip 表示一个特定的项目配置，此处是指将程序存储在闪存中，并通过原地执行（Execute In Place，XIP）的方式运行程序，同时还涉及使用 SDRAM（同步动态随机存储器）。

XIP 是一种技术，它允许处理器直接从非易失性存储器（如 NOR Flash）中执行代码，而不需要先将代码复制到 RAM 中。这种方法可以减少 RAM 的使用，提高系统的响应速度。

这条命令用来生成一个针对 hpm6750evkmini 开发板的项目，该项目被配置为在 SDRAM 上运行，同时支持从闪存中直接执行代码。

3. generate_project 应用举例

下面举几个 generate_project 应用实例。

（1）SDK 支持的开发板列表命令　在 SDK 的命令行里输入 generate_project -list 命令。该命令列出所有支持的开发板，命令执行结果如图 12-6 所示。

图 12-6　generate_project -list 命令执行结果

支持的开发板有以下 8 种：

1）hpm5300evk。
2）hpm5301evklite。
3）hpm6200evk。
4）hpm6300evk。
5）hpm6750evk。
6）hpm6750evk2。
7）hpm6750evkmini。
8）hpm6800evk。

（2）生成工程命令　首先执行以下命令 F:\sdk_env-v1.4.0>cd %HPM_SDK_BASE%\samples\hello_world，进入 hello_world 工程的路径 F:\sdk_env-v1.4.0\hpm_sdk\samples\hello_world。

然后执行命令 F:\sdk_env-v1.4.0\hpm_sdk\samples\hello_world>generate_project -b hpm6750evkmini，命令执行结果如图 12-7 所示。

（3）环境变量　环境变量是操作系统中用来定义操作系统运行环境的一些变量。它们包含了关于系统环境的信息，例如用户的用户名、应用程序的路径、临时文件路径、当前语言设置等。环境变量可以被操作系统中运行的进程访问，通常用于配置程序运行的环境。

环境变量的主要作用如下：

1）提供系统级信息：环境变量可以提供有关计算机和用户会话的信息，如用户的主目录（HOME 或 USERPROFILE）和系统的路径（PATH）。

2）配置程序行为：很多程序可以通过读取特定的环境变量定制它们的行为，比如数据库连接信息、日志级别、程序的配置文件路径等。

图 12-7 生成工程命令的执行结果

3) 简化命令：环境变量可以简化命令行操作，比如使用环境变量引用经常访问的目录，而不是每次都输入完整的路径。

4) 促进脚本和程序的移植性：通过使用环境变量而不是硬编码的路径或配置，可以使脚本和程序更容易在不同的系统之间移植。

在 Windows 操作系统中，可以通过"系统属性"对话框中的"环境变量"按钮查看和编辑环境变量，也可以在命令行中使用 set 命令查看和修改。在 UNIX-like 系统（如 Linux 和 macOS）中，环境变量通常在用户的 shell 配置文件中设置，如 .bashrc 或 .profile，并且可以使用 printenv、env、set 或 export 命令查看和配置。

用文本编辑器打开 sdk_env-v1.4.0 文件夹下的 start_cmd 文件，如图 12-8 所示。

其中 HPM_SDK_BASE=%~dp0hpm_sdk 是一个批处理脚本（Batch Script）中的语句，用于设置一个名为 HPM_SDK_BASE 的环境变量。这个语句通常出现在 Windows 批处理文件（.bat 或 .cmd 文件）中。

1) HPM_SDK_BASE 是要设置的环境变量的名称。

2) = 是赋值操作符，用于将右侧的值赋给左侧的环境变量。

3) %~dp0 是批处理脚本中的一个特殊变量，它代表当前批处理文件所在目录的完整路径（包括驱动器号和路径，但不包括文件名）。%0 代表批处理脚本自身的名称，而 ~dp 是修饰符：%~d 展开为脚本所在驱动器的盘符；%~p 展开为脚本所在的路径（不包括盘符）。

4) hpm_sdk 是一个子目录的名称，它会被附加到 %~dp0 代表的路径后面。

HPM_SDK_BASE=%~dp0hpm_sdk 语句的功能是将批处理文件所在目录的路径加上子目录 hpm_sdk，然后将这个完整路径设置为 HPM_SDK_BASE 环境变量的值。

举个例子，假设批处理文件位于 C:\Users\ExampleUser\Scripts 目录下，那么 %~dp0 将会被扩展为 C:\Users\ExampleUser\Scripts\，并且 HPM_SDK_BASE 将会被设置为 C:\Users\ExampleUser\Scripts\hpm_sdk。

这样设置环境变量通常是为了方便在脚本中引用某个基准路径，而不需要硬编码完整的路径，使得脚本更加灵活和可移植。

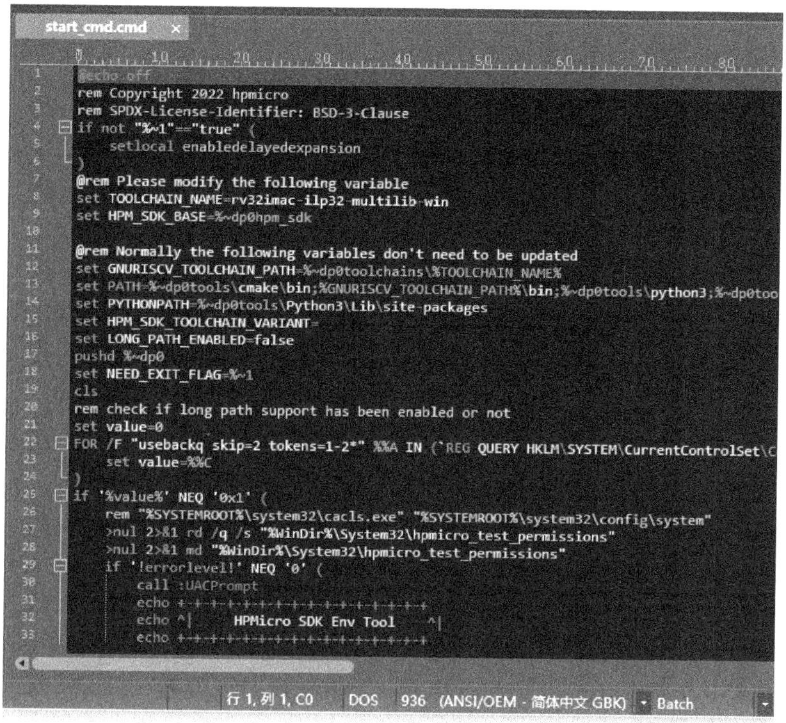

图 12-8　sdk_env-v1.4.0 文件夹下的 start_cmd 文件

HPM_SDK_BASE 环境变量是针对 SDK 自带的例程 hello_world 设置的，在实际的 SDK 开发应用中可以不设置环境变量，直接输入工程所在路径即可。

12.3.3　CMake

CMake 是一个跨平台的自动化构建系统，它使用一个名为 CMakeLists.txt 的配置文件来描述源代码的构建过程，并且可以生成标准的构建文件，如 UNIX 的 Makefile 或 Windows Visual Studio 的工程文件。CMake 不直接构建项目，而是生成其他系统使用的构建文件，这些系统负责实际的编译过程。

CMake 的主要功能包括：

1）跨平台支持：CMake 可以在多种操作系统上运行，如 Linux、Windows 和 macOS 等，支持开发者在不同的平台上使用相同的构建配置。

2）生成原生构建环境：CMake 能够根据目标平台生成对应的原生构建文件，比如 Makefile 或者是 Visual Studio、Xcode 的项目文件。这使得开发者可以使用熟悉的工具构建项目。

3）管理大型项目：CMake 支持目录层级和多个库依赖，能够有效地管理大型项目的构建过程。它允许项目被组织成多个子目录，每个子目录可以有自己的 CMakeLists.txt 文件，从而实现复杂项目的模块化管理。

4）查找库和程序：CMake 提供了一系列模块，用于查找系统上安装的库文件和程序。这些模块可以自动检测库的位置和特性，简化了项目对第三方库的依赖管理。

5）编译器和工具链控制：CMake 允许开发者指定编译器和工具链甚至是编译器的特定选项，这对于需要精细控制编译过程的项目来说非常有用。

6）测试支持：CMake 集成了 CTest（一个用于测试的工具），可以帮助开发者组织和执行项目的测试用例。

7) 安装和打包：CMake 可以生成安装脚本，帮助开发者将编译后的程序和相关资源安装到指定位置。同时，它还支持 CPack（一个用于生成安装包的工具），可以生成各种格式的安装包，如 DEB、RPM、NSIS 等。

通过使用 CMake，开发者可以编写一套构建配置文件，然后根据需要生成对应平台的构建系统，从而实现真正的跨平台构建。CMake 的这些功能极大地简化了软件开发的构建过程，特别是对于需要在多个平台上进行构建的大型项目非常有用。

12.4 SEGGER Embedded Studio for RISC-V 开发环境

SEGGER Embedded Studio for RISC-V 是一款专为 32 位 RISC-V 微控制器设计的精简集成开发环境（IDE），它集成了编译工具与库，便于用户构建、测试及部署应用程序。其文档汇总了一系列全面的技术文档资源，涵盖参考资料、发行说明、示例代码、技术详解以及常见问题解答。其提供的各个链接均指向特定主题的资源，其中关键资源还包括入门指南、API 参考手册，以及与其他相关主题的交叉引用，以便用户能够更轻松地获取所需信息。

SEGGER Embedded Studio for RISC-V 的主要功能如下：
1) 跨平台支持：支持 Windows、macOS 和 Linux 操作系统。
2) 代码编辑器：具有语法高亮、代码折叠、自动完成和代码导航等功能的先进代码编辑器。
3) 项目管理：易于使用的项目管理工具，可以轻松创建、管理和构建项目。
4) 编译器和链接器：内置优化的编译器和链接器，专为 RISC-V 指令集优化，以生成高效的代码。
5) 调试器：功能强大的调试器，支持断点、步进、变量检查和内存视图等功能。
6) 模拟器：如果没有物理硬件，可以在模拟器中运行和调试代码。
7) 版本控制集成：与 Git 等版本控制系统集成。
8) 代码分析：提供静态代码分析工具，以帮助发现潜在的错误和代码质量问题。
9) 实时终端：用于与嵌入式设备进行实时通信的终端视图。
10) 图形用户界面资源编辑器：用于创建和管理图形用户界面（GUI）资源的工具。
11) 支持多种编程语言：支持 C、C++ 等编程语言，并提供对汇编语言的支持。
12) 代码优化工具：提供代码大小和执行速度优化的工具。
13) 库管理：可以轻松添加和管理第三方库和 SDK。
14) 构建系统：强大的构建系统，支持自定义构建步骤和自动依赖项管理。
15) 用户界面定制：可以根据用户的喜好定制 IDE 的布局和外观。
16) 多目标支持：可以为不同的目标设备配置和管理多个构建配置。
17) 国际化：支持多种语言，方便不同国家的开发者使用。
18) 文档和帮助：提供全面的文档和在线帮助，以指导用户使用 IDE 和解决问题。

SEGGER Embedded Studio for RISC-V 提供了一个全面的开发环境，以帮助开发者针对 RISC-V 目标快速和高效地开发嵌入式应用程序。

12.4.1 SEGGER Embedded Studio for RISC-V 开发环境安装

双击 SEGGER Embedded Studio for RISC-V 开发环境安装包：Setup_EmbeddedStudio_RISCV_ v630_win_x64。该程序运行后，弹出如图 12-9 所示的欢迎安装界面。下面的安装过程除选择是否接受协议、选择 SEGGER Embedded Studio for RISC-V 开发环境安装路径等个别地方外，一直单击"Next"按钮即可。

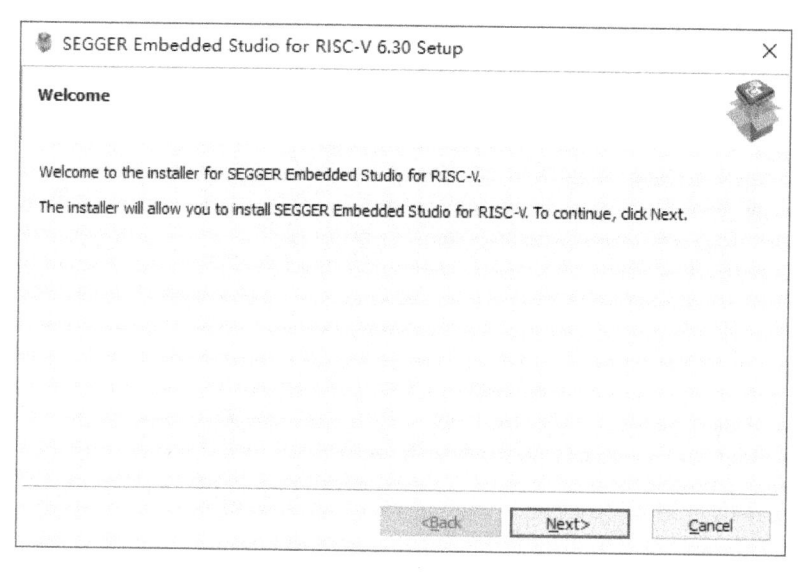

图 12-9　欢迎安装界面

单击图 12-9 中的"Next"按钮，弹出如图 12-10 所示的许可证协议界面，选中"I accept the Agreement"选项。

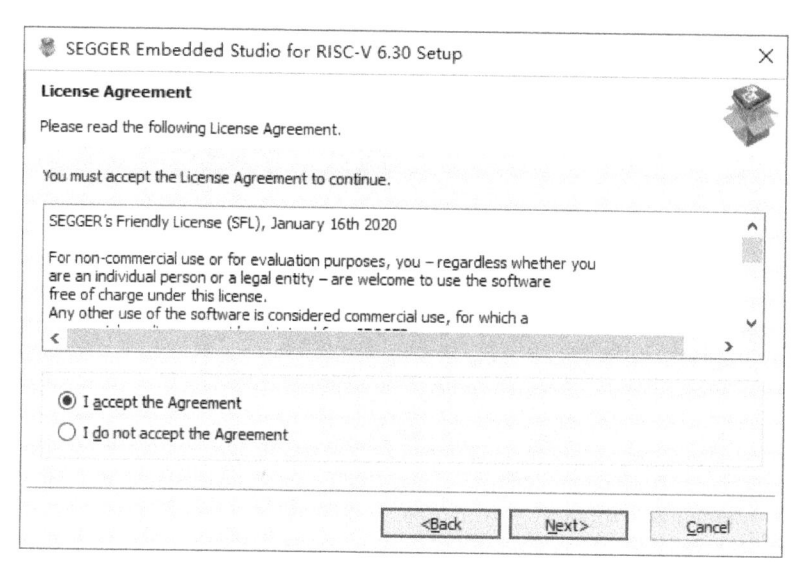

图 12-10　许可证协议界面

单击图 12-10 中的"Next"按钮，弹出如图 12-11 所示的选择安装路径界面，使用默认目录，将 SEGGER Embedded Studio for RISC-V 6.30 安装到 C 盘。

单击图 12-11 中的"Next"按钮，弹出如图 12-12 所示的选择程序文件夹界面，使用默认程序文件夹。

单击图 12-12 中的"Next"按钮，弹出如图 12-13 所示的关联文件界面。

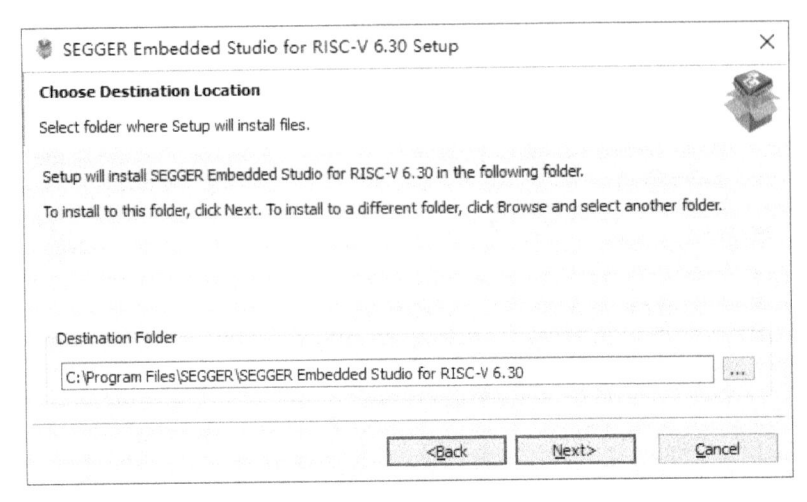

图 12-11　选择安装路径界面

图 12-12　选择程序文件夹界面

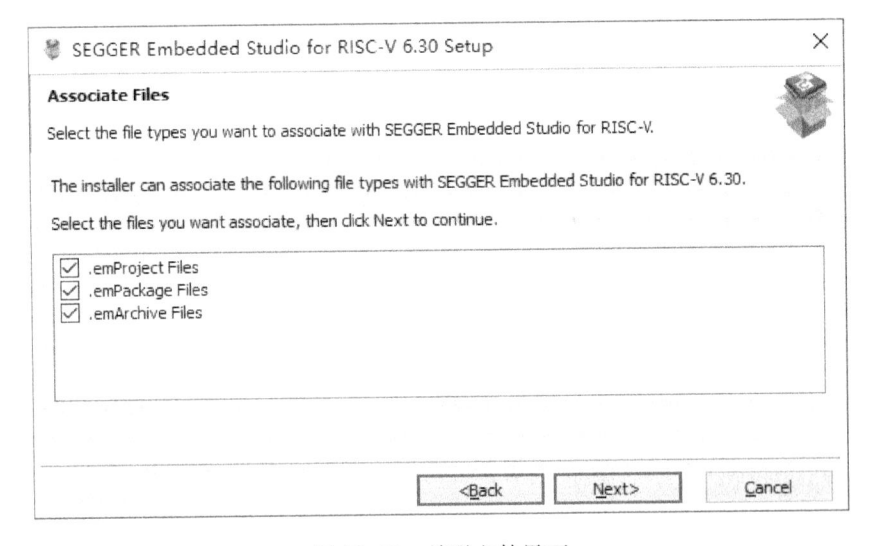

图 12-13　关联文件界面

单击图 12-13 中的"Next"按钮,弹出如图 12-14 所示的附加组件界面。

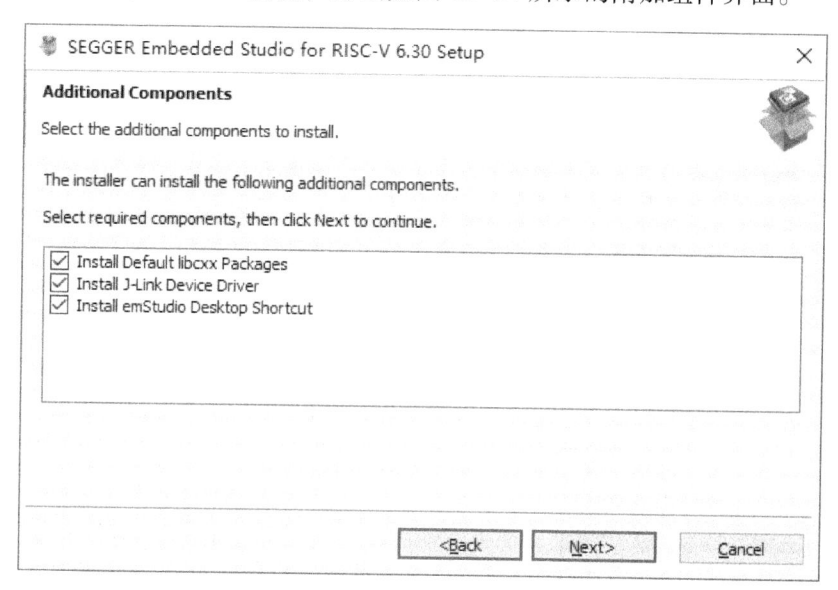

图 12-14 附加组件界面

单击图 12-14 中的"Next"按钮,弹出如图 12-15 所示的开始安装界面。

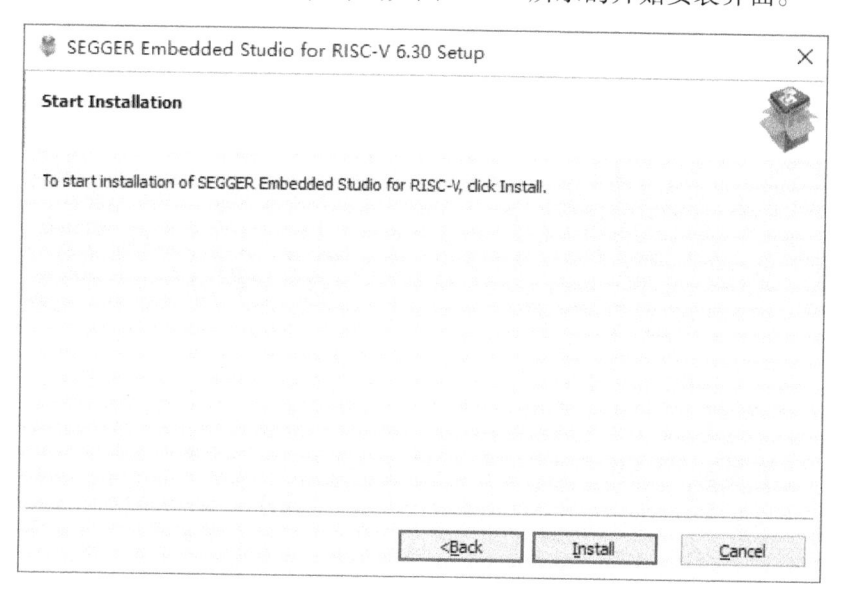

图 12-15 开始安装界面

单击图 12-15 中的"Install"按钮,弹出如图 12-16 所示的正在安装界面。

安装过程需要几分钟的时间,安装完毕后弹出如图 12-17 所示的安装完成界面。

单击图 12-17 中的"Finish"按钮,弹出如图 12-18 所示的安装 libcxx_riscv_rv32ic 包界面。

libcxx_riscv_rv32ic 包安装完成后,弹出如图 12-19 所示的 SEGGER Embedded Studio for RISC-V 6.30 安装成功界面。

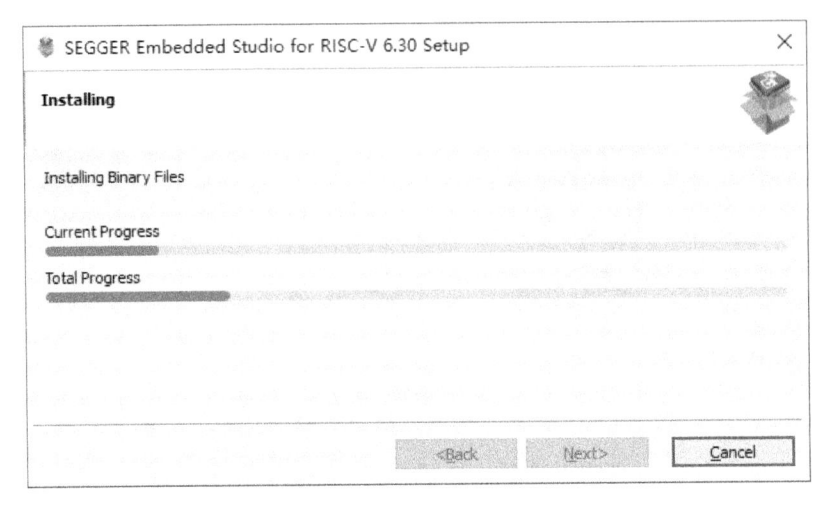

图 12-16　正在安装界面

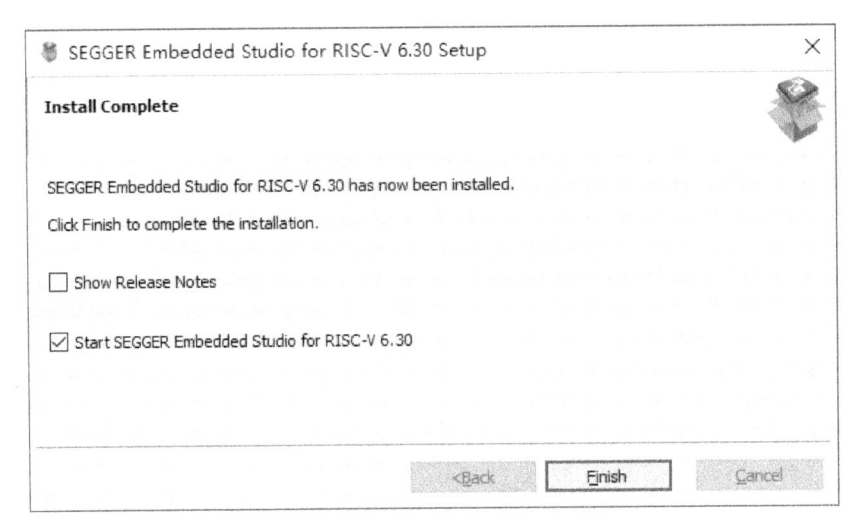

图 12-17　安装完成界面

图 12-18　安装 libcxx_riscv_rv32ic 包界面

第12章　HPM6750微控制器开发平台

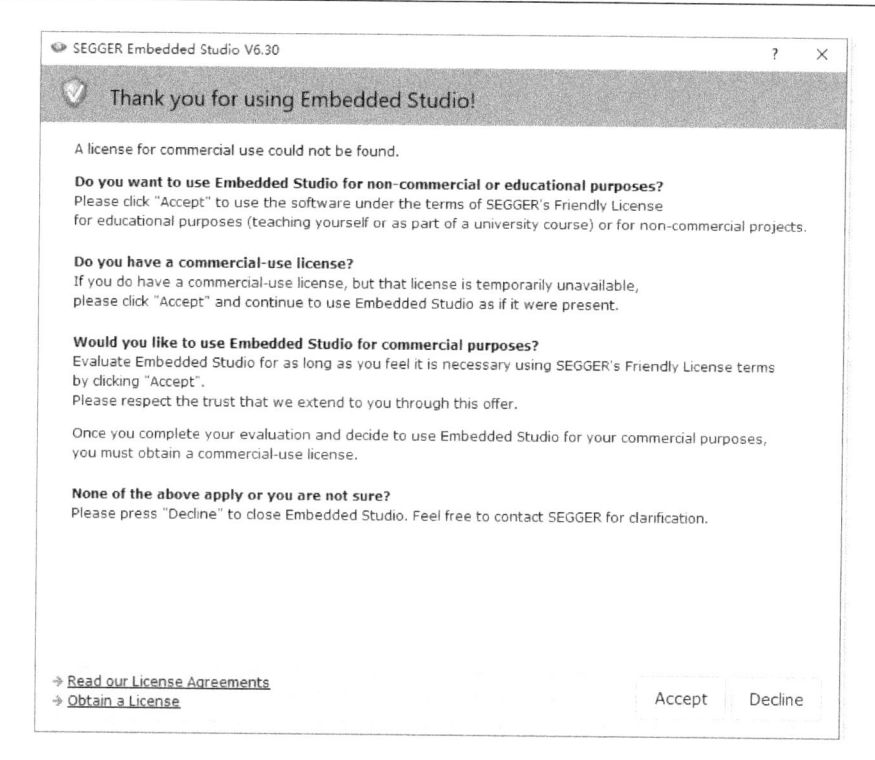

图 12-19　SEGGER Embedded Studio for RISC-V 6.30 安装成功界面

单击图 12-19 中的"Accept"按钮，进入如图 12-20 所示的 SEGGER Embedded Studio for RISC-V 6.30 集成开发环境界面，自此便可以进行 HPM6750 的软硬件开发调试了。

图 12-20　SEGGER Embedded Studio for RISC-V 6.30 集成开发环境界面

12.4.2　SEGGER Embedded Studio 工程文件夹的功能解释

SEGGER Embedded Studio 中，gpio 例程的工程名为 gpio_example，如图 12-21 所示。

图 12-21 gpio 例程的工程 gpio_example

双击 gpio_example 工程，弹出如图 12-22 所示的 gpio_example 工程调试界面。

图 12-22 gpio_example 工程调试界面

图 12-22 左边部分为 gpio_example 的 Project Explorer（项目浏览器），如图 12-23 所示。

Project Explorer 是面向 RISC-V 项目的 SEGGER 嵌入式工作的用户界面。它组织开发者的项目和文件，并提供操作它们的命令。使用窗口顶部的工具栏，可以快速访问所选项目节点或活动项目的常用命令。单击右键以显示一个快捷菜单，其中包含一组更大的命令，这些命令将在选定的项目节点上工作，而忽略活动项目。选定的项目节点决定开发者可以执行哪些操作。例如：如果选择了文件项目节点，则 Compile 操作将编译单个文件；如果选择文件夹项目节点，则编译文件夹中的每个文件。开发者可以在 Project Explorer 中单击选中项目节点。另外，当开发者在编辑器中文件之间切换时，Project Explorer 中的选中状态会改变以突出显示正在编辑的文件。

下面以 gpio_example 的软件项目为例介绍目录树中项目的各种文件夹和文件。

1) boards：这个文件夹包含特定于硬件开发板的代码。这些代码包括初始化硬件、配置引脚、设置内存映射以及其他与开发板相关的设置。例如，board.c 包含板级初始化代码，而 pinmux.c 包含引脚复用设置。

2) components：hpm_debug_console.c 文件是一个调试控制台组件，用于通过串行接口输出调试信息。

3) drivers：这个文件夹包含 32 个文件，都是与硬件设备驱动相关的代码，用于控制和管理硬件资源。

图 12-23 gpio_example 的项目浏览器

4) Other：gpio.c 文件包含用于操作通用输入输出引脚的函数。

5) soc：包含与系统芯片相关的代码，例如启动加载程序（hpm_boothader.c）、时钟驱动（hpm_clock_drv.c）、一级缓存驱动（hpm_I1c_drv.c）、OTP 驱动（hpm_otp_drv.c）、系统控制驱动（hpm_sysctl_drv.c）和系统初始化代码（system.c）。

6) toolchains：reset.c 包含重置硬件的代码，startup.s 是汇编语言编写的启动脚本，trap.c 包含异常或中断处理的代码。

7) utils：hpm_ffssi.c 和 hpm_swap.c 是一些实用工具函数，为硬件平台提供辅助功能。

8) Output Files：包含编译后的输出文件。例：如二进制文件 gpio_example.bin：可执行链接格式文件 gpio_example.elf，用于调试和部署；gpio_example.ind 通常是一个示例文件或项目，旨在展示如何使用 GPIO 接口进行基本操作；链接器映射文件 gpio_example.map，包含内存布局信息。

这个项目的结构和文件命名约定表明它是为嵌入式系统开发的，特别关注 GPIO 操作和硬件接口的编程。每个组件都有其特定的角色，它们共同构成了整个嵌入式应用程序。

12.4.3 SEGGER Embedded Studio for RISC-V 的使用步骤和菜单栏

1. 使用步骤

SEGGER Embedded Studio for RISC-V 是一个为 RISC-V 微控制器设计的完整的集成开发环

境（IDE），它提供了编码、编译、调试和项目管理的工具。使用步骤如下：

1）安装和设置。

首先，从 SEGGER 官网下载适合操作系统的 Embedded Studio for RISC-V 版本。

安装程序后，根据需要进行配置，例如设置编译器路径、调试器和其他工具链选项。

2）创建一个新项目。

打开 SEGGER Embedded Studio。

选择"File"→"New"→"Project"创建一个新项目。

选择一个适合硬件的项目模板或从头开始创建。

设置项目名称和位置，然后单击"OK"按钮。

3）配置项目设置。

在项目浏览器中，右键单击待配置的项目，在快捷菜单中选择"Options"。

在这里，你可以配置各种设置，包括编译器选项、链接器脚本和调试器设置。

4）编写代码。

在项目浏览器中，可以添加新的源文件（.c 和 .cpp）与头文件（.h）。

双击文件，在代码编辑器中打开它并开始编码。

5）编译项目。

使用工具栏上的"Build"按钮或者"Build"菜单下的相关命令编译项目。观察输出窗口以了解编译过程中是否有错误或警告。

6）调试。

使用"Debug"菜单开始调试会话。可以设置断点，逐行执行代码，查看变量值等。

7）编程和调试硬件。

在"Target"菜单，通过"Attach Debugger"选择集成的 J-Link 调试器来编程和调试硬件，支持多种 RISC-V 设备。用户可以使用 J-Link 连接目标硬件，进行固件下载。

在"Debug"菜单下，可以进行断点设置、单步执行、变量监控等操作。调试器界面提供寄存器和内存查看功能，帮助开发者分析代码执行情况和性能瓶颈，从而优化程序。

8）文件和项目管理。

"Project"菜单提供文件和项目管理功能，包括添加新文件或项目、链接解决方案、创建文件夹、设置活动项目、配置构建、管理依赖项和版本控制，以及重新加载和打开解决方案等。

9）寻求帮助。

如果遇到问题，可以使用内置的帮助系统。

选择"Help"菜单或按〈F1〉键访问帮助文档。

这些步骤提供了一个基本的框架，使初学者开始使用 SEGGER Embedded Studio for RISC-V。读者可以查阅最新的用户手册或在线资源以获取更详细的指导，具体的步骤和选项会随着软件版本的更新而变化。

2. 菜单栏

SEGGER Embedded Studio for RISC-V V6.30 开发环境的菜单栏如图 12-24 所示。

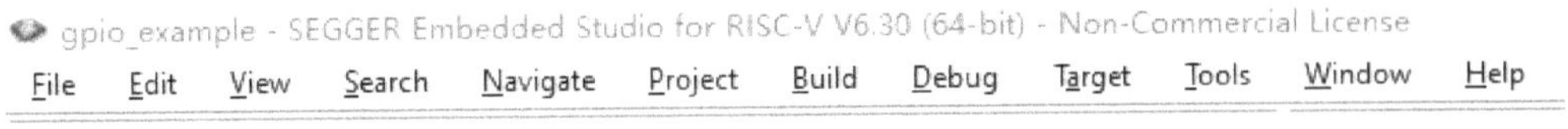

图 12-24 SEGGER Embedded Studio for RISC-V V6.30 开发环境的菜单栏

第 12 章　HPM6750 微控制器开发平台

菜单栏包括：File（文件）、Edit（编辑）、View（视图）、Search（搜索）、Navigate（导航）、Project（项目）、Build（构建）、Debug（调试）、Target（目标）、Tools（工具）、Window（窗口）和 Help（帮助）。这种布局是典型的集成开发环境（IDE）的布局。各菜单分别如图 12-25～图 12-36 所示。

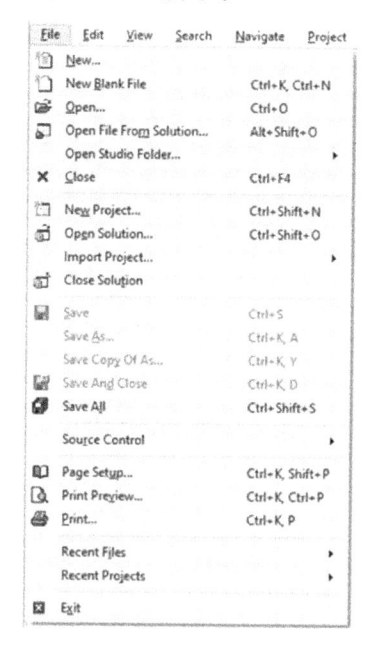

图 12-25　File 菜单

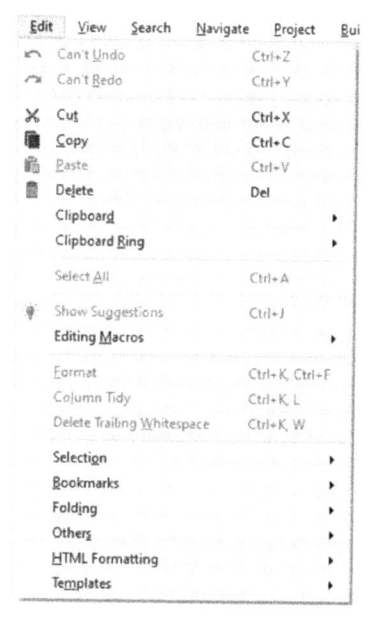

图 12-26　Edit 菜单

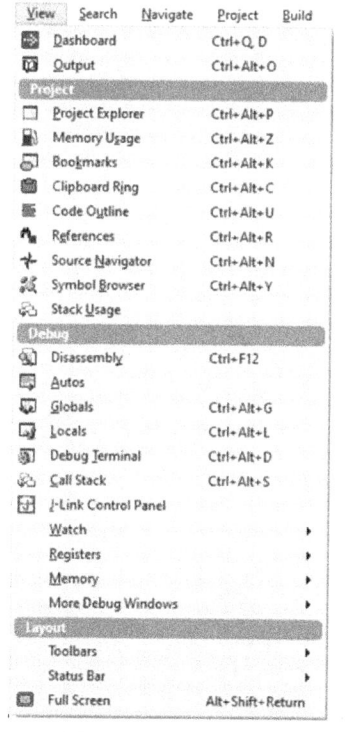

图 12-27　View 菜单

图 12-28　Search 菜单

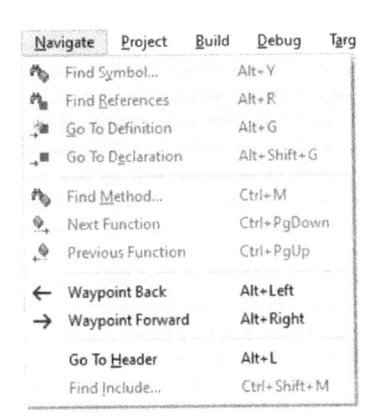

图 12-29　Navigate 菜单

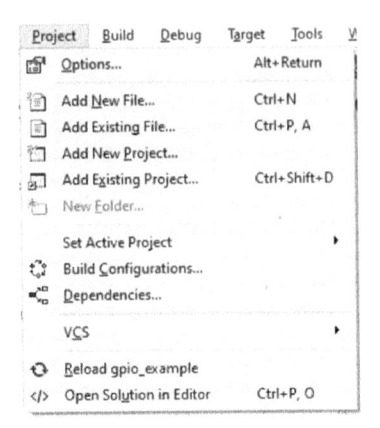

图 12-30　Project 菜单

图 12-31　Build 菜单

图 12-32　Debug 菜单

图 12-33　Target 菜单

图 12-34　Tools 菜单

图 12-35　Window 菜单　　　　　　　　　图 12-36　Help 菜单

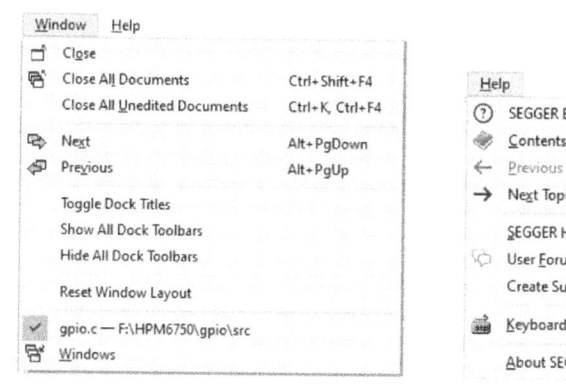

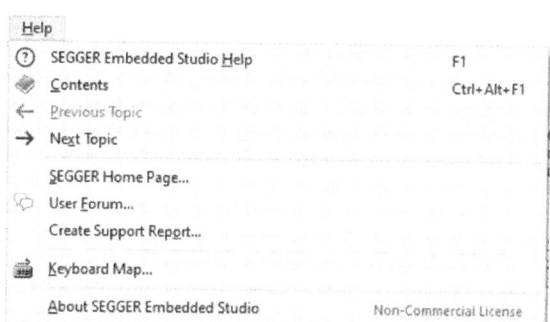

12.4.4　SEGGER Embedded Studio for RISC-V 的命令

1. 工具栏命令

工具栏上的按钮与描述见表 12-1。在 SEGGER Embedded Studio for RISC-V 集成开发环境中，按钮可以实现对项目进行管理的一系列操作。这些操作使开发者能够对活动项目（当前正在工作的项目）进行文件和文件夹的管理，以及执行一些特定的项目操作。

表 12-1　工具栏上的按钮与描述

按　钮	描　述
	使用"新建文件"对话框向活动项目添加新文件
	将现有文件添加到活动项目中
	从项目中删除文件、文件夹、项目和链接
	在活动项目中创建一个新文件夹
	生成操作菜单
	拆卸活动项目
	项目资源管理器选项菜单
	显示所选项目的属性对话框

2. 快捷菜单命令

单击右键时显示的快捷菜单命令见表 12-2。在 SEGGER Embedded Studio for RISC-V 集成开发环境中，快捷菜单命令是用于管理解决方案的一系列操作。这些操作允许开发者对包含一个或多个相关项目的解决方案执行各种任务。

表 12-2　快捷菜单命令

命　令	描　述
构建和批量构建（Build and Batch Build）	在当前或批量构建配置中构建解决方案下的所有项目
重新构建和批量重新构建（Rebuild and Batch Rebuild）	在当前或批量构建配置中重新构建解决方案下的所有项目
清除和批量清除（Clean and Batch Clean）	在当前或批量构建配置中删除解决方案下项目的所有输出和中间构建文件

(续)

命　令	描　述
导出构建和批量导出构建（Export Build and Batch Export Build）	在当前或批量构建配置中为解决方案下的项目创建一个具有构建命令的编辑器
添加新项目（Add New Project）	向解决方案中添加新项目
添加现有项目（Add Existing Project）	允许用户轻松地将现有项目融入当前解决方案中，通过创建一个指向该项目的链接来实现
粘贴（Paste）	将复制的项目粘贴到解决方案中
移除（Remove）	从解决方案中删除指向另一个解决方案的链接
重命名（Rename）	重命名解决方案节点
源控制操作（Source Control Operations）	对项目文件的源代码控制操作和对解决方案中所有文件的递归操作
将解决方案编辑为文本（Edit Solution As Text）	创建包含项目文件的编辑器
将解决方案另存为（Save Solution As）	更改项目文件的文件名。请注意，保存的项目文件不会重新加载
属性（Properties）	显示所选择解决方案节点的属性对话框

3. 项目命令

项目命令见表12-3所示。在SEGGER Embedded Studio for RISC-V集成开发环境中，项目命令是与项目管理相关的一系列操作或命令，这些操作或命令与软件开发有关。

表12-3　项目命令

命　令	描　述
构建和批量构建（Build and Batch Build）	在当前或批量构建配置中生成项目
重新构建和批量重新构建（Rebuild and Batch Rebuild）	在当前或批量构建配置中重新生成项目
清除和批量清除（Clean and Batch Clean）	删除当前或批量构建配置中项目的所有输出和中间构建文件
导出构建和批量导出构建（Export Build and Batch Export Build）	在当前或批量构建配置中为项目创建具有构建命令的编辑器
链接（Link）	执行项目节点构建操作：用于可执行项目类型的链接，用于库项目类型的存档，以及用于组合项目类型的组合命令
设置为活动（Set As Active Project）	将项目设置为活动项目
调试命令（Debugging Commands）	对于"可执行"和"外部构建的可执行"项目类型，项目节点上的调试操作包括："启动调试""进入调试""重启调试""不调试启动""附加调试器"和"验证"
内存映射的命令（Memory-Map Commands）	对于在项目中没有内存映射文件并且设置了内存映射文件项目选项的可执行项目类型，有命令可以查看内存映射文件并将其导入到项目中
分段放置命令（Section-Placement Commands）	对于在项目中没有分段放置文件但设置了分段放置文件项目选项的可执行项目类型，有命令可以查看分段放置文件并将其导入到项目中
目标处理器（Target Processor）	对于具有目标处理器选项组的可执行和外部构建的可执行项目类型，可以更改所选的目标
添加新文件（Add New File）	向项目添加一个新文件
添加现有文件（Add Existing File）	将现有文件添加到项目中
新建文件夹（New Folder）	向项目添加一个新文件
剪切（Cut）	从解决方案中删除项目

(续)

命　令	描　述
复制（Copy）	从解决方案中复制项目
粘贴（Paste）	将复制的文件夹或文件粘贴到项目中
移除（Remove）	从解决方案中删除项目
重命名（Rename）	重命名项目
源控制操作（Source Control Operations）	源代码控制，对项目中所有文件进行递归操作
在项目文件中查找（Find in Project Files）	在项目目录中运行"在文件中查找"
属性（Properties）	打开一个项目管理器的对话框界面，使用户能够便捷地浏览并选择所需的项目节点。通过这一操作，用户可以轻松访问和修改项目的各项设置与属性，进而实现对项目的精细化管理和优化配置

4. 文件夹命令

文件夹命令见表12-4。在SEGGER Embedded Studio for RISC-V集成开发环境中，文件夹命令是一系列文件和文件夹管理操作，允许开发者在项目中进行组织和管理。

表12-4　文件夹命令

命　令	描　述
添加新文件（Add New File）	在文件夹中添加新文件
添加现有文件（Add Existing File）	将现有文件添加到文件夹中
新建文件夹（New Folder）	在文件夹中新建一个文件夹
剪切（Cut）	从项目或文件夹中剪切文件夹
复制（Copy）	从项目或文件夹中复制文件夹
粘贴（Paste）	将复制的文件夹或文件粘贴到文件夹中
移除（Remove）	从项目或文件夹中删除文件夹
重命名（Rename）	重命名文件夹
源控制操作（Source Control Operations）	源代码控制，对文件夹中所有文件的递归操作
编译（Compile）	编译文件夹中的每个文件
属性（Properties）	显示选中文件夹节点的属性对话框

5. 文件命令

文件命令见表12-5。在SEGGER Embedded Studio for RISC-V集成开发环境中，文件命令是进行文件管理和操作的一系列功能。这些功能允许开发人员对项目中的单个文件执行各种任务，包括编辑、编译、管理版本以及查看文件属性等。

表12-5　文件命令

命　令	描　述
打开（Open）	使用文件类型的默认编辑器编辑文件
用……打开（Open With）	使用选定的编辑器编辑该文件。可以从二进制编辑器、文本编辑器和Web浏览器中选择
在文件资源管理器中选择（Select in File Explorer）	允许用户通过选定的文件，快速打开操作系统文件系统窗口
编译（Compile）	编译文件

(续)

命　令	描　述
导出构建版本（Export Build）	创建一个编辑器窗口，其中包含用于在活动构建配置中编译文件的命令
从构建中排除（Exclude From Build）	在活动构建配置中，将此项目节点的"从构建中排除"选项设置为"是"
反汇编（Disassemble）	将编译的输出文件反汇编到编辑器窗口中
预处理（Preprocess）	在文件上运行 C 预处理器，并在编辑器窗口中显示输出
剪切（Cut）	从项目或文件夹中剪切文件
复制（Copy）	从项目或文件夹复制文件
移除（Remove）	从项目或文件夹中删除该文件
导入（Import）	将文件导入到项目中
源控制操作（Source Control Operations）	对文件的源代码做控制操作
属性（Properties）	显示选中文件节点的属性对话框

12.5　HPM6750 开发板

野火 HPM6750 开发板采用了先进的核心板与底板相结合的设计模式，这一设计巧妙地融合了邮票孔核心板以及备受推崇的 BTB（Board-to-Board）核心板，并为其配备了相应的底板，以满足不同应用场景的需求。其中，核心板作为产品的核心组件，特别用于支持大规模批量生产与应用。具体而言，HPM6750IVM2_BTB 核心板（见图 12-37）作为这一系列中的佼佼者，通过采用 BTB 连接方式，实现了与底板的稳固且高效的连接，确保了数据传输的稳定性和可靠性。与之配套的 HPM6750IVM2_BTB 开发板（见图 12-38）则为用户提供了一个完整的开发环境，使得开发者能够轻松地进行原型设计、功能验证以及软件开发等工作。

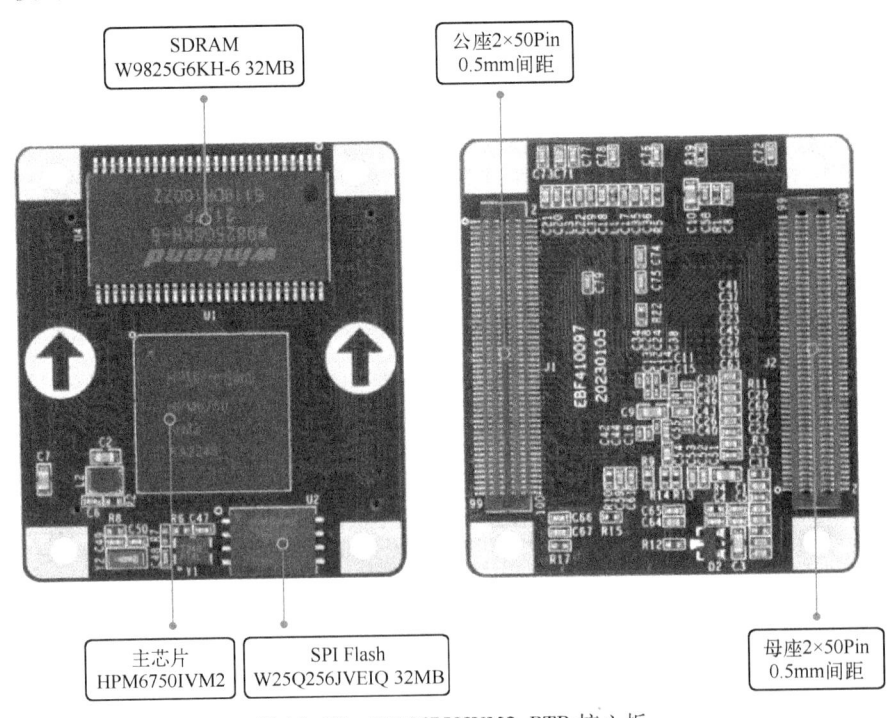

图 12-37　HPM6750IVM2_BTB 核心板

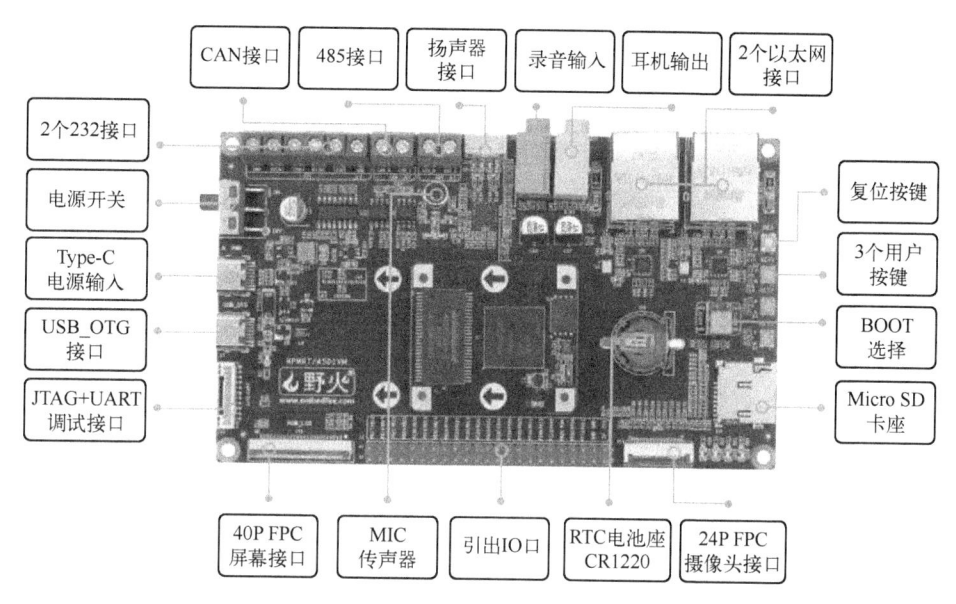

图 12-38　HPM6750IVM2_BTB 开发板

12.5.1　HPM6750 核心板硬件资源

在硬件规格与引脚功能的描述中，除非有特别的标注指出差异，邮票孔核心板与 BTB 核心板在各方面均保持一致，共享相同的配置与特性。这一设计确保了两种核心板在功能和性能上的统一性，为用户提供了灵活多样的选择，同时简化了开发与生产过程中的兼容性考量。

1. HPM6750 核心板硬件规格

HPM6750 核心板硬件规格见表 12-6。

表 12-6　HPM6750 核心板硬件规格

主芯片	HPM6750IVM2 RISC-V 双核 800 MHz
PCB	6 层黑色沉金
电源	BTB：3.3 V 邮票孔：5 V
IO	GPIO 引出 134 个
SDRAM	32 MB，16 位位宽
Flash	BTB：32MB 邮票孔：4MB
KEY	BTB：无 邮票孔：复位键 1 个，用户按键 1 个，BOOT1/ISP 按键 1 个
LED	BTB：无 邮票孔：电源灯 1 个，用户灯 2 个
调试口	BTB：无，使用底板接口 邮票孔：JATG+UART 1 组，10Pin 1.25 mm 间距，配合 fireDAP 高速仿真器与专配转接板使用
LCD	BTB：无 邮票孔：FPC 接口 1 组

(续)

USB	BTB：无 邮票孔：1个，可以用于下载程序
封装/连接器规格	BTB：一对BTB公母座，0.5 mm 间距，2×50 Pin，双槽立贴合，高4.0 mm 邮票孔：0.5 mm 间距邮票孔

2. HPM6750 核心板引脚功能

HPM6750 核心板 IO 路数与引脚功能见表 12-7。当使用多种外设时引脚会有复用冲突，具体请参考 HPM6750 开发板硬件资料中的核心板引脚分配表与官方数据手册来规划。

表 12-7　HPM6750 核心板 IO 路数与引脚功能

IO	核心板 GPIO 引出 134 个口
串口	17 路
网口	2 路以太网控制器，支持 10 Mbit/s、100 Mbit/s、1000 Mbit/s
I2C	4 路
CAN	4 路
SPI	4 路
I2S	4 路
USB	2 个 USB OTG 控制器，集成 2 个高速 USB-PHY，2.0
摄像头接口	2 路，DVP（数字视频端口）
图形	1 路 LCD，24 位 RGB，分辨率最高 1366×768 像素，2D 加速，1 个 JPEG 编解码器
定时器	9 组 32 位
模拟外设	3 组 5 MHz 12 位，1 组 2 MHz 16 位
JTAG	1 路

12.5.2　HPM6750IVM2_BTB 开发板硬件资源

HPM6750 开发板硬件规格见表 12-8。

表 12-8　HPM6750 开发板硬件规格

调试口	JATG+UART1 组，10 引脚 1.25 mm 间距，配合 fireDAP 高速仿真器与专配转接板使用
按键	复位键 1 个，用户键 3 个
LED	单色用户灯 3 个
启动设置	引出 BOOT0、BOOT1 针脚
USB	2 个 Type-C 接口，均具备为底板供电的能力。其中一个接口支持 USB_OTG 功能，这意味着它不仅可以通过 USB 进行程序下载，还具备了 OTG 技术，使得设备能够在没有主机的情况下，直接与其他 USB 设备进行数据交换。另一个接口则作为 USB Device，用于连接外部 USB 设备，实现数据的传输与通信。这样的设计极大地提升了设备的灵活性和便捷性，满足了用户多样化的需求
IO 引出	46 针脚，2.54 mm 间距，引出 GPIO 42 个
以太网	2 路百兆以太网，PHY 芯片 LAN8720A
SD 卡	Micro SD 接口 1 个，带 SD 卡插入指示灯
CAN	1 路 CAN 收发器接口 TJA1042J
485	1 路 485 MAX3485CSA

(续)

232	2 路 232MAX3232CSE
摄像头接口	24 引脚 0.5mm 间距 FPC 接口 1 个，可以排线连接野火 OV2640/OV5640 摄像头模块
LCD	40 引脚 0.5mm 间距 FPC 接口 1 个，RGB888/565，可以排线连接野火 RGB 屏幕
音频	VM8960 音频解码芯片 3.5mm 耳机输出接口 1 个 3.5mm 录音输入接口 1 个 扬声器接口 1 个 MIC 电容传声器 1 个
RTC 电池座	1 个

12.6　HPM6750 仿真器的选择

开发板可以采用 ST-Link、J-Link 或野火 fireDAP 下载器（符合 CMSIS-DAP Debugger 规范）下载程序。ST-Link、J-Link 仿真器需要安装驱动程序，CMSIS-DAP 仿真器不需要安装驱动程序。

12.6.1　CMSIS-DAP 仿真器

CMSIS-DAP（Cortex Microcontroller Software Interface Standard-Debug Access Port，Cortex 微控制器软件接口标准-调试访问端口）是一种固件规范及其实现，它专为访问 CoreSight 调试访问端口（Debug Access Port，DAP）而设计，并且能够广泛支持各种采用 CoreSight 技术的处理器，以实现高效的调试与跟踪功能。

如今，众多处理器之所以能够实现如此便捷的调试，关键在于它们内置了基于处理器设备的 CoreSight 技术。这项技术革命性地引入了强大的调试（Debug）与跟踪（Trace）功能，为开发者提供了前所未有的便利，使他们能够更轻松地诊断问题、优化性能，并深入理解处理器的运行状态。

CoreSight 的两个主要功能就是调试和跟踪功能。

（1）调试功能

具体如下：

1）运行处理器的控制，允许启动和停止程序。

2）单步调试源码和汇编代码。

3）在处理器运行时设置断点。

4）即时读取/写入存储器内容和外设寄存器。

5）编程内部和外部 Flash 存储器。

（2）跟踪功能

1）串行线查看器（SWV）提供 PC 采样、数据跟踪、事件跟踪和仪器跟踪信息。

2）指令跟踪即嵌入式跟踪宏单元（Embedded Trace Macrocell，ETM）跟踪，将处理器执行的指令直接流式传输到个人计算机上，从而实现历史序列调试、软件性能分析和代码覆盖率分析。

野火 fireDAP 高速仿真器如图 12-39 所示。

图 12-39　野火 fireDAP 高速仿真器

12.6.2 微控制器调试接口

HPM6750 系列微控制器调试接口引脚如图 12-40 所示。为了减少 PCB（印制电路板）的占用空间，JTAG 调试接口可用双排 10 引脚接口。

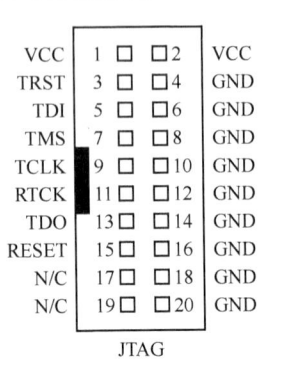

```
VCC   1  □  □ 2   VCC
TRST  3  □  □ 4   GND
TDI   5  □  □ 6   GND
TMS   7  □  □ 8   GND
TCLK  9  □  □ 10  GND
RTCK  11 □  □ 12  GND
TDO   13 □  □ 14  GND
RESET 15 □  □ 16  GND
N/C   17 □  □ 18  GND
N/C   19 □  □ 20  GND
         JTAG
```

图 12-40 HPM6750 系列微控制器调试接口引脚

习题

1. 什么是 SDK？
2. SDK 通常包含哪些组件？

第 13 章　HPM6750 微控制器开发应用实例

本章通过一个实际的通用输入输出（GPIO）的输出应用实例，全面展示了使用 HPM6750 微控制器进行开发的过程。本章内容覆盖了从硬件设计到软件开发，再到程序烧录的整个开发流程，同时还介绍了外设配置的实用工具。

本章讲述的主要内容如下：

1）HPM6750 的 GPIO 输出应用实例概述：讲述了对使用 HPM6750 进行 GPIO 编程和控制的基本框架，为读者呈现了整个应用实例的概念和目标。

2）HPM6750 的 GPIO 输出应用硬件设计：深入讨论了 GPIO 输出应用所需的硬件设计细节，包括电路设计、组件选择和硬件连接方法，为实现 GPIO 输出功能奠定了硬件基础。

3）HPM6750 的 GPIO 应用软件设计：包括：

① HPM6750 的 GPIO 源代码设计：详细介绍了 GPIO 应用的源代码设计方法，包括如何配置 GPIO 端口和编写控制代码。

② HPM6750 的工程构建：讨论了如何构建 HPM6750 软件工程，包括编译环境的设置和编译器选项的选择。

③ HPMProgrammer_v0.2.0 烧录程序：介绍了使用 HPMProgrammer_v0.2.0 工具将程序烧录到 HPM6750 微控制器的具体步骤。

④ 通过 HPM6750 的 JTAG-UART 接口下载程序：解释了通过 JTAG-UART 接口将程序下载到 HPM6750 微控制器的方法。

⑤ 通过 HPM6750 开发板上的 USB_OTG 接口下载程序：讨论了使用 USB_OTG 接口将程序下载到 HPM6750 开发板的过程。

本章通过详细的步骤和清晰的指导，为读者提供了如何在 HPM6750 微控制器上实现 GPIO 输出应用的全面视角，包括硬件设计、软件设计以及程序下载与烧录的详细步骤，旨在为基于 HPM6750 的项目开发提供实用的参考和指导。

13.1　HPM6750 的通用输入输出的输出应用实例概述

本实例在野火 HPM6750IVM（BTB 接口）开发板上实现，仿真器采用野火 fireDAP 下载器（高速版），仿真器到开发板采用 JTAG-UART 转接板，另外还有 3 条 Type-C 数据线，分别用于 fireDAP 下载器、开发板 USB-OTG 接口、开发板电源接口 PWR 与计算机 USB 接口的连接。KEY1、KEY2 和 KEY3 按键分别连接 HPM6750 的带内部上拉电阻的 WBUTN（带唤醒功能）、PZ09 和 PZ11 GPIO 口。LED4、LED5 和 LED6 指示灯分别连接 HPM6750 的 PB29、PB30 和 PB31 GPIO 口。

程序上电或按下开发板的 RES 复位键后，在开始几秒，LED4、LED5 和 LED6 指示灯已同频率闪烁显示，随后 3 个指示灯常亮。当分别按下 KEY1、KEY2 和 KEY3 按键时，LED4、LED5 和 LED6 指示灯做翻转显示，即按键按下时指示灯灭，再次按键按下时亮。

HPM6750EVK 系统架构如图 13-1 所示。

图 13-1 HPM6750EVK 系统架构

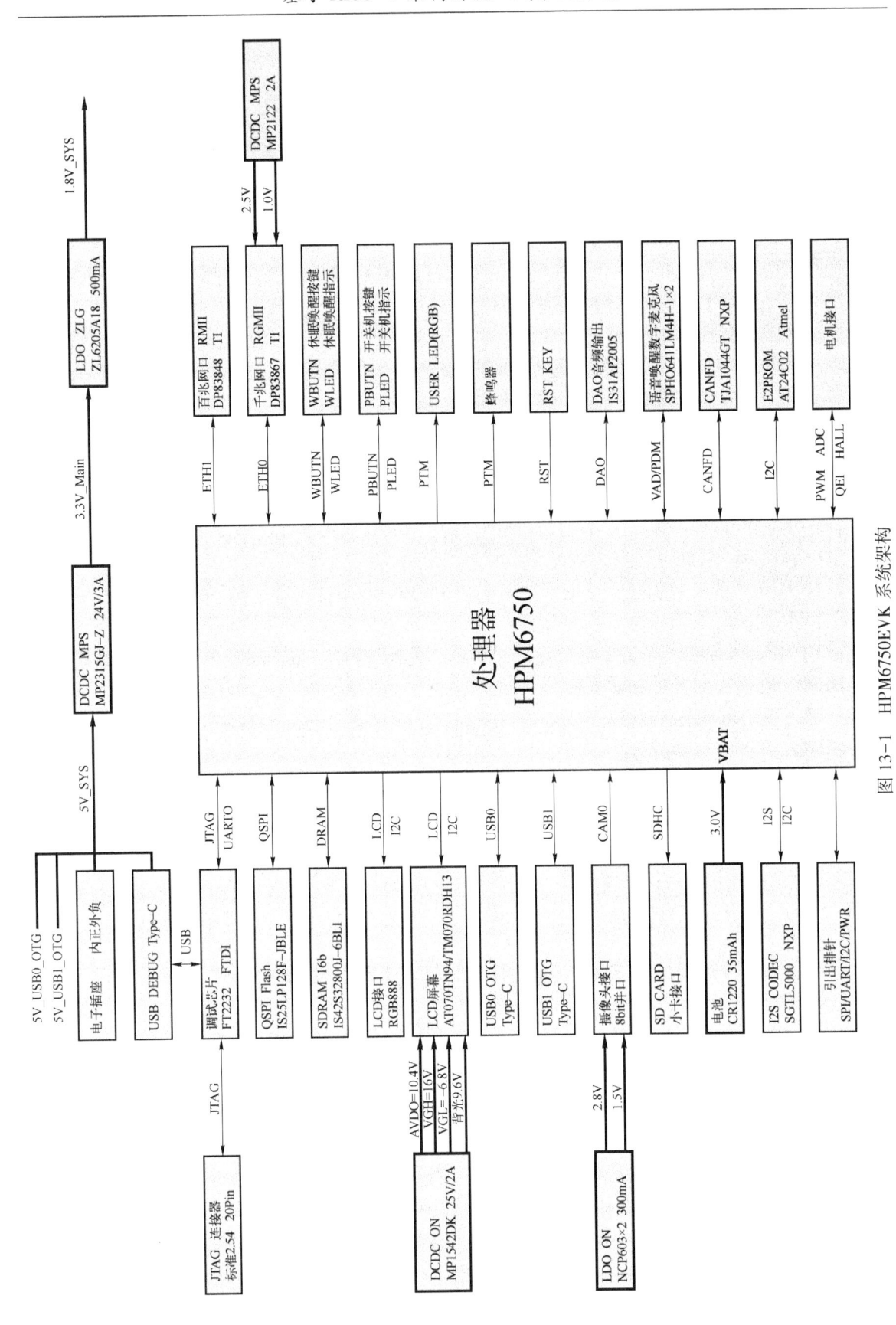

HPM6750 的 GPIO 输出应用实例旨在展示如何在 HPM6750 平台上利用 GPIO 口实现对 LED 灯的控制以及按键输入的中断响应。通过本设计，可以深入理解 HPM6750 平台的 GPIO 配置、中断管理以及基本的输入输出控制。

1. 设计目标

对 LED 灯的控制：通过 GPIO 输出功能实现对 LED 灯的控制，包括点亮和熄灭。

对按键输入的响应：通过 GPIO 输入和中断功能实现对按键操作的响应，当检测到按键操作时，相应的 LED 灯状态发生变化。

2. 设计实现

（1）硬件配置

GPIO 配置：使用 HPM6750 的 GPIO0 控制器，配置 3 个 LED 灯和 3 个按键的 GPIO 引脚。LED 灯连接到 GPIOB 的 29、30、31 引脚，按键连接到 GPIOZ 的 3、9、11 引脚。

中断配置：为 GPIOZ 的 3、9、11 引脚配置下降沿触发的中断，以检测按键的按下动作。

（2）软件设计

LED 闪烁测试：test_gpio_toggle_output 函数通过循环切换 LED 灯的状态，实现 LED 的闪烁效果，以验证 GPIO 输出功能。

按键中断响应：test_gpio_input_interrupt 函数配置按键 GPIO 引脚为输入模式，并设置中断触发条件。isr_gpio 中断服务程序用于响应按键中断，切换相应 LED 灯的状态。

消抖处理：在 isr_gpio 中断服务程序中，未直接实现消抖逻辑。在实际应用中，可以通过软件延时或其他消抖技术来提高按键响应的稳定性。

3. 主要函数

1）board_init：进行板级初始化，如时钟配置、中断系统初始化等。

2）test_gpio_toggle_output：测试 GPIO 输出功能，实现 LED 闪烁。

3）test_gpio_input_interrupt：配置 GPIO 输入和中断，准备响应按键操作。

4）isr_gpio：中断服务程序，用于处理按键引发的中断，切换 LED 状态。

5）main：主函数，负责初始化和调用测试函数。

本设计实例通过在 HPM6750 平台上实现对 LED 灯的控制和对按键输入的响应功能，展示了 GPIO 接口的基本应用。通过对 LED 灯的闪烁和按键中断的响应，验证了 GPIO 的输入输出控制和中断处理能力。此外，本设计也强调了嵌入式系统开发中的硬件配置和软件逻辑设计的重要性。在进一步研究中，可以探索更多 HPM6750 平台的高级功能，如 PWM 控制、ADC 读取等，以实现更复杂的嵌入式系统应用。

13.2　HPM6750 的通用输入输出的输出应用硬件设计

HPM6750 与按键的硬件电路如图 13-2 所示，KEY1、KEY2 和 KEY3 按键为弹性机械开关，PESD3V3L1BA 为 3.3V 的瞬变电压抑制（Transient Voltage Suppressor，TVS）二极管。瞬变电压抑制（TVS）二极管是一种专门设计用来保护电子设备免受瞬变电压和电压尖峰损害的半导体器件。它们能够快速响应并抑制超出正常工作电压的瞬时过电压，从而保护敏感的电子元件。

HPM6750 与 LED 指示灯的硬件电路如图 13-3 所示。3 个 LED 指示灯由绿色 LED 灯构成。

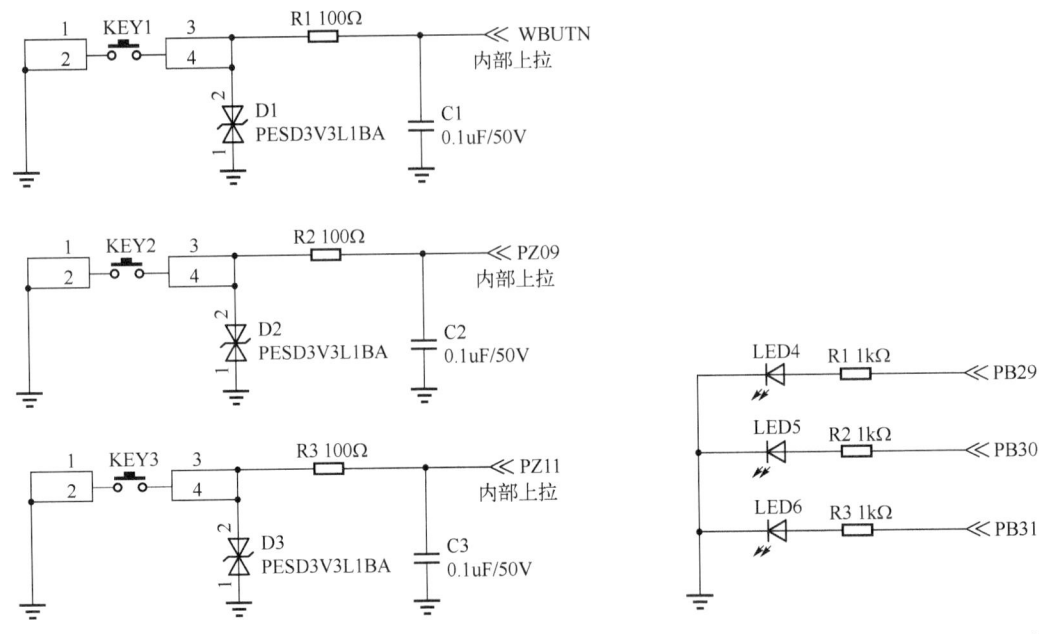

图 13-2 HPM6750 与按键的硬件电路　　图 13-3 HPM6750 与 LED 指示灯的硬件电路

这些 LED 的阳极都连接到 HPM6750 的 GPIO 引脚，只要控制 GPIO 引脚的电平输出状态，即可控制 LED 的亮灭。如果你使用的开发板中 LED 的连接方式或引脚与此不同，只需修改程序的相关引脚即可，程序的控制原理相同。

LED 电路是由+3.3 V 电源驱动的。当 GPIO 引脚输出为 0 时 LED 熄灭，输出为 1 时 LED 点亮。

13.3　HPM6750 的通用输入输出的应用软件设计

13.3.1　HPM6750 的通用输入输出的应用软件设计概述

HPM6750 软件设计概述主要围绕 GPIO 配置和 LED 控制、GPIO 中断处理、主函数展开。通过示例程序，展示如何在 HPM6750 平台上配置 GPIO 以控制 LED 灯的亮灭，以及如何设置和处理 GPIO 中断来响应外部按键事件。

1. GPIO 配置和 LED 控制

（1）GPIO 配置

头文件：程序包含 gpio.h 头文件，其中定义了与 LED 和按键相关的 GPIO 控制器、索引和引脚号，以及 LED 关闭时的电平状态。

初始化：在 test_gpio_toggle_output 函数中，通过 HPM_IOC 的 PAD 寄存器配置了 LED 对应的 GPIO 引脚为输出模式，并设置了初始状态（关闭）。

（2）LED 控制

切换 LED 状态：程序通过 gpio_toggle_pin 函数在指定的 GPIO 引脚上切换电平状态，实现 LED 亮灭的切换。这在 test_gpio_toggle_output 函数中通过循环实现，以演示 LED 的闪烁效果。

延时：LED 状态切换使用 board_delay_ms 函数实现了 500 ms 的延时，以便观察到 LED 的闪烁效果。

2. GPIO 中断处理

（1）中断配置

输入模式：在 test_gpio_input_interrupt 函数中，首先将与按键相关的 GPIO 引脚配置为输入模式。

中断触发方式：程序设置 GPIO 中断的触发方式为下降沿触发，这意味着当按键被按下时（电平从高到低变化），将触发中断。

中断使能：通过调用 gpio_enable_pin_interrupt 函数，使能与按键相关的 GPIO 引脚的中断功能。

（2）中断服务程序

检测中断标志：在 isr_gpio 函数中，通过调用 gpio_check_pin_interrupt_flag 函数检查是否有按键相关的 GPIO 引脚产生了中断。

处理中断：当检测到某个按键的中断时，程序通过调用 gpio_toggle_pin 函数切换对应 LED 的状态，并通过 gpio_clear_pin_interrupt_flag 函数清除中断标志，以便接收后续的中断。

3. 主函数

1）初始化：main 函数首先调用 board_init 进行板级初始化。

2）功能测试：接着调用 test_gpio_toggle_output 和 test_gpio_input_interrupt 函数，分别测试 LED 闪烁和按键中断响应功能。

3）无限循环：最后，主函数进入一个无限循环中，等待中断事件的发生。

该程序演示了 HPM6750 平台上如何使用 GPIO 进行基本的输入输出控制和中断处理。通过控制 LED 的亮灭来展示 GPIO 输出功能，同时通过响应按键中断来展示 GPIO 输入和中断处理能力。这为开发更复杂的嵌入式系统应用提供了基础。

13.3.2 HPM6750 的通用输入输出的源代码设计

通过文本编辑器（如 UltraEdit）或 SEGGER Embedded Studio for RISC-V 集成开发环境可以编辑源代码（*.h 和 *.c 文件等）、CMakeLists 文件等。gpio 项目文件夹如图 13-4 所示，其中包括头文件文件夹 inc、源代码文件夹 src、CMakeLists.txt 文件和说明.txt（构建工程及程序功能说明）。

1. gpio.h 头文件

头文件文件夹 inc 里的文件为 gpio.h 头文件，如图 13-5 所示。

图 13-4 gpio 项目文件夹

图 13-5 gpio.h 头文件

gpio.h 头文件的内容如下：

```
#ifndef __GPIO_H_
#define __GPIO_H_
```

```c
#include "hpm_soc.h"

#define LED1_GPIO_CTRL HPM_GPIO0
#define LED1_GPIO_INDEX GPIO_DO_GPIOB
#define LED1_GPIO_PIN 29

#define LED2_GPIO_CTRL HPM_GPIO0
#define LED2_GPIO_INDEX GPIO_DO_GPIOB
#define LED2_GPIO_PIN 30

#define LED3_GPIO_CTRL HPM_GPIO0
#define LED3_GPIO_INDEX GPIO_DO_GPIOB
#define LED3_GPIO_PIN 31

#define EBF_BOARD_LED_OFF_LEVEL 1

#define KEY1_GPIO_CTRL HPM_GPIO0
#define KEY1_GPIO_INDEX GPIO_DI_GPIOZ
#define KEY1_GPIO_PIN 3

#define KEY2_GPIO_CTRL HPM_GPIO0
#define KEY2_GPIO_INDEX GPIO_DI_GPIOZ
#define KEY2_GPIO_PIN 9

#define KEY3_GPIO_CTRL HPM_GPIO0
#define KEY3_GPIO_INDEX GPIO_DI_GPIOZ
#define KEY3_GPIO_PIN 11

#define KEY_GPIO_IRQ IRQn_GPIO0_Z

#endif
```

头文件 gpio.h 为 HPM6750 微控制器上的 GPIO 操作定义配置和常量。它的主要功能是提供一种结构化和易于理解的方式引用特定的 GPIO 控制器、引脚索引和引脚号，以及其他相关的配置常量。这样的定义有助于提高代码的可读性和可维护性。具体来说，该头文件包含以下内容：

1) LED 引脚定义。定义了 3 个 LED（LED1、LED2、LED3）所对应的 GPIO 控制器（LEDx_GPIO_CTRL）、GPIO 组（LEDx_GPIO_INDEX）和 GPIO 引脚号（LEDx_GPIO_PIN）。这些定义指定了每个 LED 连接到微控制器的具体位置。

2) LED 关闭电平定义。定义了 EBF_BOARD_LED_OFF_LEVEL 常量，表明了 LED 关闭时对应的电平，这取决于硬件电路的设计。在这个定义中，1 表示 LED 在高电平时关闭。

3) 按钮引脚定义。类似地，定义了 3 个按钮（KEY1、KEY2、KEY3）所对应的 GPIO 控制器（KEYx_GPIO_CTRL）、GPIO 组（KEYx_GPIO_INDEX）和 GPIO 引脚号（KEYx_GPIO_PIN）。这些定义指定了每个按钮连接到微控制器的具体位置。

4) 按钮中断号定义。定义了 KEY_GPIO_IRQ 常量，指定了处理按钮相关 GPIO 中断的中断号。这允许程序在配置中断时引用具体的中断号。

通过这个头文件，开发者可以在编写代码时直接使用这些预定义的常量，而不必记住具体的 GPIO 控制器编号、引脚索引或引脚号。这样不仅降低了出错的可能性，也使得代码更加清晰和易于管理。例如，当需要配置 LED1 的 GPIO 时，开发者可以直接使用 LED1_GPIO_CTRL、

LED1_GPIO_INDEX 和 LED1_GPIO_PIN 这些常量，而无须关心这些常量背后的具体数值。

2. gpio.c 文件

源代码文件夹 src 里的文件为 gpio.c 文件，如图 13-6 所示。

（1）第 1 部分

gpio.c 程序的内容较多，包括以下 5 个部分。

名称

📄 gpio.c

图 13-6 gpio.c 文件

```
/*
 * SPDX-License-Identifier: BSD-3-Clause
 */
#include "board.h"
#include "hpm_gpio_drv.h"
#include "gpio.h"
//这里包含了与嵌入式系统板级支持和 GPIO 驱动相关的头文件

void delay()
{
    int l;
    for(int i=0;i<300;i++)         //调整消抖效果
    {
        l++;
    }
}


#define GPIO_TOGGLE_COUNT 5
//这个宏定义表示在测试中要切换 LED 状态的次数
 //gpio 中断服务程序
void isr_gpio(void)
{
    if(gpio_check_pin_interrupt_flag( KEY1_GPIO_CTRL, KEY1_GPIO_INDEX, KEY1_GPIO_PIN))
    {
        gpio_toggle_pin( LED1_GPIO_CTRL, LED1_GPIO_INDEX, LED1_GPIO_PIN);
        printf("toggle led1 pin output\n");
        //处理 LED 状态切换
    }

    gpio_clear_pin_interrupt_flag( KEY1_GPIO_CTRL, KEY1_GPIO_INDEX, KEY1_GPIO_PIN);
    }//清除中断标志
    if(gpio_check_pin_interrupt_flag( KEY2_GPIO_CTRL, KEY2_GPIO_INDEX, KEY2_GPIO_PIN))
    {
        gpio_toggle_pin( LED2_GPIO_CTRL, LED2_GPIO_INDEX, LED2_GPIO_PIN);
        printf("toggle led2 pin output\n");

        gpio_clear_pin_interrupt_flag( KEY2_GPIO_CTRL, KEY2_GPIO_INDEX, KEY2_GPIO_PIN);
    }
    if(gpio_check_pin_interrupt_flag( KEY3_GPIO_CTRL, KEY3_GPIO_INDEX, KEY3_GPIO_PIN))
    {
        gpio_toggle_pin( LED3_GPIO_CTRL, LED3_GPIO_INDEX, LED3_GPIO_PIN);
        printf("toggle led3 pin output\n");


        gpio_clear_pin_interrupt_flag( KEY3_GPIO_CTRL, KEY3_GPIO_INDEX, KEY3_GPIO_PIN);
    }
}
```

HPM6750 微控制器的 GPIO 函数 isr_gpio(void) 定义了一个中断服务程序。这个函数的功能是响应外部事件（如按钮按压）触发的 GPIO 中断，然后切换相应 LED 灯的状态，并通过串口打印信息，通知用户 LED 状态的变化。这种机制常用于实现基于用户输入（如按钮按压）的交互式控制。具体来说，这个中断服务程序执行以下操作：

1）检查特定 GPIO 引脚的中断标志。使用 gpio_check_pin_interrupt_flag() 函数检查是否有中断发生在配置为输入的 GPIO 引脚上（即 KEY1、KEY2、KEY3）。这些引脚通常连接到外部设备，如按钮。如果这个函数返回真（true），则表明相应的引脚有中断事件发生。

2）切换 LED 状态。如果检测到中断，使用 gpio_toggle_pin() 函数切换对应的 LED 灯的状态。例如，如果检测到 KEY1 引脚上的中断，那么切换 LED1 的状态。这意味着如果 LED 之前是关闭的，现在将被打开，反之亦然。

3）打印信息。每当 LED 状态被切换时，通过 printf() 函数打印一条消息到串口，例如"toggle led1 pin output"。这为用户提供了一个可视的反馈，表明程序已经响应了按钮按压事件，并做出了相应的动作（切换 LED 状态）。

4）清除中断标志。使用 gpio_clear_pin_interrupt_flag() 函数清除触发中断的 GPIO 引脚上的中断标志。这是重要的一步，因为它允许 GPIO 引脚准备接收下一个中断事件。如果不清除中断标志，那么该引脚将不会再次触发中断。

(2) 第 2 部分

```
SDK_DECLARE_EXT_ISR_M(KEY_GPIO_IRQ, isr_gpio)
//这定义了一个 GPIO 中断服务程序，当 GPIO 中断发生时执行。在中断服务程序中，通过 gpio_
//clear_pin_interrupt_flag 函数清除中断标志，然后根据硬件配置，切换 LED 状态或输出用户按键
//的状态。
```

SDK_DECLARE_EXT_ISR_M(KEY_GPIO_IRQ, isr_gpio) 这行代码在嵌入式编程或硬件开发的上下文中出现。这里，它声明了一个外部中断服务程序。下面分解这行代码以便更好地理解它的功能：

1）SDK_DECLARE_EXT_ISR_M：这通常是一个宏定义，用于声明一个外部中断服务程序。它是某个 SDK 的一部分，用于简化外部中断的声明和使用。这个宏的确切含义和作用会根据特定的 SDK 或库而有所不同。

2）KEY_GPIO_IRQ：这是中断请求（Interrupt Request, IRQ）的标识符。在这个上下文中，KEY_GPIO_IRQ 是指与某个按键或 GPIO 引脚相关的中断请求。这意味着一旦检测到与这个 GPIO 引脚相关的特定事件（例如，按键按下），就会触发中断。

3）isr_gpio：这是中断服务程序的名称。当 KEY_GPIO_IRQ 所指定的中断被触发时，isr_gpio 函数将被调用。在这个函数内部，开发者可以编写处理中断的代码，例如读取按键状态、更新系统状态、发送事件或消息等。

简而言之，SDK_DECLARE_EXT_ISR_M(KEY_GPIO_IRQ, isr_gpio) 这行代码的作用是声明一个名为 isr_gpio 的外部中断服务程序，它与 KEY_GPIO_IRQ 标识的中断请求相关联。当相关的 GPIO 事件（如按键操作）发生时，isr_gpio 函数将自动被调用，以处理该事件。这是嵌入式系统和硬件编程中常用的一种方式，用于响应硬件事件并执行相应的软件逻辑。

(3) 第 3 部分

```
//按键操作函数
void test_gpio_input_interrupt(void)
```

第13章 HPM6750微控制器开发应用实例

```
    {
        uint32_t pad_ctl = IOC_PAD_PAD_CTL_PE_SET(1) | IOC_PAD_PAD_CTL_PS_SET(1);

        HPM_IOC->PAD[IOC_PAD_PZ03].FUNC_CTL = IOC_PZ03_FUNC_CTL_GPIO_Z_03;
        HPM_IOC->PAD[IOC_PAD_PZ03].PAD_CTL = pad_ctl;
        HPM_BIOC->PAD[IOC_PAD_PZ03].FUNC_CTL = 3;

        HPM_IOC->PAD[IOC_PAD_PZ09].FUNC_CTL = IOC_PZ09_FUNC_CTL_GPIO_Z_09;
        HPM_IOC->PAD[IOC_PAD_PZ09].PAD_CTL = pad_ctl;
        HPM_BIOC->PAD[IOC_PAD_PZ09].FUNC_CTL = 3;

        HPM_IOC->PAD[IOC_PAD_PZ11].FUNC_CTL = IOC_PZ11_FUNC_CTL_GPIO_Z_11;
        HPM_IOC->PAD[IOC_PAD_PZ11].PAD_CTL = pad_ctl;
        HPM_BIOC->PAD[IOC_PAD_PZ11].FUNC_CTL = 3;

        gpio_interrupt_trigger_t trigger;

        trigger = gpio_interrupt_trigger_edge_falling;

        gpio_set_pin_input( KEY1_GPIO_CTRL, KEY1_GPIO_INDEX, KEY1_GPIO_PIN);
        gpio_set_pin_input( KEY2_GPIO_CTRL, KEY2_GPIO_INDEX, KEY2_GPIO_PIN);
        gpio_set_pin_input( KEY3_GPIO_CTRL, KEY3_GPIO_INDEX, KEY3_GPIO_PIN);

        gpio_config_pin_interrupt( KEY1_GPIO_CTRL, KEY1_GPIO_INDEX, KEY1_GPIO_PIN, trigger);
        gpio_config_pin_interrupt( KEY2_GPIO_CTRL, KEY2_GPIO_INDEX, KEY2_GPIO_PIN, trigger);
        gpio_config_pin_interrupt( KEY3_GPIO_CTRL, KEY3_GPIO_INDEX, KEY3_GPIO_PIN, trigger);

        gpio_enable_pin_interrupt( KEY1_GPIO_CTRL, KEY1_GPIO_INDEX, KEY1_GPIO_PIN);
        gpio_enable_pin_interrupt( KEY2_GPIO_CTRL, KEY2_GPIO_INDEX, KEY2_GPIO_PIN);
        gpio_enable_pin_interrupt( KEY3_GPIO_CTRL, KEY3_GPIO_INDEX, KEY3_GPIO_PIN);

        intc_m_enable_irq_with_priority( KEY_GPIO_IRQ, 1);
    }
```

test_gpio_input_interrupt(void)函数的功能是配置HPM6750微控制器的GPIO引脚作为输入，并设置中断响应外部事件（如按钮按压）。具体来说，这个程序配置了3个GPIO引脚检测外部信号的下降沿（即从高电平变为低电平），并为这些事件启用中断处理。这样的配置通常用于实现按钮按压等交互式功能。下面是详细功能解释：

1）设置引脚功能和属性。通过HPM_IOC->PAD[IOC_PAD_PZxx].FUNC_CTL设置PZ03、PZ09和PZ11引脚为GPIO模式。FUNC_CTL寄存器用于选择引脚的功能，这里选择的是GPIO功能。

通过HPM_IOC->PAD[IOC_PAD_PZxx].PAD_CTL配置引脚的电气特性，例如使能上拉电阻PE_SET(1)和设置上拉电阻的强度PS_SET(1)。这些设置有助于确保引脚在用作输入时能可靠地检测外部信号。

HPM_BIOC->PAD[IOC_PAD_PZxx].FUNC_CTL = 3。这行代码的目的是针对特定硬件平台做额外配置，但由于上下文限制，具体含义需要查阅相关硬件平台的文档。

2）配置引脚为输入并设置中断触发条件。使用gpio_set_pin_input()函数将这些引脚配置为输入模式。这允许引脚检测外部信号的电平变化。

通过 gpio_config_pin_interrupt() 函数配置这些输入引脚的中断触发条件为下降沿（gpio_interrupt_trigger_edge_falling）。这意味着当引脚上的信号从高电平变为低电平时，中断被触发。

3）启用引脚中断。使用 gpio_enable_pin_interrupt() 函数启用这些引脚的中断功能。这样，一旦满足中断触发条件（即信号的下降沿），就会触发中断，执行中断服务程序。

4）设置中断优先级并启用中断。最后，通过 intc_m_enable_irq_with_priority() 函数启用对应的 GPIO 中断，并设置其优先级。KEY_GPIO_IRQ 是中断号，而 1 是分配给该中断的优先级。这一步确保了中断控制器能够正确地处理这些 GPIO 引脚的中断请求。

这个函数展示了如何在 HPM6750 微控制器上配置 GPIO 引脚作为输入，以检测外部信号的下降沿，并通过中断响应这些事件。这种配置广泛用于实现按钮、开关等用户输入设备的交互功能。

(4) 第 4 部分

```c
//LED 灯控制函数
void test_gpio_toggle_output(void)
{
    printf("toggling led %u times in total\n", GPIO_TOGGLE_COUNT);

    HPM_IOC->PAD[IOC_PAD_PB29].FUNC_CTL = IOC_PB29_FUNC_CTL_GPIO_B_29;
    HPM_IOC->PAD[IOC_PAD_PB30].FUNC_CTL = IOC_PB30_FUNC_CTL_GPIO_B_30;
    HPM_IOC->PAD[IOC_PAD_PB31].FUNC_CTL = IOC_PB31_FUNC_CTL_GPIO_B_31;

    gpio_set_pin_output(LED1_GPIO_CTRL, LED1_GPIO_INDEX, LED1_GPIO_PIN);
    gpio_set_pin_output(LED2_GPIO_CTRL, LED2_GPIO_INDEX, LED2_GPIO_PIN);
    gpio_set_pin_output(LED3_GPIO_CTRL, LED3_GPIO_INDEX, LED3_GPIO_PIN);

    gpio_write_pin(LED1_GPIO_CTRL, LED1_GPIO_INDEX, LED1_GPIO_PIN, EBF_BOARD_LED_OFF_LEVEL);
    gpio_write_pin(LED2_GPIO_CTRL, LED2_GPIO_INDEX, LED2_GPIO_PIN, EBF_BOARD_LED_OFF_LEVEL);
    gpio_write_pin(LED3_GPIO_CTRL, LED3_GPIO_INDEX, LED3_GPIO_PIN, EBF_BOARD_LED_OFF_LEVEL);

    for (uint32_t i = 0; i < GPIO_TOGGLE_COUNT; i++) {
        gpio_toggle_pin(LED1_GPIO_CTRL, LED1_GPIO_INDEX, LED1_GPIO_PIN);
        gpio_toggle_pin(LED2_GPIO_CTRL, LED2_GPIO_INDEX, LED2_GPIO_PIN);
        gpio_toggle_pin(LED3_GPIO_CTRL, LED3_GPIO_INDEX, LED3_GPIO_PIN);

        board_delay_ms(500);

        gpio_toggle_pin(LED1_GPIO_CTRL, LED1_GPIO_INDEX, LED1_GPIO_PIN);
        gpio_toggle_pin(LED2_GPIO_CTRL, LED2_GPIO_INDEX, LED2_GPIO_PIN);
        gpio_toggle_pin(LED3_GPIO_CTRL, LED3_GPIO_INDEX, LED3_GPIO_PIN);

        board_delay_ms(500);

        printf("toggling led %u/%u times\n", i + 1, GPIO_TOGGLE_COUNT);
    }
}
```

test_gpio_toggle_output(void)函数是一个HPM6750微控制器的GPIO操作示例,可以演示如何控制LED灯的闪烁。这段程序的功能是将特定的GPIO引脚配置为输出模式,并用于控制3个LED灯的开关状态,从而实现LED灯的闪烁效果。下面是详细功能解释:

1) 初始化GPIO引脚为LED控制。通过设置HPM_IOC->PAD[IOC_PAD_xx].FUNC_CTL为IOC_xx_FUNC_CTL_GPIO_B_xx,将PB29、PB30和PB31引脚分别配置为通用输入输出模式,用于控制LED灯。这里HPM_IOC是指向IOC(输入输出控制器)的指针,PAD是控制器中的引脚配置数组,FUNC_CTL是功能控制寄存器,用于设置引脚的功能。

2) 设置引脚为输出模式。使用gpio_set_pin_output()函数将这些引脚配置为输出模式。LED1_GPIO_CTRL、LED2_GPIO_CTRL和LED3_GPIO_CTRL是控制器实例,LED1_GPIO_INDEX、LED2_GPIO_INDEX和LED3_GPIO_INDEX是引脚所在的GPIO组,LED1_GPIO_PIN、LED2_GPIO_PIN和LED3_GPIO_PIN是组内的引脚编号。

3) 初始化LED状态为关闭。通过gpio_write_pin()函数将LED引脚的电平设置为EBF_BOARD_LED_OFF_LEVEL(表示LED关闭的电平状态),初始化所有LED为关闭状态。

4) 循环闪烁LED。在一个循环中,使用gpio_toggle_pin()函数切换每个LED的状态,实现LED的闪烁。每次循环中,LED状态先切换一次,然后通过board_delay_ms(500)函数等待500 ms(0.5 s),再次切换LED状态,并再次等待500 ms。这样,每个LED会在每个循环中闪烁一次。

循环的次数由GPIO_TOGGLE_COUNT定义,表示LED闪烁的总次数。

在每次循环的末尾,使用printf()函数输出当前的闪烁次数,以及总的闪烁次数。

这个程序主要演示了如何在HPM6750微控制器上使用GPIO控制LED灯的闪烁。通过配置GPIO引脚为输出模式,并在循环中切换LED的电平状态,实现了简单的LED控制应用。

(5) 第5部分

```
//主函数
int main(void){
    board_init();
    printf("gpio example\n");

    test_gpio_toggle_output();
    test_gpio_input_interrupt();

    while(1);
    return 0;
}
```

main(void)函数主要展示了如何使用GPIO进行基本的输出和输入操作。下面是详细功能解释:

1) board_init():这行代码通常用于初始化硬件板上的资源,包括GPIO。它设置了时钟、电源和其他必要的外设,以确保GPIO可以正常工作。

2) printf("gpio example\n"):这行代码通过串行输出或其他调试接口向用户显示一条消息,表明程序已经启动,并且正在执行GPIO的示例代码。

3) test_gpio_toggle_output():这个函数演示了如何将GPIO引脚配置为输出模式,并在高电平和低电平之间切换。这可以用于控制LED灯、继电器或其他需要简单开/关信号的外部设备。

4) test_gpio_input_interrupt()：这个函数演示了如何将 GPIO 引脚配置为输入模式，并设置中断来响应外部事件（如按钮按下）。当检测到预设的信号变化（通常是从高电平到低电平，或者相反）时，中断服务程序会被触发执行相关的处理代码。

5) while(1)：这行代码使程序进入一个无限循环，确保程序持续运行并响应 GPIO 输入或其他事件。在嵌入式系统中，这个循环通常用于等待事件发生或执行后台任务。

6) return 0：这行代码标记程序正常结束。在这个上下文中，由于前面有一个无限循环，因此这行代码实际上是不会被执行的。它更多的是一种编程习惯，表明如果程序以某种方式跳出了主循环，那么程序将正常结束。

这段代码是一个简单的 GPIO 使用示例，展示了如何在 HPM6750 微控制器上进行基本的 GPIO 操作，包括如何控制外设和响应外部事件。

13.3.3 HPM6750 的工程构建

1. 直接使用 SDK 软件开发平台构建 HPM6750 工程

下面用先楫半导体提供的 SDK 软件开发平台构建 HPM6750 工程，SDK 的版本为 sdk_env_v1.4.0。打开 sdk_env_v1.4.0 文件夹，文件夹里的内容如图 13-7 所示。其中 start_cmd.cmd 为一个批处理文件，运行此文件即可进行 HPM6750 的工程构建开发。

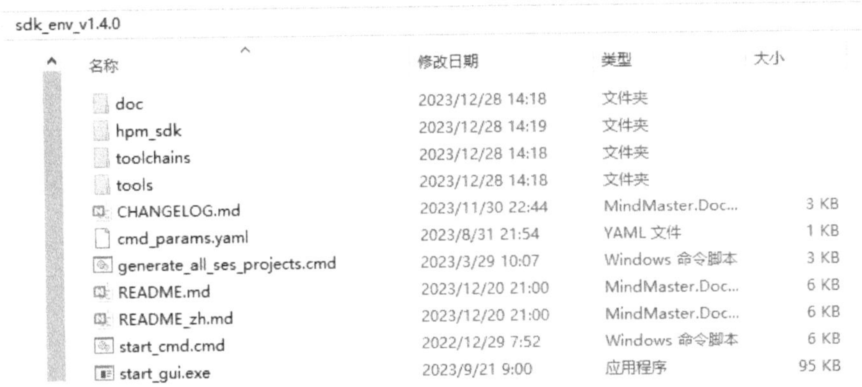

图 13-7 sdk_env_v1.4.0 文件夹里的内容

双击 start_cmd.cmd 文件，进入 HPMicro SDK Env Tool 界面，当前路径为 F:\sdk_env-v1.4.0。

在 SDK 命令行输入进入 gpio 项目所在路径 F:\HPM6750\gpio 的命令：

cd F:\HPM6750\gpio

切换当前路径到 F:\HPM6750\gpio，如图 13-8 所示。

在图 13-8 的命令行上输入 generate_project -list 命令，列出 sdk_env-v1.4.0 所有支持的开发板：hpm6200evk、hpm6300evk、hpm6750evk、hpm6750evk2 和 hpm6750evkmini。野火 HPM6750IVM（BTB 接口）开发板对应其中的 hpm6750evkmini。

构建 gpio 工程，在 sdk_env-v1.4.0 命令行输入 generate_project -b hpm6750evkmini 命令，执行结果如图 13-9 所示。生成的 gpio 工程为 debug 调试版本（默认），只能在 SRAM 调试，不能下载到 HPM6750 的 Flash 存储器。如果想把生成的 bin 文件下载到 HPM6750del Flash 存储器，需要执行 generate_project -b hpm6750evkmini -t flash_xip 命令。

第 13 章　HPM6750 微控制器开发应用实例

图 13-8　F:\HPM6750\gpio 路径

图 13-9　generate_project -b hpm6750evkmini 命令的执行结果

在 F:\HPM6750\gpio 路径下，生成了一个新的文件夹 hpm6750evkmini_build，如图 13-10 所示，该文件夹里的内容如图 13-11 所示。

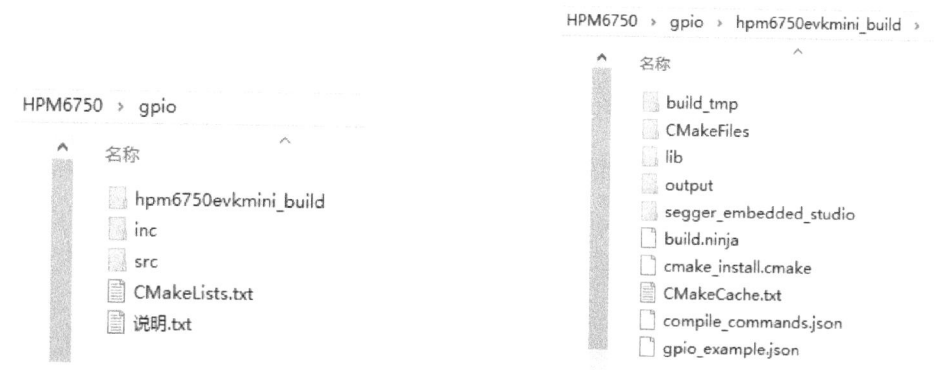

图 13-10　F:\HPM6750\gpio 路径下的内容　　图 13-11　文件夹 hpm6750evkmini_build 里的内容

275

双击 segger_embedded_studio 文件夹，该文件夹里的内容如图 13-12 所示。其中 gpio_example.emProject 为新建的 gpio 程序的 SES 工程。

图 13-12 文件夹 segger_embedded_studio 里的内容

2. 采用 HPM SDK Project Generator 0.3.1 构建 HPM6750 工程

在 sdk_env_v1.4.0 文件夹中，有一个 start_gui.exe 应用程序，如图 13-13 所示。

采用 HPM SDK Project Generator 0.3.1 构建 HPM6750 工程的步骤如下：

1）双击 start_gui.exe 应用程序，弹出如图 13-14 所示的 HPM SDK Project Generator 0.3.1 工程构建界面。

2）选择开发板 hpm6750evk2，如图 13-15 所示。

3）选择例程 gpio，如图 13-16 所示。

4）选择工程类型，如图 13-17 所示。

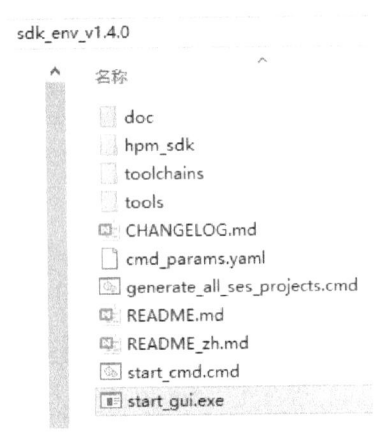

图 13-13 start_gui.exe 应用程序

图 13-14 HPM SDK Project Generator 0.3.1 工程构建界面

第 13 章　HPM6750 微控制器开发应用实例

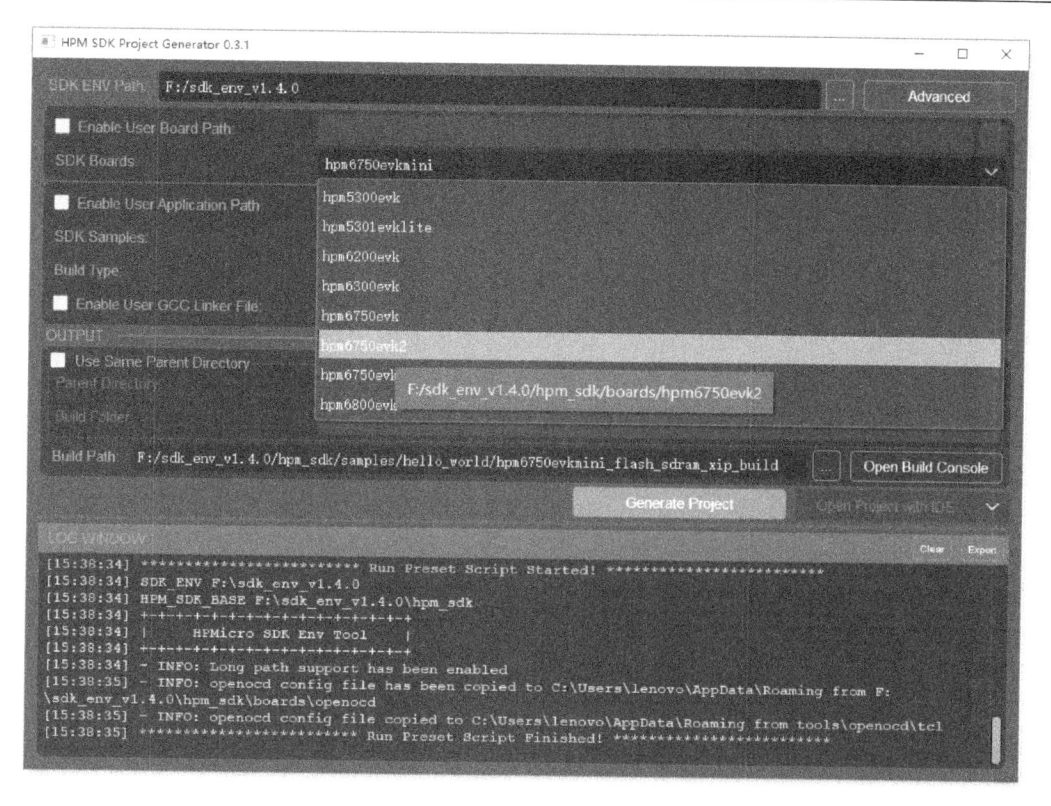

图 13-15　选择开发板 hpm6750evk2

图 13-16　选择例程 gpio

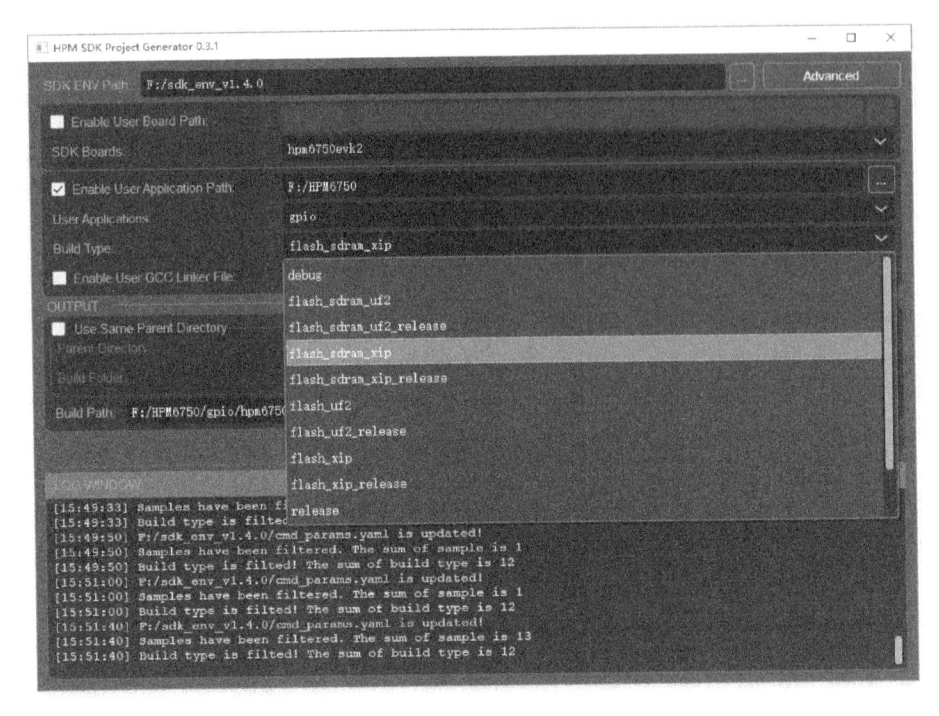

图 13-17 选择工程类型

5）单击图 13-18 中的"Generate Project"按钮，在 gpio 文件夹中生成 SES 工程 hpm6750evk2_flash_sdram_xip_build，如图 13-19 所示。

图 13-18 单击"Generate Project"按钮

第 13 章　HPM6750 微控制器开发应用实例

图 13-19　生成 hpm6750evk2_flash_sdram_xip_build

打开 gpio 文件夹，新生成一个带有"flash_sdram_xip"的 SES 工程，如图 13-20 所示。

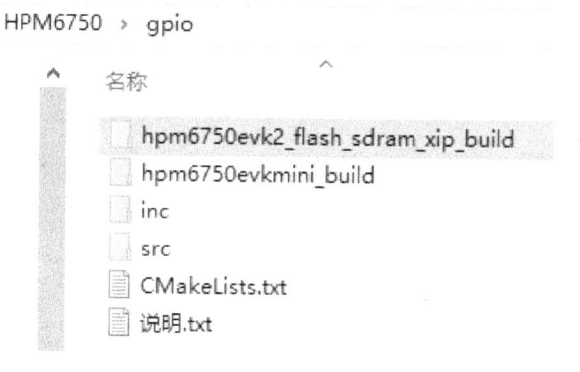

图 13-20　工程类型为 flash_sdram_xip 的 SES 工程所在文件夹

此时，已完成了与直接使用 SDK 软件开发平台构建 HPM6750 工程同样的结果，但用户的应用程序路径可以修改，操作十分简单、方便。

另外，单击图 13-19 中的"Open Project with IDE"按钮，可以直接进入 SEGGER Embedded Studio for RISC-V V6.30 开发环境。

3. gpio_example 程序在 SES 开发环境下的调试和下载

gpio_example 程序在 SES 开发环境下的调试和下载方法如下：

双击图 13-12 中 gpio_example.emProject 的 SES 工程，准备进入 SEGGER Embedded Studio for RISC-V V6.30 开发环境，进入前一般会弹出如图 13-21 所示的 CMSIS-DAP 选择界面。

单击图 13-21 中的"Accept"按钮，进入 gpio 工程调试界面，如图 13-22 所示。

单击图 13-22 中的"Build"菜单，弹出如图 13-23 所示的菜单界面。

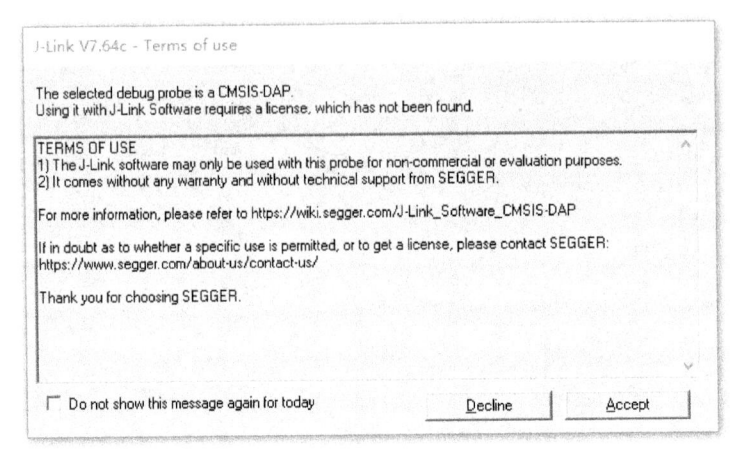

图 13-21　CMSIS-DAP 选择界面

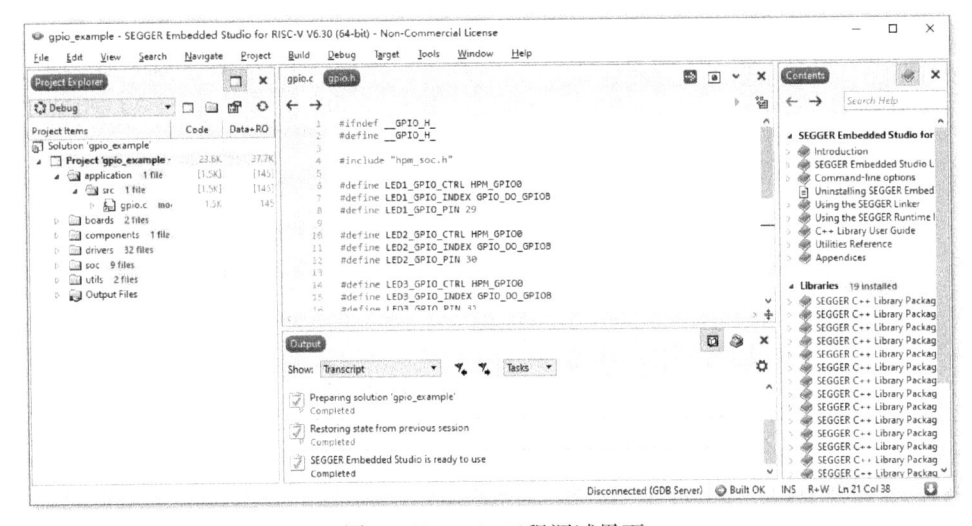

图 13-22　gpio 工程调试界面

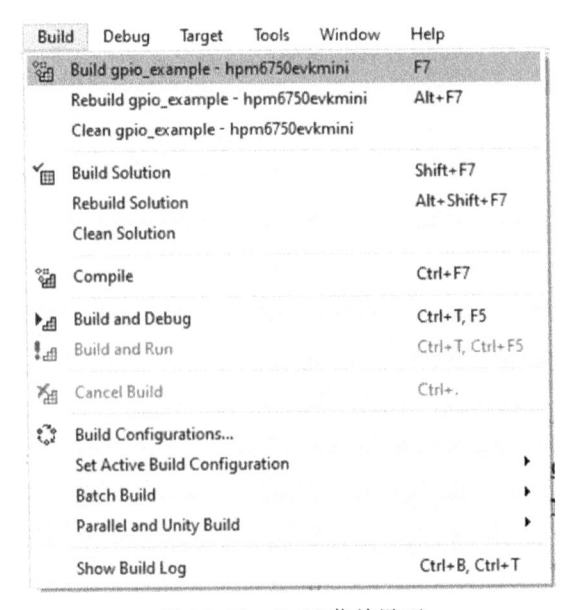

图 13-23　Build 菜单界面

第 13 章　HPM6750 微控制器开发应用实例

单击图 13-23 中的"Build gpio_example-hpm6750evkmini",编译 gpio 程序,编译后的结果如图 13-24 所示。从图 13-24 可以看出,"Output"中显示"Build complete",表示编译已完成。同时生成的 bin 可执行代码是在 SRAM 中运行的。

图 13-24　gpio 程序编译结果

右键单击 SES 开发环境左边"Project Explorer"中的"Project 'gpio_example -hpm6750evkmini'",弹出如图 13-25 所示的项目快捷菜单界面。

图 13-25　项目快捷菜单界面

单击图 13-25 中的"Options",弹出如图 13-26 所示的 GDB Server 界面。

双击图 13-26 中的"GDB Server Command Line",弹出如图 13-27 所示的 GDB Server Command Line 修改界面。

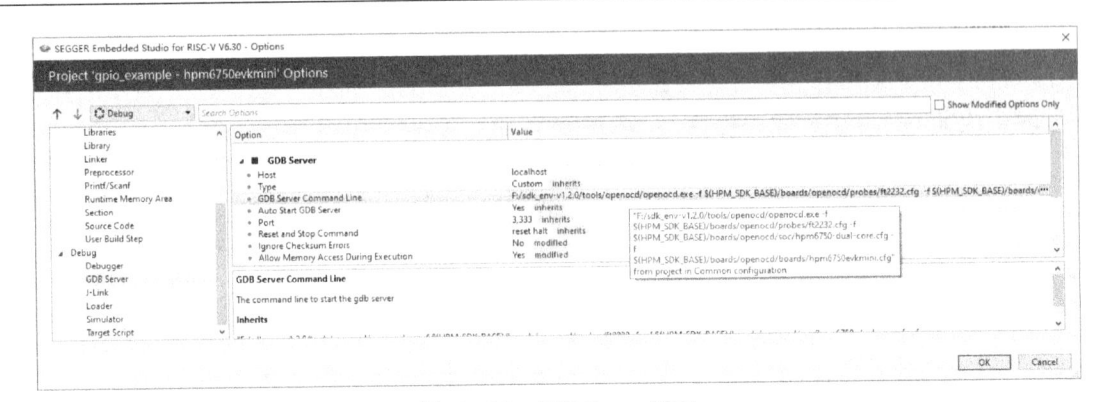

图 13-26　GDB Server 界面

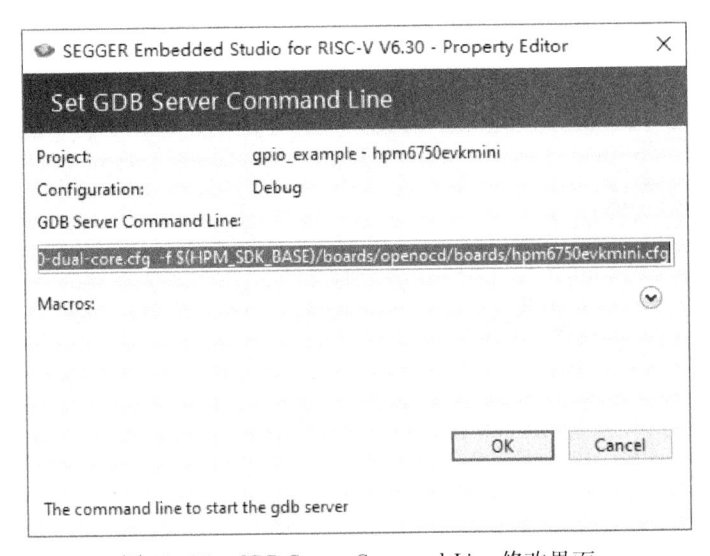

图 13-27　GDB Server Command Line 修改界面

在图 13-27 中，单击 GDB Server Command Line 窗口的内容，使其变成可修改状态，找到 "ft2232" 字符串，如图 13-28 所示。

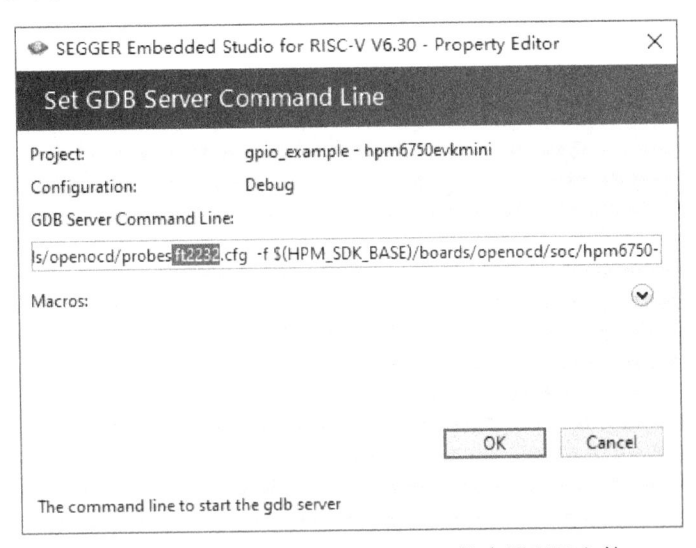

图 13-28　GDB Server Command Line 仿真器配置文件

第 13 章　HPM6750 微控制器开发应用实例

将图 13-28 中的 "ft2232" 修改为 "cmsis_dap", 如图 13-29 所示。

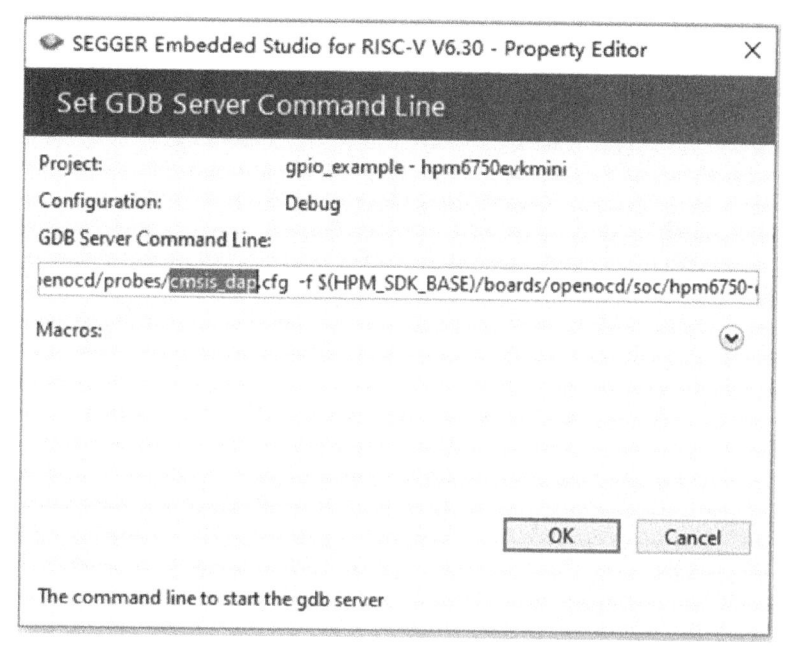

图 13-29　GDB Server Command Line 仿真器配置文件修改结果

GDB Server Command Line 的配置文件修改好后，单击图 13-30 中的 "OK" 按钮，GDB Server 修改完成，可以进行 gpio 程序的调试了。

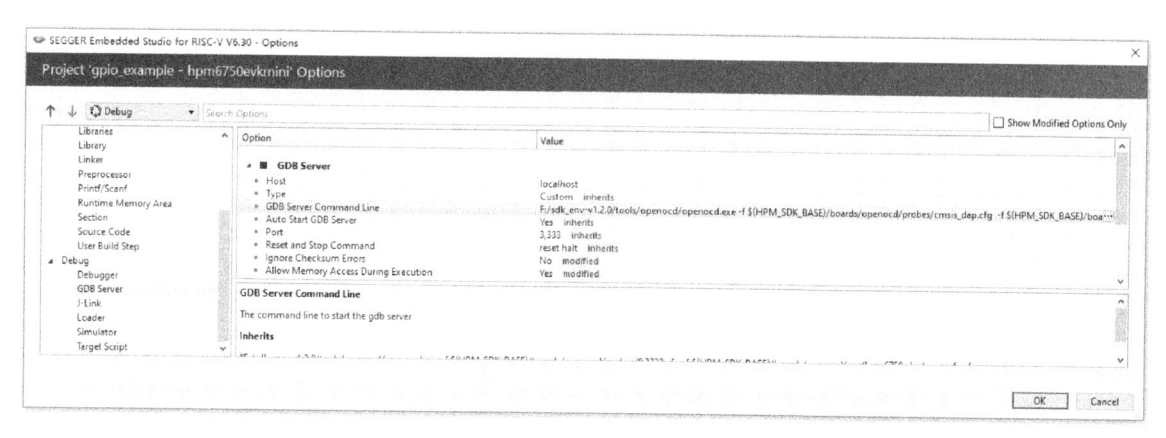

图 13-30　GDB Server Command Line 的配置文件修改完成

单击 SES 开发环境中 "Debug" 菜单下的 "Go" 命令，如图 13-31 所示。弹出图 13-32 所示的 gpio 程序即将运行的状态界面，此时 gpio 程序执行到 main(void) 函数。

单击图 13-32 中的按钮 ▶（Continue Execution），gpio 程序从 main(void) 继续执行，▶ 按钮的状态变为 ∎∎，如图 13-33 所示。HPM6750 开发板上 gpio 程序执行结果如图 13-34 所示，LED4、LED5 和 LED6 这 3 个指示灯开始闪烁，然后常亮。

283

图 13-31　单击"Debug"菜单的"Go"命令

图 13-32　gpio 程序即将运行的状态界面

图 13-33　gpio 程序从 main(void) 继续执行

图 13-34　HPM6750 开发板上 gpio 程序执行结果

13.3.4　HPMProgrammer_v 0.2.0 烧录程序

要将 gpio 程序下载到 HPM6750 中，还可以通过先楫半导体提供的 HPMProgrammer_v 0.2.0 烧录程序实现。HPMProgrammer 是先楫半导体提供的 Windows 端图形界面编程软件。HPMProgrammer 支持通过连接 HPM 系列高性能微控制器 ROM 内置的 flashloader 对 HPM 系列微控制器片内、片外 Flash 编程。

使用方法：双击 HPMProgrammer.exe。

编程接口配置：通过界面右上方的"Port Configration"配置。

在 HPMProgrammer 启动时，可以自动扫描连接到个人计算机端 USB 接口，也可以通过单击"Refresh"来实现。

1）虚拟串口设备：串口需要连接到 HPM 系列微控制器 ROM flashloader 专属的 UART 接口。

2）HPM 系列微控制器：需要连接到 HPM 系列微控制器 ROM flashloader 专属的 USB 接口。

注意：配置连接 HPM 系列微控制器时，BOOT 引脚需要配置为 BOOT0=0、BOOT1=1，以便使 HPM 系列微控制器启动后进入串行下载模式。

单击"Attach"，HPMProgrammer 会测试连接到的 HPM 系列微控制器，检查能否成功连接到 flashloader。

编程 bin 文件的步骤如下：

1）选中"Flash Programming"选项卡。

2）单击"Open File"，选择待烧录的 bin 文件。

3）单击"Program"，进行编程。

注意：在 sdk_env_vx.x.x 环境下，执行 start_cmd.cmd 脚本后，用户可以使用 generate_project 命令来创建工程。特别地，当用户需要生成针对闪存 XIP（Execute In Place，原地执行）或闪存 XIP 结合 SDRAM 的工程时，应分别采用 -t flash_xip 或 -t flash_xip_sdram 选项。

工程编译连接后得到的 bin 文件可以直接烧录。此类工程生成 bin 文件默认目标基地址为 0x80000400。

用户可以勾选"Unlock Flash Base Address",输入其他 bin 文件目标基地址,输入后键入回车 return 后生效。

用户可以勾选 Unlock Flash Configuration words,解锁编辑 Flash Configuration words,输入后键入回车 return 后生效。

注意: 如果 HPM 系列微控制器外部 NOR Flash 没有连接到 XPI0 CA 端口,或者连接 Flash 的类型不是 QSPI Flash,不是 3.3 V Flash 等情况下,需要重新编辑 Flash Configuration words。

下面讲述如何生成可以下载到 HPM6750 微控制器 Flash 的 bin 文件。

在 sdk_env-v1.4.0 命令行下,输入 generate_project -b hpm6750evk -t flash_xip 命令,即可生成可以下载到 HPM6750 微控制器 Flash 的 bin 文件,如图 13-35 所示。需要说明的是这个工程的生成要从头开始,gpio 文件夹下只包括头文件文件夹 inc、源代码文件夹 src、CMakeLists.txt 和说明.txt。

图 13-35 用 generate_project -b hpm6750evk -t flash_xip 命令生成 bin 文件

构建 gpio_example-hpm6750evkmini,对 gpio 程序进行编译,编译后的结果如图 13-36 所示。可以看出,"Output"内显示"Build complete",表示编译已完成,同时生成的 bin 可执行代码既可以在 SRAM 中运行,也可以下载到 HPM6750 微控制器的 Flash 中。另外,GDB Server 的仿真器配置文件 ft2232 也需要修改为 cmsis_dap,修改方法见前文。

图 13-36 生成可以下载到 HPM6750 微控制器的 Flash 的编译结果

第 13 章　HPM6750 微控制器开发应用实例

打开 HPMProgrammer_v 0.2.0 烧录程序文件夹，文件夹里内容如图 13-37 所示。

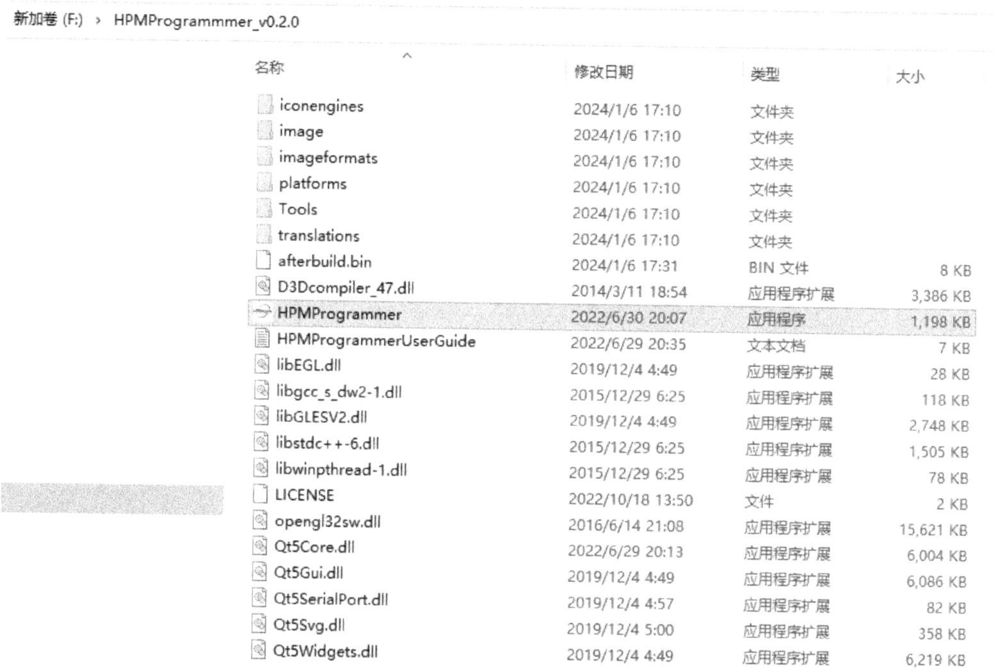

图 13-37　HPMProgrammer_v0.2.0 文件夹里内容

双击 HPMProgrammer 应用程序，弹出如图 13-38 所示的 HPMProgrammer 程序烧录界面。

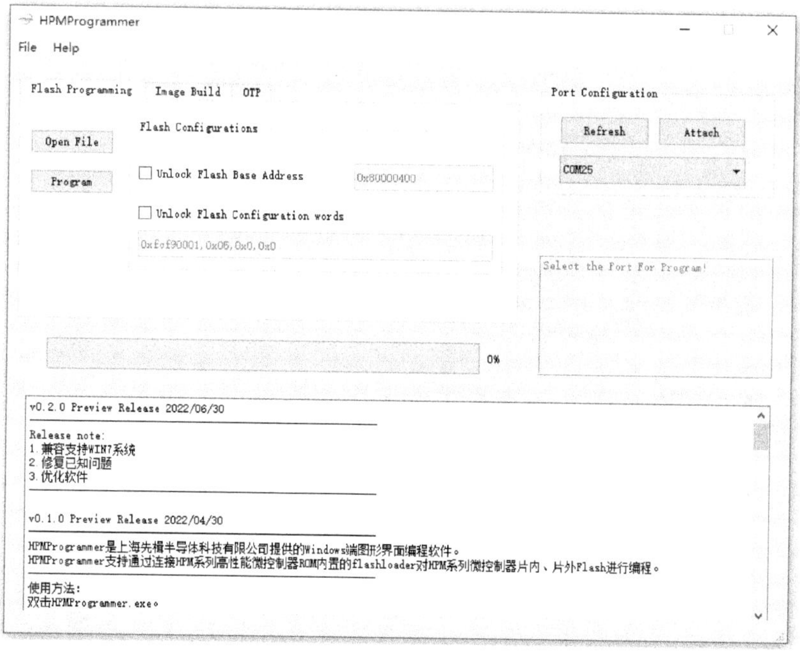

图 13-38　HPMProgrammer 程序烧录界面

13.3.5 通过 HPM6750 的 JTAG-UART 接口下载程序

右键单击计算机桌面上的"电脑",选择"管理",进入计算机管理界面,单击计算机管理界面中的设备管理器,查看端口(COM 和 LPT),当 HPM6750 开发板通过 fireDAP 仿真器和 JTAG-UART 转接头与计算机的 USB 连接后,会出现一个"USB 串行设备(COM25)"虚拟串口设备,如图 13-39 所示。

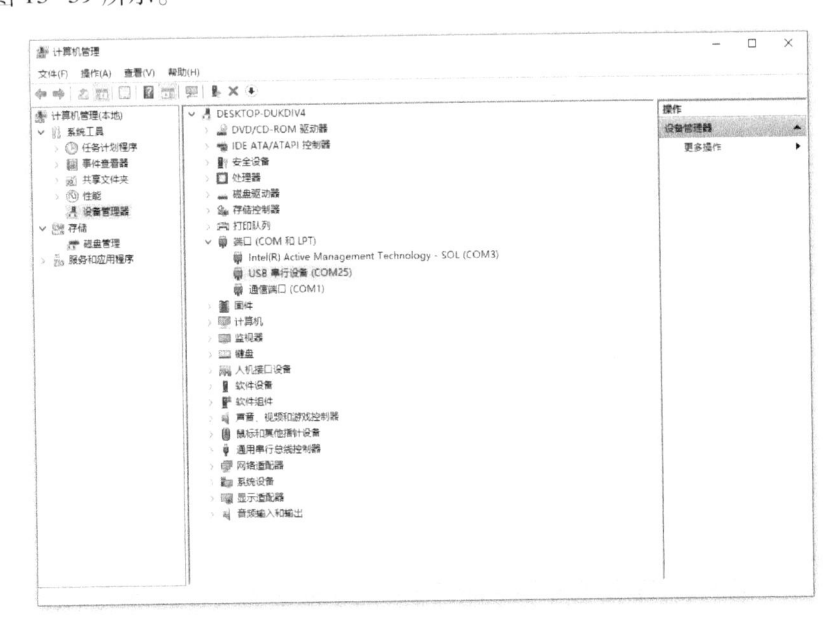

图 13-39 计算机管理界面

HPM6750 开发板在用 SES 开发环境下载和调试程序时,BOOT1 跳线帽在 GND 的位置,如图 13-40 方框内所示。

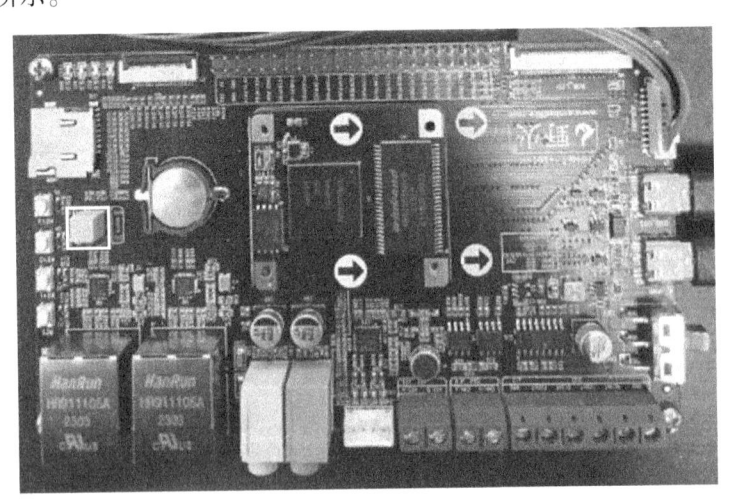

图 13-40 BOOT1 跳线帽在 GND 的位置

计算机的 USB 连接 HPM6750 开发板 USB_OTG,BOOT1 跳线帽在 3.3 V 的位置,如图 13-41 所示。

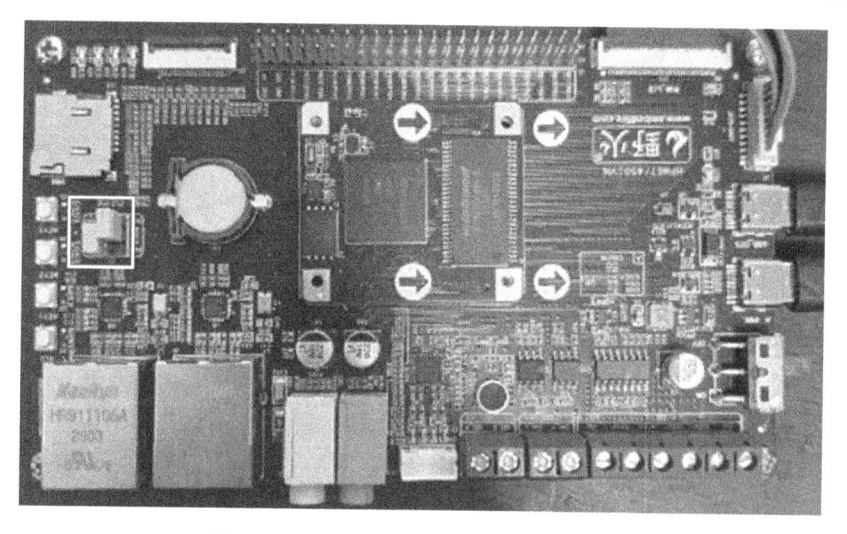

第 13 章 HPM6750 微控制器开发应用实例

图 13-41 BOOT1 跳线帽在 3.3V 的位置

上电复位，打开 HPMProgrammer 工具界面，如图 13-42 所示。首先单击"Refresh"按钮，选择"COM25"串口，然后单击"Attach"按钮，会出现"OK! Device Detected!"，这表明计算机与 HPM6750 开发板连接成功。这种方式是通过 fireDAP 仿真器下载程序的。

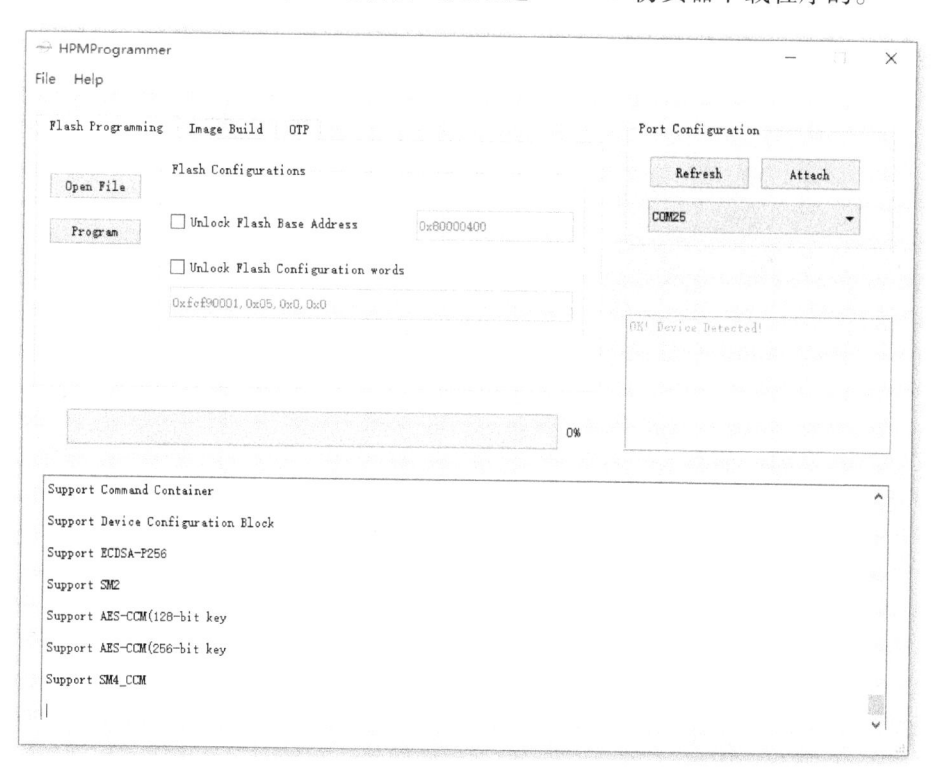

图 13-42 HPMProgrammer 工具界面

单击图 13-42 中的"Open File"按钮，选择需要下载的 bin 文件，如图 13-43 所示。

选择图 13-43 中的 demo.bin，单击"打开"按钮，demo.bin 文件的大小是 39720 字节，得到 demo.bin 文件打开完成界面如图 13-44 所示。

图 13-43 选择需要下载的 bin 文件

图 13-44 demo.bin 文件打开完成

单击图 13-44 中的 "Program" 按钮，程序开始下载，如图 13-45 所示。

当程序下载完成，弹出如图 13-46 所示的界面，显示 "Program Done！"。

把 HPM6750 开发板上的 BOOT1 跳线帽重新改在 GND 的位置，按下 HPM6750 开发板上的 RES 复位键，gpio 程序开始运行，开发板上的 3 个 LED 指示灯开始闪烁，然后常亮，表示程序下载成功。

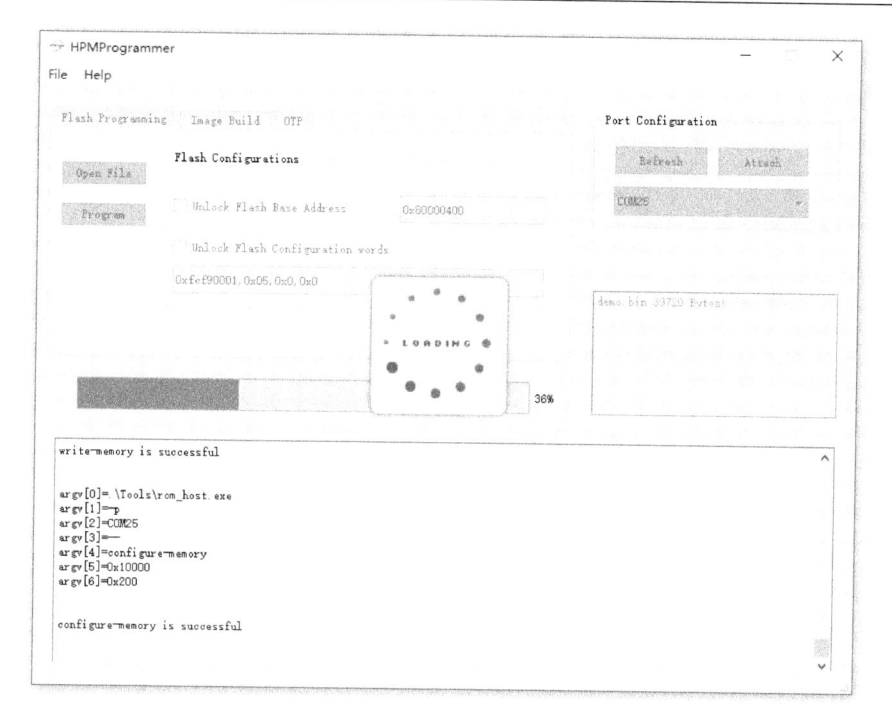

图 13-45　程序开始下载

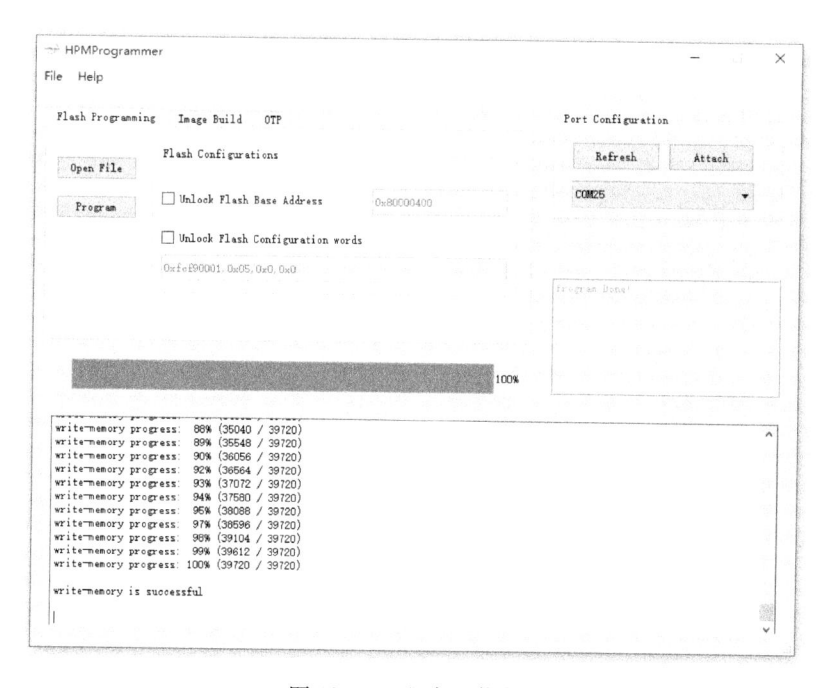

图 13-46　程序下载完成

13.3.6　通过 HPM6750 开发板上的 USB_OTG 接口下载程序

另外一种下载程序的方法是通过 HPM6750 开发板上的 USB_OTG 接口。首先单击图 13-47 中的"Refresh"按钮，选择"USB:34b7,1:2"接口，然后单击"Attach"按钮，会出现"Success！

Device Detected!",这表示计算机与 HPM6750 开发板连接成功。这种方式是通过 fireDAP 仿真器下载程序的。

图 13-47 通过 HPM6750 开发板上的 USB_OTG 接口下载程序一

单击"Open File"按钮打开要下载的程序,然后单击"Program"按钮,当显示"Program Done!",如图 13-48 所示,表示程序下载成功。

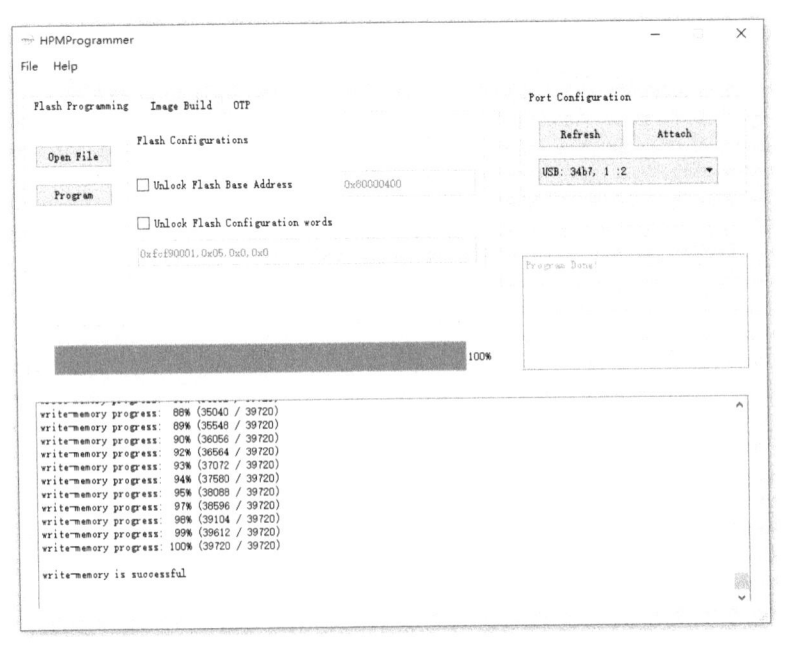

图 13-48 通过 HPM6750 开发板上的 USB_OTG 接口下载程序二

程序下载完成后,将 BOOT1 跳线帽恢复到 GND 的位置,按下 RES 复位键,程序开始执行。

当按下 KEY1 和 KEY2 按键后，LED4 和 LED5 指示灯熄灭，只有 LED6 指示灯亮，如图 13-49 所示。由于 KEY3 按键没有按下，因此 LED6 指示灯仍然点亮。

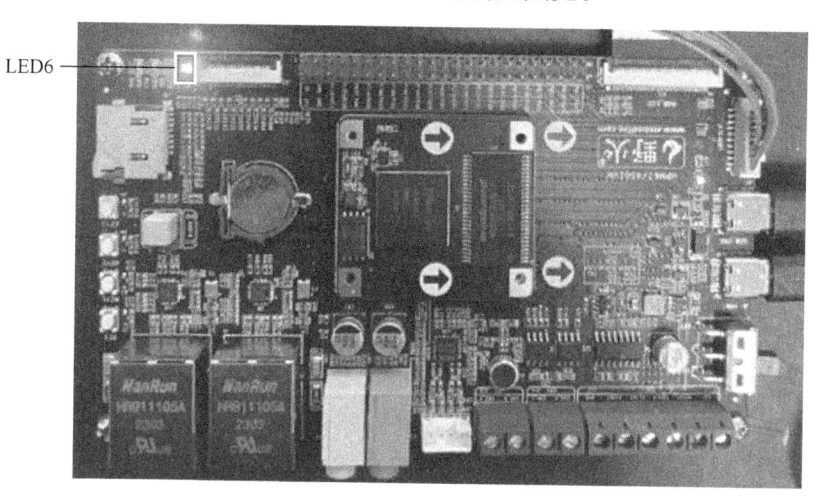

图 13-49　按下 KEY1 和 KEY2 按键后 LED 指示灯的显示结果

参 考 文 献

[1] 李正军，李潇然．嵌入式系统设计与全案例实践［M］．北京：机械工业出版社，2024．
[2] 李正军，李潇然．STM32嵌入式单片机原理与应用［M］．北京：机械工业出版社，2024．
[3] 李正军，李潇然．STM32嵌入式系统设计与应用［M］．北京：机械工业出版社，2023．
[4] 李正军．计算机控制系统［M］．4版．北京：机械工业出版社，2022．
[5] 李正军，李潇然．计算机控制技术［M］．北京：机械工业出版社，2022．
[6] 李正军，李潇然．现场总线及其应用技术［M］．3版．北京：机械工业出版社，2023．
[7] 李正军．零基础学电子系统设计［M］．北京：清华大学出版社，2024．
[8] 胡振波．RISC-V架构与嵌入式开发快速入门［M］．北京：人民邮电出版社，2019．
[9] 裴晓芳．RISC-V架构嵌入式系统原理与应用［M］．北京：北京航空航天大学出版社，2021．
[10] 奔跑吧Linux社区．RISC-V体系结构编程与实践［M］．北京：人民邮电出版社，2023．
[11] 袁春风，余子濠．计算机组成与设计：基于RISC-V架构［M］．北京：高等教育出版社，2020．